HISTÓRIAS DO ATLÂNTICO PORTUGUÊS

JOHN RUSSELL-WOOD

HISTÓRIAS DO ATLÂNTICO PORTUGUÊS

Organização
Ângela Domingues
Denise A. Soares de Moura

editora
unesp

Textos:

Antes de Colombo: o prelúdio africano de Portugal à Passagem Atlântica e sua contribuição à discussão sobre raça e escravidão
Traduzido de "Before Columbus: Portugal's African Prelude to the Middle Passage and Contribution to Discourse on Race and Slavery", de A. J. R. Russell-Wood, In: *Race, Discourse, and the Origin of the Americas: A New World View*, ed. Vera Lawrence Hyatt e Rex Nettleford. Washington, DC: Smithsonian Institution Press. Publicado com permissão da Smithsonian Institution. © 1995.

Literatura portuguesa: panorama
Traduzido de "Portuguese Literature: An Overview", de John Russell-Wood, In: *Oxford Encyclopedia Maritime History*, de John B. Hattendorf, com permissão da Oxford University Press.

O Atlântico português, 1415-1808
Traduzido de "The Portuguese Atlantic, 1415-1808, de John Russell-Wood, In: *Atlantic History: A Critical Appraisal*, editado por J. P. Greene & P. Morgan (2009), p.81-109, com permissão da Oxford University Press.

Portos do Brasil colonial
Traduzido de "Ports of Colonial Brazil", originalmente publicado em *Atlantic Port Cities: Economie*, Culture, and Society in the Atlantic World, *1650-1850*, editado por Franklin W. Knight e Peggy K. Liss. © 1991 University of Tennessee Press. Publicado com permissão.

Uma presença asiática no negócio de transporte de metais preciosos, 1710-50
Traduzido de "An Asian Presence in the Atlantic Bullion Carrying Trade", In: *Portuguese Studies*, London, 2001, n.17, p.148-167. © Modern Humanities Research Assn. Publicado com permissão.

A dinâmica da presença brasileira no Índico e no Oriente. Séculos XVI-XIX
Publicação autorizada pela *Revista Topoi*. Publicado originalmente em *Revista Topoi* n.3, set. 2004, p.9-40.
Através de um prisma africano: uma nova abordagem ao estudo da diáspora africana no Brasil colonial
Publicação autorizada pela *Revista Tempo*. Publicado originalmente na *Revista Tempo* n.12, dez. 2001.

Fronteiras do Brasil colonial
Traduzido de "Frontiers in Colonial Brazil: Reality, Myth and Metaphor". Artigo originalmente publicado em *Latin American Frontiers, Borders and Hinterlands: Research Needs and Resources – Papers of the Thirty Seminar on the Acquisition of Latin American Library Materials (Albuquerque, New Mexico, 1990, p.26-61)*. Traduzido com permissão do Seminar on the Acquisition of Latin American Library Materials (SALALM)

O governo local na América portuguesa: um estudo de divergência cultural
Traduzido de A. J. R. Russell-Wood, "Local Government in Portuguese America: A Study in Cultural Divergence", *Comparatives Studies in Society and History*, v.16, 1974, p.187-231. © Society for the Comparative Study of Society and History, publicado por Cambridge University Press. Traduzido com permissão.

Direitos de publicação reservados à:

Fundação Editora da Unesp (FEU)
Praça da Sé, 108
01001-900 – São Paulo – SP
Tel.: (0xx11) 3242-7171
Fax: (0xx11) 3242-7172
www.editoraunesp.com.br
www.livrariaunesp.com.br
feu@editora.unesp.br

CIP – Brasil. Catalogação na publicação
Sindicato Nacional dos Editores de Livros, RJ

R924h

Russel-Wood, Anthony John R.
Histórias do Atlântico português / Anthony John R. Russel-Wood; organização Ângela Domingues, Denise A. Soares de Moura. – 1. ed. – São Paulo: Editora Unesp, 2014.

ISBN 978-85-393-0554-4

1. Navegação marítima – Portugal – História. 2. Descobertas geográficas portuguesas. 3. Descobertas e explorações portuguesas. I. Domingues, Ângela. II. Moura, Denise A. Soares de. III. Título.

14-17701

CDD: 946.902
CDU: 94(469)

Editora afiliada:

Asociación de Editoriales Universitarias de América Latina y el Caribe

Associação Brasileira de Editoras Universitárias

SUMÁRIO

INTRODUÇÃO

Em março de 2010, John Russell-Wood apresentou à Fundação Editora da Unesp o que ele chamou, com seu marcante senso de humor, de "três propostas indecentes". Estas nada mais eram do que o projeto de edição de uma trilogia com textos que ele havia escrito e publicado em diferentes momentos de sua trajetória acadêmica, alguns ainda sem versão em português.

Os títulos que ele próprio deu a essas coletâneas – "O Atlântico luso-brasileiro", "Identidade, etnicidade e gênero no Brasil colonial" e "Ensaios sobre a historiografia e sobre dois ilustres contribuintes" – representavam a variedade de temas sobre uma das partes do mundo de tradição portuguesa da época moderna, o Brasil, ao qual dedicou boa parte de sua vida.

Nascido em 1940 no País de Gales, no Reino Unido, John Russell-Wood começou aquela que seria sua longa incursão na história do mundo português através de uma vigorosa pesquisa nos arquivos da Santa Casa de Misericórdia, uma das instituições-chave que proporcionou organicidade a um império difuso como o português, que se estendia das ilhas-estado e cidades-porto do Índico aos domínios territoriais do Atlântico.[1]

1 Thomaz, *De Ceuta a Timor*.

Os cinco anos de residência na Bahia, divididos entre os arquivos, os livros e as ruas, também consideradas por ele como um reservatório de conhecimentos que deveriam ser explorados pelo historiador preocupado em entender uma civilização, mesmo de uma época distante, resultaram no clássico *Fidalgos e filantropos: A Santa Casa de Misericórdia da Bahia, 1550-1755*, livro originalmente publicado em 1968.[2] Essa obra forneceu subsídios para as investigações do historiador inglês Charles Boxer, que viria a ser seu orientador e principal referência humana e intelectual, sobre grandes temas da história social, política e religiosa do império marítimo português, reunidos em um livro publicado em 1969.[3] De modo geral, a historiografia tributa a "O império marítimo português" uma das motivações para a renovação teórico-metodológica que ocorreu na interpretação da historia do Brasil da época moderna a partir dos anos de 1990. Mas esse tributo também deve ser dado ao livro *Fidalgos e filantropos* e seu tratamento transcontinental de uma instituição religiosa.

John Russell-Wood sempre enfatizou a contribuição de Charles Boxer para o alcance de uma perspectiva global na abordagem dos temas do mundo português da época moderna. Mas também sempre destacou a importância de outro grande mestre, polêmico na historiografia britânica, H. R. Trevor Roper, que o alertou para ter uma visão mais *comparativa* e global do que era verificado no caso da Santa Casa da Bahia, como o próprio Russell-Wood escreveu nos agradecimentos do livro *Fildagos*.

Essa perspectica metodológica transcontinental, hoje aprimorada pela historiografia brasileira através do conceito de monarquia pluricontinental,[4] pode ser acompanhada em um dos volumes da trilogia idealizada por John Russell-Wood e que a

---

2 Russell-Wood, *Fidalgos and Philantropists*.

3 Boxer, *O império marítimo português:* 1415-1825, p. 409.

4 Cunha; Monteiro (orgs.), Governadores e capitães-mores do império atlântico português nos séculos XVII e XVIII. In: Cardim; Cunha; Monteiro, *Optima Pars:* elites ibero-americanas do Antigo Regime, p.191-252. Fragoso; Gouvêa, Monarquia pluricontinental e repúblicas: algumas reflexões sobre a América lusa nos séculos XVI-XVIII, *Tempo*, v. 27, p.49-63. Fragoso;

Fundação Editora da Unesp traz a público. Para dar viabilidade à sua edição, a proposta original sofreu algumas alterações. A versão final, contudo, que teve de ser levada adiante sem a presença de John Russell-Wood, dada sua repentina morte, traz uma mostra importante e precisa de textos publicados entre 1977 e 2009 e que representam o ecletismo e algumas vezes a inovação de suas temáticas de pesquisa, sua metodologia e perspectiva analítica global e em certos momentos original na abordagem de objetos muito tratados pela historiografia do império português.

Alguns desses textos já são bastante conhecidos dos historiadores de língua portuguesa e outros apenas agora aparecem traduzidos para o português. Há também alguns escritos que contêm advertências para questões já resolvidas pela historiografia, como acontece com a introdução do texto "A dinâmica da presença brasileira no Índico e no Oriente. Séculos XVI-XIX", publicado na revista *Topoi* em 2001.

Contudo, a densidade da pesquisa empírica de seus textos, a originalidade de algumas temáticas e a forma de problematizá-las os tornam atuais e sugestivos para os investigadores luso-brasileiros da atualidade.

Muitos dos avanços alcançados pela historiografia brasileira nos últimos quinze anos[5] é tributário das problematizações, resultados de pesquisas e perspectivas analíticas de John Russell-Wood publicadas em vários desses textos que dissecaram questões como os fluxos humanos migratórios forçados e espontâneos da África e Portugal para o Brasil, as consequências culturais e biológicas desse processo; a readaptação de instituições político-administrativas de origem portuguesa em território americano, a formação nesse

Sampaio, *Monarquia pluricontinental e a governança da terra no ultramar atlântico luso, séculos XVI-XVIII*.

5 Marco desse avanço pode ser acompanhado nos trabalhos publicados em Fragoso; Bicalho; Gouvêa, *O antigo regime nos trópicos: a dinâmica imperial portuguesa (séculos XVI-XVIII)*, que inclusive foi prefaciado por John Russell-Wood. Entre 2005-2009, o projeto temático Dimensões do Império Português, coordenado por Laura de Mello e Souza, resultou em uma centena de pesquisas da iniciação científica ao pós-doutoramento que tinha como uma das questões de fundo conceituar as bases de unidade do império português.

mesmo território de um complexo amálgama étnico-cultural, o fator cor da pele herdado das tensas relações entre portugueses e árabes na Península Ibérica e dos embates entre civilização cristã e árabe na formação do mundo moderno, como categorizador social; e a formação do Brasil para além de outros espaços que a África ou a Europa ibérica. A perspectiva de um império global com suas várias partes, do Índico ao Atlântico, funcionando articuladamente, decerto é a grande contribuição no tocante ao enfoque analítico.

Três aspectos essenciais fornecem unidade ao escritos ora apresentados nesta coletânea de ensaios: a influência incontestável de Charles Boxer; a perspectiva teórico-metodológica da história atlântica, que teve como um de seus berços a Johns Hopkins University, intituição à qual John Russell-Wood esteve ligado como professor, pesquisador e orientador de pesquisas desde 1971; e a história do império português.

Lições do amigo e mestre Charles Boxer

Um mundo em movimento, livro publicado primeiramente em inglês em 1992 e traduzido para o português seis anos depois, representa a síntese da influência de Charles Boxer sobre toda a trajetória do pesquiador e historiador John Russell-Wood.

Assim como em *O império marítimo português*,[6] nesse livro Russell-Wood aborda por meio de densa base empírica vários aspectos econômicos, sociais, religiosos e culturais do império português desde sua expansão, mas através da ideia-chave do movimento dos portugueses, um povo para ele tido como de natureza global, diferente de outros povos europeus, e que estabeleceram relações frutíferas e duradouras em todo o lugar em que estiveram, fosse na Ásia, África ou América.

Além disso, o movimento dos portugueses foi responsável por alterar a maneira "como os povos do mundo se viam a si próprios nos séculos XV, XVI e XVII", contribuindo assim para a formação

6 Boxer, op. cit.

do mundo moderno.[7] Afinal, como ele conclui, foi o movimento dos portugueses que fez os povos da América, África e Ásia terem a percepção da "existência uns dos outros" e alterou hábitos de consumo, culinária, técnicas, os produtos do meio agrário.

A visão transcontinental do império português compartilhada por ambos os historiadores residiu também na força de curiosidade que os levou a percorrer arquivos e lugares, de Goa às várias partes do Brasil. Ao mesmo tempo, a preocupação em sentir o "espírito do lugar", conversando inclusive com pessoas comuns, contribuiu para que tivessem uma perspectiva mais humanizada da história do mundo português.

Tanto Boxer como Russell-Wood se preocuparam com o movimento das gentes, das travessias atlânticas de portugueses e africanos, aos movimentos humanos intracontinentais no Brasil que levaram à sua ocupação e colonização em ampla escala, embora John Russell-Wood tenha feito dessa mobilidade incessante uma chave interpretativa e construído um conceito.

Cada ensaio apresentado nesta coletânea tem atrás de si histórias das viagens de John Russell-Wood, da mesma maneira como acontecia com os textos de Charles Boxer. Como visto anteriormente, o livro *Fidalgos* já o havia levado a residir seis anos em Salvador. O ensaio "Uma presença asiática no negócio de transporte de metais preciosos, 1710-50", que aparece na presente coletânea, o fez revirar os códices de remessas de ouro das embarcações que saíam do Brasil, especialmente de Salvador, e seguiam para a região do Índico e que estão na Casa da Moeda de Lisboa; o clássico texto "O governo local na América portuguesa" saiu de uma vigorosa incursão no Arquivo Público Mineiro, em Ouro Preto; além das inúmeras visitas à Bahia, ao Rio de Janeiro, Goa ou ao arquivo Histórico Ultramarino em Lisboa.

A plena amizade e a sintonia intelectual com o mestre Charles Boxer não impediram que John Russell-Wood erguesse um trabalho de personalidade própria e que, inclusive, avançava em relação ao seu mestre. Embora ambos os historiadores tenham se

7 Russell-Wood, *Um mundo em movimento: os portugueses na África, Ásia e América (1415-1808)*, p.341.

debruçado sobre os vários momentos do império português do século XV ao início do XIX, Boxer sentia-se mais à vontade nos séculos XVI e XVII[8] e John Russell-Wood certamente no XVIII, como pode ser percebido em boa parte dos textos aqui reunidos.

Se em *O império marítimo* Charles Boxer se deteve em várias temáticas que davam unidade ao mundo de língua portuguesa na Ásia, América a África, como os jesuítas e a Companhia de Jesus, a exploração do ouro e das especiarias, as câmaras municipais e as Santas Casas, alguns agentes como os mercadores e negociantes, os corsários, John Russell-Wood formulou um conceito a partir da documentação, o de movimento, explicitando com isso uma diretriz teórico-metodológica.

O movimento, traduzido também na ideia de "fluxo e refluxo" de mercadorias, missionários, agentes administrativos, escravos, degredados, microrganismos, espécies vegetais e animais, foi o responsável por criar processos histórico-sociais novos no Atlântico. Na perspectiva teórico-metológica de John Russell-Wood, o que interessa é o que possui mobilidade transoceânica, e nesse processo estabelece a unidade entre um lugar e outro.

Essa última questão diz diretamente respeito à abordagem da história atlântica, que adiante será melhor apresentada. Por enquanto é importante apenas destacar que ao criar o conceito de movimento, no caso transoceânico, John Russell-Wood, mesmo que inconscientemente, tomou partido de pontos-chave nessa corrente teórico-metodológica, como os de desterritorialização de suas temáticas e a formação de uma civilização atlântica. Alguns autores dessa tendência chegam, inclusive, a falar em uma história de dimensão oceânica,[9] o que significa tomar o oceano como o lugar de observação dos problemas de interesse do historiador, pois é esse espaço que fornece globalidade aos processos históricos.

Para alcançar a compreensão da formação de uma nova civilização no ocidente do globo é necessário, portanto e como defende a corrente da história atlântica, ver o oceano mais do que

8 Russell-Wood, Charles Boxer (1904-2000). *Hispanic American Historical Review*, v.80, n.4, p.947.

9 Steinberg, Of the Overseas: Metaphors and Materialities in Maritime Regions, *Atlantic Studies*, v.10, n.2, p.156-69.

como uma massa de água, mas como uma referência com força de impacto político, econômico, social e cultural. O conceito de movimento formulado por John Russell-Wood, nesse caso, é mais ajustado para uma interpretação de dimensão oceânica e certamente um significativo passo metodológico para ultrapassar os muros dos Estados ou das monarquias.

Não que John Russell-Wood tenha conseguido ultrapassar esse muro, mas em sua obra há muitos exemplos de alguém que começava a perceber que havia algo mais do outro lado. Isso aparece explicitamente em um dos seus útlimos textos, que a revista *História* (São Paulo), da Unesp, teve o privilégio de publicar.

Na ocasião, ao explicitar sua abordagem, escreveu que esta não seria "diretamente institucional ou política. Muito do que eu vou descrever ocorreu sem a intervenção direta ou a iniciativa da Coroa portuguesa. A estrutura e o contexto não serão nem imperiais nem institucionais. Em minha narrativa, a burocracia do império ocupará um segundo plano ou estará ausente".[10]

De fato, os limites do *mare lusitano* pareciam começar a incomodá-lo, e ele chega mesmo a avaliar, nesse texto, a produção historiográfica brasileira que tanto admirava com palavras provocativas:

> (...) já existem no Brasil núcleos de historiadores, sobretudo nas universidades do sudeste do Brasil, que têm incorporado nas pesquisas as metodologias e tratamentos de temas que fazem parte do *corpus* historiográfico dos "atlanticistas". Outros estão lançando pesquisas que têm enorme potencial para ser consideradas como parte dessa nova historiografia. Mas ainda não conseguiram afastar-se de uma perspectiva associada com o antigo regime e a dinâmica imperial portuguesa.[11]

A globalidade alcançada na interpretação da história do Brasil, mesmo que ainda nos limites do *mare lusitano*, foi contudo um

10 Russell-Wood, Sulcando os mares: um historiador do império português enfrenta a "Atlantic History". *História*, v.28, n.1, p.21.

11 Id., p.53.

avanço significativo em relação às abordagens até então segmentadas e restritas à relação metrópole-colônia.[12]

Para ele não havia sentido em tratar da experiência atlântica do tráfico negreiro sem se remeter à experiência traficante escravista portuguesa do século XV, quando vários africanos passaram a fazer parte da rotina social e de trabalho de vários municípios portugueses. Já em Portugal, a Coroa criou normas e instituições para regular o estatuto social dessa população e foi tal experiência na península que cruzou o Atlântico e se ajustou a esse novo ambiente histórico.

Esse sentido de globalidade do império está presente em todos os textos aqui reunidos, mas no que diz respeito à escravidão aparece em "Antes de Colombo", publicado em 1995 e que somente agora é vertido para o português. Neste texto, percebe-se o quanto o tráfico e a escravidão foram muito mais do que mero desdobramento do desenvolvimento do capitalismo da época moderna, da presença portuguesa na África e formação de um complexo traficante negreiro atlântico, mas diz respeito também à presença africana em Portugal e sua influência sobre a legislação, as instituições, as categorizações sociais e o discurso legitimador português da escravidão.

Charles Boxer tinha um interesse mais evidente pela história econômica e social e menos pela história administrativa, como reconheceu o próprio John Russell-Wood.[13] Apesar de ter produzido um importante ensaio sobre as camâras municipais de Macau, Goa e Salvador,[14] certamente umas das principais estruturas administrativas do império português, dado o caráter de enraizamento e continuidade de seus agentes, Boxer via a história como um meio de melhor compreensão da humanidade e das condições humanas através do tempo.[15]

---

12 Prado Jr., *Formação do Brasil contemporâneo*.

13 Russell-Wood, Charles Boxer (1904-2000). *Hispanic American Historical Review*, 80, 4, p.952.

14 Boxer, *Portuguese Society in the Tropics: The Municipal Concils of Goa, Macau, Bahia and Luanda, 1580-1800*.

15 Id., p.953.

John Russell-Wood se envolveu em grande medida com o tema da administração dos impérios modernos, a ponto de ter organizado duas obras coletivas, cada qual em dois volumes,[16] em que reuniu especialistas dos impérios ibérico, francês e britânico para discutirem várias questões desse teor e que diziam respeito à administração municipal, à organização da tributação, dos exércitos, das intendências e assembleias coloniais, para o caso da América setentrional.

John Russell-Wood fez, na realidade, um tipo de história administrativa, certamente inspirado nas lições de Boxer, na qual, sem prescindir de sua estrutura enquanto instituição, procurava "centrar-se sobre o rosto humano da administração", como se referiu na abertura de um texto sobre governantes e agentes do império português.[17]

Essa maneira de fazer a história da administração aparece em um dos textos desta coletânea, o denso e clássico "O governo local", sobre a câmara de Vila Rica, uma das principais e primeiras do sertão mineral, local onde a gente mestiça e sem linhagem encontrou ampla possibilidade, pelo menos na fase inicial de ocupação dessa região, de ascender a cargos públicos até então e especialmente nas áreas de colonização antiga da faixa mais próxima do litoral do Brasil, ocupados pela autointitulada nobreza da terra, herdeira dos primeiros conquistadores e ocupantes do território.

A mesma dinâmica humanizada para falar da administração aparece em "Uma presença asiática no negócio de transporte de metais preciosos, 1710-50", no qual jesuítas, clérigos e frades introduziram-se no fiscalizado regime de remessas de ouro do Brasil para o reino ou mesmo no movimento de agentes de governo entre o Índico e o Atlântico, como aparece no texto "A dinâmica da presença brasileira no Índico e no Oriente. Séculos XVI-XIX", todos presentes nesta coletânea.

---

16 Russell-Wood, *Local Government in European Overseas Empires, 1450-1800*; *Government and Governance of European Empires, 1450-1800*.

17 Russell-Wood, Governantes e agentes. In: Bethencourt; Chaudhuri, *História da expansão portuguesa*, p.169-92.

Um historiador disposto a enfrentar a história atlântica

Se os textos ora reunidos transpiram, como visto, a influência do mestre Charles Boxer, eles avançam quando John Russell-Wood se envereda pela história atlântica, uma das mais importantes abordagens teórico-metodológicas do século XX.

Como todos aqueles que se envolveram até o momento com essa abordagem, Russell-Wood "enfrentava" (expressão empregada por ele próprio)[18] um tipo de história atlântica: a portuguesa, mas com vários lances comparativos com o Atlântico inglês ou hispânico.

A conclusão do texto "O governo local" adiantava já em 1977 uma advertência metodológica nesse sentido, ou seja, o historiador precisa comparar mais as experiências coloniais do Atlântico para alcançar a compreensão de uma civilização certamente não homogênea, mas com muitos pontos em comum. Uma civilização também diferenciada, ou talvez uma continuidade diferenciada, da civilização do Mediterrâneo e do Índico.

Mas, antes de tudo, o que seria uma abordagem atlântica na interpretação da história da expansão que, seguramente, foi desencadeada pela civilização do Ocidente cristão, como uma necessidade de mais espaço físico, mas também como reação à expansão da civilização do islã e que terminou por gerar outros processos humanos, sociais, culturais, políticos e econômicos? Quais as implicações interpretativas de se contar uma história do mundo atlântico, ao invés de uma história do Novo Mundo? Afinal, como escreveu Alison Games, a história atlântica é um estilo de inquirir que coloca a história do Atlântico em primeiro lugar.[19]

A história atlântica como abordagem teórico-metodológica surgiu primeiramente no meio público norte-americano do período pós-guerra, e a partir dos anos 1970 chegou ao meio acadêmico através de um grande projeto abraçado por pesquisadores

18 Russell-Wood, Sulcando os mares: um historiador do império português enfrenta a "Atlantic History". *História*, v.28, n.1, p.17-70.

19 Games, Atlantic History: Definitions, Challenges and Opportunities, *The American Historical Review*, p.49.

da Johns Hopkins University, que lançaram a série Johns Hopkins Studies in Atlantic History and Culture.

A grande produção e divulgação de pesquisas empregando essa categoria de análise, contudo, aconteceu apenas a partir de 1990, apoiada pelo Harvard University International Seminar on the History of the Atlantic, dirigido por Bernard Bailyn, um dos principais historiadores norte-americanos.[20]

John Russell-Wood, a princípio de modo não deliberado, adotou essa categoria de análise que problematizou a partir do espaço oceânico acontecimentos marcantes da época moderna, cronologicamente demarcada pela abertura do oceano depois das viagens marítimas do século XV e pelos movimentos de independência sul-americanos de inícios do século XIX.

Para ele, o Oceano Atlântico influenciou a natureza das trocas, fossem elas demográficas, econômicas, sociais, culturais, comerciais entre os três continentes e os arquipélagos adjacentes que o compõem. Ou seja, o Atlântico foi mais do que um oceano atravessado, mas um interferidor nos processos econômicos, nos fluxos humanos, nas interligações de regiões.

Por que a costa ocidental da África ligava-se mais diretamente com as cidades marítimas ao norte e centro da costa do Brasil e menos com as do sul? Qual o motivo da comercialização marítima de certas mercadorias com menor risco de perecimento, como a aguardente, a farinha ou os tecidos? Por que os engenhos e as lavouras de cana-de-açúcar forneceram as primeiras bases de ocupação do litoral do Brasil? Qual a rotina específica da navegação atlântica? Todas essas questões estavam diretamente relacionadas com as características desse oceano, que não eram as mesmas do Índico, em virtude de correntes de vento, movimentos de maré e condições climáticas e de navegabilidade específicas, que influenciaram diretamente os processos históricos na formação da vida social e econômica no continente da América.

Em um dos textos desta coletânea, "O Atlântico português, 1415-1808", Russell-Wood se deteve na problematização e análise de um dos espaços do Atlântico menos focalizados e que contém

20 Bailyn, *Atlantic History: Concept and Contours*. Morgan; Green, *Atlantic History: a Critical Appraisal*.

boas respostas para a compreensão da colonização do Brasil e da formação mesma da civilização atlântica, como as ilhas.

Os historiadores brasileiros deveriam buscar mais respostas para os problemas da colonização, da mão de obra, dos produtos, das técnicas e das trocas culturais na experiência arquipelágica portuguesa na Madeira, nos Açores, em Cabo Verde, São Tomé e Príncipe. A constatação já feita por grandes historiadores de que algumas das primeiras experiências do modelo de colonização do Brasil teriam sido oriundas das antigas ilhas portuguesas, como o regime de capitanias, o governo-geral e a agroexportação do açúcar não introduziria um elemento mais atlântico do que propriamente europeu na formação do Brasil e uma maneira mesmo diferente de enxergá-lo? Qual a medida de desconforto que abordagens como essas poderiam provocar em uma tradição historiográfica sobre a expansão moderna com forte acento analítico europeu?

Certamente foi impactante para a historiografia luso-brasileira problematizar a formação do Brasil na África ou na Ásia, como ele faz em textos como "A dinâmica da presença brasileira no Índico e no Oriente. Séculos XVI-XIX" ou "Uma presença asiática no negócio de transporte de metais preciosos, 1710-50", transgredindo a lógica convencional dos impérios e sugerindo fazer, inclusive, mais do que história atlântica, mas uma história da projeção da civilização atlântica no índico, através da circulação de mercadorias, metais preciosos, agentes e hábitos culturais.

A influência do Brasil e de sua elite luso-brasílica na costa ocidental da África já é bastante conhecida pela historiografia luso-brasileira, mas também ainda falta uma visão mais distante, que alcance a costa oriental deste continente e mesmo nas várias províncias que margeavam o Oceano Índico. O Atlântico, para John Russell-Wood, contextualizava de maneira diferente o império português, sem perda, contudo, de seu alcance global e de suas projeções para outros espaços, como o Índico.

Todos os textos que compõem esta coletânea têm como referência de espaço e interferência o Atlântico, considerado por Russell-Wood como uma imensa massa de água que determinou o tipo de comunicação entre comunidades com diferentes culturas, estimulou movimentos migratórios voluntários e involuntários entre os dois continentes e estabeleceu um dos principais sistemas mercantis modernos, o do tráfico de escravos africanos.

Uma outra questão que mobilizou John Russell-Wood, também aqui presente, foi a dos *encontros culturais* em uma ótica que privilegia as construções de referências culturais, sentimentos e expectativas de populações do Atlântico e a formação de identidades estudadas através de fontes que tradicionalmente eram consideradas como "literatura criativa", como pode ser notado no erudito verbete escrito para a *Encyclopedia of Maritime History* que trata da literatura marítima portuguesa desde os descobrimentos henriquinos até a primeira metade do século XX.

É irrefutável que esse *mundo atlântico,* e os impérios, colônias, economias, rotas comerciais que se desenvolveram ao seu redor, foi resultante da interação, um misto de colaboração e exploração, entre europeus, africanos e ameríndios. Na perspectiva de Russell-Wood, há muito seguida pela historiografia brasileira, as populações da África e da América não foram participantes passivas nem sequer secundárias nas mudanças postas em marcha no Atlântico, mas, pelo contrário, tiveram uma importância fundamental em questões relacionadas com o comércio, o trabalho, o estabelecimento e o funcionamento das instituições político-administrativas.

Esta, inclusive, foi umas das principais contribuições da história atlântica: retirou, especialmente do continente africano, a posição passiva que até então ocupara na história da época moderna. Em "Antes de Colombo", outro texto apenas agora traduzido para o português, John Russell-Wood é explícito na documentação do papel proativo que as populações africanas tiveram no estabelecimento de negociações com os portugueses para muito além da escravidão e do tráfico humano de mão de obra. Os portugueses tiveram relações mercantis com a África envolvendo uma infinidade de mercadorias existentes no continente e que o mercado consumidor europeu demandava.

Na história atlântica, as populações nativas, seja da América, seja da África, alcançaram *status* e passaram a ser melhor problematizadas na análise da constituição de uma civilização formada através de vários tipos de travessias que ocorreram nesse oceano. Ao reposionar o papel desses agrupamentos humanos tão diversificados étnica, cultural e institucionalmente, Russell-Wood identificou a capacidade de africanos e ameríndios desenvolverem estratégias para defender interesses individuais e coletivos, resistindo, negociando, entrando em conflito aberto, tirando partido de rivalidades e inimizades entre europeus de diversas origens e defendendo sua condição de vassalos do rei.[21]

Os historiadores da história atlântica, e nessa vertente se encaixam os artigos que constituem esta coletânea, redefiniram o papel da Europa nesse processo, uma vez que partiram do pressuposto de que os europeus foram responsáveis por colocar em contato africanos e ameríndios que, por milhares de anos, estiveram apartados, e por transformarem o Atlântico de barreira em via de comunicação e comércio através das viagens de conquista e colonização, das rotas de comércio transatlântico, dos canais de ligação entre impérios transcontinentais.

Essa ampla atuação dos europeus, contudo, apenas iniciou um processo mais largo, que tendeu a autonomizar-se em categorias próprias, constituindo-se em um singular e bem definido mundo atlântico. Na tradição intelectual europeia, esse protagonismo inicial dos exploradores e conquistadores ibéricos alcançou uma dimensão de primazia em todo esse processo, imprimindo-lhe sentimentos de autoconfiança e de superioridade da cultura europeia ocidental particularmente evidenciados a partir da comparação com as civilizações e culturas dos povos ao redor do oceano.

Esses sentimentos de diferença e superioridade estimularam a formação de uma *identidade europeia* com ressonâncias sobre sua historiografia, que passou a ser movida por categorias ideológicas e nacionalistas, restrita aos arquivos nacionais[22] e à formulação de discursos políticos, ideológicos, intelectuais, culturais, emotivos que, em momentos distintos, estiveram na origem de projetos expansionistas universalistas que visavam a propagação do cristianismo e de valores civilizacionais europeus.[23]

---

21 Benjamin, *The Atlantic world: Europeans, Africans and Indians and Their Shared History, 1400-1900*, p.XXIV.

22 Baylin, op. cit., p.44.

23 Strath, Introduction. Europe as a Discourse. In: ______ (org.), *Europe and the Other and Europe as the Other*, p.28-9.

A história atlântica teve pouco impacto sobre a historiografia luso-brasileira, que, apesar dos grandes avanços alcançados, ainda se mantém apegada à perspectiva nacional ou imperial europeia no entendimento da civilização que se formou a partir do Atlântico. Em grande medida permancecem categorias ou terminologias como as de Novo Mundo[24] ou centro-periferia.

Os limites para o pleno exercício de uma história de dimensão atlântica

A agenda proposta pela história atlântica, contudo, ainda não foi cumprida. Mesmo abordando novos temas, inquirindo de maneira diferente, valorizando o papel ativo das populações nativas, reconhecendo os fluxos e refluxos de homens, mulheres, doenças, dietas, espécies de fauna e flora, microrganismos, mercadorias, religiões e crenças que geraram processos históricos novos, essa corrente ainda conserva um estilo narrativo e analítico de extensão da história dos reinos europeus e da formação dos impérios em uma perspectiva das histórias nacionais.

Os textos desta coletânea se enquadram nessa questão, que deve ser vista como desafios ainda não superados por um movimento historiográfico. John Russell-Wood, antes de tudo, é historiador de um Atlântico específico e esse Atlântico é o português. Mas em que medida é possível alcançar uma história sem território, que explora apenas sistemas derivados de interações humano-culturais-econômicas em torno, no e através do Atlântico?[25]

Um caminho para a superação dos limites nacionais pode ser o da metodologia comparativa, mas ainda não foi possível, inclusive pelas próprias barreiras linguísticas, estabelecer grandes linhas de conexão entre os problemas do Atlântico setentional e sul, de modo a conceber uma perpectiva global do mundo atlântico.

---

24 Expressão cunhada pelo humanista italiano Pedro Mártir de Angleria, no contexto das viagens de Cristóvão Colombo. Em 1516 publicou o livro *De orbe novo* ("Sobre o Novo Mundo").

25 Games, op. cit., p.749.

Em 1977, no texto que faz parte desta coleção, "O governo local na América portuguesa", John Russell-Wood sugeriu o recurso a essa metodologia. Naquele momento ele se debruçou intensamente sobre um tema que pouco despertava interesse na historiografia brasileira, como o da administração municipal, evocando o valor de investigações de caráter comparativo.

O ponto de partida da investigação, portanto, deve ser aquele dos processos comuns de norte a sul do Atlântico, tal qual alertou John Elliot na introdução de um de seus últimos livros,[26] a exemplo do que acontece com o tema do governo local, como considerava Russell-Wood, pois por toda a costa da América do Norte, nos sertões, fronteiras e litoral do Brasil, instituições de governo com atribuições administrativas locais foram transferidas da Europa e se aclimaram aos ambientes histórico-sociais encontrados. Segundo ele, temas como esses podiam ser motivadores para que historiadores se engajassem em investigações de dimensão comparativa em nível do que ele próprio chamou de história e cultura do Atlântico.

A história atlântica tem, portanto, um caráter político, e John Russell-Wood, sem deixar escapar a função principal do historiador, ou seja, de investigador crítico do passado a partir de vestígios das mais variadas proveniências, mencionou sempre em textos como estes, ora publicados nesta coletânea, essa necessidade de uma maior integração entre historiografias herdeiras de tradições e problemas, em muitos aspectos, comuns.

Desse texto escrito em 1977 que advertia para a importância da postura engajada em prol de uma história do Atlântico e da cultura atlântica aos dias atuais houve certamente avanços, mas prevalecem ainda formulações assentadas em contexto das histórias de um reino específico, da diáspora de uma nação concreta a uma escala colonial ou como peça constitutiva de um *puzzle* que visa a compreensão de um determinado império.

É essa a perspectiva que norteia a estrutura de muitas coletâneas sobre o mundo atlântico e sobre as identidades coloniais formadas em contexto atlântico, como a já apontada *Atlantic History*, dirigida por Jack P. Green e Philip Morgan, que reúne ensaios

26 Elliot, *Empires of the Atlantic World: Britain and Spain in America, 1492-1830*.

sobre o "Atlântico português", o "Atlântico francês", o "Atlântico holandês", escritos por historiadores de denotado mérito; ou a *Colonial identity in the Atlantic World*, dirigida por Nicholas Canny e Anthony Pagden, que segue uma organização semelhante: formação de uma identidade colonial no Brasil, na América espanhola, na América britânica.[27]

Essa compartimentação reflete uma das dificuldades com que os historiadores do *mundo atlântico* inevitavelmente se deparam: a impossibilidade de incluir e relacionar coerentemente a totalidade do Atlântico, devido à multiplicidade e complexidade de componentes geográficos e históricos que o caracterizam, as limitações para a reunião de dados empíricos e, ainda, aos constrangimentos inerentes à formação ou aos interesses específicos de cada historiador.

Entre os impérios português, inglês, holandês e francês existe ainda a barreira linguística, e entre o português e o espanhol parece pairar ainda a herança de rivalidades históricas que impedem a maturação de um diálogo e esforço comparativo mais efetivo.

Muitos dos autores da História Atlântica consideram que o Atlântico enquanto unidade de estudo não é menos coerente do que o Mediterrâneo estudado por Fernand Braudel, apesar das extensões enormes das massas continentais que o rodeiam, da infinidade de climas e microclimas que o caracterizam, das populações que habitavam em seu redor e da pluralidade das línguas que falavam.

Esses condicionantes certamente tornam o estudo sobre a civilização do Atlântico um grande desafio, e Russell-Wood tinha plena consciência disso. Diante desse cenário acadêmico, em certa medida limitado por referenciais nacionais, pode-se considerar que John Russell-Wood foi predominantemente um historiador da história do Atlântico em uma dimensão portuguesa e do sul.

Mas antes de tudo estava consciente das dificuldades a ser enfrentadas por alguém que abraçasse essa causa teórico-metodológica, e especialmente para os historiadores do império português esse era um grande desafio. Essa proposta não teve muitos adeptos entre os estudiosos do Atlântico português. O contrário ocorreu

---

27 Canny; Pagden (Orgs.), *Colonial Identity in the Atlantic World 1500-1800*.

com o Atlântico britânico. Entre 1996-2004, nos seminários da História do Mundo Atlântico, promovidos pela Universidade de Harvard, 268 trabalhos eram sobre o Atlântico britânico e 9 sobre o Atlântico português.[28]

Em conferência proferida na Unesp em 2009, ele considerava, sem deixar de reconhecer as dificuldades metodológicas que isso implicava, que nada existia em isolamento nessa bacia oceânica, onde tudo repercutia e onde instituições se desfragmentavam para formarem outras. As dificuldades sentidas perante um ambiente repleto de complexidades e diversidades podem tê-lo levado a se autodenominar um neófito nesse ramo da história.[29]

Um império transcontinental, originado dos movimentos de fluxo e refluxo humanos, de ideias e espécies nos mundos do Atlântico e além (português) é a principal ideia-chave que dá unidade aos textos desta coletânea. Por isso o título, "Histórias do Atlântico português", algo que tomamos a liberdade de modificar em relação ao originalmente dado por John Russell-Wood: "O Atlântico luso-brasileiro". Nesta coletânea o leitor encontrará muito mais do que Portugal e Brasil, mas também África e Ásia, o que faz da história do Atlântico, discordando de Bernard Bailyn,[30] uma síntese da história global.

Ângela Domingues (Instituto de Investigação Científica Tropical, Lisboa)

Denise Moura (Unesp)

Lisboa, Franca, São Paulo, Baltimore – junho de 2014

***

28 Games, op. cit., p.744.

29 Russell-Wood, Sulcando os mares: um historiador do império português enfrenta a "Atlantic History". *História*, v.28, n.1, p.20.

30 Safier, Neil, Atlantic Soundings: A Conversation with Bernard Bailyn, *Atlantic Studies*, v.7, n.4, p.365-71.

Agradecimentos

As organizadoras deste volume agradecem em primeiro lugar à família de John Russell-Wood, especialmente à sua esposa, Hannelore, e a seu filho, Karsten Russell-Wood, por oferecerem todas as condições para que este livro pudesse ser concluído, inclusive permitindo o pleno acesso ao escritório e à biblioteca de John Russell-Wood antes de sua transferência para a Universidade Federal da Bahia. Algumas instituições foram de extrema gentileza e pronta disposição em oferecer isenção de direitos autorais sobre alguns textos reproduzidos nesta coletânea. Destaco os periódicos acadêmicos brasileiros *Topoi* (Departamento de História da Universidade Federal do Rio de Janeiro) e *Tempo* (Universidade Federal Fluminense); *Portuguese Studies*, publicado pela Modern Humanities Research Association (MHRA, Reino Unido), a University of Tennessee Press e o Seminar on the Acquisition of Latin American Library Materials (SALALM, México). Agradecemos ainda ao historiador holandês Ernst Pijning pelo envio de cópias digitais de alguns textos originalmente em inglês e até então disponíveis apenas em formato impresso. Por fim, um agradecimento final é devido à Editora Unesp, sem a qual esta homenagem *in memoriam* a John Russell-Wood não poderia ser concretizada.

ANTES DE COLOMBO: O PRELÚDIO AFRICANO DE PORTUGAL À PASSAGEM ATLÂNTICA E SUA CONTRIBUIÇÃO À DISCUSSÃO SOBRE RAÇA E ESCRAVIDÃO[1]

Em 1992, da China ao Peru, realizaram-se exposições, conferências e simpósios relativos aos quinhentos anos da primeira viagem de Cristóvão Colombo e sua "descoberta" da América. Para alguns, era uma data a comemorar – a viagem memorável de um navegante extraordinário que retornou para contar a história da travessia europeia do Atlântico e da revelação de um continente até então desconhecido dos europeus, com a subsequente migração, assentamento, colonização e exploração dos recursos minerais, bem como do potencial agrícola e comercial, da nova terra. Os nativos americanos, no entanto, não tinham o que celebrar. Para eles, o ano de 1492 marcou o início de sua dizimação, por meio de doenças, subjugação, reassentamento e trabalho forçados, captura das terras tribais e aniquilação ou erosão de suas culturas. Tampouco se tratava de uma data feliz para os africanos e seus descendentes. Um estudioso referiu-se a meio milênio de humilhações que eles sofreram nas Américas desde a chegada de Colombo, em 12 de outubro de 1492, a um conjunto de ilhas que viriam a ser chamadas de Bahamas (veja Van Sertima, 1976, p.27-8).

1 Tradução de Sonia Midori Yamamoto.

Meu objetivo neste capítulo é tomar 1492 não como o começo, mas como o fim de uma era. O meio século que precedeu a esse ano testemunhou o início de um comércio de escravos exclusivamente marítimo da África subsaariana à Europa. Some-se a isso uma dimensão americana e temos como resultado modificações a tudo que havia sido institucionalizado antes de 1492. Na Portugal de meados do século XV, pontos de referência foram estabelecidos para uma futura discussão sobre raça e escravidão e para debates destinados a censurar teólogos, juristas e estadistas no século XVI, preocupar os pensadores do Iluminismo e assumir tons nacionalistas na polêmica do século XIX sobre a abolição da escravidão e do comércio escravagista.

Para compreender bem a situação, é necessário examinar o pano de fundo do comércio escravagista antes de Colombo, da África Ocidental e Central para Portugal. A primeira intrusão europeia em território africano, no início do período moderno, ocorreu em 1415, quando uma tropa portuguesa tomou Ceuta. Isso foi motivado, entre outras razões, por interesses militares e religiosos em exercer pressão adicional sobre os mouros em Granada; pela necessidade de uma base segura de onde atacar navios mouros; por pressões domésticas sobre o rei português; pela esperança de explorar as rotas – ou, de preferência, alcançar as fontes – do ouro africano; e o desejo de pilhagem, de acesso às colheitas mouras de grãos e de aquisição de terras férteis para expandir as receitas provenientes da agricultura (veja Livermore, 1965, p.3-13; Beazley, 1911, p.11-23; Ricard, 1955, p.3-78; também Boxer, 1969, p.15-38). Se até então o infante d. Henrique (erroneamente conhecido pelas nações de língua inglesa como "o Navegador") tinha ouvido somente rumores sobre o comércio transaariano de ouro, em Ceuta ele conheceu detalhes não só do comércio, mas também da importância da região de Tombuctu. Ele estabeleceu como objetivo alcançar a África Ocidental por mar e, assim, esperava frustrar o domínio muçulmano na África do Norte. Com um histórico instável no Marrocos, notadamente a desastrosa expedição contra Tânger (1437) e o posterior êxito em Alcácer-Ceguer (1458), Portugal seguiu uma política de exploração, colonização e comércio. Entre a descoberta, ou redescoberta, do arquipélago da Madeira (1419) e o ano de 1492, os portugueses viajaram intensamente pelo

Atlântico africano, tirando proveito dos sistemas de correntes e ventos. Ao final da década de 1420, eles haviam chegado às Ilhas Canárias e aos Açores. A década seguinte assistiu às colonizações portuguesas da Madeira e dos Açores. Crucial foi a passagem de Gil Eanes (1434) pelo Cabo Bojador. Caravelas chegaram ao Senegal e a Cabo Verde em 1445 e à Serra Leoa em 1460; exploraram o Golfo da Guiné e suas ilhas (em especial, São Tomé e Príncipe) na década de 1470; e cruzaram o Equador em 1474-1475. Diogo Cão (1482-1484) alcançou o Congo e Walvis Bay, no extremo sul da Namíbia moderna.[2] Com exceção à viagem de Diogo Cão, as outras foram financiadas pela iniciativa privada, ainda que sob a égide da Coroa ou de concessionárias reais. Em 1488, Bartolomeu Dias circundou o Cabo da Boa Esperança; com isso, abria-se a rota marítima para o Oceano Índico. Embora a África, ao contrário do continente americano antes de 1492, não existisse em mútuo isolamento da Europa ou Ásia, o fato de a África Central tornar-se mais conhecida fora do continente africano deveu-se sobretudo aos portugueses.

Em 1492, os portugueses detinham excelente conhecimento da costa africana até mais ao sul, no norte de Angola.[3] Nisso, eles não estavam sozinhos entre os europeus, nem, na realidade, essa prática limitava-se aos filhos da Península Ibérica. Um desses indivíduos foi um genovês chamado Cristóvão Colombo. Tendo naufragado ao sul de Portugal a caminho da Inglaterra no final da década de 1470, Colombo havia se juntado ao irmão Bartolomeu em Lisboa no negócio de cartografia e livraria e se casado com a filha do donatário de Porto Santo. Aí ele aprendeu de primeira mão sobre o oceano que cercava o arquipélago da Madeira e, em Lisboa, estudou cartas náuticas e livros. Colombo tomou plena consciência da importância das Ilhas Canárias a qualquer travessia oceânica e da probabilidade de existência de outros arquipélagos. No início da década de 1480, ele navegou até o Golfo da Guiné em uma caravela portuguesa e descobriu que, para retornar a Portugal,

2 Um excelente panorama dessa fase pode ser encontrado em Serrão, p.119-202. Veja também ensaios de Meneses, p.79-114.

3 Um exemplo é o "livro da cosmografia e navegação" de Pereira, v.79. O estudo mais abrangente é de Carvalho, 1983.

as embarcações tinham de manobrar para o sul e, assim, pegar as correntes equatoriais que poderiam levá-las para o noroeste até a corrente do Golfo, que, associada aos ventos do oeste do Atlântico Norte, finalmente as levaria até a Europa. Esse conhecimento permitiu que ele navegasse rumo ao oeste em 1492, confiante de um retorno tranquilo. Em Portugal, Colombo tomou conhecimento de uma carta, escrita por Paolo dal PozzoToscanelli em 1474, postulando uma rota oeste até as Ilhas Molucas (Diffie; Winius, 1977, p.166-72).

Rotas terrestres permitiam o comércio e as trocas entre a África subsaariana e as terras às margens do Mediterrâneo. O problema era que os muçulmanos dominavam essas rotas, bem como a África do Norte e, assim, bloqueavam o acesso da Europa cristã a regiões ao sul do Saara que, de acordo com relatos de mercadores judeus, possuíam potencial comercial. Corriam rumores de grandes rios, em especial de um Nilo a oeste, de ouro, de uma terra habitada por negros chamada Bilad Ghana, e de um entreposto comercial chamado Tombuctu. Também havia rumores da existência de monarcas cristãos, notadamente um poderoso chamado Prester John, que vivia nas "Índias" e que, no século XV, foi identificado com a Etiópia (Blake, 1937, p.4; Curtin, 1990, p.29-38; Rogers, 1962, p.103-4). Acreditando que alguns dos principais rios da África Ocidental eram extensões do Nilo, os portugueses presumiram que a costa oeste africana estava mais próxima da Etiópia do que na realidade estava. A persuasiva mescla de ficção, falácia e obsessão estimulou a exploração portuguesa de terras e povos anteriormente desconhecidos dos europeus (Pereira, 1937, v.I, caps.4, 5, 27; v.2, cap.7).[4]

De acordo com historiadores, não foi a busca por uma reserva de mão de obra que primeiro estimulou essa exploração. Ao contrário, d. Henrique esperava disseminar o Evangelho cristão

4 Duas obras de síntese desse período são Fernandez-Armesto, 1987, e Philips Jr., 1985. Enquanto o primeiro sugere que as viagens de Colombo e seus sucessores foram resultado da exploração e do comércio no Mediterrâneo no final da Idade Média, o segundo traça a trajetória da escravidão de Roma até a Europa medieval e renascentista, regiões islamizadas, ilhas atlânticas, África subsaariana e América.

e derrotar os baluartes muçulmanos na África do Norte. Ele também esperava algum dia fazer contato com o lendário Prester John como um primeiro passo para uma expedição militar conjunta contra o Islã e com a finalidade de desbaratar o comércio islâmico. Além disso, havia também o chamariz da exploração pela exploração, o comércio, a expansão das áreas pesqueiras, a busca por uma rota marítima para levar ouro do Oeste Africano para Portugal ou encontrar fontes de renda para cobrir despesas ordinárias. Se d. Henrique ou qualquer outro português estava ciente do pleno potencial comercial dessas aventuras é uma questão em aberto, mas a experiência revelaria que, por um desembolso de capital comparativamente modesto, os rendimentos eram de tal monta que não só cobririam o investimento inicial como também gerariam um lucro razoável. Os africanos negros levados a Portugal a bordo de caravelas exploratórias não eram vistos lá como precursores de um comércio de escravos, mas eram transportados para a Europa como exemplos de seres humanos exóticos, uma prática que mais tarde se alastraria – fosse com nativos americanos, indianos ou chineses.

Vinte e cinco anos se passariam entre as primeiras viagens portuguesas ao longo da costa noroeste da África e a primeira captura de prisioneiros em Rio do Ouro (atualmente Río de Oro) por Antão Gonçalves e Nuno Tristão, em sua viagem de 1441. Quando se soube que essas viagens podiam não só ser autossustentáveis, mas também gerar lucro, o ritmo das explorações se acelerou, os aportamentos na costa e nas ilhas no Oeste Africano aumentaram e as atividades portuguesas assumiram um caráter comercial e político marcadamente agressivo. Nas décadas de 1450 e 1460, o comércio de mercadorias e pessoas havia se tornado lugar-comum. Em 1448, uma *feitoria* (entreposto comercial) foi estabelecida em Arguim. O tratado de Alcáçovas (1479) assinalou o fim da rivalidade castelhana-portuguesa, com os castelães renunciando aos direitos sobre a África Ocidental (Blake, 1937, p.41-56; Barros, 1945-1946, p.46: I: v.1-3). Em 1482, os portugueses estabeleceram uma presença permanente no Golfo da Guiné construindo o forte de pedra de São Jorge da Mina, que eles mantiveram até a conquista holandesa de 1638. A Elmina, como essa fortaleza ficou conhecida, foi a primeira de uma série de "casas-fortes" portuguesas. Outro forte foi construído em Serra Leoa, que mais tarde, porém, teve de ser abandonado. Já o de Byhurt em Senegâmbia não foi terminado antes do fim do reinado de d. João II em 1495. No início do século XVI, fortes foram erigidos em Axim (1503), Samma e Acra; o de Santa Marta foi construído na Ilha de Santiago, Cabo Verde; e em 1506 havia um pequeno em São Tomé (Blake, 1937, p.98-105; Lawrence, 1963). Por grande parte do século XV, as atividades portuguesas na África Ocidental e Central restringiram-se a essas feitorias e fortalezas. Foi somente após a abertura da passagem sudeste para o Oceano Índico que os portugueses embarcaram no que se chamou de "política de expansão". Até então, eles haviam atuado como exploradores e empreendedores, deslocando-se para novas regiões e buscando consolidar ganhos políticos, diplomáticos ou comerciais, antes de prosseguir ao longo da costa.

Antes de 1454 e no período de 1480 a 1530, os portugueses mantiveram um monopólio virtual sobre o comércio europeu com a Alta Guiné e a Baixa Guiné. Esse comércio desenvolveu-se em torno da troca de ouro, marfim, pimenta-malagueta, couro, âmbar-gris, cera, goma, esteiras, tecidos e escravos por mercadorias do norte da Europa, Portugal e Marrocos. A demanda por produtos importados europeus parece ter sido impulsionada por preferências de consumo dos africanos, sua vaidade, a mudança de gostos e o prestígio associado à posse desses importados, e não por tecnologia inadequada, escassez de produção, má qualidade ou necessidade de produtos que não podiam ser atendidas por fontes africanas (Thornton, 1992, p.43-53). Fortes portugueses e entrepostos comerciais na África Ocidental, nas ilhas do Atlântico e no Golfo da Guiné tornaram-se parte de uma diáspora comercial que incluía centros comerciais portugueses no Marrocos e agentes comerciais portugueses na Andaluzia, em Londres, Antuérpia e Veneza, além de no extremo norte em Danzig. A revelação de um "Novo Mundo" por Colombo e seus sucessores, a abertura por Vasco da Gama da Rota do Cabo para a Índia em 1498 e a chegada de Pedro Álvares Cabral à costa do Brasil em 1500 exerceram pouco impacto imediato sobre essas lucrativas trocas entre África e Europa, nem foram os valores das *commodities* solapados ou inflados pelos primeiros aportamentos no continente americano. Na realidade, a lucratividade desse comércio africano inspiraria as incursões de franceses e ingleses à Alta Guiné após 1530. A alta dos custos incorridos pelos portugueses na tentativa de manter afastados os intrusos, e não os efeitos colaterais da viagem de Colombo, levaria à redução do investimento português na Guiné no final do século XVI.

O meio século que precedeu a 1492 pode ser analisado a partir de cinco perspectivas: os encontros dos portugueses com os africanos na África; o comércio português de escravos africanos; a presença africana em Portugal; as atitudes em relação aos africanos e seus descendentes em Portugal; e o legado do século XV ao Brasil colonial.

Os encontros dos portugueses com os africanos na África

No decorrer do século XV, os contatos portugueses com a África, da Mauritânia ao Congo, ocorreram primordialmente no contexto do comércio. Na esteira das razias contra vilas no litoral saariano, os portugueses ingressaram em meio século de paz e amizade com os líderes na África subsaariana ou estabeleceram relações colaborativas de trabalho com intermediários africanos e fornecedores de escravos e outras mercadorias. A negociação era um pré-requisito essencial para as trocas. Assim como os potenciais comerciantes com a África Ocidental tinham de obter licenças antes de lançar-se ao mar em Portugal, eles também precisavam obter permissão dos governantes locais antes de iniciar suas trocas com empreendedores africanos. O alemão Martin Behaim e o veneziano Alvise da Cà da Mosto descreveram acordos na década de 1450 entre líderes portugueses e locais na Senegâmbia, tal como o *mansa* Niumi. Mais tarde, acordos foram fechados com o rei de Benim (Tinhorão, 1988, p.66-70; Ryder, 1969, p.24-41).

Seja por tácito reconhecimento de sua escassez de recursos humanos, de sua vulnerabilidade militar ou de sua falta de familiaridade com tradições e costumes locais, e também com redes de comércio (ou por uma combinação desses três fatores), os portugueses empreendiam todos os esforços para cooperar com comerciantes e líderes locais. Um primeiro passo nessa direção foi ensinar a língua portuguesa a africanos para que pudessem atuar como intérpretes. Outro foi usar *lançados* ou *tangomãos*, prisioneiros brancos que eram desembarcados na expectativa de que se africanizassem e atuassem como intermediários em iniciativas comerciais ou diplomáticas portuguesas mais adiante. Em muitos casos, porém, eles se tornaram comerciantes e mediadores ilegais, escapando ao controle das autoridades portuguesas. Ao nos referirmos aos empreendimentos comerciais portugueses na África Ocidental, uma distinção deve ser feita entre os negociantes ilegais, os que operavam sob a égide da Coroa e os independentes de Cabo Verde. Durante essa fase de sua história na África Ocidental e Central, os portugueses não fizeram ingerência em redes comerciais já existentes (como mais tarde seria o caso no Oceano Índico), nem se afirmaram territorialmente. Eles também não pretendiam impedir o comércio fluvial ou a navegação dos africanos, nem houve qualquer esforço sustentado de convertê-los ao catolicismo ou erradicar o que eram – para os portugueses – costumes e práticas "bárbaras".[5]

Em 1490, ocorreu um breve afastamento dessa estrutura predominantemente comercial. Os portugueses haviam chegado ao reino do Congo na década de 1480, e em 1490 uma missão foi enviada para lá de Portugal em resposta ao interesse demonstrado pelo rei Nzinga Nkuwu em outras questões além das comerciais. A permuta proposta nessa ocasião envolvia assistência técnica, operações militares, evangelização e ligações políticas entre Congo e Portugal. Inicialmente, houve um bocado de erros de informação e mal-entendidos de ambos os lados. Desde o começo, a força propulsora foi o monarca congolense que pretendia uma relação de rei para rei. Alguns anos antes, expectativas de tal relacionamento haviam levado o banido príncipe Bemoim (como era conhecido em Portugal) a deixar o Senegal e partir para Setúbal a fim de pedir auxílio pessoalmente a d. João II. Após seu ingresso formal em Lisboa, seguido de orientação e batismo, a ele foi concedida ajuda na forma de uma força expedicionária de vinte caravelas (Pina, 1950, cap.37).

---

5 Somente após 1510, d. Manuel demonstrou preocupação com o lado espiritual da existência de escravos e as deficiências de qualquer orientação religiosa que eles possam ter recebido. Veja Saunders, p.40-2.

No caso do Congo, o rei africano esperava expandir o comércio e obter assistência militar e técnica por meio dessa nova relação. Não fica claro se o aparente interesse no cristianismo, que foi adotado com entusiasmo ao menos pelos quadros reinantes, era sincero ou se representava uma avaliação perspicaz de que esse era um meio de atrair os portugueses para o relacionamento. Ou, então, se era tido como mais um fator capaz de reforçar suas crenças religiosas e as relações com o divino ou o sobrenatural. O fato de os portugueses chegarem por mar sugeria uma qualidade sobrenatural aos intensamente religiosos povos africanos, que os viam como possuidores de poderes ocultos. O rei Nzinga Nkuwu foi batizado em 1491 e adotou o nome de João I. Seu filho e herdeiro também foi batizado, mudou de nome e governou como Afonso I (1506-1543). No final do século XV, foram lançadas as sementes que levaram o rei do Congo a adotar nomes, costumes, vestimentas, leis, a religião, a etiqueta da corte, a insígnia de soberania, a arquitetura residencial e militar e até mesmo um modelo europeu de planejamento urbano, bem como a enviar rapazes congolenses a Portugal para estudar e, em troca, permitir que padres, comerciantes, administradores e consultores técnicos portugueses residissem na capital de São Salvador do Congo. Na década de 1520, as pressões e os lucros do comércio escravagista começaram a minar essa relação. Também foi um exercício de desilusão mútua: as expectativas do Congo de assistência militar e técnica da Europa não se concretizaram; os anseios de Portugal de encontrar Prester John no país africano logo se dissiparam, e as avaliações iniciais das riquezas do reino provaram-se superestimadas. O Congo ilustra a europeização de um povo africano e a africanização de europeus, bem como o surgimento de poderosos comerciantes mulatos (Pina, 1952, cap.57-63; Randles, 1968, p.87-96, 183-95; Balandier, 1968; Birmingham, 1966).

O comércio português com a África

Segundo uma prática europeia de longa data – exemplificada pelos comércios escravagistas estabelecidos pelas repúblicas de Veneza e Gênova –, territórios remotos supriam escravos para os centrais (Verlinden, 1955).[6] Portugal, por demais distanciado do ciclo mediterrâneo de oferta e procura para obter escravos do Mar Negro, da Crimeia ou da região do Cáucaso, estava atento para fontes alternativas de mão de obra. Ataques a navios mouros no Estreito de Gibraltar ou em trânsito entre Marrocos e Granada, bem como investidas contra os guanches, o povo nativo das Ilhas Canárias, rendiam força de trabalho aos portugueses. Atos ostensivos de pirataria eram conduzidos à guisa de ofensivas armadas contra não cristãos, desse modo conferindo honradez a seus nobres participantes. Essas atividades primeiramente expuseram os portugueses aos negros subsaarianos em trânsito do Magrebe para Granada. Os guanches eram considerados alvos lícitos por portugueses, catalães e andaluzes por serem tidos como "pagãos", mas eles continuaram a ser escravizados mesmo após a colonização cristã de algumas ilhas das Canárias. Estimou-se que 50 mil guanches, cerca de dois terços da população do arquipélago, foram reassentados à força na Península Ibérica e na Madeira até 1450. Na época dos primeiros ataques escravagistas na África Ocidental na década de 1440, os portugueses também estavam invadindo as Ilhas Canárias visando os guanches como escravos. Um terceiro método de obter mão de obra era conduzir incursões a vilas costeiras do Magrebe a partir de bases portuguesas no Marrocos e Algarve. A partir de 1441, ataques também foram realizados a vilas azenegues do litoral saariano. Doze azenegues de pele escura capturados em investidas à costa da Mauritânia foram transportados a Portugal por Antão Gonçalves e Nuno Tristão. Em 1444, 235 negros e azenegues aportaram em Lagos. Entre 1444 e 1446, as capturas foram feitas em Río de Oro, Arguim e ilhas ao sul de Arguim (Godinho, 1963-1965, v.2, p.520-3; Zurara, 1960, cap.12-4).[7]

No final da década de 1440, os portugueses começaram a mudar seu modo de operação. As incursões foram substituídas por trocas ou aquisições. O militarismo cedeu lugar ao comércio com muçulmanos e fornecedores negros. Os conceitos de cruzada

6 Sobre a escravidão na Portugal medieval, veja Heleno, 1933.

7 Para discussão sobre discrepâncias em números, veja a edição definitiva de Bourdon, 1960, p.17, n.3 e p.108, n.3.

ou da "guerra justa" foram substituídos por um mercantilismo desenfreado. Um entreposto comercial foi estabelecido na ilha de Arguim e um contrato monopolista de dez anos firmado pelo infante d. Henrique e um consórcio. O entreposto foi substituído em 1461 por um forte e o contrato comercial por um monopólio real, que foi arrendado. Isso marcou a gênese das relações bilaterais afro-portuguesas em vez da invasão europeia. Essas relações evoluíram em três fases durante o século XV (Tinhorão, 1988, p.43-70).

Nômades mouros do Saara, que se locomoviam com camelos e operavam a partir de oásis na África do Norte, negociavam com o Sudão muito antes da chegada dos portugueses. De Uadam, três grandes rotas levavam a Magrebe, Túnis e Cirenaica. Nômades a camelo negociavam com comerciantes sudaneses permutando cavalos, seda, prata e sal por ouro em pó e escravos negros. Com a chegada dos portugueses à África Ocidental, os nômades começaram a perder o monopólio do comércio entre a África mediterrânea e Granada e a África subsaariana. Embora a única sobreposição significativa entre as *commodities* oferecidas pelos portugueses e as dos nômades fossem os cavalos marroquinos, os portugueses ofereciam aos comerciantes negros mercadorias alternativas como tecido, roupas e cobertores, trigo (inicialmente da Madeira e depois do Marrocos) e até mesmo melaço marroquino. Essa lista logo passou a incluir artigos do norte tanto da Europa quanto da África: estribos, selas, braceletes e tigelas de cobre, coral vermelho e contas de vidro.

No século XVII, caravanas ainda transportavam ouro do sul do Saara para Fez e Marrakech, mas então os portugueses haviam desviado para si grande parte do comércio, antes nas mãos de caravanas de camelos transaarianos, utilizando uma rota marítima, que oferecia uma alternativa mais rápida à rota através do Saara para o Mediterrâneo.[8] Os africanos foram incapazes de enfrentar o desafio português. Os sistemas de correntes que facilitavam a passagem marítima da Europa para a África Ocidental bloquea-

8 Sobre o conflito entre caravanas e caravelas, veja Godinho, 1963, v.1, p.153-202 e o mapa final das rotas comerciais no Nordeste africano ao final do século XV, em v.2.

vam efetivamente o acesso ao Mediterrâneo dos marinheiros da África Ocidental, embora eles possuíssem embarcações capazes de empreender tal viagem.

Outro importante desdobramento nessa região foi a chegada de europeus, entre 1444 e 1460, ao longo da costa da Guiné até o sul, seguindo para a moderna Serra Leoa, que passara a negociar escravos e ouro.[9] Governantes e comerciantes africanos colaboravam com os portugueses. Em meados da década de 1450, o comércio escravagista havia se transferido para o Senegal e Cabo Verde. Os uólofes, que ocupavam o interior e parte da costa ao sul do Senegal, assinaram tratados com os portugueses concordando em supri-los com africanos.[10] Até a virada do século, entre duzentos e quatrocentos escravos por ano foram comercializados a partir do Rio Senegal. O povo uólofe era receptivo à troca de africanos por mercadorias trazidas pelas caravelas portuguesas que navegavam rio acima até a feira comercial em Tucuror. De Cabo Verde à Gâmbia, porém, a recepção dada pelos africanos aos portugueses variava. Relações comerciais foram estabelecidas em torno do Rio Salum. Ao longo da segunda metade do século XV, escravos foram exportados dos portos de Andam e Ale. Na década de 1450, os mandingas da Gâmbia assinaram acordos de "paz e amizade" com Diogo Gomes e Cà da Mosto. O rei (*mansa*) de Bati forneceu escravos a comerciantes europeus, e essa fonte prosperou pelo restante do século.

Na costa, mercadores africanos trocavam escravos por cavalos. Comerciantes nas feiras de Cantor permutavam *commodities* levadas para Gâmbia pelas caravelas portuguesas por ouro, marfim e escravos. Ao final do século XV, os mandingas e os uólofes do Rio Casamansa também negociavam escravos, algodão e almíscar em troca de produtos importados portugueses: cavalos, lona vermelha e o cobiçado e valioso ferro. Esse comércio era tão próspero, e as relações tão cordiais, que os mercadores portugueses residiam na

---

9 Isso e o que vem a seguir basearam-se em Godinho, 1963-1965, v.2, p.525-35; veja também Blake, 1937, p.26-40.

10 "Neste tempo o negócio de Guiné andava já mui corrente entre os nossos e os moradores daquelas partes, e uns com os outros se comunicavam em as cousas do comercio com paz e amor" (Barros, 1945-46: 1: 2: p.2).

corte real. Também na década de 1450, os mandingas e os banyuns do Rio Cacheu começaram a negociar com os portugueses, e os europeus foram convidados a morar na corte do *farim* de Braço, Guoguolii e Beafar no Rio Geba, com os comerciantes dos rios Geba, Buguba e Nuno; estabeleceram-se relações comerciais com africanos permutando escravos, marfim, couro, almíscar, algodão e outras *commodities* por braceletes de bronze, cobertores alentejanos, roupas de algodão e cavalos. Dali para o sul, rumo à Serra Leoa, comerciantes locais ofereciam aos europeus escravos, ouro e marfim em troca de utensílios de metal, contas e lona vermelha.

A década de 1470 marcou o início de uma terceira fase na exportação de escravos. Essa atividade concentrou-se no Golfo da Guiné, explorada por Fernão Gomes, que tomou contato com o ouro da Costa do Ouro e pimenta-da-guiné de Benim. Em 1482, os portugueses estabeleceram seu maior porto e entreposto na África Ocidental: São Jorge da Mina. Dali escravos eram retirados da Costa da Malagueta a oeste (na época, designando a costa desde a Serra da Leoa até o Cabo Palmas) e do Rio dos Escravos a leste. São Tomé e Príncipe supriu escravos que eram transportados para Elmina. São Tomé tornou-se um porto de escala para escravos do Congo e Benim.

Em 1485, os portugueses alcançaram o reino do Benim. Fundaram um entreposto comercial em Ughoton no Rio Formoso em 1486 (que seria abandonado antes de 1495 por causa de sua localização insalubre) e contavam com agentes comerciais em Benim (Ryder, 1969, p.30-41). Dados sobre escravos levados a Elmina no século XV são incompletos, mas, ao que tudo indica, de agosto de 1504 até janeiro de 1507, foram 440 escravos. Com relação à interação dos portugueses com o Congo, a missão de 1490 teve uma ampla agenda, mas no início do século XVI o interesse português no país centrava-se quase exclusivamente em escravos. Os objetos pelos quais esses escravos eram permutados diferiam pouco daqueles considerados aceitáveis mais a oeste: braceletes e utensílios de cobre, tecido, coral, cauris e até prata. Também havia objetos de origem africana, adquiridos pelos portugueses em troca de *commodities* da Europa ou do Marrocos, e pelos quais havia demanda em outras regiões da África. Por exemplo, noz-de-cola de Serra Leoa em demanda na Senegâmbia; cortiça do Congo levada para venda em Benim; contas (*coris*) confeccionadas com uma pedra azul com veios vermelhos ou amarela e cinza, disponíveis em Benim e transportadas para Elmina; e contas amarelas (*alaquequas*) levadas do norte africano para Senegâmbia (Thornton, 1992, p.48-9, 52). Além de escravos, os portugueses adquiriam marfim, pimenta--malagueta, ouro em pó e braceletes, algodão, couro e papagaios.

Elmina marcou uma ruptura significativa das práticas anteriores. Não somente era o ponto de convergência para escravos trazidos das regiões oeste e leste ao longo da costa e para escravos das ilhas do Golfo da Guiné, que eram então reexportados para Cabo Verde e Madeira bem como para Portugal, mas também havia reexportação a partir de Elmina de escravos necessários para atender à demanda africana por mão de obra em regiões florestais de extração de ouro e por carregadores para transportar ouro e outras mercadorias do interior para a costa e cargas de tecido, bronze e outros itens de permuta da costa para o interior. Duarte Pacheco Pereira visitou a cidade de Benim várias vezes e descreveu como os prisioneiros de guerra eram vendidos a baixo preço aos portugueses, que os transportavam a Elmina, onde eram revendidos a comerciantes locais em troca de ouro. Consta que os negociantes africanos de Elmina pagavam o dobro do preço que esses escravos renderiam em Portugal (Pereira, 1937: 2: cap.7, 8; Blake, 1937, p.93; Barros, 1945: 1: 3: p.3). No século XV, por causa da distância e do tempo adicionais envolvidos no transporte de escravos do Golfo da Guiné para Portugal, a maioria permanecia na região. Assim, era mais provável que os escravos que iam para Portugal e as ilhas do Atlântico fossem originários da Senegâmbia e rios da Guiné. Embora começassem como invasores e combatentes para comerciantes africanos, no decorrer do século XV os portugueses desenvolveram relações de trabalho com mercadores e líderes subsaarianos e tornaram-se intermediários em uma rede de oferta e procura pela qual africanos forneciam compatriotas como escravos a Portugal, que então os oferecia a outros africanos para atender a uma demanda africana por mão de obra. O comércio escravagista não podia mais ser justificado como uma cruzada ou um empreendimento nobre. Havia a situação anômala de portugueses fornecendo para pessoas a quem eles consideravam escravos gentios ostensivamente convertidos ao cristianismo.

Além do comércio para Portugal, o desenvolvimento econômico da Madeira (principalmente açúcar) e de Cabo Verde (açúcar e algodão) demandava escravos da África Ocidental. A prosperidade de ambos os arquipélagos estava associada ao suprimento de mão de obra do Oeste Africano. Para Cabo Verde, os números mantiveram-se reduzidos no século XV, mas Santiago já assumia um novo papel como ponto de distribuição de escravos importados da Guiné especificamente para reexportação, uma atividade refreada, porém, por um decreto real de 1518.

Um dos aspectos proeminentes desses encontros no meio século que precedeu a 1492 foi o baixo nível de conflitos e a ausência de guerras entre europeus e africanos subsaarianos. Isso contrastava sobremaneira com as tensas relações anteriores na África do Norte e Mauritânia, bem como as batalhas navais no Estreito de Gibraltar. Alguns atribuíam com cinismo a falta de uma agenda militar portuguesa a uma avaliação realista da carência de homens que Portugal poderia vir a manter no cenário africano. Mais próximo da verdade é o fato de que os portugueses perceberam que os negros da África Ocidental e Central eram capazes de reunir força e poder de fogo suficientes por terra e por mar, para repelir o desembarque de destacamentos portugueses (Thornton, 1992, p.36-40). Outro fator significativo nas regiões oeste e central da África do século XV foi que pouco esforço havia sido feito para estabelecer colônias portuguesas que não as de apoio a entrepostos comerciais e fortalezas. Os portugueses não precisavam conquistar ou colonizar uma região para atingir seus objetivos comerciais, e essa política não intervencionista eliminou uma fonte de conflito em potencial. Somente na fase congo-angolana no século XVI o conflito se desenvolveria, em decorrência das crises e tensões dinásticas internas da África criadas por uma busca cada vez mais agressiva dos portugueses pelo comércio escravagista e por ações de evangelização, que acabariam por levar a expedições militares portuguesas.

A era do "encontro" na África Ocidental durou mais de meio século e estendeu-se de Río de Oro ao Congo, colocando uma diversidade de povos africanos em contato com os portugueses. De modo geral, as relações entre africanos e europeus eram cordiais, embora por vezes coercitivas. Um fator que contribuiu para esse estado de coisas pode ter sido o fato de que o comércio europeu na Alta e na Baixa Guiné, exceto nos entrepostos e fortes, era restrito por problemas de navegação e climáticos, limitando-se aos meses de setembro a abril. Como um comandante africano observou, a irregularidade de tais contatos reduzia a probabilidade de tensões que poderiam advir do contato diário e também pode ter mantido as relações sexuais entre homens portugueses e mulheres africanas a um baixo nível na Guiné do século XV (Blake, 1937, p.13).[11]

Ao buscar tratados de "paz e amizade" com os africanos, os portugueses logo perceberam que careciam não só do contingente necessário para a guerra, mas também das habilidades linguísticas e de escambo necessárias, além de não estarem familiarizados com as práticas comerciais, desconhecerem as rotas terrestres e de abastecimento e não poderem ter acesso a fornecedores locais sem assistência africana. Desse modo, eles identificaram a importância de treinar intérpretes negros – africanos capturados e levados a Portugal para aprender a língua. Na década de 1450, um corpo desses intérpretes estava disponível em Portugal (Saunders, 1982, p.12). O fato de os portugueses terem obtido uma base comercial foi graças tanto aos intermediários africanos quanto a suas próprias habilidades como diplomatas ou comerciantes e por conseguirem explorar as redes existentes.

As relações cordiais que prevaleceram nesse período inicial estenderam-se aos mais altos níveis da liderança africana, como demonstram não só os tratados de amizade, mas também os muitos presentes enviados por líderes locais aos reis de Portugal. Por vezes, os presentes incluíam escravos. Em 1487, o príncipe uólofe Bemoim enviou a d. João II ouro e cem jovens escravos. Em resposta às primeiras abordagens dos portugueses, o rei do Congo enviou a d. João II presas de elefante, objetos de marfim e esteiras tecidas com fibras de palmeira. Em 1515, o rei congolês enviou 78 escravos a d. Manuel e sugeriu que os portugueses enviassem mais navios de São Tomé para fazer comércio com o Congo em

11 "Porque os amigos que se viam de tarde em tarde com mais amor se tratavam, que quando se vezinham" (Barros, 1945-1946: 1: 3: p.2). Veja também Boxer, 1969, p.32.

vez de com seus rivais (Pina, 1950, cap.37, 58; Resende, n.d., p.88 *apud* Almeida, 1922-1929, v.3, p.218-20).[12] Outra indicação da cooperação luso-africana era o fato de líderes locais permitirem aos portugueses estabelecer entrepostos comerciais e fortalezas. Esses exemplos não implicam que os africanos eram participantes passivos do comércio com os europeus. Pelo contrário, eram os africanos e não os europeus que ditavam as regras do jogo, e o comércio no âmbito da África permaneceu firmemente nas mãos dos governantes e das elites africanas.

Por meio dos contatos com as diversas populações da África, os portugueses tomaram consciência das diferenças regionais e étnicas entre os povos subsaarianos. As designações genéricas – *negro*, *etíope*, *guinéu* – dos períodos iniciais deram lugar a maior precisão étnica, notadamente em *Esmeraldo de Situ Orbis* (c. 1505-8) de Duarte Pacheco Pereira. Os povos africanos são mencionados por seus próprios nomes ou por suas versões em português: idzagen, jalofo, barbacini, serreri, mandinga, beafar, guoguolii, nalun, teymen, bouloe, jaalungua, souzo, felupe, banhun, sape, tiapiijo, huela, subou e urhobo. Alguns são identificáveis, enquanto outros – em especial, os comerciantes de Elmina – desafiam a identificação; ainda outros demonstram uma etimologia que confundia títulos individuais com nomes de povos ou estados. Enquanto alguns, como os uólofes e os mandingas, fossem claramente familiares aos portugueses em decorrência de repetidos e intensos contatos, outros provavelmente não passavam de nomes de que se ouvira falar. Os escritores também observaram variações cromáticas, desvios significativos do que era para os europeus a norma somática para negros. Esses encontros também permitiram aos portugueses entrever imensas distinções de modos de vida – diferentes tradições e modos de vestir, além de práticas como tatuagem, *piercing*, escarificação, circuncisão e limagem de dentes.[13]

12 O obá de Benim enviou presentes a autoridades de Elmina. Veja Ryder, 1969, p.36.

13 Fronteiras estatais da África Ocidental e Central na era pré-colonial são discutidas em Thornton, 1992, p.xii-xxxviii. Para obter nomes e identificações

Em alguns casos – por exemplo, no comércio escravagista empreendido por negociantes saarianos –, os portugueses ofereciam uma alternativa às redes já existentes. Em outros casos – por exemplo, no suprimento de mão de obra a regiões de extração de ouro no interior –, os portugueses atuavam como intermediários entre fornecedores e compradores africanos. Eles desempenharam esse papel com facilidade, em parte porque havia pouca navegação oceânica (em comparação com a fluvial ou costeira) no Golfo da Guiné antes da chegada dos portugueses; porque era impraticável transportar escravos por terra cobrindo longas distâncias, como as do Congo para Benim; e porque suas caravelas – apesar de pequenas – conseguiam transportar vultosas cargas. A presença portuguesa possibilitou atender à demanda por escravos nas regiões de extração de ouro em Benim por meio da expansão da reserva de força de trabalho em potencial a regiões que, de outro modo, permaneceriam inexploradas.

Não obstante, deve-se enfatizar que a escravidão já havia se consolidado como uma instituição no norte e oeste da África antes da chegada dos europeus e já existia um comércio ativo de escravos e mercados escravagistas. O envolvimento europeu não alterou o fato de que todas as fases do comércio de escravos na África – desde a obtenção inicial até a venda para europeus ou seus representantes nos portos – eram controladas por africanos: governantes, elites e intermediários. No entanto, havia uma lacuna nessa época entre o conceito e a prática da escravidão como aceitas na África e o conceito de escravidão e a posição dos escravos na sociedade conforme incorporados na teologia cristã e nas leis civis. Foi somente no cenário atlântico que os europeus dominariam o comércio oceânico e estabeleceriam economias coloniais baseadas na mão de obra escrava negra. Muito antes da viagem de Vasco da Gama, Madagascar fornecera escravos a colonizações costeiras no Leste Africano até o Mar Vermelho ao norte, e a costa da Índia a oeste. A Etiópia havia suprido escravos à região do Levante e à Índia no extremo leste ou à Grécia a oeste. Fora da bacia do Atlântico, os portugueses se envolveriam

---

modernas, veja o inventário linguístico de S. W. Koelle reproduzido em Curtin, 1969, p.291-8 e figuras 20-4.

com a escravidão e o comércio escravagista dentro dos limites das convenções já estabelecidas por negociantes nativos (Godinho, 1963-1965, v.2, p.545-6).[14]

O nível de conscientização dos africanos quanto aos fatores que regiam a oferta e a demanda e os mercados europeus para seus bens foi evidenciado pelo aumento de preços, conforme medidos pelo número de braceletes de cobre ou cavalos demandados pelos africanos. No decorrer desse meio século, o preço cobrado por mercadores locais, quantificado pelo número de escravos por domicílio, dobrou: por exemplo, do Senegal à Gâmbia, inicialmente um cavalo comprava de 25 a 30 escravos, mas esse número foi reduzido à metade em 1460, e novamente cortado pela metade no início do século XVI. No Rio dos Cestos, o preço de um escravo subiu de dois alguidares de barbear para quatro ou cinco. Os poucos dados disponíveis sugerem que, embora o preço de compra de um escravo (independentemente do gênero) se mantivesse em doze ou treze *cruzados* ao longo do meio século entre 1450 a 1500, no tocante à renda disponível havia ocorrido um aumento de cerca de 3 mil reais a 5 mil reais (Godinho, 1963-1965, v.2, p.527-8; Blake, 1937, p.86-7; Saunders, 1982, p.25-7; Vogt, 1973, p.10-1).[15] É errôneo pressupor uma relação "ovo e galinha" entre a aquisição de escravos por si só e a motivação por mais exploração da parte dos portugueses. Embora os reis de Portugal atribuíssem alta prioridade ao ouro da Guiné, as receitas geradas por escravos e pimenta-da-guiné eram mais lucrativas no século XV. O que se pode dizer é que, antes de 1492, os escravos eram um dos vários bens de exportação da África Ocidental cujo transporte e venda na Europa gerava lucros suficientes para estimular a busca por novos cenários de comércio na África subsaariana, e que os lucros auferidos do comércio escravagista vieram a ocupar um lugar cada vez mais destacado nos lucros totais derivados do comércio

---

14 Para uma discussão sobre as competências marítimas africanas, veja Van Sertima, 1976, p.50-70, e Thornton, 1991, p.36-40. Sobre o comércio no Oceano Índico, veja Beachey, 1976, e Harris, 1971.

15 Um fator que contribuiu para os aumentos de preço foi a concorrência castelhana, que terminou com o tratado de Alcáçovas. Veja Russell, 1971, v.4, p.5-33.

português com a sub-região oeste e central da África (Saunders, 1982, p.31-2).[16]

A dimensão internacional das diásporas comerciais assumiu proporções de rivalidade na costa africana e atlântica. Os castelhanos haviam atuado tão ativamente quanto os portugueses em pirataria no Estreito de Gibraltar, incursões nas Ilhas Canárias e pilhagens a vilas do Magrebe e da Mauritânia. Em várias épocas, o arquipélago das Canárias atraiu catalães, castelães, normandos, genoveses e aragoneses, além dos portugueses. Entre outros rivais estavam invasores franceses, flamengos e ingleses. Os genoveses destacavam-se no comércio a oeste da África. Em nenhum momento, as autoridades portuguesas obtiveram êxito total em impingir o monopólio real entre seus próprios cidadãos, muito menos entre os demais europeus. Alguns participavam legalmente de empreendimentos portugueses. Em 1486-7, Bartolomeu Marchioni, um mercador de Florença que residia em Lisboa, detinha licença de comércio com o Rio dos Escravos. A rivalidade castelhana terminou com o tratado de Alcáçovas (1479), pelo qual Castela renunciava aos direitos de comércio na África Ocidental e reconhecia a posse de Portugal nas regiões de Açores, Madeira e Cabo Verde, em troca do reconhecimento português quanto ao domínio castelão sobre as Ilhas Canárias. Após 1530, a rivalidade entre ingleses e franceses impôs uma grave ameaça ao monopólio que Portugal apreciava havia cinquenta anos. Essa dimensão internacional nem sempre foi adversa. Grande parte do financiamento de empreendimentos comerciais portugueses foi de origem italiana, flamenga e alemã.[17] Sem dúvida, os líderes africanos estavam cientes das rivalidades entre as diversas nacionalidades europeias, mas não fica claro até que ponto eles foram capazes de usar essas hostilidades a seu favor ou até mesmo incitá-las (a título de salvaguarda contra a exploração por alguma nação europeia).

Assim que ficou evidente que a África assumia maior importância comercial para Portugal, foi criada em Lisboa a Casa de

---

16 Veja Godinho, 1963, 1965, v.1, p.164-93, para obter números esporádicos sobre importações para Portugal de ouro do Oeste Africano no século XV.

17 O melhor levantamento sobre essa rivalidade permanece Blake, 1937; 1942, v.86, 87. Veja também Vogt, 1973, p.4-5.

Ceuta. Isso refletia o interesse geográfico ainda limitado de Portugal na África e a ênfase em comércio, conquistas e cruzadas, bem como pré-datava a exploração e o comércio ao sul do Marrocos. O comércio no Oeste Africano foi inicialmente um monopólio concedido a d. Henrique e, após sua morte (1460), mantido pela Coroa. Ao longo da vida, d. Henrique manteve firme controle da administração e do caixa do comércio por meio de seu próprio tesoureiro (vedor). A administração dos comércios em Arguim e Guiné foi transferida de Lagos para Lisboa, e todos os interesses nas regiões oeste e central africanas foram consolidados (1486) na Casa de Guiné e Mina, também conhecida como Casa da Mina. Em 1501, foi fundada a Casa de Guiné e da Índia – conhecida como a Casa de Guiné, Mina e Índias, ou simplesmente Casa da Índia. A Coroa portuguesa consolidou suas prerrogativas (já manifestas em um decreto real de 1474) sobre todos os aspectos do comércio de Guiné como um monopólio real após 1481. Somente autoridades, contratantes e licenciados reais tinham permissão para comercializar com a Guiné. A centralização foi um componente crucial da política e prática comercial portuguesa, conforme indicado pelas iniciativas reais em viagens exploratórias e comerciais; no estabelecimento de entrepostos comerciais e fortalezas; em nomeações; na aplicação de taxas, impostos e honorários; em regulamentações; e em uma política oficial de sigilo, espionagem e desinformação. Durante o reinado de d. Manuel (1495-1521), foram definidos padrões para acomodações, abastecimento e condições de navios negreiros. No período em discussão, números significativos de escravos eram importados via Setúbal e portos do Algarve, notadamente Lagos, embora Lisboa estivesse ganhando importância. Em 1512, Lisboa foi oficialmente designada como o único ponto de entrada.[18]

Em 1492, os portugueses haviam estabelecido uma série de redes comerciais no Atlântico africano. Elas eram costeiras (Arguim, São Jorge da Mina, Axim) e insulares. Cabo Verde e São Tomé (em menor grau, Príncipe) tornaram-se portos de escala de importação/exportação para escravos cujo destino final fosse

18 Para uma introdução a essas entidades administrativas, veja Saunders, 1982, p.8-11; Vogt, 1973, p.1-16; Peres, 1947.

outras regiões da África e Europa. Estabelecera-se uma ampla rede marítima de rotas comerciais até então inexistente na África Ocidental e Central. Ela incluía Cabo Verde e a costa africana próxima; o Congo e Benim com São Tomé; Benim e Elmina; São Tomé e Príncipe com Elmina; Arguim e Portugal; Cabo Verde e Portugal; Elmina e Portugal.

Na África do século XV, os portugueses iniciaram a prática de estabelecer entrepostos comerciais e fortalezas. Com o passar do tempo, contavam com quarenta desses estabelecimentos estendendo-se desde o Magrebe até as ilhas Molucas e o Japão. Esse seria tanto o ponto forte quanto o ponto fraco de seu império marítimo. No decorrer do século XV, os arquipélagos da Madeira e dos Açores já eram colônias assentadas, exibindo muitas das características da Portugal continental, mas também com outros aspectos que viriam a tipificar o padrão de desenvolvimento social e econômico na América portuguesa (Vieira, 1984, 1987). Cabo Verde e São Tomé apresentaram desenvolvimento mais lento. Em suma, diversos aspectos que se tornariam marcas de um império marítimo global já estavam presentes nos enclaves portugueses na África e no Atlântico africano antes de 1492.

A presença africana em Portugal

As estimativas sobre o número de africanos transportados para a Europa no século XV baseiam-se em conjeturas. Infelizmente, muitas informações foram perdidas no terremoto de 1755, o qual destruiu a Casa dos Escravos de Lisboa (fundada em 1486), que havia sido a seção da Casa de Guiné encarregada da administração do comércio escravagista da África Ocidental e Central, da cobrança de impostos e do arrendamento de contratos reais. As evidências disponíveis sugerem que o número de escravos exportados da Alta Guiné na última parte do século variou de um ano a outro, mas declinou ao longo do período como um todo. De acordo com o historiador português Vitorino Magalhães Godinho, entre mil e 2 mil escravos foram exportados da Mauritânia e do Sahel no período de 1441-1448. Com o estabelecimento por Portugal de uma *feitoria* em Arguim e relações comerciais, inicialmente com negociantes sudaneses e mais tarde com comerciantes entre Senegal e Cabo Verde, esses números se elevaram. Para a década de 1450-1460, havia entre oitocentas e mil exportações anuais via Arguim. Para o período de 1450-1505, essas mesmas exportações certamente não foram inferiores a 25 mil e possivelmente chegaram a 40 mil. À medida que os europeus seguiam para o sul, as exportações de escravos cresciam. Estimou-se que cerca de 5 mil escravos foram exportados entre Senegal e Serra Leoa na década de 1450-1460, e esse número duplicou na década seguinte. Nos anos 1480, aproximadamente 3.500 escravos daquela região podem ter sido exportados anualmente, com o número declinando na década seguinte. Não está disponível a movimentação de escravos chegando a Elmina e depois sendo exportados de lá na década seguinte à sua fundação, mas parece improvável que excedesse a duzentos por ano. Uma estimativa aproximada de exportações de escravos da África antes de 1492 poderia ser de 1.500 para a região costeira do Saara; 25 mil via Arguim; 55 mil para Senegal-Serra Leoa (Guiné de Cabo Verde); e 2 mil para Elmina. Isso totaliza cerca de 80 mil pessoas exportadas como escravos da área entre o litoral saariano e o Congo no meio século que precedeu à chegada de Colombo às Américas.[19] Seus destinos incluíram ilhas no Golfo da Guiné e no Atlântico (em especial, Madeira) e Europa. Desses, provavelmente menos de um terço, ou cerca de 25 mil, tinha destino europeu, e a maioria originava-se na Alta Guiné (veja Curtin, 1969, p.17-21).

---

19 Godinho (1963-1965:2:524-26; 529-30) sugere entre 140 mil e 170 mil para o período de 1450-1505 de Arguim a Serra Leoa, inclusive. Boxer (1969, p.31) sugere cerca de 150 mil escravos adquiridos pelos portugueses entre 1450 e 1500. Saunders (1982, p.19-25) é mais conservador, especialmente para o período de 1470 a 1490; ele considera esses dados inadequados como base para conclusões e fornece alguns dados anteriores a 1499. Vogt (1973, p.7-8) observa entradas registradas em Portugal de 3.589 escravos entre 1486 e 1493. Tinhorão (1988, p.80) sugere entre 117 mil e 131 mil entre os anos de 1441 e 1495. Minhas estimativas são inferiores às de Magalhães Coutinho, mas superam substancialmente as de Curtin (1969, p. 115-16) de 33.500 escravos importados pela Europa, ilhas atlânticas e São Tomé no período de 1451-1500, e de Lovejoy (1983) de aproximadamente 41 mil. Elbl (1986) sugere o volume de comércio escravagista português para a Europa em cerca de 77 mil no século XV. Veja também Azevedo, 1929, p.73.

Portugal era o principal receptor europeu, atuando tanto como destino final como ponto de reexportação para Castela, Andaluzia, Valência e Barcelona e, no século XVII, para as Antilhas. Em 1510, 250 escravos negros foram comprados em Lisboa para embarque às Índias Ocidentais espanholas. Cerca de vinte anos transcorreram antes de d. João III autorizar vendas diretas de São Tomé e Cabo Verde para a América, mas até mesmo após essa data escravos continuaram a ser embarcados da África para a Europa antes de serem enviados à América. Em 1466, o barão da Boêmia Leo de Rozmital comentou sobre o extraordinário número de "etíopes" em Portugal, especialmente na cidade do Porto, e isso foi repercutido por Hieronymu Munzer em 1494 (*Travels of Leo of Rozmital*, 1957, p.106-7, 110, 118; Pfandl, 1920, p.87). Tais comentários devem ser tomados com ceticismo, porém, porque nenhum dos viajantes tivera muito contato anterior com negros ou escravos. Ao final do século XV, já havia uma quantidade significativa de negros em Portugal, mas várias décadas transcorreriam antes de eles excederem em número os mouros como escravos. Assim como no Brasil – onde a dependência da mão de obra autóctone cederia lugar ao uso de negros ou ameríndios e, por fim, a uma preponderância de escravos de origem africana –, também em Portugal os escravos mouros foram suplantados gradualmente por negros. Portugal foi o primeiro país europeu a ter uma expressiva parcela de população negra.

Este não é o foro apropriado para uma discussão detalhada sobre negros escravos e negros livres na Portugal do século XV. O historiador canadense Alistair Saunders demonstrou que a teoria há muito sustentada de que escravos eram importados para compensar a extração de mão de obra pelo mar deve ser reavaliada para o século XVI. No século XV, os portugueses que iam à África eram muito poucos para constituir um dreno aos recursos metropolitanos. Embora as informações sobre a quantidade e a distribuição de escravos nesse século sejam esporádicas, pode-se afirmar que existiam núcleos de escravos negros na cidade do Porto e em Lisboa, grupos menores em Évora e Lagos, poucos nas cidades costeiras entre Estremadura e o Minho, e menos ainda no interior. No século XV, o termo "mercado negro" aplicava-se somente a Lisboa, Porto e Lagos. É provável que a maior parte da população de escravos negros da Portugal do século XV estivesse em Estremadura (que abrangia a região mais tarde designada como Beira) e ao sul do Tejo. A maioria trabalhava em áreas urbanas. Para o período de 1527-31, Saunders sugere um total de cerca de 35 mil negros em Portugal (32.370 escravos; 2.580 homens livres), ou seja, aproximadamente 2,5% a 3% da população. Para o período anterior a 1492, seria uma surpresa se metade desse número estivesse presente. É provável que os homens predominassem por pequena margem. Os escravos dedicavam-se à agricultura, à abertura de clareiras, à drenagem dos pântanos e a obras públicas, além de trabalhar como vendedores, pescadores, barqueiros, artesãos e carregadores. Alguns ganhavam dinheiro para seus donos. Outros não se envolviam em atividades remuneradas, pois eram criados pessoais e lacaios, cujo principal propósito consistia em ostentar o *status* social e a riqueza de seus donos (Saunders, 1982, p.47-88; Tinhorão, 1988, p.82-110).[20]

Isso levanta a questão da existência ou não de uma comunidade africana como tal na Portugal do século XV. Sem dúvida, a língua por si só era um fator de segregação. Existem referências desse século a canções e danças africanas, como a *mangana*. Os negros eram convidados por autoridades civis para apresentações teatrais e musicais. Em 1451, "negros e mouros" apresentaram-se em Lisboa, na cerimônia de casamento da infanta dona Leonor com Frederico III da Alemanha, que foi coroado sacro imperador romano em 1452. Em Santarém, os negros tinham permissão de realizar suas próprias festividades aos domingos, mas elas se tornaram tão populares que a permissão foi revogada. A única referência a uma atividade associativa relacionava-se com a irmandade laica dedicada a Nossa Senhora do Rosário, uma veneração particularmente cultuada pelos negros e que já existia na década de 1490. Embora existissem negros livres em Portugal no século XV, eram poucos demais para constituir um grupo à parte (Pereira, 1972, v.4, p.9-47; Saunders, 1982, p.105-6, 150-2; Tinhorão, 1988, p.114-6, 122-34).

---

20 Sobre a proposição de que a população de Portugal flutuou pouco entre 1495 e 1527, veja A. Lobo, p.27-62.

Com relação à atitude dos portugueses para com os negros, ela era moldada em parte por ideias que remontavam aos primórdios da Era Cristã e à Idade Média. Segundo uma delas, a região da Mauritânia até o Egito deveria chamar-se Etiópia, pois, desde tempos remotos, esse termo era usado para representar aqueles de pele escura que viviam mais ao sul. Outro conceito era de que a África fazia parte de um hemisfério meridional ou inferior (em contraste com o superior, ou europeu e circum-mediterrâneo) que estava associado a regiões infernais ou povoadas por monstros (veja Kappler, 1980; Wright, 1925; Silva Horta, 1991, p.233, n.57, 60, p.244-5). Esses legados desempenhariam um papel crucial na estruturação do discurso português e suas atitudes em relação aos negros da África Ocidental e Central.

Antes das primeiras explorações portuguesas ao sul, na costa africana, sem mencionar seus primeiros encontros com os negros, a escravidão era uma instituição bem estabelecida na Europa. No século XV, a força de trabalho de Portugal incluía guanches [povo nativo das Ilhas Canárias] e mouros, estes capturados de navios e regiões costeiras da Mauritânia e do Saara. Enquanto os primeiros eram considerados *gentios*, os últimos eram os "infiéis", um termo que na lei civil e canônica era amplamente atribuído a todos os não cristãos. José da Silva Horta (1991, p.258) observou que o adjetivo "infiel" era aplicado com mais frequência aos muçulmanos como os verdadeiros inimigos do cristianismo e da cristandade, mas que no contexto do discurso da "guerra justa" o termo abrangia muçulmanos, judeus e gentios. Em ambos os casos, de acordo com os princípios da "guerra justa", a resistência à captura pelos cristãos justificava a escravização. Em Portugal, os mouros eram chamados de *escravos brancos* e havia o dito popular "trabalhar como um mouro". Quanto à África, fazia-se uma distinção entre a Terra dos Mouros e a Terra dos Negros. No primeiro caso, a mão de obra escrava abrangia *mouros* e *negros*. Mesmo antes de escravos negros chegarem ao solo português na década de 1440, a condição de escravização havia sido associada a uma falta de ortodoxia religiosa, ou a um desvio daquilo que os portugueses consideravam como tal, ou paganismo. O trabalho físico passara a ser considerado depreciativo. Somente os "outros" – a saber, aqueles que não eram católicos nem portugueses – dedicavam-se ao esforço físico. Ao fazer isso, eles se rebaixavam ainda mais da já vilificada posição à qual sua filiação religiosa, ou a falta dela, os condenara. Diferentemente de regiões como Catalunha, Aragão e Baleares, onde os escravos negros estavam presentes desde o século XIII, somente na década de 1440 os portugueses tiveram contato com negros transportados da Mauritânia e África Ocidental especificamente para se tornarem escravos. À geografia da "alteridade" baseada nas diferenças religiosas e sociais, acrescentou-se um componente racial.

Na segunda metade do século XV, a discussão sobre negros, escravidão e comércio escravagista – na medida em que havia alguma – ainda estava assentada na linguagem de discurso herdada de tempos remotos, a saber, o das cruzadas e da "guerra justa" (Saraiva, 1950, p.566-97). A nomenclatura que se desenvolveu durante o século XV apresentava componentes tanto religiosos quanto raciais. No início do século, o termo *mouro* ainda era atribuído aos escravos, embora não fosse sinônimo de escravo. Se um mouro era um homem livre, o adjetivo que designava esse *status* deveria ser acrescentado, ou seja, *mouro forro*. Os primeiros contatos de portugueses com negros usaram *mouro* para denotar escravo e *negro* para denotar a pigmentação, daí *mouro negro*. Essa foi a terminologia empregada por Zurara em sua *Chronica do Descobrimento e Conquista da Guiné* para descrever uma carga de 235 escravos desembarcada em Lagos, em 1444.

Essa prática acarretou um problema. Como muçulmanos, os *mouros* eram infiéis e não elegíveis à redenção, enquanto os negros, dado seu *status* neutro, ainda estavam aptos à salvação por meio da conversão ao cristianismo. Alguns negros na Portugal do século XV podem ter sido muçulmanos que recusaram o batismo. Eles precisavam usar o crescente vermelho no ombro da vestimenta externa, assim como os muçulmanos brancos. A solução (a partir de cerca de 1459) foi usar o termo *escravo* para descrever tal condição. Se a pigmentação fosse um fator importante, o adjetivo *preto* ou *negro* era acrescentado; se fosse o caso de destacar a filiação religiosa, *mouro* ou *branco* era adicionado. *Cativo* poderia ser substituído por *escravo*, mas conotava uma distinção técnica no contexto da servidão, a saber, um escravo totalmente sujeito à autoridade de um dono em contraste com um *escravo forro* que negociara certo grau de liberdade (veja Saunders, 1982, v.xii, p.42, 140; Silva Horta, 1991, p.260). Os escravos que obtinham sua liberdade recebiam *cartas de alforria*. Em 1501, d. Manuel concedeu uma dessas a Francisco Lourenço do Benim, que também servira como escravo de d. João II (Almeida, 1925, p.235-9). Todo homem livre era chamado de *forro*, independentemente de como tivesse obtido a liberdade. Essa designação não fazia distinção entre um negro nascido livre em Portugal e outro que tivesse conseguido alforria, fosse por tê-la comprado, fosse por concessão de seu dono em troca de serviços prestados.

Nenhuma publicação crucial relativa ao comércio escravagista ou às condições dos escravos negros surgiu em Portugal no século XV. O primeiro ataque à legalidade desse comércio apareceu em *Arte da Guerra do Mar* (1555) de Fernão de Oliveira. Somente no final do século XVI, teólogos morais começaram a expressar preocupação sobre a crueldade do comércio e as desigualdades inerentes à escravidão, mas não sobre a instituição em si. A escravidão como instituição causava pouca indignação na Portugal do século XV. Nem os altos dignitários da Igreja demonstravam remorso com relação a moralidade ou prática da escravidão e o comércio humano. Autoridades do porte da Bíblia e de Aristóteles, das leis civis e canônicas, haviam sancionado a instituição.

Comentaristas medievais concordavam que prisioneiros de guerra (exceto cristãos capturados por cristãos) poderiam ser escravizados legalmente, que os filhos de escravos herdavam o *status* dos pais e que escravos eram mercadorias cuja venda seria regida pela lei do comércio. Esse ponto de vista foi refinado na doutrina da "guerra justa", pela qual não só os infiéis mas também os pagãos que resistissem às forças do cristianismo ou que rejeitassem o cristianismo poderiam ser submetidos de modo justificável à escravidão, desde que tais hostilidades atendessem aos critérios de autoridade reconhecida (real ou papal), causa suficiente e reta intenção (ausência de ambição, ódio ou vingança). Conquista territorial, não mera subjugação de pessoas, era aceitável sob a justificativa de que os portugueses estavam recuperando terras de Cristo que, em determinada época, haviam sido consagradas por Ele, mas caído posteriormente em mãos de não cristãos, que as profanaram. A primeira articulação dessa doutrina em Portugal foi atribuída ao franciscano Álvaro Pais, que viveu no século XIV, estudou em Bolonha e Paris, foi assistente do papa João XXII em Avignon e escreveu um tratado sobre a imoralidade clerical. Datado de final da década de 1530 ou início da década seguinte, está o documento bastante debatido, porém anônimo, intitulado "Por que causas se pode mover guerra justa contra infiéis" (Russell-Wood, 1978, esp. p.23-8; Perrone-Moisés, 1989-1990, p.5-10).

Dois aspectos da escravidão africana marcaram uma mudança significativa de práticas anteriores: o mercantilismo explícito e a escravização de pessoas a quem não havia sido oferecido o benefício do cristianismo (ou a oportunidade de rejeitá-lo). A justificativa oficial para esse novo pensamento enfocava o comércio em vez dos escravos ou da instituição e fundamentava-se em bases religiosas, ou seja, no fato de que os portugueses agiam em nome do cristianismo. O tráfico de escravos e a escravidão eram apenas veículos que poderiam trazer mais almas à congregação cristã. Antes de atacar Ceuta, d. João I consultou teólogos que o aconselharam no sentido de que atacar *mouros* e *gentios* era justificável porque eles haviam negado artigos de fé do catolicismo. D. Duarte (1433-1438), cujo reinado testemunhou não só o desastroso ataque a Tânger, mas a passagem do Cabo Bojador, também consultou juristas e foi informado de que, na inexistência de reconquista de terras cristãs que haviam caído nas mãos dos *infiéis*, a única justificativa para ofensivas cristãs contra terras nunca ocupadas por cristãos era se seus habitantes atacassem os cristãos. Se ofensivas contra Ceuta e fortalezas mouras no norte da África foram justificáveis no espírito da cruzada e da "guerra santa", incursões posteriores à costa da Mauritânia foram questionáveis e as ofensivas portuguesas à África Central e Ocidental não se justificavam porque não existira qualquer ocupação prévia por cristãos das terras entre o Senegal e Serra Leoa, nem seus habitantes haviam tido contato com o catolicismo. Na ausência de atos dos africanos que fossem claramente prejudiciais ao catolicismo ou aos católicos, ou interpretados como tal, nenhuma ação portuguesa era defensável. O único caso que poderia haver que justificasse as ações portuguesas era a asserção de que, embora não registrado pela história, o conjunto de presunções sustentava o argumento de que o cristianismo havia sido introduzido nessas regiões. Por conseguinte, os habitantes não seriam *gentios*, mas *cristãos incertos*. Essas alegações poderiam ser legitimadas pelo papa, assim como os direitos de conquista e domínio. A Coroa tomou medidas imediatas para assegurar aprovação por bulas papais, das quais a primeira foi *Illius qui* (1442). *Dum Diversas* e *Divino Amore Communiti* (1452) autorizaram os portugueses a atacar, conquistar, subjugar e escravizar todos os inimigos de Cristo e pagãos na África Ocidental e tomar posse de seus territórios e propriedades. *Romanus Pontifex* (1454) justificou as reivindicações dos portugueses a aquisições territoriais, legitimou ofensivas portuguesas contra povos hostis, reconheceu a negação de soberania a comandantes africanos e o não reconhecimento de estados soberanos, justificou capturar prisioneiros com base no registro português de conversões – passadas e antecipadas – ao cristianismo e concedeu a Portugal o monopólio comercial do Magrebe às "Índias". *Inter Caetera* (1456) asseverou a jurisdição espiritual do governador da Ordem de Cristo sobre povos sob controle português (Saunders, 1982, p.35-46).[21] O comércio escravagista foi legitimado com base no argumento de que os escravos podiam ser convertidos. O comércio foi justificado porque, ao desviar receitas para mãos cristãs, não só os portugueses ofereciam suporte financeiro para forças de cruzada, como também privavam infiéis ou pagãos de rendas que poderiam ser usadas militarmente contra os exércitos de Cristo. O objetivo de reafirmar o controle cristão sobre terras consagradas por Cristo, mas subsequentemente perdidas, imbuía de maior significância mitos e vestígios de cristianismo – sejam eles Prester John, símbolos religiosos associados ao cristianismo, comunidades como os nestorianos no Ceilão e na costa do Malabar, ou comunidades ao sul da Índia convertidas ao cristianismo por São Tomé, o Apóstolo.

Havia também a inferência de que os escravos se beneficiariam do contato com a "civilização" portuguesa. O termo *bárbaro* referia-se não só aos povos não cristãos, como também a

21 Traduções para o inglês estão em Davenport, 1917-1934, v.1, p.13-26, 28-32. Resumo em Boxer, 1969, p.20-3. Veja também Silva Horta, 1991, p.255-8 e fontes citadas por ele; de Witte, 1958; e a interpretação de Rogers, 1962, p.64-6, da palavra "índios".

pessoas cujo comportamento e crenças divergiam muito daqueles dos portugueses para serem considerados "civilizados". A conversão ao cristianismo não se restringia a uma conversão a uma fé revelada, mas também à "civilização". Sugeria-se que os povos civilizados não só moldassem seus comportamentos a normas aceitáveis aos europeus, mas também vivessem de acordo com códigos de moralidade. Se essa era a versão oficial, outros – dependendo de sua educação e posição na sociedade portuguesa – expressavam avaliações mais pessoais. Incluíam-se aí acusações de barbarismo, uma designação que abarcava todas as práticas consideradas abomináveis ou depravadas pelos portugueses: canibalismo, bestialidade, sodomia e incesto. Tais práticas eram consideradas violações das leis naturais e suscetíveis a punição pelo papa ou seus agentes. O termo *bestial* também abrangia hábitos destemperados e desenfreados de comer e beber, o uso de armas primitivas feitas de pedra e madeira, caça e colheita e pesca como modos de subsistência, nudez, residência impermanente, falta de pão ou vinho e preguiça ou ignorância.

Atitudes dos portugueses em relação aos africanos e seus descendentes

Até aqui a discussão fez pouca referência a raça ou a negros. Não se trata de um descuido, pois a questão racial não constituía uma grande preocupação na Portugal do século XV, nem havia se estabelecido uma conexão entre negros e escravidão. Como já foi mencionado, existia uma lenda medieval que associava os negros à Etiópia, mas os portugueses já haviam encontrado pessoas de pele mais escura, como os berberes do norte da África e os idzagen da Mauritânia, antes de conhecerem os uólofes ao sul do Senegal, seu primeiro contato com negros de um reino identificável. A caracterização *negro* era genérica no sentido de que, a menos que acompanhada por identificadores mais específicos, como "da Etiópia" ou "de Guiné", ou dos adjetivos *etíope* e *guinéu*, referia-se a uma pessoa de pele escura, mas não necessariamente negroide.

A associação de negros à escravidão derivou da história bíblica de Cam. Ele havia pecado ao observar o pai nu, enquanto bêbado. Noé amaldiçoara Canaã, filho de Cam, e condenara ele e seus descendentes à escravidão eterna (Gênesis 9, 21-27). A associação entre pecado e escravidão perpétua, a visão de que a servidão era uma punição divina e o elo entre pecado e bestialidade não possuíam componente racial. Mas a ausência de um componente racial específico não implicava que os hebreus antigos não pensassem que alguns grupos étnicos eram mais suscetíveis à escravidão do que outros. Ser um "escravo canaanita" significava sofrer a derradeira humilhação em termos étnicos e de exploração. Embora os hebreus pudessem ser escravos, sua sorte era infinitamente superior à dos canaanitas, amaldiçoados pela inferioridade desde o nascimento. À medida que os critérios usados para identificar um "canaanita" no início da era cristã foram afrouxados, e ainda mais abrandados na Idade Média, com exemplos extraídos dos polos raciais de negros africanos e eslavos brancos, um universo muito mais amplo de pessoas passou a ser referido genericamente como "canaanitas".

Antes, o fato de a escravidão e a humilhação serem associadas aos negros foi atribuído às fontes da *Mishnah* e do Talmude dos séculos IV ao VI. Embora o Alcorão não faça nenhuma associação desse tipo, isso ocorreu repetidas vezes e de modo inequívoco na literatura muçulmana do século VIII. Assim, o componente racial – ou seja, os negros – não era da gênese cristã ou europeia. Foi a presença cada vez maior de escravos subsaarianos no Egito e no Oriente Próximo e, após o estabelecimento do Islã, em territórios muçulmanos, que levou os negros a serem equiparados à escravidão e à "alteridade". William Evans observou que o surgimento do islamismo como uma força unificadora eliminou muito da comoção no Oriente Próximo que até então fornecera cativos e que, com a extinção de fontes de pessoas de pele mais clara para os mercados escravagistas, "a escravidão muçulmana tornou-se a escravidão negra". Em árabe, a palavra *mamluk* referia-se a um escravo europeu, branco e de alto *status*, em contraste com *abid*, que se referia a um escravo negro que era não só mais barato e menos favorecido, mas também de posição inferior e usado para trabalho servil. Os escravos negros (*abid*) passaram a ser associados menos a seu *status* legal do que à sua raça. A emancipação raramente significava outra coisa que não uma continuidade de tarefas que eles haviam executado como escravos. Esse estereótipo e estratificação racial – a equiparação de negros à humilhação – fizera parte do legado muçulmano para a Ibéria. A isso foram enxertados estereótipos europeus associando escravos (independentemente de cor) a falhas morais como indolência, promiscuidade e roubo. A exploração e o comércio portugueses na Alta Guiné levaram a Portugal "eslavos" negros, cuja posição na sociedade portuguesa era predeterminada por mitos, estereótipos e associações. Uma questão interessante levantada por José da Silva Horta é até que ponto as atitudes cristãs em relação aos negros podem ter sido influenciadas por antecedentes na literatura e na cultura árabes (Evans, 1980, p.15-43; também Saunders, 1982, p.38-40, 190, n.18; Horta, 1991, p.210, n. 8 e p.244-55).[22]

Havia uma atitude – popularmente aceita, mas sem justificativa nas leis romanas ou canônicas – de que os negros estavam associados inerentemente a funções servis. Não havia nenhum entendimento na Portugal do século XV sobre a divergência entre escravidão na Europa e escravidão na África, suas bastantes diversas raízes legais e institucionais nas sociedades africanas, diferentes conceitos de propriedade e do que podia ser possuído, ou como a propriedade privada de mão de obra equivalia à posse de riqueza que tinha o potencial de gerar mais riqueza, que tal mão de obra era hereditária e que o direito ao trabalho era um modo aceitável de taxação imposta por reis ou Estados. A escravidão na África não carregava as conotações de degradação, humilhação e "alteridade" que eram associadas à instituição nos primórdios da Portugal moderna (para discussão, veja Miers e Kopytoff, 1977, p.3-81; Thornton, 1991, p.72-97).

Na Portugal do século XV, o cronista real Gomes Eanes de Zurara reuniu essas diversas noções herdadas em sua obra *Crónica dos feitos de Guiné*. Ele estabeleceu a correlação entre os africanos negros e os amaldiçoados descendentes de Cam. Também aceitou (via Aquinas) a noção de que o pecado impunha uma restrição à

22 O uso do adjetivo *preto* referindo-se aos negros da África subsaariana parece datar somente do início do século XVI; veja Tinhorão, 1988, p.75-6.

liberdade, desse modo submetendo as pessoas à escravidão. Zurara definiu os critérios que distinguiam a humanidade dos animais: alimentos, vestimentas, fala e viver de acordo com leis sociais. Ao deixar de seguir esses critérios, os africanos eram pecadores, bestiais e, assim, por natureza condenados à escravidão. Diferentemente dos povos islâmicos do norte da África, que eram "inimigos da Fé", pessoas da África Ocidental e Central eram *gentios*, cujo contato com o Islã – se existia – era considerado superficial demais para tê-los corrompido. Nem tudo estava perdido. A conversão ao cristianismo e ao batismo e a exposição à "civilização", que poderia assumir a forma de cobrir sua nudez, poderia redimi-los de seu estado inerente de bestialidade e imoralidade. Embora Zurara tivesse consciência da imagem medieval estereotipada dos negros, em sua crônica ele não atribuiu a todos os africanos negros uma posição de inferioridade baseada somente na cor da pele (Horta, 1991, p.251-2).

Zurara escreveu na primeira fase da atividade escravagista portuguesa na África e mesmo ele atribuiu aos africanos qualidades físicas associadas a líderes guerreiros. Outros contatos no século XV revelaram que os povos subsaarianos – notadamente em Senegâmbia, Benim e Congo – atendiam, sim, aos critérios de "civilização": tinham governantes, hierarquias sociais e organizações; cortes, estados, cidades e vilas estabelecidas; leis, ordem e estabilidade nas relações pessoais; hábitos alimentares sofisticados; grupos linguísticos complexos; habilidades técnicas conforme demonstrado nas atividades de tecelagem e escultura em marfim; estratégias de pesca e armas de ferro; e o que poderia ser chamado de ética do trabalho. Os portugueses passaram a reconhecer que a razão, e não o instinto ou a desordem, regiam as políticas e práticas de alguns africanos com quem travaram contato. O cronista Rui de Pina, comentando sobre o discurso público proferido na corte portuguesa pelo príncipe senegalês Bemoim, observou que tal era seu domínio da língua e expressão que "não pareciam sair da boca de um bárbaro negro, mas de um príncipe grego educado em Atenas".[23] Embora referências à bestialidade e à barbaridade

23 "O qual com grande repouso, descriçam, e muita gravidade, fez huma falla pubrica, que durou per grande espaço, em que pera seo caso meteo palavras,

não desaparecessem no discurso português do século XVI, eram poucas. Nem houve desdobramento na Portugal dos séculos XV e XVI do argumento que associava a punição divina à escravidão natural perpétua. Tampouco foi sustentada a discussão sobre origem camítica e a escravidão, a não ser para explicar por que os negros eram negros, e não por que eles eram escravos.

Relegadas à letargia foram as alegações de que a exposição à "civilização" melhoravam as condições materiais dos escravos. A versão oficial era a de que o comércio escravagista e a escravidão eram meios eficazes de converter e catequizar pessoas que, de outra forma, não conheceriam o Evangelho. Mais tarde (1539), João de Barros se referiria a São Jorge da Mina como a "*primeira pedra da Igreja oriental*". Embora essa fosse a retórica, somente a partir da segunda década do século XVI essas palavras se transformariam em ações. Algo tardiamente (1513, 1514), d. Manuel deu ordens para a administração dos sacramentos a escravos moribundos nos navios, bem como para o batismo e catecismo de escravos, mas restou uma lacuna entre a retórica da evangelização e a realidade de uma população escrava amplamente desconhecedora dos princípios e das práticas do cristianismo.

Um parâmetro para medir ao menos as atitudes oficiais está nas leis de uma comunidade. As *Ordenações afonsinas* (1446), uma compilação de leis canônicas e romanas, haviam abordado a questão da escravidão, mas foram as *Ordenações manuelinas* (edição definitiva, 1521) que incluíram um código do escravo. Esse código declarava a dependência dos escravos em relação aos donos e seu direito à vida, apesar de tidos como mercadorias. A agressão a um dono era um ato grave de insubordinação. Escravos podiam obter alforria, fosse por recursos próprios ou concessão, de forma condicional ou incondicional. Os escravos (assim como

e sentenças tam notavees, que nom pareciam de Negro barbaro, mas de Principe Grego criado em Athenas." Pina, 1959, cap.37; veja também Horta, 1991, p.247-8, 251. Também a caracterização de Barros (1945-46: 1: 3: p.2) de Caramansa em Elmina ilustrou essa mudança de atitude: "Caramansa, peró que fosse homem barbaro, assi per sua natureza como pela comunicação que tinha com a gente dos navios que vinham ao resgate, era de bom entendimento e tinha o juízo claro pera receber qualquer cousa que estivesse em boa razão".

os estrangeiros) eram proibidos de portar armas, embora essa regra fosse afrouxada se eles tivessem a permissão de seus donos ou agissem em defesa deles. Dois pontos devem ser salientados. Primeiro, essas leis eram discriminatórias. Todas as classes inferiores possuíam poucos direitos. A aplicação e a observância das leis criminais dependiam do *status* da vítima e do protagonista. Os escravos recebiam os mesmos julgamentos e punições de indivíduos comuns brancos e livres das classes mais baixas (e com frequência o mesmo fim, ou seja, uma sepultura coletiva, se tivessem sorte, ou uma estrumeira, se não tivessem). Segundo, em uma sociedade em que não só os negros mas também judeus e mouros eram escravos, os mouros eram tidos como a maior ameaça e sujeitos às mais severas penalidades e repressões. Não sendo cristãos, os mouros não podiam integrar-se à sociedade portuguesa. Eles eram caracterizados como capazes de violência, enquanto os negros eram mais associados a pequenos crimes e roubos. Um edital municipal de 1469 do conselho da cidade de Lisboa proibiu a venda de vinho em tavernas a escravos, independentemente de sua cor. Os negros eram favorecidos em relação aos mouros na legislação referente a porte de armas, toque de recolher ou cobertura a escravos fugitivos. Não eram tidos como material de motim. Essas atitudes refletiram-se na legislação referente à recompensa pela captura de fugitivos. Uma lei de 1459 estabelece valores para captura de negros a um terço dos de mouros, e as *Ordenações manuelinas* definiam valores menores para a recaptura de negros do que para judeus, mouros ou até mesmo índios (Almeida, 1925, v.3, p.135, 231; Serrão, 1977, v.2, p.194-97; esp. Saunders, 1982, p.113-33, 138-47). Em suma, nem a cor da pele nem o local de origem militava contra os negros da África Ocidental e Central conforme revelado em leis expressas na língua, e fundamentadas nas atitudes, de uma sociedade senhorial em que o desvio religioso era mais duramente condenado do que a "alteridade" racial.

Contatos com negros das regiões oeste e central da África forçaram os portugueses a reavaliar as atitudes herdadas de uma era anterior a esses contatos. As categorias e classificações tinham de ser redefinidas para serem aplicáveis à nova realidade. Isso repercutiu em considerações sobre a adequação de aplicar certos termos a povos subsaarianos: gentios, inimigos da Fé, infiéis, idólatras ou feiticeiros. No decorrer do século XV, os portugueses passaram a ponderar que, no tocante à fé, a equiparação entre negros e *gentios* não poderia ser universalmente aplicada. Os negros na Terra dos Mouros eram muçulmanos (*inimigos da Fé*) e, portanto, não suscetíveis à conversão. Mas os negros na África Ocidental e Central ou não haviam tido nenhuma exposição a qualquer religião revelada e, assim, eram *gentios* cuja salvação podia ser alcançada por meio do batismo, ou haviam sido convertidos apenas superficialmente ao Islã (*infiéis*), mas eram descendentes de *gentios* e, portanto, passíveis de conversão ao catolicismo. O termo *mouro* tinha de ser reavaliado de modo a refletir a distinção entre mouros da Península Ibérica e os "novos" mouros do sul, a saber, do Saara e das regiões circum-saarianas. *Mouro* foi substituído pelos termos *negro* ou *guinéu* para referir-se aos povos das regiões oeste e central africanas. Nesse estágio inicial, os portugueses ainda tinham de aprender que a região que conheciam como Terra dos Negros realmente continha expressivas populações muçulmanas, e as esperanças quanto à eficácia do diálogo como um prelúdio à conversão ainda não tinham cedido à diminuição das expectativas ou até mesmo ao desencanto.[24]

Na Portugal do século XV, havia significativa diversidade religiosa e nacional. Mercadores e empreendedores da Itália, Inglaterra, França e Alemanha residiam em suas grandes cidades. Escravos eram aceitos como viajantes, embora fatores não raciais pudessem impedir sua admissão em certas confrarias. Quanto à Igreja, apesar de leniente com a escravidão e de considerar escravos como mercadorias, concedia-lhes comunhão e sacramentos. Na década de 1490, o antissemitismo começou a mostrar sua face hedionda, e em 1503 e 1506 houve revoltas contra os judeus, provocando mortes. Não houve ataques desse tipo contra os negros.[25]

Outras fontes sobre as atitudes dos portugueses em relação aos negros são a iconografia, a cultura popular e a literatura. A

24 Sobre crenças, línguas e atitudes, veja Horta, 1991, p.255-84, em que o trecho anterior se baseia, e correspondências pessoais.

25 Apesar de algumas referências a escravos ou negros, ou a comunidades judias e mouriscas, a melhor história de privacidade e sociedade na Portugal do século XV é a de Oliveira Marques, 1971.

iconografia da Catalunha e Castela do século XIII contém descrições estereotipadas dos mouros negros, mas somente a partir do século XVI representações ou comentários sobre negros aparecem na arte e na literatura portuguesas. Elas os retratam em cenas da Epifania e da Adoração dos Magos. A arte secular, como os Livros de Horas, retratavam os negros em diferentes posições sociais: pajens, músicos, servos, mulheres carregando cestas. O claustro do mosteiro dos hieronimitas em Belém acomoda a escultura da cabeça de um negro. Tais representações não distorciam a aparência física de seus sujeitos, nem há indícios de atitudes negativas dos artistas à aparência estética dos negros. Silva Horta observou que tais descrições de negros não são retratos, mas representações genéricas.[26] Quanto a referências literárias, de dezesseis fontes entre cerca de 1453 e 1508 que tratam da África Ocidental e Central, somente seis precederam a 1492 e apenas três (em comparação com nove de alemães e quatro de italianos) foram escritas por portugueses: *Crónica dos feitos de Guiné* (c. 1453-60) de Zurara; o anônimo *Este livro he de rotear* (ca. 1480-5); e *Esmeraldo de Situ Orbis* (ca. 1505-8) de Duarte Pacheco Pereira. Zurara foi o primeiro a comentar sobre a aparência física dos negros.

> Pois entre eles havia alguns brancos o bastante, agradáveis de olhar e bem proporcionais; outros eram menos brancos do que os mulatos; ainda outros eram tão negros quanto os etíopes, e tão feios quanto eles, tanto nas feições quanto no corpo, quase parecendo (àqueles que os viam) imagens de um hemisfério inferior.

Esse nítido contraste em Zurara entre avaliações estéticas positivas e negativas de negros do Oeste e do Centro africano não é característico de obras posteriores. Fontes literárias do século XV observavam os aspectos físicos dos negros, notadamente cor (*negro*, *preto*) e cabelo (*crespo*), e enfatizavam seus corpos bem formados e fortes.

26 Uma exceção é um negro descrito no Lisbon Beatus MS. de 1189, Saunders, 1982, p.181, introdução, n.2. Veja também Horta (1991, p.209). Para reprodução da arte portuguesa do século XVI retratando negros, veja Burger (1976, v.2, figuras 185-7, p.195-200).

Silva Horta notou que as referências a lábios, olhos e narizes ocorriam, na maior parte, somente nos casos de deformidade física e baseavam-se em rumores; assim, estavam associadas a um mundo de fantasia de monstros, sátiros e seres zoomórficos. Escrevendo na virada do século (*c.* 1497-1504), Rui de Pina teceu comentários favoráveis à aparência física do príncipe uólofe: "Bemoim era um homem de cerca de 40 anos, corpulento, muito negro, de barba bem longa, com membros bastante proporcionais e de aparência agradável" (Beazley e Prestage, 1896, 1899, cap.25; Pina, 1950, cap.37, p.91; Horta, 1991, p.242-8).

Com rara exceção, algumas dependendo de interpretação textual, as descrições físicas de negros da África Ocidental e Central feitas pelos portugueses do século XV não eram negativas, e negrura e beleza não eram incompatíveis. As obras literárias do século XVI eram mais críticas. Um exemplo da "língua de Guiné" foi inserida no *Cancioneiro geral* (1516) de Garcia de Resende, que incorporou *trovas* do final do século XV e perpetuou o tema do *diabo negro*. Os negros, e seus padrões de fala, estão presentes nas peças de Gil Vicente (*Auto dos Reis Magos*, 1503; *Frágoa d'Amor*, 1524; *Nao d'Amores*, 1527; *Clerigo da Beira* (1529/1530) e com frequência expostos ao ridículo. Em *Frágoa d'Amor*, Vicente incluiu um negro que desejava "tornar-se tão branco quanto um ovo de galinha", com nariz bem-feito e lábios mais finos. Anteriormente, houvera a percepção de que as mulheres negras eram menos atraentes do que as mouras. As mulatas também eram preferidas às negras. Mas os portugueses do século XV não tinham o senso cromático de seus predecessores e contemporâneos genoveses, que percebiam nuances de cor, em especial das jovens que eles ofereciam para venda. Somente na Portugal do final do século XVI, negros de diferentes regiões passaram a ser distinguidos em bases estéticas. Referências a negros em *vilancicos* aparecem somente a partir do final do século XVI ou XVII (Gioffrè, 1971, p.13-61, esp. p.33-6 sobre negros; Scammell, 1981, p.174; Saunders, 1982, p.102-3, 167; Tinhorão, 1988, p.202-5, 233-47).[27]

---

27 Um levantamento abrangente sobre representação de negros em literatura de viagens de *c.* 1453-1508 – mas da qual há somente três exemplos de

O legado do século XV para o Brasil colônia

Embora Pedro Álvares Cabral tenha chegado às terras que ficaram conhecidas como Brasil em 1500, somente em 1549 um governo real foi estabelecido na América portuguesa. A mão de obra nativa predominava. E assim continuou, mesmo após a introdução dos africanos. Já em 1511 navios retornaram a Portugal do Brasil com pequenos grupos de ameríndios como uma força de trabalho em potencial. Aos donatários Martim Afonso de Sousa e Duarte Coelho foi concedido o direito de enviarem remessas anuais de pequenos contingentes de ameríndios a Portugal. Qualquer ideia que possa ter surgido de usar aborígines como mão de obra em Portugal logo se dissipou. Na América portuguesa, apesar de leis (1570, 1595, 1605, 1609) proibindo a prática, na realidade índios foram escravizados ou "submetidos" a circunstâncias próximas do trabalho forçado (Godinho, 1963, 1965, p.536-7; Marchant, 1942; Schwartz, 1978, p.43-79). Apenas tardiamente a África passou a ser considerada uma fonte de trabalho escravo no Brasil. Poucos africanos foram importados nas décadas de 1530 e 1540. Nos anos 1570, havia cerca de 2 mil a 3 mil escravos negros no Brasil. No início da década de 1580, Fernão Cardim, S. J., estimou em 2 mil o número de escravos da Guiné em Pernambuco (em paridade com os europeus) e 3 mil a 4 mil na Bahia (também igual à população europeia, porém menos do que os 8 mil indígenas convertidos ao cristianismo). Os últimos quinze anos do século testemunharam aumentos expressivos: em 1587, Gabriel Soares sugeriu de 4 mil a 5 mil escravos negros em Pernambuco e ao menos 4 mil na Bahia. Em 1600, Magalhães Godinho pressupõe que os escravos negros de Guiné e Angola constituíam cerca de 50% da população escrava no Brasil, a saber, aproximadamente 60 mil (Goulart, 1949, p.98-101; Godinho, 1963, 1965, v.2, 544-5). Exceto por Pernambuco e Bahia, a América portuguesa contava com poucos escravos africanos antes de 1600. No século XVI, o comércio escravagista ainda não estava voltado para a África, mas para o Brasil e os nativos americanos.

---

autoria portuguesa de um total de dezesseis – está em Horta, 1991, p.209-339, esp. p.221-55 sobre características físicas.

Alguns aspectos do comércio escravagista africano e da escravidão negra do século XV em Portugal foram carregados para a experiência na Passagem Atlântica e no Brasil, apesar de diferenças em escala. A aquisição e o suprimento de escravos permaneceram em mãos africanas; entre os escravos transportados para o Brasil, os homens predominavam em relação às mulheres; e o Golfo da Guiné e Angola desenvolveram-se como as principais fontes. A Coroa portuguesa perdeu seu monopólio sobre o comércio, mas continuou a obter substancial receita em todas as etapas. Escravos eram vendidos como mercadoria. A Igreja não condenava nem o comércio nem a instituição da escravidão. Apesar das ordens régias de que os escravos fossem batizados antes do embarque e recebessem orientação espiritual, bem como o direito à comunhão e aos sacramentos, a responsabilidade de garantir tais direitos foi atribuída aos proprietários em vez de às autoridades civis ou eclesiásticas. Os escravos gozavam de certa proteção da lei, mas as autoridades não estavam dispostas a intervir em disputas domésticas entre os escravos e seus donos, a menos que a conduta dos donos fosse flagrantemente cruel ou imoral. Não havia um código de escravos específico para o Brasil. As *Ordenações filipinas* (1603), que incorporaram codificações anteriores, vigoraram ao longo do período colonial. Rara era a pessoa que não possuía um escravo na colônia, e não existia qualquer restrição a negros ou mulatos possuírem escravos. Na América portuguesa, havia maior permeabilidade e mobilidade para indivíduos de descendência africana do que ocorrera no caso do estratificado circum-mediterrâneo muçulmano. O número de mulatos e de alforrias aumentou, notadamente no século XVIII. Alguns escravos trabalhavam até a morte em minas ou plantações, outros eram contratados como *escravos de ganho* e tinham considerável liberdade de movimento, enquanto outros eram escravos domésticos. Os escravos continuavam a ser indicadores da posição financeira e social de um proprietário. A incidência de alfabetismo e de casamentos na igreja entre descendentes de africanos permaneceu baixa na colônia.

Havia diferenças notáveis entre o Brasil colonial e a Portugal do século XV. Leis da Coroa, decretos governamentais e editais municipais restringiam a movimentação e o comportamento dos escravos no Brasil. Editais e ordens municipais e governamentais ecoavam temores brancos de rebeliões de escravos. Tais temores refletiam-se na severidade das punições para infrações cometidas por escravos. Na colônia, escravos formavam suas comunidades, tinham suas próprias irmandades e tomavam decisões individuais e coletivas. Eles se apresentavam em festividades civis, praticavam suas próprias religiões na clandestinidade e preservaram tradições culturais e línguas africanas.[28]

Dois aspectos no Brasil refletiram tanto a continuidade quanto a mudança dos antecedentes europeus. O fato de tais atitudes fazerem parte inerradicável da mentalidade colonial pode ser ilustrado por exemplos extraídos do terceiro século de colonização portuguesa na América. A primeira refere-se à equiparação da escravidão com a ausência de posição social. Ser escravo significava ser uma "*pessoa vil*". Na década de 1720, um escravo negro foi acusado de assassinato. Apesar da falta de provas, ele foi condenado à "tortura judicial para chegar à verdade". Com o propósito de justificar essa medida, um juiz da suprema corte de apelações do Brasil decretou:

> Provas circunstanciais baseadas em menos fatos do que os apresentados neste caso constituiriam bases mais do que adequadas para tortura quando o acusado é um escravo ou *pessoa vil* porque, em tais casos, não importa quão poucos indícios possa haver, a tortura é justificável. E, visto que nesse caso o réu é uma pessoa vil e um escravo como ele mesmo confessa, em meu julgamento o ônus da prova é incontestável.[29]

A segunda refere-se ao conceito de "pureza de sangue". Na Portugal do século XV, isso se referia à pureza religiosa, ou seja, um católico "não corrompido" por uma ascendência judia ou moura. Esse conceito viajou com os portugueses para as Américas. Enquanto o componente islâmico tornou-se obscurecido, embora não desaparecesse inteiramente, o termo genérico "raças

28 Para uma extensa discussão sobre escravos e homens livres, veja Russell-Wood, [1982] 1993.

29 Citado em Russell-Wood, 1987-8.

proibidas" foi expandido de modo a incluir pessoas de descendência africana. Aqueles que não atendessem a esses critérios raciais e religiosos não costumavam ser elegíveis para ofício estatal, municipal ou eclesiástico. Tão tardiamente quanto em 1749, um candidato à Terceira Ordem de São Francisco na Bahia procurou cinco testemunhas para atestar em seu favor que era "de indubitável brancura e inquestionavelmente um cristão-velho, puro de sangue e de descendência sem nenhum sangue de judeu, mouro, mourisco, mulato ou qualquer outra nação infectada daqueles proibidos por nossa Sagrada Fé Católica". Subsequentemente, o candidato requisitou que a corte eclesiástica de apelações emitisse uma "*justificação de limpeza de sangue*" (Russell-Wood, 1989, esp. p.68). Uma lei de 1773 aboliu a distinção entre cristãos-velhos e cristãos-novos, mas costumes consagrados pelo hábito são difíceis de mudar. Documentos da década de 1790 ainda fazem referência a cristãos-velhos e cristãos-novos. Quanto à "pureza" racial, manteve-se como uma preocupação para comunidades de inquirição das Terceiras Ordens por todo o século XVIII.

Neste ensaio, examinei a chegada de Colombo e suas consequências no contexto de eventos que antecederam a 1492. Esses eventos ocorreram no cenário da África Ocidental e Central bem como do Atlântico africano, e os atores centrais eram os portugueses. Foi durante essa fase de seu império marítimo que eles praticaram e aperfeiçoaram o sistema monopolístico que viria a se tornar uma característica do controle da Coroa nos setores mais substanciais ou mais estrategicamente sensíveis de seu comércio oceânico. Essa fase também representa a primeira tentativa de evitar que intermediários indígenas alcançassem fontes de *commodities* comerciais. Como tal, foi o precursor de uma política que levou à rota do cabo para a Índia.

A fase da África Ocidental e Central ilustra a política que seria tanto o ponto forte quanto o calcanhar de Aquiles das atividades marítimas portuguesas: a saber, o estabelecimento de fortes e entrepostos comerciais, que eram poucos demais para oferecer efetiva proteção aos interesses portugueses sobre longas extensões de costa, mas inúmeras o suficiente para ser um dreno ao erário público e a recursos humanos limitados. Na Alta e na Baixa Guiné e nas ilhas atlânticas, os portugueses passaram a avaliar diversidade geográfica, condições de solo, climas e a importância de selecionar colheitas de acordo com essas condições, se pretendessem ter cultivo de sucesso de colheitas de procedência europeia ou asiática na bacia do Atlântico. Na Alta Guiné, os portugueses deram-se conta de que havia tanta heterogeneidade entre os africanos quanto entre os europeus e que aquilo que atualmente se denomina multiculturalismo era uma característica africana. Embora portugueses de várias épocas chamassem de "Guiné" regiões do Senegal à Serra Leoa, do Senegal ao norte de Angola ou até mesmo do Senegal ao Cabo da Boa Esperança, eles tinham plena consciência das distinções entre os povos. Essa conscientização das distinções étnicas prosseguiu no Brasil em referência aos africanos de diversas *nações*. A exposição à face física da África subsaariana, seja por contato com os povos ou por observação de seus costumes, comportamentos e práticas religiosas, levou efetivamente os portugueses a modificar alguns estereótipos e classificações herdadas de uma era pré-contato e a se envolver em um processo contínuo de aprendizagem entre as décadas de 1440 e 1490. A compreensão e a sensibilidade aumentaram, mas não a ponto de levá-los a abandonar plenamente perspectivas que eram eurocêntricas e fortemente imbuídas de convicção quanto à missão dos portugueses como propagadores da fé e da "civilização".

A primeira remessa significativa (ca. 250) de escravos negros para a América espanhola foi de Sevilha, em 1510. Somente em 1518, Carlos V autorizou importações ilimitadas de escravos às Antilhas espanholas. Esses escravos já haviam sido desembaraçados via Lisboa e Sevilha, uma prática que prosseguiu até a década de 1530, quando d. João III de Portugal autorizou a passagem direta de São Tomé e Príncipe para a América. Mesmo nos anos 1550, muitos escravos que haviam deixado a África e cujo destino final era a América passavam por Lisboa e Sevilha. Tratava-se ainda dos primórdios de um comércio que transportaria entre 3,6 milhões e 5 milhões de escravos para o Brasil, algo entre 38% e 52% de todos os escravos da África importados por Europa, ilhas atlânticas e Américas. Em 1818, indivíduos de descendência africana constituíam uma maioria (2,51 milhões de africanos; 1,04 milhão de europeus; ca. 250 mil ameríndios) na América portuguesa.[30] O Brasil havia se tornado o mais rico dos territórios além-mar de Portugal, estava à beira da independência e desfrutava uma vida intelectual sintonizada com ideias correntes na Europa Ocidental e nos Estados Unidos. Na era pós-Iluminismo, é notável que o discurso sobre raça e escravidão no Brasil ainda exibisse vestígios de percepções e atitudes presentes em Portugal antes da viagem de Colombo em 1492.

30 Os números apresentados por Curtin (1969, Tabela 77) estão provavelmente subestimados. Os números podem ter excedido 5 milhões. Para uma descrição completa, veja Conrad, 1986, p.25-34.

LITERATURA PORTUGUESA VISÃO GERAL[1]

A passagem pelo Cabo Bojador (1434) por Gil Eanes, as primeiras aproximações de arquipélagos do Atlântico e as viagens ao longo da costa africana foram historiadas por Gomes Eanes de Zurara (ca. 1410-1420-1473-1474) em *Crónica do descobrimento e conquista de Guiné*. São relatos em primeira mão sobre duas importantes travessias. Um deles, anônimo (atribuído a Álvaro Velho), descreve a viagem inaugural de Vasco da Gama (1497-1499) pela rota marítima de Portugal à Índia via Cabo da Boa Esperança. Em uma carta (1º de maio de 1500) endereçada ao rei Manuel, o escrivão Pero Vaz de Caminha narra a travessia do Atlântico e a atracação da frota de Pedro Álvares Cabral no Brasil, o potencial da terra e os ameríndios. Mas o relato da circum-navegação (1519-1522) pelas embarcações financiadas por Carlos V da Espanha e comandadas pelo navegador português Fernão de Magalhães, até seu falecimento nas Filipinas, foi escrito em italiano por Antonio Pigafetta e publicado em tradução francesa (Paris, 1525).

Um forte componente marítimo fez parte da evangelização. Os jesuítas eram viajantes tenazes e escritores assíduos de cartas que seriam lidas em voz alta nos colégios jesuítas da Europa, além de escreverem relatos de viagens também. Em *Itinerário*, Jerónimo

1 Tradução de Sonia Midori Yamamoto.

Lobo (1595-1678) narra quinze anos viajando pelo Mar Arábico e o Mar Vermelho, uma travessia atlântica de Luanda a Cartagena, naufrágios e pirataria. Narrativas vívidas, observações argutas, descrições detalhadas de portos e suscetibilidade a hindus e muçulmanos caracterizam a *Relação* (1665), que trata de uma viagem a Portugal a partir da Índia realizada por outro jesuíta, Manuel Godinho (1633-1712). O franciscano Gaspar de São Bernardo dedicou a Felipe III da Espanha seu relato (1611) sobre viagens terrestres e marítimas da Índia para Portugal. Sebastião Manrique (1580?-ca. 1669), um frade agostiniano, reconta travessias do Mar Arábico até o extremo leste, nas Filipinas. Com relação ao Brasil, os jesuítas Fernão Cardim (1548?-1625), reitor dos colégios jesuítas de Salvador e Rio de Janeiro, e o famoso pregador e confidente da realeza, Antônio Vieira (1608-1697), descrevem o litoral brasileiro e os desafios de navegar pelas costas nordeste e norte do país.

Aventureiros e mercadores também escreviam relatos de viagem. Em *Peregrinação* (1614), Fernão Mendes Pinto (ca. 1510-1583) mesclou realidade e ficção em uma autobiografia de incansáveis viagens por mares asiáticos, pirataria e naufrágios associados a descrições etnográficas e históricas. Mais verossímeis são as narrativas de travessias terrestres e marítimas entre Índia e Portugal descritas com riqueza de detalhes por Antônio Tenreiro, na década de 1520, e pelo médico Mestre Afonso, no período de 1565 a 1566. A *Relación* (1610), de Pedro Teixeira, narra travessias pelo Pacífico e Atlântico, o Mar Arábico, comércio marítimo e navegação.

As narrativas da arriscada e longa viagem de ida e volta (conhecida como carreira da Índia) entre Portugal e Índia descrevem as tensões entre marinheiros e as populações em terra, as rivalidades entre oficiais da força naval, soldados e clérigos, assim como as falhas de comando. Exercícios militares, cerimônias religiosas, espetáculos de canto e dança, jogos, banquetes, arte dramática de teor religioso ou moral, comédias e pantomimas quebravam a monotonia. Aves marinhas e peixes são descritos tanto como alimentos quanto como objetos de curiosidade. Há menos relatos sobre a rota brasileira. Pero Lopes de Sousa manteve um diário da expedição (1530-2) ao Brasil comandada por seu irmão Martim Afonso de Sousa, e o jesuíta Luís Lopes descreveu com vivacidade uma travessia de 76 dias, dos Açores a Salvador, em

1639. A distinção entre uma narrativa de viagem e um diário de navegação, de cunho mais técnico, pode ser tênue. Com relação à carreira da Índia, o timoneiro Bernardo Fernandes e o navegador João de Castro mesclaram os dois gêneros. Caminha, para o Brasil, e o governador Afonso de Albuquerque (1453?-1515), para o Mar Vermelho, optaram pela forma epistolar. Os historiadores João de Barros (ca. 1496-1570), Gaspar Correia (ca. 1495-ca. 1563) e Fernão Lopes de Castanheda (ca. 1500-1559) recorreram a fontes escritas e verbais para recontar viagens exploratórias e comerciais.

O drama brutal dos relatos de naufrágios tinha público leitor amplamente garantido. Tratavam das lutas contra os fenômenos da natureza, de ganância e avareza, heroísmo e abnegação, sofrimento e morte. A maioria deles descreve desastres na viagem de volta da Índia e a progressão inexorável desde a tempestade ou o encalhe, a tragédia anunciada, o pânico e as orações e missas, até que uma embarcação se partisse e se avistassem mais apuros aos sobreviventes. No Atlântico, o desastre costumava ser atribuído a mau tempo, piratas e ataques de holandeses e ingleses. Doze histórias de desastres ao mar, entre 1552 e 1602, foram reunidas por Bernardo Gomes de Brito, em *História trágico-marítima* (1735/1736). *Epanáforas de vária história portuguesa* (1660) do fidalgo Francisco Manuel de Melo (1608-1666) traz seu testemunho ocular da destruição (1627), na Baía de Biscay, de uma frota comandada por Manuel de Meneses e dois índios que ele devia escoltar até o Tejo. A perda do galeão *São João* (1552) e os falecimentos de Manuel de Sepúlveda e sua família foram imortalizados em verso por Luís Vaz de Camões (ca. 1524-1580) em seu épico *Os Lusíadas* (1572) e pelo soldado de família aristocrata Jerônimo Corte Real (?-1588).

Do século XIII ao XVII

Composições líricas medievais galego-portuguesas abrangem as barcarolas e as marinhas sobre temas históricos, bem como cantigas de amor com vozes femininas expressando tristeza pela partida do amado. A costa da Galícia era um cenário comum. Os principais poetas do século XIII foram Pai Gomes Charinho,

Joan Zorro e Martim Codax. Do século XV ao XVII, a literatura marítima portuguesa concentrou-se na exploração e no estabelecimento de um império marítimo. Essa literatura caracteriza-se por intensa vitalidade. O dramaturgo Gil Vicente (ca. 1465-ca. 1536) era versado em terminologia náutica e construção naval, e em suas peças figuravam marinheiros. Vicente comentava com sarcasmo tanto sobre o adultério feminino enquanto um marido estava ultramar quanto sobre conseguir o posto de timoneiro por nepotismo ou quando ridicularizava astrólogos. *Os Lusíadas* tratam primordialmente da primeira viagem de Vasco da Gama e revelam o fascínio de Camões pelos fenômenos da natureza. Bastante imaginativa foi sua criação de Adamastor, personificação do Cabo das Tormentas (mais tarde, da Boa Esperança), que jura destruir a frota de Gama. Um contemporâneo foi o açoriano Gaspar Frutuoso (1522-1591) que recorria às lendas, aos manuscritos e à tradição oral da história (*Saudades da terra e do céu*) do descobrimento e colonização da Madeira, dos Açores e das ilhas Canárias.

Temas marítimos e navais não faltam em crônicas, histórias e memórias. Nas narrativas sobre os reinados de Pedro I e Fernando I, o cronista Fernão Lopes (ca. 1380-ca.1460) discorre sobre estratégia naval, tipos de embarcação, conflitos navais entre portugueses e castelhanos, a presença naval inglesa, bloqueios militares, viagens exploratórias pelo Atlântico, apoio da realeza à construção naval, comércio de longa distância e até mesmo seguro marítimo. Em seu panegírico (ca. 1464) de Pedro de Meneses, o cronista real Zurara descreve corsários mouros e triunfos no Estreito de Gibraltar, construção naval e a defesa de Ceuta. Historiadores do século XVI tinham acesso a fontes escritas e orais sobre assuntos marítimos e navais. Em *Décadas da Ásia*, o historiador João de Barros descreve a geografia costeira, o comércio marítimo, batalhas navais e forças expedicionárias. Seus contemporâneos Damião de Góis (1502-1574) e Jerónimo Osório (1506-1580?) não omitiram ataques de comandantes portugueses a cidades costeiras na Índia e África nem atos de crueldade contra tripulações e passageiros muçulmanos. Entre os escritores que se valiam de experiências oriundas de vivência na Índia estão o escrivão da feitoria de Cananor, Duarte Barbosa

(*Livro das coisas da Índia*, escrito em ca. 1511-1518), conhecido na Europa renascentista por *insights* etnográficos e linguísticos, bem como descrições magistrais do comércio marítimo entre o leste da África e as ilhas Ryukyu; Gaspar Correia, secretário do governador Afonso de Albuquerque, cujo *Lendas da Índia* revela tanto uma empatia pelos povos nativos quanto seus dons descritivos; Fernão Lopes de Castanheda, cujo *História* traz visões interessantes sobre a etnografia de populações costeiras e biologia marinha; e Diogo do Couto (1542-1616), soldado e historiador que deu continuidade ao *Décadas* de Barros e que, tanto nesse caso quanto em *O soldado prático*, demonstra conhecimento das complexas diásporas comerciais asiáticas e reconhecimento do mar como o cordão umbilical do império, além de descrever contendas navais de holandeses e ingleses contra os portugueses. Um boticário, Tomé Pires (ca. 1465-ca.1524), que residira na Índia e Malásia, escreveu *Suma oriental*, um compêndio de informações sobre populações costeiras e comércio marítimo. As primeiras descrições do Brasil possuem menos referências marítimas. O produtor de cana-de--açúcar Gabriel Soares de Sousa (*Tratado descritivo do Brasil em 1587*) apresenta uma valiosa descrição do litoral brasileiro, da hidrografia da Bahia e dos ameríndios. Cardim lista (ca. 1584) peixes de água salgada, crustáceos, áreas de mangue e dugongos, além de descrever os ameríndios. Questões marítimas e marinhas foram abordadas em duas histórias prístinas de autores com conhecimento pessoal do Brasil: capitanias e economias costeiras, além de portos, por Pero de Magalhães Gândavo (ca. 1540-?), e a indústria baleeira no Atlântico Sul, pelo franciscano Vicente do Salvador (ca. 1564-ca. 1636).

Literatura sobre cercos. Portos e fortes costeiros portugueses na Ásia, África e ilhas atlânticas foram atacados por governantes locais e por rivais europeus. Na Índia, cercos às fortalezas de Diu (1538, 1546), Goa e Chaul (1570) inspiraram Lopo de Sousa Coutinho, Jerônimo Corte Real, Francisco de Andrade e Antônio de Castilho. Jorge de Lemos historiou cercos a Malaca no período de 1555 a 1558. Cercos a Mazagão no Marrocos e a Moçambique também tiveram seus historiadores. A presença holandesa no Brasil produziu uma rica literatura em português. Sua expulsão (1625) de Salvador por uma armada luso-espanhola foi recontada pelo jesuíta Bartolomeu Guerreiro (*Jornada dos vassalos da coroa de Portugal para se recuperar a cidade do Salvador na Bahia de Todos os Santos*, 1625). O almirante português Manuel de Meneses escreveu um relato a respeito, assim como Antônio Vieira. O cerco à cidade do Recife, ocupada pelos holandeses, e sua tomada foram atribuídos à colaboração entre comandantes das forças navais espanholas e portuguesas e Francisco Barreto em terra. A capitulação da Holanda (janeiro de 1654) restituiu a Portugal todos os fortes e terras tomados pelos holandeses. Antônio Barbosa Bacelar descreve isso em *Relação diária do sítio e tomada da forte praça do Recife* (1654), assim como Manuel del Melo em *Epanáfora triunfante* e Francisco de Brito Freire, almirante da frota brasileira.

Biografia e panegírico. As distinções entre biografia e panegírico podem não ser tão claras. O infante d. Henrique, o Navegador, foi louvado por Zurara em sua crônica de Guiné, escrita por ordem régia para que a "vida casta e virtuosa do príncipe não fosse esquecida". João de Castro, aristocrata, soldado e governador e vice-rei da Índia, encontrou seu panegírico em Jacinto Freire de Andrade (1651), que aborda superficialmente o conhecimento científico e a experiência náutica de Castro. A *Epanáfora trágica* de Melo (1660) louva Manuel de Meneses como comandante das forças navais, homem de letras e descendente de família nobre. Luís de Ataíde (1517-81), participante das forças expedicionárias no Mar Arábico e no Mar Vermelho, duas vezes vice-rei da Índia, defensor da força e da construção naval e protetor implacável das fortalezas costeiras portuguesas, foi homenageado (1633) por Joseph Pereira Macedo. *Comentários do grande capitão Ruy Freire de Andrade* (Lisboa, 1647), atribuído a Paulo Craesbeck, descreve com fervor um comandante de armada que tinha como palco de operações o Mar Arábico e como tarefa a defesa dos interesses portugueses no Golfo Pérsico. Há comentários detalhados sobre estratégias de batalha naval, regras de combate e o uso de navios de fogo pelos ingleses, práticas navais persas, ataques pelo mar às defesas costeiras e navios europeus e nativos. A hagiográfica *História da vida do Padre Francisco Xavier* (1600), do jesuíta João de Lucena, discorre sobre as muitas e perigosas viagens do santo, além de furacões, naufrágios, piratas e a conversão por ele das comunidades pesqueiras de Parava ao sul da Índia.

Vieira e Melo. O século XVII conta com dois gigantes literários: o jesuíta Antônio Vieira (1608-1697) e Francisco Manuel de Melo (1608-1666). Extensas viagens refletiam-se na dimensão marítima de suas obras. Vieira utiliza imagens marítimas em alegorias, jogos de palavras, construções etimológicas e homógrafos. Seu *Sermão de Santo Antônio aos peixes* descreve espécies de peixes para ilustrar traços indesejáveis de colonizadores no Brasil. Quatro *Epanáforas* de Melo possuem temas navais. Além da *Epanáfora trágica*, a *Epanáfora bélica* narra os horrores dos combates navais durante os conflitos no Canal da Mancha em 1639 entre frotas luso-espanholas e holandesas, culminando na vitória holandesa. A *Epanáfora triunfante* celebra a expulsão (1654) dos holandeses do Brasil e a *Epanáfora amorosa* reconta um lendário caso de amor, a fuga da Inglaterra e a chegada a uma Madeira desabitada.

Os portugueses escreveram sobre os aspectos náuticos e marítimos de segurança nacional durante a união entre Espanha e Portugal (1580-1640). Panfletos alegam que houve negligência espanhola na defesa de portos e navios mercantes portugueses contra corsários holandeses. Em *Sítio de Lisboa: Diálogo* (1608), Luís Mendes de Vasconcelos, que passou pelo serviço militar e serviu como governador de Angola, defende a transferência da corte de Madri para Lisboa a fim de reforçar a importância de Lisboa como maior centro comercial e capital administrativa ao sul do Atlântico. O padre Manuel Severim de Faria (1583-1655) apoiou essa proposta (*Discursos vários políticos*, 1624) e, em *Notícias de Portugal* (1655), incentivou a construção naval. Ambos defendiam o mercantilismo, posição compartilhada pelo diplomata Duarte Ribeiro de Macedo (1618-1680), que considerava essencial uma marinha mercante forte para uma implementação bem-sucedida de políticas mercantilistas.

Século XVIII: Portugal e Brasil

A literatura portuguesa do século XVIII não é tão marcadamente marítima. Por certo, podemos citar *Vida de Dom Henrique* (1758) de Francisco José Freire (1719-1773) e os poemas *Gama* (1811) e *Oriente* (1814) de José Agostinho de Macedo

(1761-1831), crítico implacável de Camões. Mas no Brasil, em especial na Bahia, os poetas escolheram temas marítimos nos primórdios da literatura nativista na maior colônia portuguesa. A "Ilha da Maré", de Manuel Botelho de Oliveira (1705), tem nuances mitológicas. Botelho (1636-1711) descreve a beleza e riqueza da Bahia, a diversidade e abundância da flora, fauna e peixes, para mostrar como a América sobrepujava a Europa. Em "Eustáquios" (1769), o franciscano Manuel de Santa Maria Itaparica (1704-1768) refere-se à pesca de baleias. Um frade agostiniano, José de Santa Rita Durão (1722-1784), nascido em Minas Gerais e um árcade, escreveu o poema épico *Caramuru* (1781) baseado no lendário resgate de Diogo Álvares Correia por Tupinambá. Durão lutou pelo reconhecimento do Brasil tal como o conferido à Índia portuguesa. Havia também literatura marítima antiga e científica. Relatos de viajantes, correspondências de missionários, memórias e guias náuticos descrevem fenômenos naturais, a flora e a fauna marinha, aves, peixes e os costumes das populações costeiras. Em 1783, cientistas foram enviados a "viagens filosóficas" ao Brasil, Angola e Moçambique. Alexandre Rodrigues Ferreira capturou e registrou peixes e aves em sua viagem ao país. A Academia Real das Ciências (fundada no ano de 1779) em Lisboa publicou cartas náuticas e livros sobre estratégia naval.

Séculos XIX e XX

Os poetas dos séculos XIX e XX Antero de Quental (1842-1891), João de Deus (1830-1896) e Antônio Nobre (1867-1900) evocam o mar como ponto de referência e símbolo de emoções humanas e exploram sua gama de associações. Os poetas divergiam sobre aqueles que dependiam do mar para sobreviver. Se, por um lado, Luís Augusto Palmeirim (1825-1893) considerava os marinheiros oprimidos e antissociáveis, já Cesário Verde (1855-1886) deleitava-se com o burburinho dos cais e das ruas de Lisboa, ocupados por marujos, mulheres vendendo peixe e imigrantes, e criou imagens em verso do que, para ele, eram pescadores pitorescos e seus barcos. Os poetas que exaltavam a era das explorações portuguesas também admitiam que o medo e a morte eram companheiros constantes de marinheiros e pescadores. As ciências marinhas eram praticamente ignoradas na "poesia científica". Navios a vapor e de ferro – produtos da Revolução Industrial – não inspiraram a literatura tanto quanto na era dos veleiros.

A emigração ganhou destaque como tema. Os poetas Guerra Junqueira (1850-1923), Antônio Nobre (1867-1900) e Teixeira de Pascoaes (1877-1952) descrevem despedidas comoventes na partida de embarcações que levavam entes queridos. O fascínio exercido pelo Brasil, o terror da travessia pelo Atlântico e a vida árdua dos imigrantes foram retratados por Francisco Gomes de Amorim (1827-1891) na peça teatral *Aleijões Sociais* (1860). Amorim descreve o mar como uma força da natureza em sua poesia. O romancista Camilo Castelo Branco (1825-1890) toca no assunto da emigração forçada: em *Carlota Angela* (1858), a desaprovação paterna ao pretendente da filha força a partida dele para o Brasil; em *Amor de perdição* (1862), a sentença de morte imposta a Simão Botelho pelo assassinato de um pretendente rival é comutada para o exílio na Índia. O dramaturgo brasileiro Antônio José da Silva, "o Judeu" (1705-1739), ridiculariza "mineiros de torna-viagem", emigrantes que enriqueciam no Brasil e retornavam a Portugal. Os personagens do brasileiro rico e dos novos-ricos portugueses de volta à terra natal aparecem nos romances de Castelo Branco e Júlio Dinis (1839-1871).

A prosa do século XIX é rica em narrativas de viagens, mas poucas têm forte componente marítimo. Em sua multifacetada produção literária, Alexandre Herculano (1810-1877) relata uma travessia angustiante da ilha de Jersey à Normandia (*De Jersey a Granville*). O oficial das forças navais Francisco Maria Bordalo (1821-1861) usa temas marítimos em suas histórias e caracteriza seu *Eugênio* (1846, 1854) como "um romance marítimo – o primeiro do gênero escrito em Portugal", mas o conteúdo marítimo surge como pano de fundo a um amor não correspondido do que se caracteriza como um romance ultrarromântico.

Como parte da efusão nacionalista em Portugal no século XIX, surgiu um grande interesse por história naval e náutica. Viagens portuguesas de descobrimentos, conquistas, navegantes, navegação e navios são dominantes em Manuel Francisco de Barros e Sousa (1791-1856), Francisco de São Luís (1766-1845),

Luciano Cordeiro (1844-1900), Francisco Marques de Sousa Viterbo (1845-1910) e Henrique Lopes de Mendonça (1856-1931). Viterbo e Mendonça serviram como oficiais de armada. Magalhães, Camões e Vasco da Gama foram objeto de biografias escritas pelo ministro da Marinha e Ultramar José Maria Latino Coelho (1825-1891). Houve uma série de publicações de documentos sobre exploração marítima e navegação. Na década de 1880, a Academia Real das Ciências publicou trabalhos seminais como *Lendas da Índia*, *Livros das monções* e *Cartas de Afonso de Albuquerque*, de Correia.

A poesia do século XX combina temas nacionalistas com nostálgicos, encontrando inspiração em um passado heroico em que o mar era associado de modo inalienável a glória e tragédia. O mar era tratado como realidade física e um símbolo, nos planos existencial e metafísico, e como parte do movimento saudosista, representado pelos poetas Teixeira de Pascoaes (1877-1952), Afonso Lopes Vieira (1878-1946), Mário Gomes Beirão (1890-1965) e Guilherme de Faria (1907-1929). Eles se associaram a Augusto Casimiro (1889-1967), um oficial do exército que serviu como governador do Congo português e cuja prosa e verso discorre sobre o além-mar português, e também a Jaime Cortesão (1884-1960) na revista de crítica literária *A Águia* (fundada em 1910) e no círculo cultural *Renascença Portuguesa* (1911-1932) na cidade do Porto. Os poemas do magistrado Alberto Osório de Castro (1868-1946), que viajou extensivamente por águas asiáticas, refletem seu amor pelo exótico. O poeta Fernando Pessoa (1888-1935) está associado indelevelmente ao mar por sua *Mensagem* (1934), em especial a parte "Mar português", que lista aqueles imortalizados por suas lutas contra o oceano e traz os versos pungentes: "Ó mar salgado, quanto do teu sal/São lágrimas de Portugal!". Em outros poemas ("O marinheiro", "Ode marítima"), Pessoa vagueia entre descrições físicas e reflexões sobre viagens e meditações sobre a vida como chegadas e partidas perenes, instabilidade e conexões. Entre os contemporâneos que exploravam temas marítimos estavam Antônio de Sousa (1898-1981: *O náufrago perfeito*, 1944; *Jangada*, 1946; *Livro de bordo*, 1950); Álvaro Feijó (1916-1941), Vitorino Nemésio (1901-1978) e Jorge de Sena (1919-1978). Ruy Cinatti (1915-1986), agrônomo, meteorologista e funcionário público no Timor, era um poeta do exótico (*O livro do nómada meu amigo*, 1958). David Mourão-Ferreira (1927-1996) e outros associados ao periódico *Távola Redonda* escreveram sobre o mar. O poeta Manuel Alegre (1936-) escreveu sobre história e o mar em "Atlântico" (1981) e *Senhora das tempestades* (1998).

A literatura marítima está bem representada na prosa do século XX. Um exemplo extraordinário desse gênero literário é *As ilhas desconhecidas* (1926) de Raul Brandão (1867-1930), um relato de sua viagem aos Açores. A emigração é explorada em romances vigorosos (*Emigrantes*, 1928; *A selva*, 1930) de José Maria Ferreira de Castro (1898-1974). Romances enfocando pescadores incluem: *Calamento* (1950) de Romeu Correia (1917-1996); *Os avieiros* (1942) e *Uma fenda na muralha* (1959) de Alves Redol (1911-1969); e *Patrão Bento* (1962) de Aleixo Ribeiro (1899-1977). Duas narrativas autobiográficas são realistas ao extremo: *A baleeira* (1958) de João Falcato (1915-), a respeito da explosão de um cargueiro que transportava nitratos e sobre a provação dos sobreviventes em um baleeiro até seu resgate, e *Nos mares do fim do mundo* (1959) de Bernardo Santareno (1920-1980), baseado em sua experiência como médico de pescadores portugueses de bacalhau na costa da Terra Nova. Duas mulheres que abordaram temas marítimos são a acadêmica e viajante assídua Teolinda Gersão (1940-; *Paisagem com mulher e mulher ao fundo*, 1982) e a jornalista e romancista Helena Marquês (1935-; *O último cais*, 1992). Temas marítimos aparecem em peças de Alfredo Cortês (*Tá Mar*, 1936) e Miguel Torga (*Mar*, 1941), além de em outras duas ligadas à pesca (*A promessa*, 1957; *O lugre*, 1959) de Santareno e também em *Jangada* (1966) de Romeu Correia (1917-1996).

Literatura marítima regional portuguesa

A literatura marítima regional sempre vicejou em Portugal. Sobre o litoral do Minho e do Douro, há escassez desse gênero literário, que se restringe a poemas sobre pescadores, de Antônio Nobre (1867-1900), reunidos em *Só* (1892). Sobre o litoral de Beira, Luís de Magalhães (1859-1935) considera pitoresco os habitantes de Aveiro tirarem laboriosamente o sustento do mar.

Raul Brandão (1867-1930) cria imagens potentes de paisagens litorâneas e de navegantes e pescadores, sobretudo em *Os pescadores* (1923). Estremadura possui uma longa tradição em literatura regional. Agostinho da Cruz (1540-1619) foi o primeiro poeta a exaltar a beleza natural da Serra da Arrábida, os costumes de seus habitantes e um oceano abundante. Nazaré, Peniche e as Berlengas são ricas em história e lendas associadas ao mar e à pesca. Branquinho da Fonseca (1905-1974) descreve a rotina diária de Nazaré em seu romance *Mar santo* (1952). No século XVI, Garcia de Resende e Camões louvaram a afinidade entre Lisboa, o mar e as viagens exploratórias. Lisboa é descrita em inúmeras obras (*A ribeira de Lisboa*; *Lisboa antiga – Bairros orientais*) de Júlio de Castilho (1840-1919), desse modo dando continuidade à tradição de *laudes civitatum* instituída em Portugal por Damião de Góis (*Urbis Olisiponis Descriptio*, 1554), que enfatizou a Lisboa marítima. José Loureiro Botas (1902-1963), filho de pescador, exalta a Estremadura marítima em suas histórias (*Litoral a oeste*, 1940; *Frente ao mar*, 1944; *Maré alta*, 1952; *Barco sem âncora*, 1963). O Algarve é rico em literatura marítima. Em suas obras, o jornalista Julião Quintinha (1885-1968; *Vizinhos do mar*, 1921) e Luís Antônio dos Santos (*Barlavento*, 1943) enfocam o litoral. Um curso diferente é seguido por Mário Ventura (1936-1968) em *O despojo dos insensatos*, sobre uma greve de pescadores. Os dois Algarves – o marítimo e o montanhoso – ocupam a romancista Lídia Jorge (1946-), cujo realismo mágico em *O dia dos pródigos* (1980) e *O cais das merendas* (1982) recorre a lendas marítimas, mitos e tradições locais.

Guerra naval como tema literário

O século XX introduz um novo tema: as batalhas navais na era do vapor. Um dos primeiros expoentes foi João de Azevedo Coutinho (1865-1944), comandante das forças navais e governador de Moçambique (*Memórias de um velho marinheiro e soldado da África*, 1941). O combate naval na Primeira Guerra Mundial é tema de *Memórias da guerra no mar* do oficial de armada Henrique Correia da Silva (1878-1935) e, na Segunda Guerra Mundial, de *Fogo no mar* (1945) de João Falcato. A atenção dos estudiosos permaneceu focada em um período anterior. Joaquim Bensaúde foi pioneiro nos estudos de navegação celestial (*Astronomie nautique*, 1912). Havia muito interesse pelos séculos XV e XVI, e menos pelo XVII: infante d. Henrique, Vasco da Gama, Magalhães; embarcações e sua construção; navegação, navegantes e timoneiros; a carreira da Índia; e rotas e diários de navegação. Entre os estudiosos, estavam: Duarte Leite (1864-1950), o oficial da Marinha Henrique Querino da Fonseca (1868-1939), o vice-almirante Carlos Viegas Gago Coutinho (1869-1959), Jaime Cortesão (1884-1960), Damião Peres (1889-1976), José Augusto do Amaral Frazão de Vasconcelos (1889-1970), Abel Fontoura da Costa (1896-1940), Alberto Iria (1909-1992) e o matemático e historiador Luís de Albuquerque (1917-1991). Vitorino Magalhães Godinho (1918-2011) ampliou o horizonte de seus estudos sobre os aspectos econômicos dos descobrimentos na época do infante d. Henrique e do papel de Portugal na economia global. Estudiosos estão desenvolvendo novas áreas de pesquisa marítima, como cidades portuárias e diásporas comerciais, e há vários volumes de histórias fundamentadas na experiência marítima dos portugueses na África, Ásia e América.

Galícia, Açores, Cabo Verde e Brasil

Há também vasta literatura em português de autores de fora da Portugal continental. No século XIX, uma promissora literatura regional na Galícia representa uma expressão da identidade de grupo étnico sentida pelos galegos na terra natal e no exterior. O mar, as ondas, o litoral, os pescadores e a emigração são temas constantes nas obras de Eduardo Pondal (1835-1917), Rosalía de Castro (1837-1885), o marinheiro mercante Manuel Antônio (1901-1928), Luís Amado Carballo (1901-1927) e Ramón Cabanillas (1876-1959). Nenhuma região possui uma identidade coletiva tão associada a um passado e um presente marítimos como os Açores. Solo, natureza, clima e o povo e suas ocupações estão ligados ao mar. O mesmo mar tanto isola quanto conecta os Açores a um mundo mais amplo. A açorianidade encontra expressão em poemas de Roberto de Mesquita (1871-1923), Duarte de

Viveiros (1897-1937), José Rebelo de Bettencourt (1894-1969), Pedro da Silveira (1922-2003) e Vitorino Nemésio (1901-1978). O melhor romance continua sendo o *Mau tempo no canal* (1944), de Nemésio, uma saga familiar ambientada na Primeira Guerra Mundial. Temas constantes nessa literatura são a pesca de baleias e a emigração, irrevogavelmente interligadas na história do arquipélago. O "ciclo da baleia" é celebrado em prosa por Miguel Street de Arriaga (1828-94; *O canto dos baleeiros*, 1857), por Manuel Greaves (1878-1956; *Aventuras de baleeiros*) e por Dias de Melo em poemas sobre a caça às baleias na Ilha do Pico. A emigração açoriana, principalmente para os Estados Unidos, é descrita por Francisco Nunes da Rosa (1870-1946), Alfred Luís/Lewis (1902-1977; *Home Is an Island*) e Manuel Greaves e Nemésio (*Corsário das ilhas*, 1956); em verso, por Pedro da Silveira. A imigração para os Estados Unidos também é central para Cabo Verde e tratada em ficção, poesia e ensaios de Baltasar Lopes (1907-1989). O poeta e escritor Eugênio Tavares (1867-1930) escreveu sobre a pesca baleeira na revista de crítica literária *A voz de Cabo Verde*. A identidade da ilha ocupou o poeta cabo-verdiano Daniel Raimundo Filipe (1925-1964; *Marinheiro em terra*, 1949). Não há dimensão marítima nas literaturas contemporâneas de Angola e Moçambique independentes, cujos escritores e poetas nativos enfocam o solo, a fauna e flora, os povos e seus costumes. Um componente marítimo aparece ocasionalmente em escritos de portugueses que descrevem viagens destinadas a fixar residência nesses países, mas está ausente da literatura da ex-colônia portuguesa de Goa e agora independente São Tomé, de Guiné-Bissau, Macau e Timor.

A literatura no Brasil independente (a partir de 1822) reflete uma identidade nacional associada à sua vastidão territorial, abundância e beleza, diversidade humana, flora e fauna exóticas e forte consciência indianista, mas o país possui, sim, uma literatura marítima. Antônio Gonçalves Dias (1823-1864), que passou catorze anos do que considerou um exílio em Portugal, escreveu poemas ultrarromânticos sobre o mar ("O corsário" e "O marinheiro") e sobre as saudades do Brasil. Antônio Cândido Gonçalves Crespo (1846-1883) discorreu sobre o mar em "A bordo"; em "Mater dolorosa", ele descreve a agonia de deixar a mãe ao partir para Portugal. Poemas de Castro Alves (1847-1871) em *Espumas flutuantes* (1870) possuem conteúdo marítimo, e seu forte sentimento abolicionista encontra expressão em "O navio negreiro: tragédia no mar" (1869). Engajar-se no mar era um meio de vida para o poeta parnasiano Vicente de Carvalho (1866-1924). A poeta Cecília Meireles (1901-1964) escreveu sobre o mar e sua descendência açoriana. A literatura marítima saiu-se melhor nos romances. A primeira prosa romântica brasileira é *O filho do pescador* (1843), de Antônio Gonçalves Teixeira e Sousa (1812-1861). José Antônio do Vale Caldre e Fião é o autor do melodramático romance histórico *O corsário* (1851). Em *Iracema* (1865), José de Alencar (1829-1877) evoca o litoral do Ceará antes de explorar o par temático de paixão e conquista no contexto dos contatos entre europeus e ameríndios. O romancista nascido em Itaparica Francisco Xavier Marquês (1861-1942) descreve praias idílicas do Recôncavo em *Jana e Joel* (1899). *Bom-crioulo* (1895), do oficial das forças navais Adolfo Caminha (1867-1897), trata do amor homossexual e da exploração marítima. Perdas, fracassos e fraquezas na vida de Bento Santiago são associados ao mar em *Dom Casmurro* (1900), de autoria do grande romancista Joaquim Maria Machado de Assis (1839-1908). O marinheiro mercante Virgílio Várzea (1862-1941) escreveu com realismo sobre a vida de um marinheiro (*Mares e campos*; *Nas ondas*). José Lins do Rego (1901-1957; *Água-mãe*, 1941) discorreu sobre o litoral nordestino. Os romances realistas (*Jubiabá*, 1935; *Mar morto*, 1936; *Capitães de areia*, 1937) de Jorge Amado (1912-2001) tratavam de folclore, tradições e costumes; seus pescadores, marinheiros e estivadores eram protegidos por Iemanjá, deusa do mar no candomblé afro-brasileiro.

O ATLÂNTICO PORTUGUÊS, 1415-1808[1]

Em 1415, o infante d. Henrique, "o Navegador", participou da captura da cidade muçulmana de Ceuta no Marrocos, marcando o início de uma presença portuguesa formal fora da Europa continental. Em 1822, o Brasil declarou sua independência de Portugal. Nos séculos decorridos nesse ínterim, navegadores portugueses rumaram para o norte até o Círculo Polar Ártico e para oeste até a Groelândia e o Mar do Labrador, além de desbravar as passagens sul e sudoeste do Oceano Atlântico ao Índico e o Pacífico, respectivamente. A Coroa portuguesa reivindicou soberania sobre os arquipélagos atlânticos e os territórios às margens do Atlântico na África continental e na América do Sul. Mercadores criaram redes de comércio ao norte no Mar Báltico e ao sul de Benguela e no Rio da Prata. Os portugueses colonizaram ilhas e continentes às margens do Atlântico e estabeleceram vilas, cidades e instituições. O português tornou-se a língua europeia mais falada na região atlântica. Ao expô-los ao cristianismo e à escravidão, os portugueses transformaram a vida de milhões de ameríndios e africanos.

Uma de duas perspectivas poderá servir para estruturar este capítulo. A primeira é a abordagem convencional de história

1 Tradução de Sonia Midori Yamamoto.

imperial, que enfatizava o papel, na metrópole, da Coroa e dos conselhos consultivos e das instituições legislativas e regulatórias, e, nas colônias, dos representantes da Coroa, das instituições que seguiam o modelo pátrio e das sociedades coloniais analisadas no tocante à adesão às normas metropolitanas ou ao desvio delas. Sob essa perspectiva, os interesses metropolitanos predominavam sobre os coloniais e as colônias eram essencialmente "vacas leiteiras" que forneciam matéria-prima em benefício da metrópole; as prioridades coloniais subordinavam-se às metropolitanas, à lealdade ao rei e à nação; a adesão à ortodoxia católica era a norma, e a preferência da Coroa pelos nascidos em Portugal em detrimento dos nascidos além-mar, quando se tratava de nomeações, era justificável.

Em contraste, minha abordagem tem como pano de fundo um cenário conceitual mais amplo. Em vez de concentrar-se em comunidades e sociedades no que se refere a sua portugalidade, ortodoxia religiosa, estratificação social, profissões, tradições e língua, ou em grupos e instituições que exerciam controle social; em vez de enfatizar a estabilidade, continuidade e homogeneidade, essa perspectiva analisa o Atlântico português sob o ponto de vista do que estava ocorrendo nos territórios ultramarinos da África e do Brasil. Embora não houvesse nenhuma contrapartida atlântica ao "império sombra" que parece ter existido na Ásia portuguesa, essa perspectiva além-Portugal demonstra que algumas características associadas à Ásia portuguesa também estavam presentes no Atlântico: diásporas comerciais complexas, emaranhadas e intercoloniais sem um componente metropolitano; populações multinacionais, multiétnicas e poliglotas; predominância de indivíduos de raça mestiça; ambiguidade e ambivalência em relação a cor, raça, *status* social e identidade individual e coletiva; e uma vida religiosa em que se podia ser devoto tanto do catolicismo quanto de outros sistemas e práticas de crença. Essa abordagem dá mais ênfase aos indivíduos do que à Coroa, examinando como eles criaram seus próprios espaços e conduziram vidas produtivas e proeminentes sem uma fidelidade obstinada à Coroa ou à Igreja e sem se submeter a governantes, magistrados ou bispos. Muito ocorria no Atlântico português – comércio, movimentação de pessoas, criação de famílias pan-atlânticas, colonizações, produção econômica e travessia de fronteiras – a despeito da Coroa. Nesse Atlântico ultramarino português, fronteiras tornavam-se indistintas; a percepção e a "qualidade da pessoa" substituíam os tradicionais critérios sociais metropolitanos quando se tratava de avaliar a posição de um indivíduo; a negociação era mais eficaz do que a imposição; o carisma tomava o lugar da autoridade delegada; as linhas entre o legal e o ilegal misturavam-se; e a aplicação das leis era negociável. Transição, porosidade, permeabilidade e elasticidade caracterizavam esse outro Atlântico português. As características esboçadas até aqui são elas próprias inconstantes e transitórias, variando de acordo com a região e o período em questão.

Esse panorama histórico do Atlântico português estende-se sobre o tempo e o espaço. A Parte 1 examina as posses portuguesas, enfatizando atividades nos arquipélagos e no continente africano nos séculos XV e XVI. A Parte 2 desloca-se para o Brasil e a Angola dos séculos XVII e XVIII. Na Parte 3, temos o foco ultramarino mostrando como o oceano facilitava a interação entre as diversas partes do Atlântico português. A Parte 4 aborda o que era distintamente português. A Parte 5 discute a centralidade do Atlântico para a Portugal continental e suas terras ultramarinas e o modo como essa centralidade tem se refletido na historiografia. Também examina a utilidade do conceito de história atlântica para os pesquisadores do Atlântico português e avalia como o exemplo português pode contribuir para o estudo de outras nações atlânticas.

1. O espaço português no Atlântico

No século XV, o Atlântico era uma região disputada. Tratados e bulas papais criaram um enquadramento para a colonização portuguesa no Atlântico. O Tratado de Tordesilhas (1494), fruto de negociações binacionais e ratificado pelo papa, dividiu o mundo com uma linha demarcatória de polo a polo localizada a 370 léguas a oeste (entre 48° W e 49° W) do arquipélago de Cabo Verde. O reino de Castela poderia explorar, comercializar e conquistar a oeste dessa linha, enquanto Portugal a leste dela. Outros europeus rejeitaram a noção de um *mare clausum* ibérico. Assim como outras nações e Estados, Portugal controlava o acesso a portos, rios e estuários em suas posses territoriais na Europa e além-mar, mas o Atlântico permanecia aberto a todos. Os reis portugueses não se referiam a um "Atlântico português", um termo aplicado atualmente a uma presença portuguesa em arquipélagos e continentes cuja região costeira seja banhada pelo oceano, onde os portugueses criaram espaços sociais e imprimiram sua marca em territórios sobre os quais a Coroa reivindicou soberania.[2]

As ilhas faziam parte integrante da formação e consolidação dos portugueses no Atlântico; desempenhavam papéis fundamentais no comércio e na migração e tornaram-se centros essenciais em conexões oceânicas e interoceânicas na era das grandes navegações, perdurando, até o presente, como partes de um Atlântico de língua portuguesa. Limitar sua importância à "era das descobertas" é uma grave distorção. No século XV, Portugal reivindicou a soberania de quatro arquipélagos: Madeira, Açores, Cabo Verde e São Tomé e Príncipe.[3] Os portugueses buscavam ali produtos e *commodities* agrícolas para consumo e venda no país ou para reexportação ao norte da Europa, Espanha e Itália, em troca de manufaturados e outros bens em demanda no continente ou além-mar. Localizações estratégicas e sua prosperidade comparativa transformaram os arquipélagos em alvos de ataques e pilhagens por parte dos europeus. Todos eles também eram pontos de convergência e cultivo de plantas nativas para as Américas, a Europa e a África.

Os arquipélagos da Madeira e dos Açores estavam orientados para as necessidades de Portugal e atraíam casais e famílias de

---

2 O Atlântico português é discutido em histórias globais de um Portugal ultramarino: Boxer, *The Portuguese Seaborne Empire, 1415-1825*. Diffie; Winius, *Foundations of the Portuguese Empire, 1415-1580*. Newitt, *A History of Portuguese Overseas Expansion, 1400-1668*. Mauro, *Le Portugal et l'Atlantique au XVIIe siècle (1570-1670): Étude économique*, permanece uma fonte valiosa, embora datada. Veja também Godinho, *Os descobrimentos e a economia mundial*. Bethencourt; Chaudhuri (Orgs.), *História da expansão portuguesa*. Bethencourt; Curto (Orgs.), *Portuguese Overseas Expansion, 1400-1800*. Gomes, *Portuguese Ships, 14th-19th Century*.

3 Uma introdução é Vieira, *Portugal y las islas del Atlántico*. Para o período anterior a 1460, veja Russell, *Prince Henry "the Navigator": A Life*.

emigrantes portugueses.[4] Entre os colonizadores, predominavam agricultores e comerciantes. O da Madeira atraiu migrantes de posição social mais elevada e renda disponível. Diante da explosão demográfica, alguns residentes mudaram-se para os Açores. Financistas, investidores e comerciantes europeus demonstravam grande interesse nessas ilhas. Uma delas, nos Açores, era conhecida como "Ilha dos Fleming" em homenagem a seus colonizadores. Topografia, clima, distribuição de chuvas e qualidade do solo variavam entre esses arquipélagos e no âmbito de cada um. Madeira e Porto Santo possuíam resinas, corantes de plantas e árvores (como sangue-de-drago) e ísatis, ou pastel-dos-tintureiros, cuja folha exsuda uma tintura azul. Embora o açúcar fosse o principal produto de exportação, na Madeira também havia madeira, trigo, cereais, uvas doces e vinhos, além da criação de gado. Os Açores exportavam itens similares: sal, grãos, vários tipos de madeira, gado, ovinos e, mais tarde, algodão, mas o cultivo de cana-de-açúcar nunca vingou. Cada arquipélago e as águas que os separavam um do outro e do continente africano eram ricos em peixes, baleias e focas. Essas ilhas prosperaram no século XVI à medida que os colonizadores fundaram cidades, suas populações cresceram e dioceses foram criadas. A Madeira contava com mão de obra indígena oriunda das Ilhas Canárias e indivíduos do continente africano. Um parâmetro dos altos níveis de urbanização, conforto material, serviços sociais e hospitalares, igrejas, estabilidade populacional, estratificação social e situação financeira era a presença tanto na Madeira quanto nos Açores de irmandades laicas (de brancos e negros) e, na década de 1580, de cerca de vinte Misericórdias.[5] Na Madeira, a produção açucareira cresceu até ser minada pela concorrência brasileira no segundo terço do século XVII. Uma consequência disso foi o acentuado declínio na

---

4 "Crossroads of the Atlantic", a frase de Bentley Duncan que se refere às ilhas de Cabo Verde no século XVII, é aplicável aos Açores e a Cabo Verde em um período anterior. Duncan, *Atlantic Islands: Madeira, the Azores and the Cape Verdes in Seventeenth Century Commerce and Navigation*. Sobre o açúcar, veja Curtin, Philip D. *The Rise and Fall of the Plantation Complex: Essays in Atlantic History*, p.17-25.

5 Guimarães Sá, *Quando o rico se fez pobre: Misericórdias, caridade e poder no império português, 1500-1800*, p.117-45.

importação de escravos. O vinho substituiu o açúcar como principal produto de exportação. Funchal era um importante porto no comércio atlântico, mas o terreno escarpado e as limitações geográficas da Madeira restringiam seu potencial de crescimento. Os Açores possuíam mais ilhas, maior espaço para o crescimento populacional, um terreno mais plano, acessível à colonização, e solos próprios para cultivo. Em meados do século XVI, o arquipélago alardeou as cidades de Angra dos Reis e Ponta Delgada e uma dúzia e tanto de vilas, mas a imigração estagnou e depois caiu. O trigo e a ísatis açorianos continuaram a contribuir muito para a economia portuguesa, com primazia da segunda até que sucumbisse ao índigo americano. A pesca de baleias e peixes era essencial à vida dos colonizadores. No final do século XVI, trigo, vinho, linho e laranjas eram importantes produtos de exportação, assim como o milho, nativo das Américas e levado para os arquipélagos atlânticos. Os Açores também protagonizaram uma tecnologia desenvolvida especificamente para superar os efeitos indiretos das erupções vulcânicas.

A quinhentos quilômetros da costa do Senegal localizava-se o arquipélago vulcânico de Cabo Verde (colonizado nas décadas de 1440 a 1460).[6] As ilhas não eram atrativas aos migrantes europeus, em parte por causa das condições naturais severas. A predominância de homens solteiros entre os imigrantes provocou um acentuado desequilíbrio de gênero entre os europeus. Os africanos mudaram-se do continente para algumas dessas ilhas e viraram maioria. Uma população mestiça logo emergiu. As línguas africanas predominavam e outras crioulas surgiram. O arquipélago teve um desenvolvimento lento, com algumas ilhas permanecendo inabitadas em decorrência de aridez, secas prolongadas, chuvas torrenciais e erosão do solo. As terras, distribuídas em chácaras de acordo com termos de propriedade legada inalienavelmente vinculada a uma família, mas sem a perspectiva de direitos individuais, assumiram um padrão de posse que configurava um

6 Albuquerque; Santos, *História geral de Cabo Verde*. Carreira, *The People of the Cape Verde Islands:* Exploitation and Emigration, p.4-25. Duncan, op. cit., p.158-238. Soberbamente pesquisado e abrangente é *A ilha de São Nicolau de Cabo Verde nos séculos XV e XVIII*, de Dias Teixeira.

desestímulo à imigração e ao crescimento populacional. Cada ilha mantinha sua individualidade histórica, mas a Coroa estabeleceu um governo civil e eclesiástico em todas elas, e uma bula papal de 1533 autorizou a criação de um episcopado. A ilha de Santiago predominava e compreendia as grandes colônias de Ribeira Grande e Praia, que se tornaram importantes centros urbanos (à Ribeira Grande foi conferido o *status* de cidade em 1533 e de diocese por bula papal) e rivalizavam como capitais administrativas e portos de escala até que, no século XVIII, Ribeira Grande entrou em declínio e Praia cresceu em população e importância. Inicialmente, as exportações giravam em torno de sal, grão e *orchil* (um líquen que produz corante vermelho) e índigo. Plantas nativas da África e da América convergiam nos Açores com outras da Europa. O cultivo de cana-de-açúcar prosperou com a mão de obra escrava suprida pelo continente. Uma economia viável baseada na criação de animais (gado e cavalos) desenvolveu-se, gerando autossuficiência em alimentos como carne e laticínios. As exportações continuaram a abranger sal, milho, algodão e corantes, com as peles de animais e o algodão desempenhando um papel preponderante. Embora o arquipélago como um todo fracassasse como colônia, a ilha de Santiago era uma história de sucesso com uma economia vigorosa, indústrias artesanais, elites prósperas e socialmente proeminentes e uma população mestiça. De modo geral, porém, o arquipélago sofreu declínio econômico e a emigração intensificou-se no final do século XVII. Sua salvação era a localização em múltiplas rotas oceânicas de longa e de curta distância envolvendo redes de comércio entre a Península Ibérica, o continente africano (Alta e Baixa Guiné e Angola), o Brasil e portos no Caribe e na costa oeste da Índia, além de ser um ponto de partida de empreendimentos de risco e expedições comerciais para o interior africano.

Na África equatorial, o arquipélago de São Tomé e Príncipe (que incluía Ano Bom e Fernando Pó, fundadas *c.* 1485) situava-se no Golfo da Guiné a cerca de 170 milhas do continente.[7] Entre

7 Garfield, *A History of São Tomé Island, 1470-1655: The Key to Guinea*. Hodges; Newitt, *São Tomé and Príncipe: From Plantantion Colony to Microstate*, p.1-26.

os primeiros colonizadores portugueses de São Tomé figuravam imigrantes que haviam deixado Portugal por vontade própria, enquanto a Coroa despachava outros, como crianças de até 10 anos de idade separadas de seus pais judeus, criminosos e indesejados (como ciganos e vagabundos) por considerá-los descartáveis. Escravos eram transportados do continente africano. A miscigenação aumentou a população da ilha e gerou uma elite mestiça. Com florestas cerradas e terreno montanhoso, São Tomé oferecia um ambiente menos sujeito a doenças do que o continente, mas portugueses morriam, não obstante, de enfermidades contra as quais não tinham imunidade. Em 1500, a população do arquipélago pode ter chegado a 10 mil. Clima tropical com duas estações chuvosas, solo fértil e água para prover de energia usinas açucareiras tornavam São Tomé ideal para o cultivo da cana-de-açúcar, em especial na região nordeste. A madeira era um recurso importante. A ilha desenvolveu uma economia doméstica diversificada com base na criação de cabras e gado e no cultivo de trigo, milhete, cevada, figo e olivas, tudo trazido inicialmente de Portugal. Plantas foram levadas para o arquipélago do continente africano e, posteriormente, do Brasil. São Tomé era o maior produtor de açúcar do mundo no século XVI, mas cedeu lugar para o produto de mais alta qualidade do Brasil na primeira década do século XVII. Um comércio escravagista, tanto legal quanto clandestino, estava em grande parte nas mãos de empresários mestiços, e era crucial para a economia das ilhas. São Tomé era um grande ponto de reunião de escravos do Golfo da Guiné e, mais tarde, de Angola, com destino às Américas. A permissão da Coroa para que se negociasse com São Jorge da Mina na década de 1490 e posteriormente com o Congo estimulou a construção naval.

São Tomé tornou-se a maior cidade (1534), capital da capitania da Coroa de mesmo nome e residência do governador. Uma bula papal de 1534 autorizou um episcopado com ampla jurisdição sobre a terra firme, da Baixa Guiné para o sul. Clérigos nativos, negros ou mulatos e educados em seminários, bem como as escolas das missões, impulsionaram consideravelmente a influência de São Tomé.[8] Entre as décadas de 1560 e 1590, corsários franceses,

8 Boxer, *The Church Militant and Iberian Expansion, 1440-1770*, p.5-7.

ingleses e holandeses atacaram a cidade. A população era predominantemente mulata, e as mulheres desempenhavam um papel preponderante na sociedade local. Conflitos entre brancos e mulatos e entre habitantes das ilhas e do continente contribuíram para a mobilidade política e social que foi uma constante na história de São Tomé e exacerbada por revoltas de escravos, de *angolares* que se recusavam a abandonar sua pesca para trabalhar nas plantações, de agricultores poderosos e hostis com milícias próprias de escravos e de constantes rixas entre os nomeados pela Coroa e os interesses locais, e entre autoridades eclesiásticas e seculares. Turbulência e insegurança, associadas a um mercado em declínio para o açúcar local, levaram alguns agricultores a migrar para o Brasil. As ilhas de São Tomé, Príncipe e Ano Bom reinventaram-se suprindo navios negreiros e buscando escravos ao longo da costa da Baixa Guiné até Angola, além de abastecer armazéns com marfim e ébano, *commodities* em alta demanda por comerciantes, e poupar o tempo dos capitães na aquisição e no embarque de cargas. Na década de 1750, Príncipe substituiu São Tomé como centro administrativo, residência do governador e principal cidade portuária do arquipélago.

No continente africano, Ceuta não se tornou uma âncora para a colonização portuguesa. Era importante como o lugar onde, em termos econômicos, o Marrocos mediterrâneo encontrava-se com o Marrocos atlântico. Reis portugueses construíram fortes costeiros e optaram por guarnições formadas por soldados e seus subordinados, e lá se desenvolveu uma população multicultural, multirreligiosa e poliglota de artesãos, mercadores e negociantes. Ceuta detinha um alvará régio municipal e era um episcopado. Portugal exercia mínimo controle sobre as terras nas cercanias dos fortes. Era tema de acalorado debate se uma presença portuguesa configurava um desperdício de homens e dinheiro. Uma expedição contra Tânger (1437) foi um desastre, mas não obstante o rei Afonso V (1438-81) defendeu uma presença continuada. O Marrocos português dependia do Atlântico. Soldados, munições, alimentos, bebidas e materiais de construção chegavam por mar. Os fortes garantiam acesso às embarcações que retornavam a Portugal com cargas de tecidos, cevada, trigo, mel, tâmaras e uvas, goma arábica, cera, índigo, metais preciosos e básicos e gado. Mercadores portugueses reexportavam cereais marroquinos e outras *commodities* para o norte da Europa. Os lucros, tanto quanto as cruzadas, faziam parte da agenda da Coroa.

A chegada (1482-1483) do navegador Diogo Cão ao Rio Zaire inaugurou uma nova fase na história portuguesa. A trajetória marítima dos portugueses rumo ao sul mantivera-os afastados dos centros de poder político da África, mas o reino do Congo contava com um longo litoral. A capital do governante supremo (*manikongo*) era acessível pela costa ou por rio. Quatro nobres congoleses visitaram Portugal, e emissários portugueses estavam presentes na corte real. Em uma experiência transcultural sem paralelo, Portugal e Congo fizeram intercâmbio de missões diplomáticas. Portugal despachou missionários e o *manikongo*, seus familiares imediatos, e seus cortesãos foram batizados adotando nomes cristãos. As elites congolesas adotaram a vestimenta portuguesa. Intrigado com a administração e as leis portuguesas, o *manikongo* enviou rapazes para serem educados em Lisboa. Portugal enviou ferramentas e artesãos que reconstruíram a capital em pedra, chamando-a de São Salvador. Localizada na planície central, era renomada por sua prosperidade e produção agrícola. O Congo também se tornou um ponto de convergência de alimentos da África, Europa e, mais tarde, América.

Marrocos e Congo tinham pontos em comum. Em cada nação, os portugueses eram motivados por intercâmbio tanto religioso quanto comercial. Eles viam no Marrocos uma extensão em solo africano da cruzada contra os "infiéis". No Congo, vislumbravam um novo campo missionário e o potencial de se aproximarem das terras do legendário soberano cristão Prester John na Etiópia, desse modo dando uma dimensão atlântica à história dele. Eles também previam acesso a metais preciosos e minerais. Os reis portugueses sustentavam, embora de forma inconsistente, tais aspirações e empreendimentos. Os mercadores relutavam em seguir o exemplo real, e o erário arcava com grande parte dos custos. Marrocos e Congo mostravam potencial, mas nenhum deles correspondeu às expectativas.

Marrocos contribuía com bens aos mercados portugueses e para reexportação à Europa e África Ocidental e Central, desse modo incorporando mercadorias de origem africana a uma economia atlântica. Os fortes portugueses em território marroquino exerciam controle sobre a costa atlântica e certo grau de regulamentação sobre o Mediterrâneo ocidental. Mas o Marrocos tornou-se cada vez mais dependente do trigo importado da Madeira e dos Açores, bem como de reforços militares. Os portugueses no Marrocos deram as costas ao Atlântico e preocuparam-se com ambições militares e políticas. O Tratado de Sintra (1509) pôs fim a disputas territoriais entre as nações ibéricas no norte da África, a construção de fortalezas prosseguiu e mais governantes locais aceitaram a suserania portuguesa. A conquista do reino de Fez abriu caminho para maior presença portuguesa ao sul e no sudeste atlântico. A morte de 4 mil portugueses em Mamora (1515) foi crucial para a decisão do rei João III (1521-1557) de reduzir a presença militar portuguesa. O espírito das cruzadas morreu no campo de batalha de Alcácer-Quibir (1578) com o massacre do rei Sebastião e grande parte de seu exército. A importância em declínio do Marrocos para Portugal tinha um componente marítimo. Nações europeias lançavam-se em rotas marítimas; a atividade dos corsários aumentava; frotas turco-otomanas avançaram a partir do Egito; e o comércio em caravana foi minado pelo comércio marítimo português.[9]

No Congo, Afonso I (*manikongo*, 1507-1543) e seus sucessores adotavam tudo o que era português. Ansiavam por assistência técnica e militar, comércio e uma aliança política. Portugal continuava interessado na evangelização. Equivocados sobre a amplitude da África, os portugueses acreditavam que estavam nas proximidades do Golfo Arábico. Para eles, o Congo era não somente um parceiro em potencial para evangelizar a África, repelir turcos otomanos e salvar a Etiópia cristã, mas também uma estação de passagem para a Índia. Uma desilusão mútua instalou-se à medida que ficou evidente a divergência de agenda dos dois governantes, o abismo comportamental e cultural entre os

9 Farinha, *Portugal e Marrocos no século XV*. A defesa da inclusão do Marrocos em uma economia mundial emergente é feita por Cornell, Socioeconomic Dimensions of Reconquista and Jihad in Morocco: Portuguese Dukkala and the Sa'did Sus, 1450-1557, *International Journal of Middle East Studies* 22, p.379-418.

dois povos e a total desconexão entre as prioridades portuguesas e as expectativas congolenses. Os portugueses perceberam que o Congo tinha pouco a oferecer além de escravos e marfim. Crucial para essa percepção foi uma mudança de prioridades por parte dos portugueses, da evangelização para o comércio escravagista. Esse comércio entre São Tomé e Ndongo, e as relações portuguesas com seu soberano, enfureceram o *manikongo*, mas a demanda por escravos para a agricultura brasileira selou a reconciliação. Mpinda era o maior porto desse comércio. O Congo pode ter sido uma das primeiras vítimas da força desestabilizadora do comércio de escravos. No entanto, o compromisso português com o Congo não cessou por completo. Em 1570-1571, uma força portuguesa derrotou os jagas, que ocuparam São Salvador, e restituiu-a ao *manikongo* apenas para tornar a abandoná-la em 1678. São Salvador prosperou como local de residência real, quartel-general dos portugueses, sede de uma dezena de igrejas e da recém-criada (1596) diocese do Congo e de Angola. Na batalha de Mbwila (1665), tropas portuguesas derrotaram o exército congolês e assassinaram o rei. O Congo tornou-se uma espécie de protetorado português. Ao final do século, São Salvador estava em ruínas e deserta, vítima da oposição holandesa a uma presença portuguesa na África.[10]

À medida que se deslocaram para o sul no século XV, da Mauritânia para a Senegâmbia e a Guiné, os portugueses haviam construído fortes e entrepostos comerciais no continente ou em ilhas próximas. O infante d. Henrique ordenou que missionários se dedicassem à evangelização, e a Coroa portuguesa reivindicou soberania sobre algumas regiões. Em 1486, o rei João II recebeu o título de lorde da Guiné. Para os portugueses, a Guiné estava associada a ouro em pó. Expectativas em alcançar a fonte desse ouro e as caravanas de comércio transaariano encorajavam os

10 Thornton, Early Kongo-Portuguese Relations, 1483-1575: A New Interpretation, *History in África* 8, p.183-204, e *The Kingdom of Kongo: Civil War and Transition, 1641-1718*. Lowe, Representing Africa: Ambassadors and Princes from Christian Africato Renaissance Italy and Portugal, 1402-1608, *Transactions of the Royal Historical Society* 17, p.101-28. Hilton, *The Kingdom of Kongo*, é excelente. Leitura indispensável é Thornton, *Africa and Africans in the Making of the Atlantic World, 1400-1800*.

reis a perseguir uma rota marítima. Quando os portugueses fizeram uma rara investida ao interior do continente, contaram com a condescendência de governantes locais. Pequenas colônias e estações de comércio multiplicaram-se nos séculos XVI e XVII, mas o contingente de brancos de origem portuguesa permaneceu mínimo. O comércio concentrava-se nas mãos de intermediários ou empreendedores nativos, que podiam se identificar como portugueses e cuja cor de pele permitia que passassem por brancos, embora fossem na realidade mestiços e mais bem caracterizados como crioulos. Somente no século XVIII, a cor da pele assumiria importância no tocante à autoidentificação e à identificação por terceiros.[11] São Jorge da Mina (1482) representava um núcleo de portugueses e sustentou sua importância até a captura por holandeses em 1637. A ocupação holandesa da cidade de São Tomé (1641-1648), ataques ingleses e a mudança nos padrões do comércio escravagista no Golfo da Guiné afetaram a Baixa Guiné. Apesar de uma presença portuguesa declinante, esse golfo atraía outros europeus envolvidos em comércio e permaneceu como participante ativo do comércio de escravos para o Brasil.

2. Um império português ao sul do Atlântico

No século XVI, Brasil e Angola eram o foco dos interesses portugueses no Atlântico sul. A reação inicial da Coroa em relação ao Brasil foi desdenhosa. Somente no início da década de 1530, capitanias foram distribuídas a doze fidalgos donatários. Dois deles tiveram êxito, graças à capacidade de comando e ao cultivo da cana-de-açúcar. Alguns jamais vieram ao Brasil; outros careciam

11 Localiza-se ao sul do Cabo Bojador, da Gâmbia à Serra Leoa. Russell, *Portugal, Spain and the African Atlantic, 1343-1490*. Rodney, *The History of the Upper Guinea Coast, 1545-1800*. Veja Mark, The Evolution of "Portuguese Identity": Luso-African in the Upper Guinea Coast from the Sixteenth to the Early Nineteenth Century, *Journal of African History* 40, p.173-91, e seu *"Portuguese" Style and Luso-African Identity: Precolonial Senegambia, Sixteenth-Nineteenth Centuries*. Brooks, *Euroafricans in Western Africa: Commerce, Social Status, Gender, and Religious Observance from the Sixteenth to the Eighteenth Century*.

de espírito de liderança e capital. As capitanias foram alvos de ataques ameríndios e dilaceradas pela animosidade entre donatários e colonizadores ou por violentas brigas entre os colonizadores. O escambo com os ameríndios deu lugar à escravidão, poucas vilas foram fundadas e a evangelização limitou-se ao mínimo. Confrontada pela perspectiva de uma colônia falida e, talvez, movida por ponderações estratégicas quanto a estabelecer uma presença no Atlântico para compensar, mas também fortalecer, seu substancial investimento e presença a leste do Cabo da Boa Esperança, a Coroa assumiu, em 1548, um compromisso com a América portuguesa. O rei João III nomeou um governador-geral e, em 1549, instituiu o governo real no Brasil. Isso desencadeou o processo de construir uma capital, arregimentar defesas, instaurar um governo civil e eclesiástico e promover migração, colonização, agricultura, evangelização e "pacificação" de ameríndios. A segunda metade do século XVI foi decisiva na fundação da nova colônia. A colonização ocorreu de modo irregular ao longo da costa, da região nordeste até Santa Catarina ao sul. São Paulo, a única vila no interior do continente, deveu sua existência à iniciativa jesuíta. Os portugueses deixaram a exploração em grande parte aos mestiços, geralmente de descendência europeia-ameríndia. Em 1560, expulsaram os franceses da Baía da Guanabara e construíram portos em baías ou estuários; Salvador, Recife e Rio de Janeiro tornaram-se os "três grandes" portos. A extração da madeira acabou por levar a uma quase extinção de florestas costeiras, e o açúcar tornou-se o principal produto de exportação. Os colonizadores introduziram gado, cavalos e mulas, e a criação de animais assumiu importância econômica. Bulas papais autorizaram episcopados. Jesuítas criaram vilas missionárias para indígenas. O clero secular, como um todo, revelou-se ineficaz. As primeiras visitações da Inquisição ocorreram no início da década de 1590, mas o Santo Ofício não foi instituído formalmente. Organizar o Brasil como uma colônia viável cobrou seu preço em vidas humanas. Ignorando a soberania indígena, na década de 1570, os colonizadores dizimaram ameríndios na região costeira nordeste em guerras brutais, e outros sucumbiram a doenças europeias contra as quais não tinham imunidade. A escravização de ameríndios era lugar-comum. A intensificação do comércio escravagista oriundo da África levou ameríndios e africanos a trabalharem lado a lado em plantações baianas no final do século.[12]

Do outro lado do Atlântico, a segunda fase do engajamento português no continente africano concentrou-se em Ndongo, ao sul do reino do Congo.[13] O nome português para a região – Angola – derivava de *ngola* (soberano). Na África, os portugueses eram intrusos em regiões com governos constituídos; hierarquias sociais; sociedades mais homogêneas do que na Guiné Alta e Baixa; padrões estabelecidos de comércio e de pesos e medidas; e guerreiros destemidos. Inicialmente, na década de 1520, a estratégia de Portugal era discreta, consistindo em uma feitoria, que atuava em favor do interesse declarado do governante no cristianismo e nas relações comerciais, e uma expedição para relatar recursos naturais e metais. Outras iniciativas portuguesas fracassaram. Em 1560, o *ndongo* insultou, agrediu fisicamente e manteve como reféns os portugueses sob o comando de Paulo Dias de Novais, dominando seus soldados e matando jesuítas. Nesse ínterim, o comércio escravagista prosperava. A decisão real de converter Angola em uma colônia portuguesa, à força, se necessário, foi crucial. Em 1571, a Coroa concedeu a Paulo Dias um alvará régio como donatário e governador de Angola, e ele levou para lá quatrocentos colonizadores. Esse alvará concedia-lhe terras e privilégios para compensá-lo pelas tarefas iminentes: arregimentar uma guarnição, construir fortes, assentar cem famílias europeias, promover a agricultura, erguer igrejas e dar suporte aos missionários. Em 1576, Dias fundou São Paulo de Luanda no continente, que os jesuítas transformaram no centro das atividades missionárias, apenas para ter a iniciativa malograda por uma alta taxa de mortalidade. Expedições exploraram o interior, mas não encontraram nem prata nem outros metais preciosos. Em vez

12 Dutra, Centralization vs. Donatorial Privilege: Pernambuco, 1602-1630. In: Alden (Org.), *Colonial Roots of Modern Brazil*, p.19-60; Johnson, Portuguese Settlement, 1500-1580. In: Bethel (Org.), *Colonial Brazil*, p.1-38; Hemming, *Red Gold: The Conquest of the Brazilian Indians, 1500-1760*, p.1-182.

13 Birmingham, *The Portuguese Conquest of Angola* e *Trade and Conflict in Angola: The Mbunda and Their Neighbours Under the Influence of the Portuguese*, 1483-1790.

disso, os portugueses incitaram intensa hostilidade e muitos foram mortos em guerras, além de serem vitimados por algum tipo de febre. Quando faleceu em 1589, Dias não deixou qualquer indício de economia equilibrada, evangelização sistematizada, colonização regular ou estado de direito. Seu único legado foi uma série de guarnições fortificadas. Em 1595, doze mulheres brancas acompanharam o novo governador a Angola e rapidamente encontraram maridos, mas pouco fizeram para alterar o grande desequilíbrio de gênero entre os colonizadores. Ao final do século, Angola possuía povoados em Luanda e Benguela-a-Velha na costa e Massangano no interior. As conquistas territoriais foram mínimas, mesmo com a assistência de aliados africanos. Uma bula papal de 1596 criou a diocese de Angola e Congo, mas São Salvador, em vez de Luanda, foi seu episcopado. A Coroa aboliu o sistema de capitanias hereditárias e, em 1592, nomeou um governador-geral de Angola.

Os séculos XVII e XVIII foram decisivos para o Brasil e a África Central.[14] A imigração para o Brasil a partir de Portugal, das Madeira e dos Açores aumentou. O imigrante característico era homem, com idade entre 17 e 35 anos, solteiro e limitado em recursos. Muitos deles eram trabalhadores agrícolas; outros, artesãos. Poucas famílias foram atraídas para o Brasil inicialmente, mas esse padrão mudou à medida que o país ganhou reputação como uma terra de oportunidades. Mais famílias chegaram, muitos imigrantes tinham dinheiro para investir e mercadores ligaram-se aos clãs locais por meio do matrimônio. O equilíbrio de gênero entre os brancos melhorou, apesar de em 1722 um governador de Minas Gerais ainda lamentar a escassez de mulheres brancas casadouras. A migração patrocinada pela Coroa apresentava um perfil misto.

A colonização continuou predominantemente costeira e formava bolsões, em vez de se distribuir de modo uniforme. Grupos de bandeirantes, normalmente de descendência ameríndia,

---

14 Lockhart; Schwartz, *Early Latin America:* A History of Colonial Spanish America and Brazil. Bethell (Org.), *Colonial Brazil: O império luso-brasileiro, 1620-1750*, coordenado por Frédéric Mauro, v.7 de *Nova história*, 1991; *O império luso-brasileiro, 1750-1822*, coordenado por Maria Beatriz Nizza da Silva, v.8 de *Nova história*, 1986; e Hanson, The European "Renovation" and the Luso-Atlantic Economy, 1560-1715, *Luso-Brazilian Review* 6, p.475-530.

exploravam o interior e o extremo norte; eram precursores dos movimentos migratórios da costa para o interior, o extremo norte e o extremo sul, no século XVII, e para o oeste no século XVIII. A desilusão aguardava as ondas humanas que vinham para o Brasil nos séculos XVII e XVIII, mas os artesãos, em especial trabalhadores da construção, alfaiates, sapateiros e até mesmo chapeleiros, estavam em constante demanda. A composição da população – ameríndios, portugueses, africanos e afro-brasileiros e mestiços – variava sobremaneira, dependendo do período, da região e das economias predominantes no Brasil, dos acontecimentos na África e dos mercados na Europa. Estudos extensivos sobre as colônias continuam sendo, na melhor das hipóteses, estimativas fundamentadas. A população ameríndia brasileira em 1500 foi estimada em 2,43 milhões. Excluindo-se os ameríndios, a população brasileira girava em torno de 30 mil em 1600, 300 mil em 1700, 2 milhões em 1776 e cerca de 3 milhões em 1808. No final da era colonial, mais de 90% dos indígenas ainda viviam fora das áreas colonizadas.

Nos séculos XVII e XVIII, os colonizadores fundaram cidades e vilas em maior número, incluindo os portos de Belém do Pará e São Luís do Maranhão, além de cidades costeiras e no interior. Muitos povoados permaneceram isolados. No século XVIII, acampamentos de mineradores cresceram e viraram cidades, e a Coroa criou capitanias em Minas Gerais, São Paulo, Goiás e Mato Grosso, cada qual com seu próprio governo, para levar a lei e a ordem ao oeste. Esses séculos registraram um afluxo de frades e a construção de mosteiros. O primeiro convento datou de 1677. Uma bula papal de 1676 elevou a diocese de Salvador ao *status* de arquidiocese metropolitana, o único arcebispado do Brasil colonial. Em 1808, o Brasil contava com um arcebispado e seis dioceses. O clero secular era menos comprometido e menos instruído do que o clero regular – franciscanos, dominicanos, agostinianos e capuchinos –, mas eram os jesuítas que predominavam como missionários, educadores e influências poderosas na vida social, política, econômica e espiritual da colônia. Uma Inquisição não foi estabelecida formalmente na América portuguesa, mas as ações inquisitoriais atingiram o pico na primeira metade do século XVIII. O impacto da Coroa ou da autoridade eclesiástica costumava limitar-se à região nas cercanias de uma residência de governo ou episcopado. Blasfemos, bígamos, clérigos renegados, desertores e criminosos simplesmente deixavam a cidade quando soldados, juízes de circunscrição, autoridades fiscais ou visitadores da Inquisição ameaçavam sua existência.

Incentivos da Coroa e o cultivo da cana-de-açúcar atraíram os ambiciosos e aqueles com capital para o Brasil. A criação de gado desenvolveu-se longe da costa. Na década de 1690 e na primeira metade do século XVIII, descobertas de ouro inspiraram uma corrida em série para sua extração, provocando a evasão de mão de obra de Portugal, da África e das regiões costeira e nordeste do Brasil para o interior e o oeste. Diamantes do sul de Minas Gerais chegaram ao mercado na década de 1720 e outras descobertas surgiram nas décadas seguintes. Aparentemente, o Brasil possuía terras sem-fim, mas os colonizadores eram detidos pela dificuldade de acesso a terrenos potencialmente produtivos, capital insuficiente para torná-las economicamente viáveis e obstáculos burocráticos para que as áreas demarcadas para exploração fossem medidas e certificadas por uma outorga de terras ou um loteamento de mineração. Concessões de vastas extensões de terra a uma minoria poderosa e a falta de monitoramento de seu uso reduziam a quantidade de áreas cultiváveis. Outros obstáculos eram as taxas cobradas para emissão de documentos, multiplicidade de impostos, inércia burocrática e corrupção.[15] Mesmo no início do século XIX, grande parte do Brasil era desconhecida dos europeus, e apenas regiões pouco extensas haviam sido exploradas. Embora as *commodities* de exportação – açúcar, couro de gado, algodão, ouro e diamantes – e sua contribuição para a formação política e social do Brasil sejam bem conhecidas, chacareiros e camponeses colaboraram para a prosperidade das economias locais. O tabaco era cultivado por pequenos agricultores e rolos de suas folhas eram exportados para África, Ásia e Europa.[16] A diversificação agrícola

15 Langfur, *The Forbidden Lands: Colonial Identity, Frontier Violence, and the Persistence of Brazil's Eastern Indians, 1750-1830*, p.21-160.

16 Boxer, *The Golden Age of Brazil, 1695-1750*, p.162-225. Russell-Wood, The Gold Cycle, c. 1690-1750. In: Bethell (Org.), op. cit., p.190-243. Schwartz, *Sugar Plantations in the Formation of Brazilian Society: Bahia, 1550-1835.*

era uma realidade tanto quanto as plantações e as grandes criações de gado. As ocupações tornavam-se indistintas à medida que mineiros cultivavam terras; agricultores adquiriam casas na cidade e dedicavam-se ao comércio; mercadores compravam plantações; e ex-escravos tinham casas na cidade, fazendas e até loteamentos de mineração. Por todo o período colonial, a diversidade caracterizou a economia.

Nos séculos XVII e XVIII, Angola teve uma história variada.[17] A primeira metade do século XVII registrou ataques militares portugueses, expedições punitivas, alianças temporárias e uma política de dividir para reinar. Nesse contexto de incertezas e imprevisibilidade, a Coroa portuguesa tentou colocar em vigor medidas para atingir seus objetivos. Altamente prioritário era explorar o interior e o sul em busca de cobre e prata e fundar uma cidade. Para esse fim, em 1615, o rei nomeou um governador de Benguela. Mas relações hostis entre o governador-geral em Luanda e seu subordinado, provocadas por essa ação, serviram apenas para ilustrar a inadequação do apoio da Coroa para a região sul. A evangelização rendia magros retornos, e a Igreja Católica falhava em melhorar sua capacidade de impor sua autoridade como uma força regulatória, moral ou espiritual. As condições climáticas, doenças e epidemias eram hostis aos europeus, as guarnições sofriam com arregimentação insuficiente crônica e o potencial agrícola e comercial continuava subexplorado. Os colonizadores portugueses eram poucos e em sua maioria do sexo masculino, efetivamente impedindo que se deixasse uma forte marca portuguesa. Os marcadores de uma identidade portuguesa – língua, religião, família – eram frágeis. As demandas de agricultores americanos por mão de obra exacerbavam interesses conflitantes. Inconsistência administrativa e insegurança física eram obstáculos à imposição de um governo efetivo em Angola, e a instabilidade

---

Schwartz (Org.), *Tropical Babylons: Sugar and the Making of the Atlantic World, 1450-1680*. Barickman, *A Bahian Counterpoint: Sugar, Tobacco, Cassava and Slavery in the Recôncavo, 1780-1860*.

17 Cadornega, *História geral das guerras angolanas, 1680*. Boxer, *Salvador de Sá and the Struggle for Brazil and Angola, 1602-1686*, p.240-72. Venâncio, *A economia de Luanda e hinterland no século XVIII: Um estudo de sociologia histórica*.

e as guerras constantes devastavam a região enquanto portugueses, governantes locais e intermediários africanos sondavam todas as formas possíveis de atender à demanda por escravos. Os portugueses passaram do escambo aos ataques e às guerras que cada vez mais envolviam governantes locais e intermediários africanos. A fronteira escravagista moveu-se mais para o leste. Embora alguns reinos prosperassem, outros entravam em declínio. O comércio de escravos criou uma cultura de corrupção e avareza na África, desde o colono mais pobre aos governadores e bispos que abusavam de sua autoridade, e na Europa, onde durante a união (1589-1640) das duas Coroas, servidores públicos de Madri e Lisboa permutaram licenças para obter escravos em troca de pagamentos à Coroa. A desigualdade social e econômica em Angola aumentou, não mais do que em Luanda, onde uma riqueza exorbitante era acumulada por uns poucos que ostentavam suas sedas, porcelanas e temperos comprados de capitães e passageiros em naus de torna-viagem da carreira da Índia Oriental.

Um balanço do século XVII traz algumas realizações do ponto de vista português. Longe da costa, os portugueses conquistaram territórios no baixo Rio Kwanza: formaram algumas novas guarnições, e, a partir da década de 1620, mercados públicos regulares (as feiras) cresceram em número. No Atlântico, São Felipe de Benguela (1617) oferecia um porto ao sul e abriu novas redes comerciais, além de um comércio escravagista direto para a Bahia. Luanda cresceu, tornando-se em 1624 sede de um colégio jesuíta destinado a educar o que viria a formar um clero africano, uma fortaleza construída em 1638 e um conselho do Tesouro. A conquista e a ocupação de Luanda (1641-1648) e de Benguela por holandeses ofuscaram por um breve período a posição portuguesa na região, mas uma força expedicionária brasileira restaurou seu controle e reputação. O sucesso dos holandeses serviu como uma advertência quanto aos riscos impostos pelos estrangeiros nos portos do Congo e de Angola. Os portugueses fracassaram em criar um vínculo transcontinental entre Angola e Moçambique, mas as expedições forneciam informações valiosas sobre solo, sistemas hídricos e formas de governo. Conquistas nas décadas de 1670 e 1680 do brilhante soldado e estrategista Luís Lopes Sequeira exterminaram os principais oponentes e acabaram com uma fase extremamente violenta na história angolana. Em 1698, a Coroa reconheceu os cada vez mais magníficos prédios civis, religiosos e residenciais de Luanda concedendo-lhe o *status* de cidade, a única na África portuguesa subsaariana.

O século XVIII trouxe indícios de que Angola poderia estar finalmente em uma curva ascendente. O primeiro-ministro de Portugal, marquês de Pombal, decretou liberdade de comércio a todos os portugueses. Esse decreto significou um reconhecimento tácito do fim dos monopólios comerciais da Coroa, mas abriu uma brecha aos não portugueses. Pombal também foi responsável por expulsar os jesuítas de Angola e Brasil em 1759, desse modo frustrando séculos de conversões e ações missionárias.[18] Angola beneficiou-se de lideranças fora do comum, notadamente sob o comando do governador Sousa Coutinho, excepcional por sua atitude iluminista, agenda reformista e visão. De 1764 a 1772, ele estimulou a produção agrícola e o comércio regional, identificou *commodities* nativas com potencial de exportação, promoveu a exploração de ativos minerais e a produção de salitre, construiu uma fundição de ferro e iniciou uma indústria de construção naval. Buscou relações harmoniosas com governantes e melhores condições de vida aos africanos, incluindo a remuneração por seu trabalho, e lutou para tornar Angola mais atrativa aos brancos. No entanto, o comércio escravagista e poderosos interesses instalados eram obstáculos à mudança. Alguns de seus sucessores estavam determinados a seguir seu exemplo, mas não conseguiram impedir o retrocesso de Angola no século XIX.

O açúcar brasileiro e os escravos africanos levaram a África portuguesa e o Brasil a compartilhar uma história atlântica. Almejando o Nordeste brasileiro produtor de cana-de-açúcar, a Companhia das Índias Orientais holandesa devastou plantações na Bahia na década de 1620 e ocupou capitanias de Pernambuco ao Maranhão (1630-1654). Os holandeses voltaram-se para a África em busca de escravos para trabalhar em suas novas plantações brasileiras, capturando São Jorge da Mina e Axim na Guiné,

18 Sobre jesuítas no Atlântico, veja Alden, *The Making of an Enterprise: The Society of Jesus in Portugal, Its Empire, and Beyond, 1540-1750*, esp. p.71-8, 206-26, 474-501, 597-603.

além de São Tomé, Luanda e Benguela. Uma sagaz e extravagante Jinga, rainha dos jagas, ilustrava a fluidez e a complexidade do desafio político e militar que confrontava portugueses e holandeses em Angola. Católica batizada, ela assinou um pacto com o governador português, subsequentemente liderou seu povo no ataque aos portugueses nas décadas de 1620 e 1630, para depois se juntar aos holandeses no final da década de 1640 contra seus antigos aliados. Da mesma forma, no Brasil, os portugueses disputaram com os holandeses a submissão de povos ameríndios e africanos por origem ou descendência. Predações holandesas simultâneas no Brasil e em Angola poderiam sugerir interdependência e complementaridade de *commodities* comerciais entre África e Brasil, mas não era esse o caso. A força impulsionadora vinha de agricultores e mineiros brasileiros necessitados de mão de obra. Angola não possuía nenhuma mercadoria a oferecer ao Brasil, exceto mão de obra. O Brasil não apresentava nenhuma mercadoria que fosse indispensável aos africanos. Os itens de maior demanda na África – tecido, objetos manufaturados de ferro e cobre e armas de fogo – eram de procedência europeia e comercializados por portugueses metropolitanos ou residentes no Rio de Janeiro ou, ainda, como parte de um comércio tripartite. Os africanos desenvolveram o gosto por açúcar e por tabaco, este para fumar, mastigar e usar como rapé. O rum e a cachaça brasileiros eram muito apreciados na Baixa Guiné e na África Central, e eram as alternativas preferidas ao vinho de palmeira e à cerveja locais ou aos vinhos e conhaque de Portugal e da Madeira. A prata hispano-americana contrabandeada também estava em demanda em Angola, para escambo.[19]

O Brasil era o principal destino de africanos transportados para as Américas. O que distinguiu o comércio escravagista para o país foi sua intensidade, volume e duração. Ao longo de três séculos, companhias fretadas, consórcios de mercadores, indivíduos portugueses ou brasileiros e comerciantes ilegais envolveram-se em um comércio que transportou escravos de várias partes: da

19 Boxer, *The Dutch in Brazil, 1624-1654*. Nardi, *O fumo brasileiro no período colonial: Lavoura, comércio e administração*. Curto, *Enslaving Spirits: The Portuguese-Brazilian Alcohol Trade at Luanda and Its Hinterland, c. 1550-1830*.

Alta Guiné ao Pará e Maranhão, da Baixa Guiné aos portos entre Belém e Rio de Janeiro, de Luanda e Benguela a Recife, Salvador e Rio de Janeiro, e de Moçambique ao Rio de Janeiro.[20] Os africanos tinham de lidar com assimilação, acomodação ou rejeição por parte dos afro-brasileiros, e até mesmo pelos africanos que os haviam precedido no país. No Brasil, à medida que novas regiões foram colonizadas, mais terras passaram a ser cultivadas, as colheitas de exportação aumentaram, o setor agrícola diversificou-se e as culturas de exportação e subsistência atendiam novos mercados. As descobertas de ouro impulsionaram a demanda por escravos da Baixa Guiné e África Central. Populações urbanas em expansão, comércio florescente e novas redes de comércio interno criavam uma demanda por importações de escravos que nem mesmo uma crescente população escrava crioula (nascida no Brasil) conseguia aplacar.

Pessoas de origem e descendência africana, fossem elas escravas ou livres, estavam em maioria e adensavam-se em regiões associadas à produção agrícola e à indústria extrativista. De modo geral, os brancos no Brasil compunham uma minoria demográfica, em especial nas regiões açucareira e mineradora. As línguas africanas eram mais provavelmente faladas do que a portuguesa, mas ambas coexistiam. Dieta alimentar, modo de preparo de alimentos, criação de filhos, organização doméstica e ocupações relacionadas a gênero refletiam uma presença africana generalizada. Os africanos também tinham seus próprios modos de vestir, saudações, música e dança, cerimônias fúnebres, práticas de cura e crenças religiosas. As barreiras entre as culturas africana e portuguesa eram porosas. O sincretismo ocorria entre diversos povos africanos no Brasil, mas havia irmandades cujos estatutos limitavam a afiliação a indivíduos de um grupo étnico ou linguístico específico, ou ao local de nascimento. O Brasil destacava-se, em comparação

---

20 Conrad, *World of Sorrow: The African Slave Trade to Brazil.* Sobre comércio específico, veja Verger, *Bahia and the West Coast Trade (1549-1851)*; Klein, *The Middle Passage: Comparative Studies in the Atlantic Slave Trade*, p.3-94; Miller, *Way of Death: Merchant Capitalism and the Angolan Slave Trade, 1730-1830.*

com colônias europeias nas Américas, pela alta taxa de alforria e liberdade ou escravidão condicional.[21]

3. O Oceano Atlântico

Os oceanos eram condição *sine qua non* da empreitada imperial. Nem mesmo os reis tinham pleno controle do ritmo do império. Ventos e correntes circulam em sentido horário no Atlântico norte e anti-horário no Atlântico sul. As condições naturais determinavam os cronogramas de partida e chegada de navios. Atrasos poderiam expor as embarcações a calmarias na zona equatorial ou a ventanias de inverno na latitude dos Açores. Os portugueses estavam familiarizados com esses padrões e correntes. Para eles, o Atlântico era mais uma oportunidade do que um obstáculo.

Portugal criou redes no âmbito do Atlântico norte e sul e entre os dois hemisférios. Muitas delas combinavam rotas de longa distância com outras mais curtas, bem como os segmentos costais e fluviais. Essas redes davam flexibilidade à adaptação a condições geopolíticas e comerciais e a mercados em transformação. Rotas anteriores irradiavam de Portugal para o norte da Europa, os arquipélagos de Açores e Madeira, Marrocos, Cabo Verde, África Ocidental, o Golfo da Guiné e a África Central; havia também rotas interinsulares entre as ilhas da Madeira, dos Açores e de Cabo Verde. A carreira da África partindo de Portugal tinha os portos do Golfo da Guiné e Angola como destinos finais. Os navios que se dirigiam ao Brasil seguiam uma rota para os portos na costa norte-sul do país e outra para a costa leste-oeste do Nordeste brasileiro. Um comércio tripartite desenvolveu-se entre Portugal, África e Brasil. Em conexões intercoloniais sem um

21 Karasch, *Slave Life in Rio de Janeiro, 1808-1850*, esp. p.214-301. Queirós Mattoso, *To Be a Slave in Brazil, 1550-1888*. Sweet, *Recreating Africa: Culture, Kinship, and Religion in the African-Portuguese World, 1441-1770*. Russell-Wood, Atlantic Bridge and Atlantic Divide: Africans and Creoles in Late Colonial Brazil. In: Havik; Newitt, *Creole Societies in the Portuguese Colonial Empire*, p.171-218. Verger, *Trade Relations Between the Bight of Benin and Bahia, from the 17th to 19th Century*.

componente metropolitano, como entre Brasil e África, ou o Rio de Janeiro e o espanhol Rio da Prata, proliferavam tanto o contrabando quanto as trocas legais. As rotas portuguesas convergiam e cruzavam com outras assediadas por navios espanhóis, holandeses, ingleses e franceses. As embarcações holandesas costumavam carregar *commodities* da África portuguesa. Suas latitudes meridionais privilegiavam Salvador e, em especial, o Rio de Janeiro como participantes no comércio legal e clandestino com portos portugueses na Índia e em Moçambique. Luanda era um porto de escala irregular para naus de torna-viagem da carreira da Índia, algumas das quais prosseguiam para o Rio de Janeiro.

A geografia favorecia Portugal e suas posses ultramarinas em uma proporção inigualável por qualquer outra potência europeia. Estuários e baías capazes de abrigar navios oceânicos com portos aptos a manejá-los eram extensos no Atlântico português. O Rio Tejo e seu estuário privilegiavam Lisboa, assim como o Sado em relação a Setúbal. Cerca de meia dúzia de importantes baías no eixo norte-sul da costa brasileira fornecia ancoradouros seguros. Grandes rios, e normalmente navegáveis, em Portugal, África e Brasil facilitavam a penetração nos respectivos continentes, permitiam transições impecáveis entre trechos oceânicos, costeiros e fluviais, e facilitavam a distribuição de bens importados bem como o acúmulo de *commodities* para transporte a portos para fins de exportação. Em Portugal, as cidades do Porto, Viana do Castelo, Setúbal e Faro juntavam-se a Lisboa como passagens para o Atlântico. Na África, eram poucos os grandes portos. O de Luanda era o único com envolvimento no comércio interoceânico, mas inúmeros outros entre a Alta Guiné e Benguela, com frequência associados a entrepostos comerciais, desempenhavam papéis significativos no comércio e na movimentação de pessoas pelo Atlântico. No Brasil, cerca de meia dúzia de portos de Belém a Santos participava do comércio transoceânico. Cada arquipélago português tinha ao menos um porto adequado a navios de longo curso. A posição privilegiada desfrutada por Portugal e suas posses atlânticas no tocante a ventos e correntes, estuários e baías e grandes rios era crucial para a proeminência do país no Atlântico norte e sul. Assim também a construção naval sob a égide da Coroa, em arsenais da realeza ou da iniciativa privada, cresceu por todo o

Atlântico português, ao ponto de, antes do final do século XVIII, o Brasil provavelmente superar Portugal em número de navios em construção.

4. A peculiaridade portuguesa

Portugal foi a única nação europeia a ter posses tanto no Atlântico norte quanto no sul antes de 1492 e a primeira, a partir do século XVI, a exercer soberania sobre vastos territórios em ambos os lados do Atlântico subequatorial; a única potência europeia a ter autoridades da Coroa ocupando a posição de governador simultaneamente na África continental e na América antes de 1600; e a única nação europeia a ter uma estrutura eclesiástica completa no Atlântico norte e sul antes de 1600. Portugal era abençoado por arquipélagos que, já no século XV, possuíam importância estratégica para o comércio, a colonização e a defesa. Os portos nessas ilhas eram pontos de origem e destino e, com o desenvolvimento da rota do Cabo para a Índia e a rota do Brasil, ganharam importância como estações de passagem para naus em viagens de ida e de volta. Brasil e Angola eram insuperáveis em tamanho se comparados a qualquer colônia de outra nação europeia no Atlântico, seus principais portos situavam-se a uma distância de cinco graus de latitude, e a passagem entre a África portuguesa e a América portuguesa não apresentava nenhum grande desafio de navegabilidade.

O fato de figurarem desproporcionalmente entre vilas com *status* de cidade ressalta que os portos costumavam ser sinônimos de autoridade civil e eclesiástica, riqueza e influência e capitais de uma colônia ou capitania. Os portos eram postos de escuta para informações militares, políticas, comerciais e sociais. Marinheiros, soldados e passageiros – missionários, mercadores e autoridades da Coroa – circulavam notícias por todo o Atlântico português. A notícia era disseminada para além de uma esfera portuguesa de influência e informava colonizadores sobre acontecimentos fora do mundo lusófono. Contemporâneos referiam-se a um grupo que encapsulava a disseminação de informações como "nação portuguesa", muitos dos quais eram de descendência judia e possuíam ocupações ligadas ao comércio marítimo. Deixando Lisboa nos séculos XVII e XVIII, eles formaram comunidades diaspóricas em Recife, Salvador e Luanda, bem como no Caribe e nas cidades da América espanhola no Pacífico. Uma rede de informações conectava esses locais, via Sevilha e Lisboa, com Veneza e Livorno, Rouen e Paris e Londres, Antuérpia, Amsterdã e Hamburgo.[22]

Portugal tirou proveito pleno da diversidade e complementaridade de suas colônias. O que o distinguia dos demais participantes do "intercâmbio colombiano" eram os ingredientes africano e asiático: inhame, banana, tâmara e óleo africanos para o Brasil; amendoim, caju, batata-doce, mandioca e milho brasileiros para as ilhas do Atlântico e da África. Milho e batata-doce americanos transformaram as economias açorianas e, junto com a mandioca, eram importantes suplementos às dietas dos africanos. Tabaco, abacaxi, batata-doce, milho e pimenta brasileiros eram exportados para a Ásia. A Coroa exortou vice-reis em Goa a enviar amostras de pimenta, cravo e canela para o Brasil. Os jesuítas, fascinados por botânica e plantas medicinais, carregavam sementes, mudas e plantas de colegas na Ásia para o Brasil e mantinham estações de pesquisa para testar a adaptação das plantas.[23]

O monarca detinha autoridade absoluta e governava com conselhos e juntas que passaram a se localizar em Lisboa. A partir de 1642, um Conselho Ultramarino formulou toda a legislação aplicável a todas as posses ultramarinas portuguesas. Leis codificadas aplicavam-se a todas as posses ultramarinas e, no caso do Brasil, as *Ordenações filipinas* (1603) ainda estavam em vigor na época da independência do país, mas inclusive no âmbito do Atlântico havia variados graus de adesão às leis e "cartas régias com força de lei". Era comum autoridades da Coroa, e até governadores, sem falar em conselheiros municipais, não abrirem, muito menos lerem, editais vindos de Lisboa. Em termos de governança, as capitanias donatárias tornaram-se instrumentos de colonização

22 Studnicki-Gizbert, *A Nation Upon the Ocean Sea: Portugal's Atlantic Diaspora and the Crisis of the Spanish Empire, 1492-1640*. Bernardini; Fiering (Orgs.), *The Jews and the Expansion of Europe to the West, 1450-1800*.

23 Russel-Wood, *The Portuguese Empire: 1415-1808: A World on the Move*. p.148-80.

por todo o Atlântico português, mas não na Ásia portuguesa. Elas seguiam o modelo de instituições criadas por italianos e outros no Mediterrâneo, levadas para Portugal e modificadas para atender à situação específica no Atlântico português. Essa forma de governo adequava-se bem a arquipélagos; tinha um perfil misto no Brasil, com conflitos entre donatários e autoridades da Coroa; e revelou-se inadequada para Angola. Reis portugueses passaram dois séculos tentando reconquistar controle sobre os territórios no Brasil mantidos por esses donatários e seus descendentes. Esse esforço de recuperação era apenas uma manifestação de políticas em escala atlântica da Coroa, especificamente voltadas a manter os nascidos na colônia em seu lugar e a impor uma política de "pureza de sangue" que efetivamente impedia pessoas de origem ou ascendência africana, bem como as de sangue ou ascendência judia, de assumirem cargo público.

Mas nesse caso, como em muitos outros de decretos ou ordens régias, as autoridades locais faziam vista grossa. Cristãos-novos tornaram-se padres católicos. Pelo menos uma pessoa de descendência africana ocupou o posto de governador de Angola e de uma capitania no Brasil e, tanto em Angola quanto no Brasil, descendentes de africanos serviram em conselhos municipais. O marquês de Pombal baniu tais restrições, bem como a distinção entre cristãos-novos e cristãos-velhos, na década de 1770, mas não havia nenhuma legislação correspondente para pessoas de origem ou ascendência africana. Autoridades da Coroa promulgaram políticas protecionistas para proibir práticas industriais e comerciais que desafiassem interesses comerciais ou econômicos metropolitanos. O Brasil colonial contava com indivíduos (alguns deles, charlatães) que eram inovadores, criativos e engenhosos, sobretudo com relação a máquinas, mas cuja inventividade era sufocada pela Coroa. A vida cultural e a educação enfrentavam a força restritiva de reis que tentavam monitorar o comércio de livros, recusavam-se a apoiar a imprensa no Brasil e rejeitavam de modo consistente as requisições de conselhos municipais para o estabelecimento de uma universidade na colônia. A política da Coroa portuguesa divergia, nesse caso, daquela das Coroas espanhola e inglesa no tocante a colônias nas Américas, e somente com a chegada da Corte real no Brasil em 1808 ela seria alterada.

Nesse cenário de controle real sobre o comércio, a sociedade e a cultura colonial, é surpreendente saber que o Santo Ofício, tão forte na América espanhola, não foi instituído formalmente na América ou na África portuguesa.[24] Além disso, apesar desse distanciamento entre a Coroa e suas colônias, o império português era intensamente consultivo. Os reis e seus conselheiros sempre solicitavam informações de autoridades, clérigos, conselheiros municipais e indivíduos além-mar.

Duas instituições distintamente portuguesas estavam presentes em toda a extensão do Atlântico português. Uma era o senado da câmara, ou conselho municipal; a outra, a Santa Casa de Misericórdia, uma irmandade laica de homens e mulheres brancos dedicados à filantropia social.[25] Cada uma seguia o modelo de predecessores em Portugal e ambas contavam com a proteção e os privilégios da Coroa. Para os conselhos municipais, o processo eleitoral era indireto; os eleitores, chamados de "homens de bem da república", eram selecionados na elite local ou entre pessoas que haviam servido no conselho. Em alguns casos, um "juiz do povo" tinha voz à mesa. A eleição a um senado era a única oportunidade para um colonizador participar do processo político. Conselheiros defendiam interesses coloniais ou locais de acordo com sua própria visão a respeito, desafiando decretos de governadores, negociando com vice-reis a aplicação da vontade real e fazendo representações diretamente ao rei. As Misericórdias não constituíam instrumentos nem da Coroa nem da Igreja. As mais abastadas possuíam uma igreja, um hospital, uma farmácia e uma roda dos enjeitados; ofereciam aconselhamento jurídico e comida para prisioneiros; com frequência, detinham o monopólio do transporte

24 Sobre administração, veja Mello e Souza, *O sol e a sombra: política e administração na América portuguesa do século XVIII*. Alden, *Royal Government in Colonial Brazil. With Special Reference to the Administration of the Marquis of Lavradio, Viceroy, 1769-1779*. Wadsworth, *Agents of Orthodoxy: Honor, Status, and the Inquisition in Colonial Pernambuco, Brazil*. Souza Araújo, *Perfil do leitor colonial*. Burns, The Enlightenment in Two Brazilian Libraries, *Journal of the History of Ideas* 25, p.430-8.

25 Boxer, *Portuguese Society in the Tropics: The Municipal Councils of Goa, Macao, Bahia and Luanda, 1510-1800*. Russel-Wood, *Fidalgos and Philanthropists: The Santa Casa da Misericórdia of Bahia, 1550-1755*.

de ataúdes para funerais; cuidavam de crianças abandonadas; distribuíam donativos; e concediam dotes. Entre seus membros, havia artesãos, lojistas, padres, advogados, médicos, agricultores, mineiros e mercadores. A junta de governo incluía normalmente cidadãos importantes, autoridades veteranas da Coroa e clérigos proeminentes. Os membros de confrarias exerciam grande influência local, individual ou coletivamente, manifestando-se sobre questões sociais e urbanas, e recebiam atenção imediata de governadores e vice-reis.

Esse cenário seria incompleto se não envolvesse forças dissidentes. Revoltas, como a liderada pelo plantador de cana-de-açúcar Manuel Beckman no Maranhão em 1684, que levou a um governo provisório de curta duração, e a de 1720 em Vila Rica, eram reprimidas sem demora e com rigor. A Guerra dos Emboabas (1708-1709) em Minas Gerais e a Guerra dos Mascates (1710-1711) em Pernambuco eram locais e fracassaram. Esse também foi o destino de rebeliões em Minas Gerais no período de 1788-1789 e na Bahia em 1798. Essas rebeliões refletiam inquietação social e econômica, ressentimento contra o regime e aspirações coloniais por igualdade de acesso a cargos públicos e aos privilégios desfrutados pelos portugueses de nascença, bem como ao livre comércio. Manifestos do final do século XVIII repercutiam a linguagem e a retórica que precederam as revoluções americana e francesa. A revolta escrava mais séria, liderada por Amador, chegou perto de uma tomada da ilha de São Tomé em 1595. Com exceção de Palmares no século XVII – uma confederação de aldeias habitadas por escravos fugitivos, com hierarquia de liderança e organização –, nenhum desses grupos (quilombos) desafiou o governo da Coroa no Brasil colonial. O conceito de "pureza de sangue", surgido primeiramente em Portugal no contexto dos judeus, foi transplantado para além-mar e evidenciou-se na distinção entre "cristãos-velhos" e "cristãos-novos", que persistiu até o século XVIII. Esse conceito também assumiu um caráter de discriminação racial no atlântico português quando aplicado a pessoas de origem ou ascendência africana. Havia segregação entre os nascidos em Portugal (reinóis) e os descendentes de portugueses nascidos na África ou no Brasil. No Brasil, fazia-se distinção dentro da comunidade africana entre os nascidos na África e os nascidos brasileiros, bem como entre os escravos, os nascidos de ventre livre e os alforriados. O quanto esses últimos grupos compartilhavam no tocante à identidade portuguesa é uma incógnita, mas são muitos os exemplos de africanos como cidadãos exemplares e católicos devotos, e que lutaram pela Coroa e por Portugal. Outros se retiraram voluntariamente de uma esfera de influência portuguesa. Alguns imigrantes (de modo voluntário ou coercitivo) optaram por viver longe de assentamentos portugueses: em Angola e no Brasil, condenados, desertores e clérigos renegados tornaram-se nativos; escravos fugitivos formaram quilombos; escravos muçulmanos na Bahia viviam em comunidades muito unidas; ciganos preservavam sua identidade, língua e modo de vida; judeus e cristãos-novos formaram discretamente comunidades à parte no Senegal e Brasil; e a comunidade conhecida como "nação portuguesa", tão exageradamente diaspórica a ponto de ser apátrida ou transnacional, desenvolveu o que John Israel denomina "diásporas dentro de uma diáspora".

A transferência (1763) da capital do Brasil de Salvador para o Rio de Janeiro reconheceu formalmente que o Rio de Janeiro havia muito se tornara a principal cidade e porto – do ponto de vista comercial, estratégico e político – do Brasil. Contava com uma comunidade mercante bem estabelecida, dinâmica, opulenta e influente, cujo espírito empreendedor e visão repercutiam por todo o Atlântico português e além. A posição do Rio de Janeiro foi elevada quando, fugindo das forças de Napoleão, no final de novembro de 1807, o príncipe regente, a família real e a corte embarcaram em viagem para Salvador e adiante até o Rio de Janeiro. A presença de uma corte europeia em uma colônia ultramarina conferia excepcional importância ao Brasil. Isso mudou a dinâmica de poder no Atlântico português, transferindo o centro de gravidade de Lisboa para o Rio, de Portugal para o Brasil e do hemisfério norte para o sul. As colônias portuguesas na África Central viram nesse movimento a confirmação daquilo que, para elas, representara o *status quo*. Já no século XVIII, vice-reis no Brasil adquiriram um interesse profundo, até mesmo intruso, por acontecimentos políticos, econômicos, defensivos e religiosos no Golfo da Guiné e em Angola. E os vínculos culturais, sociais, familiares, econômicos e comerciais entre a Baía de Todos os Santos e a Enseada do Benim e Angola foram extremamente fortes a partir do século XVII. De sua parte, os arquipélagos no Atlântico norte ainda se sentiam voltados para Portugal. Crucial foi a decisão (1808) de abrir os portos brasileiros ao comércio internacional com nações amigas.[26] O Atlântico português estava preservado e até mesmo fortalecido, mas era chegada a hora de pensar em termos de um Atlântico luso-afro-brasileiro.

5. O Atlântico na historiografia portuguesa e Portugal na história do Atlântico

O Atlântico tem sido parte essencial da historiografia e da literatura de Portugal desde o século XV e do Brasil desde o século XVI. Rara é uma colônia portuguesa no Atlântico cuja história não tenha uma perspectiva oceânica. O século XVI acompanhou uma pequena presença portuguesa na África e o início do transporte de africanos e da migração de portugueses para o Brasil. Intercâmbios culturais, linguísticos e físicos ocorreram entre portugueses e africanos e, em proporções substancialmente menores, entre esses dois grupos e os ameríndios. O multiculturalismo era notório nas histórias da África portuguesa e do Brasil, e continua sendo. A historiografia das colônias portuguesas na África e ilhas adjacentes é rica, mas com frequência regional em vez de pan-atlântica. O final do século XIX e o século XX testemunharam um interesse crescente de pesquisadores brasileiros nos ameríndios e descendentes de africanos: em suas culturas, etnicidade, línguas, costumes e religiões. A conscientização crescente de que um conhecimento sobre a África era essencial a uma compreensão do Brasil tem se refletido em monografias sobre intercâmbios entre África e Brasil e sobre os africanos e os afro-brasileiros de origem. Essas monografias foram precursoras daquilo que passamos a chamar de estudos

26 Maxwell, The Atlantic in the Eighteenth Century: A Southern Perspective on the Need to Return to the "Big Picture", *Transactions of the Royal Historical Society*, p.209-36. Russell-Wood, A projeção da Bahia no império ultramarino português, *Anais do IV Congresso da História da Bahia*, p.81-122. Barman, *Brazil: The Forging of a Nation, 1798-1852*, p. 9-41.

diaspóricos.[27] Por todo o Atlântico português, de modo geral, a historiografia era específica de uma região ou de um período, mas retratava a genuína intenção de localizar cada região de acordo com um contexto atlântico. Esse desdobramento precedeu o surto atual de interesse acadêmico no Atlântico Norte. Em Portugal, colóquios e publicações costumavam usar o termo ibero-atlântico ou Atlântico ibero-americano, além de Atlântico português. Tais colóquios e publicações tendem a ser iberocêntricos na medida em que suas abordagens e tópicos são ibéricos e, a seguir, projetados em um cenário atlântico, em vez de refletir temas, prioridades e visões não continentais.

Recentemente, historiadores brasileiros surgiram no cenário atlântico, trazendo uma perspectiva que difere daquela de colegas portugueses. Diferentemente deles, que privilegiam os arquipélagos atlânticos, a África portuguesa e a Ásia portuguesa em detrimento do Brasil, os pesquisadores brasileiros não apresentam tais conflitos de interesse. Alguns acrescentaram uma dimensão brasileira a temas bem estabelecidos, como o *Ancien Régime*, as elites durante a Restauração (1580-1640) ou o conceito de nobreza conforme aplicado ao Brasil colonial; outros examinaram governadores e governos por todo o Atlântico português; um pesquisador de feitiçarias recorreu à Europa em busca de esclarecimento sobre a mistura de crenças nativas, africanas e europeias no Brasil em relação a magia, bruxaria e cura; outros consultaram arquivos nunca usados ou então subutilizados para investigar os interstícios da história brasileira; outros ainda projetaram o Brasil no cenário atlântico – por exemplo, mercadores cariocas cujos interesses comerciais variavam de Moçambique a Gibraltar – ou estudaram a "formação do Brasil no Atlântico Sul" e como a história do Brasil teria sido diferente sem a contribuição de Angola.[28]

27 Manning, Patrick. Africa and the African Diaspora: New Directions of Study, *Journal of African History*, p.487-506. Mann; Bay, *Rethinking the African Diaspora: The Making of a Black Atlantic World in the Bight of Benin and Brazil*. Heywood (Org.), *Central Africans and Cultural Transformations in the American Diaspora*.

28 Monteiro; Cardim; Cunha (Orgs.), *Optima Pars: Elites ibero-americanas do antigo regime*. Fragoso; Bicalho; Gouvêa (Orgs.), *O antigo regime nos trópicos: A dinâmica imperial portuguesa, séculos XVI-XVII*. Nizza da Silva, *Ser nobre na*

O comércio escravagista, de modo geral, e a Passagem Atlântica, em particular, possuem uma extensa historiografia em português, mas não foram, até a década de 1960, objeto por parte de pesquisadores portugueses, angolanos ou brasileiros da mesma atenção erudita exibida pelos estudiosos de colônias britânicas no continente norte-americano e no Caribe. Essa divergência faz soar uma nota de advertência. Temas, metodologias de pesquisa, linhas de questionamento, postulações de hipóteses e prioridades inquietantes a qualquer dado grupo de historiadores – como os "atlanticistas" nos Estados Unidos ou na Grã-Bretanha – podem diferir consideravelmente daqueles de historiadores de outras nações atlânticas. O Atlântico português ressalta em que medida os historiadores de nações atlânticas divergem entre si. A lição a ser aprendida é a de que não existe uma única problemática ou gama de questões para os historiadores que estudam o Atlântico. A individualidade da experiência atlântica e da agenda histórica de cada nação deve ser respeitada. Essa observação suscita a questão da comparabilidade. Os portugueses estabeleceram desde cedo uma presença no Atlântico quase à revelia e por virtual ausência de disputas europeias, uma vez que a rivalidade com o reino de Castela foi resolvida em grande parte até 1494. Exceto na África Central, os portugueses encontraram mínima resistência nativa sustentada, e no Brasil a questão da soberania era discutível. A assimetria cronológica entre Portugal e o reino de Castela, sem falar na assimetria ainda maior entre as nações ibéricas e as da Europa do Norte, deve ser levada em conta quando se comparam colonizações, governos, urbanização, desenvolvimento comercial e econômico, bem como a importância que cada nação atribuiu à investida atlântica quando medida em relação a prioridades e *mentalités* no âmbito da metrópole. Temas e grupos descritos em meus comentários introdutórios sobre a abordagem adotada neste capítulo sensibilizam um "atlanticista" mais do que uma visão imperial. A história atlântica é um exercício fascinante

---

colônia. Bicalho; Ferlini (Orgs.), *Modos de governar: ideias e práticas políticas no império português, séculos XVI a XIX*. Mello e Souza, *The Devil and the Land of the Holy Cross: Witchcraft, Slavery and Popular Religion in Colonial Brazil*. Alencastro, *O trato dos viventes: formação do Brasil no Atlântico Sul*.

em paralaxe e tem o potencial de descentralizar a historiografia (Atlântico africano, Atlântico crioulo, Atlântico jesuíta), criando outra muito diferente daquela resultante da apropriação do Atlântico por histórias nacionais.

Portugal tem sido descrito como possuidor de um "império ultramarino". Houve um tempo em que era o mais vasto dos impérios europeus, mas no *longue durée* o Atlântico foi o centro de gravidade da colonização portuguesa, a área de maior influência e comércio, a localização de suas principais posses territoriais contíguas e o lugar onde seu legado é mais evidente hoje em dia. O Atlântico assoma imponente nas histórias da África, Europa, América e Ásia. Enxergar o oceano unicamente como um corpo d'água subestima um impacto que transcendeu a costa litorânea e estendeu sua influência ao interior da Europa, África e América. Enxergar o Atlântico ou qualquer parte dele de forma isolada não só minimiza sua importância, como também confisca a oportunidade de estudar o impacto do Atlântico sobre terra firme e até mesmo nas regiões do interior da Europa, África e América. Os portugueses, mais do que seus contemporâneos, engajaram-se em uma interação entre o norte e o sul, o leste e o oeste, dentro do Atlântico e além dele. Rotas, *commodities*, culturas e povos do Atlântico português foram componentes essenciais no estabelecimento da interconexão global de comércio, migração e intercâmbio cultural, e entre os hemisférios, no início da era moderna.

Agradecimentos

Agradeço ao professor Pedro Cardim da Universidade Nova de Lisboa e a Teresa Batista Gaivota por suas informações em recentes publicações e simpósios.

PORTOS DO BRASIL COLONIAL[1]

O Brasil é dotado de 7407 quilômetros de litoral às margens do Atlântico e conta com um sistema fluvial que dá acesso ao interior do país. À Baía de Todos os Santos e à Baía de Guanabara somam-se outras enseadas para navios oceânicos, numerosas e menos conhecidas, porém não menos protegidas e extensas, que se estendem da Lagos dos Patos ao sul até a Baía de Marajó ao norte. A costa litorânea brasileira está repleta de portos seguros, protegidos por elementos da natureza como promontórios, bancos de areia ou recifes. Além das bacias hidrográficas formadas pelos Rios Amazonas-Madeira-Guaporé e seus tributários, pelo Araguaia-Tocantins, Paraguai-Paraná-La Plata e pelo São Francisco, há os Rios Paraíba do Sul, Jacuí, Doce, Jequitinhonha, Pardo, Rio das Contas, Paraguaçú e Parnaíba, na região norte de Cabo Frio, que apresentam variados graus de navegabilidade. Ao fim do período colonial, o Brasil contava com portos desde o Amazonas até o Rio Grande do Sul. Desses, os mais importantes eram os de Salvador e Rio de Janeiro. Outros que recebiam navios de águas profundas são o de Santos e Pernambuco (Recife) e, em menor grau, Belém e São Luís. O potencial das baías profundas e abrigadas de Vitória, Paranaguá e São Francisco do Sul para

1 Tradução de Sonia Midori Yamamoto.

frotas oceânicas permaneceu subutilizado, o que era atribuído à economia predominante no interior de sua costa e aos padrões vigentes de comércio marítimo. O desenvolvimento histórico do Brasil, e não os fatores geográficos ou de navegação, resultou nos mais importantes portos que formam três pares, a saber: Belém e São Luís, Pernambuco e Salvador, Rio de Janeiro e Santos. Portos menores principalmente envolvidos no comércio costeiro abrangiam Fortaleza, Ilhéus, Vitória, Angra dos Reis e Parati, na Baía da Ilha Grande, e São Francisco do Sul.

Em contraste com a América espanhola, onde os portos foram estabelecidos no período de duas décadas a partir do contato inicial com os europeus, na América portuguesa um considerável lapso de tempo transcorreu entre as primeiras aproximações e a fundação de vilas e cidades. Quarenta e nove anos se passaram entre a descoberta pelos europeus (1500) e o estabelecimento do governo real no Brasil, em Salvador. O Rio de Janeiro foi fundado pelos portugueses somente em 1565. Em ambos os casos, os portugueses estavam reagindo a fatores externos: no primeiro, a conscientização de que o fracasso do sistema donatário seria visto pelas potências estrangeiras como um calcanhar de aquiles a ser explorado a menos que uma presença portuguesa fosse firmada; no segundo, a presença na Baía de Guanabara dos franceses que haviam sido expulsos de seu assentamento por Estácio de Sá em 1567. Salvador e Rio compartilhavam ao menos duas características. Sua importância inicial era estratégica em termos comerciais e geopolíticos como parte do sistema mundial português; nem a topografia nem a localização escolhida eram ideais para o desenvolvimento de um centro urbano. Na América portuguesa, era comum (como em Salvador, Rio de Janeiro e Vitória) os portos serem instalados a certa distância do local do assentamento inicial – geralmente, no bojo de uma baía. Recife nasceu por causa de seu porto protegido e porque Olinda não tinha acesso ao mar. Em contraste, Salvador, Rio de Janeiro, Santos e Pernambuco foram multifuncionais (com administração, comércio e defesa) desde sua concepção; São Luís e Belém haviam se estabelecido como postos avançados fortificados do império e somente de forma gradual assumiriam funções administrativas e se tornariam entrepostos comerciais. Outros portos surgiram como uma decorrência natural das necessidades comerciais, mas, em sua maioria, custaram a ganhar relevância, e apenas alguns poucos atingiriam o *status* de cidade no período colonial.

O aspecto notável da América portuguesa era que, exceto por São Paulo (fundada em 1554) e por distritos mineradores surgidos no século XVIII, os portos constituíam os únicos centros urbanos da colônia. Sob o aspecto jurídico, as únicas cidades propriamente ditas na colônia, antes da elevação de São Paulo (1712) e Mariana (1745) a tal *status*, eram as da região costeira atlântica: Olinda (1537), Salvador (1549) e Rio de Janeiro (1565). As vilas eram: Santos (1532), Vitória (1535, mais tarde nomeada Vila Nova do Espírito Santo e transferida em 1551, passando a se tornar uma cidade em 1823), São Luís (fundada em 1612 pelos franceses, tomada em 1615 pelos portugueses), Belém (1616), Paraíba (16??), Paranaguá (1646-1949?), Fortaleza (1699, cidade em 1823), Recife (1710, cidade em 1823) e Porto Alegre (1810). Por grande parte da história brasileira, uma vila ou cidade foi sinônimo de porto, desse modo colocando em discussão (até meados do século XVIII) o questionamento do professor Higman da América portuguesa sobre o que configurava a singularidade das cidades portuárias *vis-à-vis* as não portuárias. Tampouco o processo histórico no Brasil permite atestar outra indagação: quais características diferenciavam os portos fluviais dos marítimos. Manaus foi essencialmente uma criação do século XIX e, durante o período colonial, Santarém foi mero ponto de transição para colonizadores, missionários e produtos entre o interior da Amazônia e os enclaves costeiros. Nem a geografia brasileira oferece respostas à proposição de que os portos em ilhas poderiam se diferenciar dos continentais.

Neste capítulo, analisamos quatro questões gerais: primeiro, a simbiose entre os portos e o mar, e suas implicações; segundo, as relações entre os portos e suas cercanias, o interior do país e o mundo como um todo; terceiro, os papéis multifuncionais dos portos; quarto, Salvador como um estudo de caso com especial atenção a demografia, composição social e distribuição setorial.[2]

---

2 Uma agenda para pesquisa urbana foi fornecida em inúmeros artigos de Morse, Recent Researchon Latin American Urbanization: A Select Survey with Commentary, *Latin American Research Review* (doravante *LARR*) 1,

Os portos e o mar

Fatores geográficos, oceanográficos e de navegação determinavam a importância relativa dos portos brasileiros. O fato de todos eles terem acesso ao Atlântico não implicava que extraíssem os mesmos benefícios de sua localização. Na costa sudeste, o arquipélago de Abrolhos constituía um obstáculo à navegação entre Salvador e Rio de Janeiro, enquanto o Cabo de São Roque e os recifes tornavam a costa nordeste perigosa. Ventos e correntes atlânticas também impunham restrições aos portos brasileiros. O giro oceânico do Atlântico Norte desloca-se em sentido horário, enquanto o do Atlântico Sul é anti-horário. Há convergência intertropical no Equador. Os ventos alísios de nordeste levavam os navios portugueses para a costa nordeste do Brasil, mas a passagem em direção ao sul, para além de São Roque, seria obstruída pelos ventos alísios de sudeste frontais. Para a navegação costeira, a monção de nordeste (outubro a abril) permitia navegar de Pernambuco a Bahia em quatro a cinco dias, e a monção de sudeste

---

n.1, p.35-74; Trends and Patterns of Latin American Urbanization, 1750-1930, *Comparative Studies in Society and History* 16, n.4, p.416-47; Some Characteristics of Latin American Urban History, *American Historical Review* 67, n.2, p.317-38; Recent Research: Trends and Issues in Latin American Urban Research, 1965-1970, *LARR* 6, n.1, p.3-52, e v.6, n.2, p.19-75; A Prolegomenon to Latin American Urban History, *Hispanic American Historical Review* (doravante *HAHR*) 52, n.3, p.359-94. Para história urbana colonial, veja Socolow; Johnson, Urbanization in Colonial Latin America, *Journal of Urban History* 8, n.1, p.27-59; Borah, Trends in Recent Studies of Colonial Latin American Cities, *HAHR* 64, n.3, p.535-54; Morse, The Urban Development of Colonial Spanish America, *The Cambridge History of Latin America*, v.2, p.67-104 e 814-24. Para o Brasil colonial, veja Morse, Brazil's Urban Development: Colony and Empire. In: Russell-Wood, *From Colony to Nation: Essays on the Independence of Brazil*, p.155-81; Schwartz, Cities of Empire: Mexico and Bahia in the Sixteenth Century, *Journal of Inter-American Studies and World Affairs* 2, p.616-37; e os estudos de Delson, Planners and Reformers: Urban Achitects of Late Eighteenth-Century Brazil, *Eighteenth Century Studies* 10, p.40-51; Land and Urban Planning: Aspects of Modernization in Early Nineteenth-Century Brazil, *Luso-Brazilian Review* 16, p.191-214; *New Towns for Colonial Brazil*. E, com John P. Dickenson, Perspectives on Landscape Change in Brazil, *Journal of Latin American Studies* 16, n.I, p.101-25.

(abril a outubro) permitia a travessia da Bahia a Pernambuco. Deslocar-se na direção norte ao longo da costa sudeste brasileira significava ir contra a corrente predominante no país.[3]

Riscos físicos e a combinação de ventos e marés teriam importantes implicações para a própria colônia, para a maneira como ela era vista por Portugal e para suas relações com o mundo. No nível local, a perspectiva de estabelecimento de vínculos entre portos na costa nordeste do Brasil e os da costa sudeste era praticamente inexistente. O potencial de desenvolvimento de contatos regulares, ao longo do ano e de mão dupla entre portos na costa sudeste era reduzido. Com efeito, o comércio e as comunicações, a passagem de pessoas ou o transporte de material bélico entre portos nas costas nordeste e sudeste do Brasil eram arriscados e infrequentes. Até mesmo entre portos na costa sudeste, a travessia era determinada pela estação das monções. A viagem entre Pernambuco e Salvador transcorria melhor entre o início de outubro e o fim de abril com a monção de nordeste. Os ventos de sudeste favoreciam a navegação de Salvador a Pernambuco entre o fim de abril e o início de outubro. O impacto era evidente também no sistema de controle imperial. Ante o reconhecimento da virtual impossibilidade de comunicações marítimas entre os portos na costa nordeste brasileira e os do sudeste, em particular as capitais de Salvador (1549-1763) e Rio de Janeiro (1763-?), a Coroa portuguesa foi levada a estabelecer a entidade administrativa do Estado do Maranhão como distinta do Estado do Brasil. Tratava-se de uma admissão tácita de que as comunicações entre Lisboa e São Luís ou Belém eram mais fáceis do que entre esses portos e Pernambuco, Salvador ou Rio de Janeiro e que não era viável vice-reis ou governadores-gerais de Salvador ou do Rio despacharem ordens a portos na costa nordeste.[4] Com o desenvolvimento e o uso disseminado do cronômetro no século XIX, as comunicações

3 Mauro, *Le Portugal et l'Atlantique au XVIIe siècle (1570-1670)*: Étude économique, p.13-27.

4 Isso impediu o meticuloso José António Caldas de incluir informações sobre o Maranhão em seu abrangente *Notícia geral de toda esta Capitania da Bahia desde o seu descobrimento até o presente anno de 1759*, p.236. Para relatos em primeira mão de um timoneiro do século XVII sobre as rotas marítimas desde o Rio Grande do Sul até o Maranhão e de Pernambuco ao

melhoraram, mas somente por conta de fluir em direção ao nordeste para o mar antes de tomar o sentido sul-sudeste e contornar o cabo. O advento do vapor aliviaria esse problema no século XIX.

Os sistemas de ventos e correntes, associados às limitações de navegabilidade prevalecentes no período colonial, afetavam o cronograma dos navios na carreira do Brasil, embora em menor grau do que na mais rigorosa e menos clemente carreira da Índia. O oportunismo, e não as inúmeras tentativas da Coroa portuguesa de estabelecer tempos de navegação e controlar a anarquia de alguns capitães, era o que predominava. Mas havia o fato inexorável de que aquilo que costumava ser uma travessia sem percalços pudesse tornar-se desagradável para navios que optassem por ignorar as estações do ano e ficassem paralisados em calmarias na zona equatorial ao partir para o exterior ou fossem castigados pelas ventanias de fim de outono ou início de inverno na latitude dos Açores no retorno para casa.

De acordo com um marujo experiente do século XVIII, as embarcações deviam partir de Lisboa entre 15 e 25 de outubro para chegar a Pernambuco antes de 15 de dezembro; dali, a viagem até Salvador consumiria menos de uma semana de navegação, e ventos favoráveis poderiam levar ao Rio de Janeiro antes do final do ano. Uma ordem régia de 11 de agosto de 1632 determinou que navios de partida para o Brasil deixassem Lisboa entre 1º de outubro e o final de fevereiro. Um decreto régio de 1690 ordenava que embarcações partissem de Portugal entre 15 de dezembro e 20 de janeiro e dos portos brasileiros para Portugal entre o final de maio e 20 de julho. Na realidade, no século XVIII, a maioria das frotas com destino a Salvador ou Pernambuco deixava Lisboa em abril; aquelas rumo ao Rio de Janeiro costumavam partir em março, abril ou maio.

Com relação ao trecho de retorno para casa, havia mais irregularidade. Outubro era o mês do maior número de chegadas a Lisboa de navios provenientes de Salvador; no entanto, com exceção de junho, as embarcações vindas de Salvador aportavam no Tejo todos os meses do ano. Julho era o mês do maior número de chegadas de Pernambuco. Essa variação mensal no número de

---

Maranhão, veja Mauro, *Le Brésil au XVIIe siècle*: Documents inédits relatifs à l'Atlantique portugais, p.113-20.

aportamentos de navios oriundos de Salvador e Pernambuco – os dois maiores portos de exportação de açúcar – significava que o mercado lisbonense não ficaria saturado e o preço da *commodity* seria mantido. Quanto aos navios que retornavam do Rio, a maioria deles entrava no Tejo em agosto e outubro. Aqueles provenientes do Maranhão aportavam em Lisboa nos meses de dezembro e janeiro e, diferentemente dos demais portos de origem, nenhuma embarcação do Maranhão chegava a Lisboa entre julho e setembro. Em suma, 31% dos navios que partiam de Lisboa para o Brasil o faziam em abril (depois disso, por ordem decrescente, em dezembro, janeiro, fevereiro, março e maio). Com relação à chegada a Lisboa desde o Brasil, os meses preferidos (por ordem decrescente) eram outubro, agosto, dezembro e janeiro.[5]

Os navios da carreira do Brasil não eram as únicas naus oceânicas a atracar em portos brasileiros. Era incomum os navios mercantes a caminho da Índia que zarpavam de Lisboa atracarem em portos brasileiros. Se o fizessem, o cronograma seria partir de Lisboa em fevereiro, março ou abril para cruzar o Equador antes de junho, chegar a Salvador em maio ou junho e partir somente em novembro para encontrar ventos favoráveis. Mas, após a descoberta de ouro e diamantes no final do século XVII e início do XVIII, isso se tornou mais frequente sob um pretexto ou outro para barcos provenientes da Índia em sua viagem de volta para casa. O ideal era que essas embarcações tivessem deixado Cochim ou Goa com as monções de nordeste no final de dezembro ou janeiro, chegando aos portos brasileiros em março, abril ou maio e partindo para Portugal em maio, junho ou julho. Partidas tardias da Índia em fevereiro ou março implicavam que as naus deparassem com tempo ruim ao largo do Cabo da Boa Esperança em maio e junho, com frequência aportando no Brasil com embarcação e tripulação em condições críticas.[6]

---

5 Mauro, *Le Portugal et l'Atlantique*, p.70-1; Pinto, *O ouro brasileiro e o comércio anglo-português*, p.133-85.

6 Um levantamento geral sobre as frotas do Brasil e da Índia está em Boxer, *The Portuguese Seaborne Empire, 1415-1825*, p. 205-27. Sobre os portos brasileiros como estações de passagem, veja Boxer, The Principal Ports of Call in the Carreira da India, *Luso-Brazilian Review* 8, n.1, p.3-29; Marchant,

Se, por um lado, ventos e correntes determinavam primordialmente os itinerários de navegação e a presença em portos brasileiros de navios da carreira da Índia ou da carreira do Brasil, por outro lado, os fatores comerciais e administrativos não só contribuíam com a quantidade e a natureza de tais embarcações, mas também determinavam os portos em que sua presença seria mais notada. Durante os séculos XVI e início do XVII, capitães em viagens isoladas levavam suas caravelas para o Brasil e retornavam a seu bel-prazer, comumente sofrendo grandes perdas, primeiro nas mãos de piratas e mais tarde durante a invasão holandesa. Apesar de suas deficiências, a Companhia Geral do Comércio do Brasil (fundada em 1649 e incorporada pela Coroa em 1664) havia instituído os conceitos de comboios armados e de agrupamento de embarcações em frotas. Uma ordem régia datada de 24 de julho de 1660 passou a proibir viagens de um navio só.[7] Os resultados foram favoráveis a ponto de levar à continuidade tanto do sistema de frotas quanto da escolta por navios de guerra mesmo após a extinção da companhia em 1720. A Coroa portuguesa alternou mudanças no sistema de comboio no curso do século XVIII, extinguindo-o em 1765, reinstaurando a prática de 1797 a 1801 até acabar por aboli-lo. Frotas do Brasil para a Europa somaram cerca de uma centena de veleiros no final do século XVII e no XVIII, o que fez delas as maiores do mundo na época.[8] Além das embarcações da carreira do Brasil, raramente um ano se passava sem que um navio de comércio à Índia atracasse em porto brasileiro na viagem de volta para casa. Além disso, havia naus engajadas diretamente no comércio entre portos brasileiros e a África Ocidental. Intensas, apesar de irregulares por natureza, entre 1743 e 1756, o total dessas embarcações foi estabelecido em 24 por ano em viagens de ida e volta.

Colonial Brazil as a Waystation for the Portuguese India Fleets, *Geographical Review* 31, p.454-65; Lapa, *A Bahia e a carreira da Índia*.

7 Andrews, *Elizabethan Privateering*: English Privateering during the Spanish War, 1585-1603, p.133, 200-21; Boxer, English Shipping in the Brazil Trade, 1640-1665, *The Mariner's Mirror* 37, p.197-230; Boxer, Padre António Vieira, S. J., and the Institution of the Brazil Company in 1649, *HAHR* 29, n.4, p.474-97; Boxer, Blake and the Brazil Fleets in 1650, *The Mariner's Mirror* 36, p.202-28.

8 Boxer, *The Portuguese Seaborne Empire*, p.224.

O impacto desse comércio oceânico e transoceânico não foi o mesmo para todos os portos brasileiros e variava ao longo do tempo. O tempo de viagem de Lisboa a Recife girava em torno de sessenta dias, a Salvador de setenta a oitenta e ao Rio de Janeiro de oitenta a noventa. No percurso de retorno, os tempos correspondentes eram 75, 84 e 97 dias para frotas e cerca de duas semanas a menos para navios individuais. De Angola, os tempos de navegação eram de 35 dias para Pernambuco, quarenta para Salvador e cinquenta para o Rio de Janeiro.[9] De modo geral, Salvador era favorecida especialmente tanto no tocante aos comércios europeu e africano como também porque suas instalações portuárias e estaleiros a tornavam um ancoradouro bem-vindo para navios da carreira da Índia em retorno à terra natal. Para a Companhia Geral do Comércio do Brasil, os portos terminais haviam sido Salvador, Rio de Janeiro e Recife; essa mesma tríade seria favorecida no século XVIII com a organização das frotas brasileiras em três comboios. A criação de companhias gerais do comércio pelo marquês de Pombal promoveu o comércio para a região amazônica (Maranhão-Pará) e para o Nordeste do Brasil (Pernambuco-Paraíba) por cerca de vinte anos, mas, ao final do século XVIII, Salvador e Rio de Janeiro haviam firmado de modo decisivo sua primazia como as principais cidades portuárias da América portuguesa.

Como portos, Salvador e Rio de Janeiro em particular, além de outros em menor grau de acordo com sua relativa importância e intensidade de comércio marítimo, estavam sujeitos a tensões sociais, pressões administrativas e financeiras e demandas por serviços públicos e privados nada familiares a municípios do interior. Nos meses em que as frotas estavam no porto, tais pressões e tensões podiam alcançar proporções críticas, paralisar o governo local, exaurir os cofres municipais, levar o Tesouro Real ao limite e imbuir as cidades portuárias de um frenesi que se configurava psicológica e socialmente perturbador. Embora as tripulações dos navios envolvidos na carreira do Brasil fossem menores do que as dos navios mercantes engajados no comércio com a Índia, em ambos os casos o volume em si de marinheiros

9 Mauro, *Le Portugal et l'Atlantique*, p.25-27, 71-74, 171; Noya Pinto, *O ouro brasileiro*, p.135-6.

que desembarcavam na costa era perturbador. Às vezes, a chegada de uma nau da carreira da Índia coincidia com a presença no porto de uma frota brasileira. Podemos avaliar o impacto desse afluxo sob três aspectos: crime, repercussões médicas e abastecimento.

Apesar das conquistas marítimas portuguesas, os marinheiros, como grupo, eram relegados à camada mais baixa da sociedade e foram referidos por um comentarista como *fex maris*. Um edital régio de 1749 proibiu o uso de espadas e algumas outras armas por marinheiros e "pessoas de posição equivalente ou inferior". Quando desembarcavam em portos brasileiros, os marujos correspondiam plenamente a essa nada palatável reputação. Prostituição desenfreada, imoralidade disseminada, embriaguez, brigas nas ruas e um aumento na incidência de roubos caracterizavam os meses em que uma frota permanecia aportada. Autoridades civis e eclesiásticas demonstravam preocupação, que surtiam efeito limitado. A população de Salvador ressentia-se tanto com o comportamento inaceitável dos marinheiros que uma briga de grandes proporções eclodiu em 1557. Marujos desertaram e prisioneiros – fossem eles forçados a prestar serviço em Lisboa ou estivessem a caminho do exílio no Brasil ou em Angola – valiam-se da primeira terra à vista para escapar. Outra expressão do crime era o contrabando difundido de ouro, diamante, tecido oriental e seda nos portos brasileiros.

Até mesmo na restrita travessia de Lisboa ou Cidade do Porto, surgiam problemas de saúde atribuídos a desnutrição, exposição a intempéries, acidentes e doenças. Raro era o caso de algum navio de comércio às Índias em retorno para casa que não aportasse em Salvador ou Rio de Janeiro com uma considerável parte da tripulação incapacitada, com frequência ao ponto de ser hospitalizada em um porto brasileiro.[10] Suprimentos médicos, medicamentos, assistência médica e leitos hospitalares eram exauridos. A qualidade dos cuidados variava. Afortunado era o capitão ou oficial

10 Para um relato de 1639 por Luís Lopes, S. J., sobre uma travessia dos Açores a Salvador, veja Mauro, *Le Brésil au XVIIe siècle*, p.17-68. Condições dos navios da carreira da Índia oriental estão em Boxer (Org.), *The Tragic History of the Sea, 1589-1622*, e *Further Selections from "The Tragic History of the Sea, 1559-1565"*. Veja também Espardeiro, "A higiene nas náus de viagem em meados do século XVIII", *Boletim da Sociedade de Geografia de Lisboa*, p.279-96.

que encontrava acomodação em uma instituição privada, ao passo que os marinheiros ou grumetes eram condenados à Santa Casa da Misericórdia. As terríveis condições dos hospitais foram evidenciadas por uma observação, no final do século XVIII, de que marinheiros desesperados por cura se davam alta voluntária e recorriam à mendicância antes de encontrar alívio na morte por excesso de bebida alcoólica.[11] Além disso, marinheiros adoentados transmitiam doenças ao povo local. Era comum aqueles que chegavam saudáveis contraírem malária ou febre amarela. Além das doenças transmitidas pelos marinheiros da carreira do Brasil e da carreira da Índia, havia as transmitidas pelos escravos trazidos da África. As doenças transmissíveis imputadas à origem africana eram lepra, catapora e febre amarela. Os escravos eram vítimas de "hidropisia" ou edema, pústula, sarna, parasitas intestinais, disenterias e o temido *mal do bicho*. Em mais de uma ocasião, as equipes médicas de inspeção reclamavam do fedor nos porões dos navios de escravos. A transmissão de doenças não era atribuível somente a navios transoceânicos que chegavam aos portos brasileiros. A transmissão de febre amarela a Salvador em 1686 era comumente atribuída a marujos de Pernambuco que frequentavam um bordel na cidade baixa de Salvador, de onde a doença se espalhava pela cidade e o Recôncavo.[12]

O abastecimento dos navios também representava um pesado ônus à população local, em especial nos portos menores. Carne, sal e água eram as *commodities* básicas. Mas, até para Salvador e Rio de Janeiro, que dependiam de comunidades rurais vizinhas para obter alimentos, as redes de suprimento eram tão precárias e as reservas tão limitadas que vice-reis e governadores tinham de intervir pessoalmente para garantir que os navios recebessem provisão adequada para prosseguir viagem. Pressões e prioridades podiam mudar de um porto para outro, dependendo do período.

11 Vilhena, *Recopilação de notícias soteropolitanas*, v.1, p.134.

12 Sobre doenças e mortalidade de escravos, veja Azevedo, *Povoamento da Cidade do Salvador*, p.218, n.245; Mauro, *Le Portugal et l'Atlantique*, p.169-72; Klein, *The Middle Passage: Comparative Studies in the Atlantic Slave Trade*, p.51-72; Curtin, Epidemiology and the Slave Trade, *Political Science Quarterly* 83, n.2, p.190-216; Miller, *Way of Death: Merchant Capitalism and the Angolan Slave Trade, 1730-1830*, p.382-4, 411-3, 424-32.

Com o advento das companhias de comércio pombalinas fornecendo escravos a Pernambuco e mais ao norte, os navios seguiam para o sul e abasteciam-se no Rio de Janeiro antes de retornar à África Ocidental.[13] Tal ônus não se restringia a produtos alimentícios, mas incluía grande quantidade de cordas, velas, cabos e outros suprimentos náuticos, bem como serviços especializados de carpinteiros, calafates, ferreiros e toneleiros. Doença ou morte entre a tripulação dos navios implicava que substitutos tinham de ser encontrados dentre a população local das cidades portuárias brasileiras. Voluntários eram escassos. Vice-reis e governadores-gerais recorriam a vasculhar prisões; em outros tempos, homens robustos ou entregues à vadiagem eram recrutados à força para o serviço militar. Mais sério, e mais prejudicial para as cidades portuárias, era o "recrutamento" de mão de obra cujas habilidades em terra eram transferíveis a um ambiente marítimo, a saber: carpinteiros, calafates e toneleiros, bem como os operadores de balsas.

Autoridades locais tentavam atender a esses desafios específicos de cidades portuárias. Um "capitão dos povos do mar" foi nomeado especificamente para ter jurisdição sobre marinheiros de navios mercantes provenientes da Índia enquanto atracados, mas aparentemente sua presença pode ter exacerbado tensões, em vez de aliviá-las. Uma legislação municipal e governamental foi promulgada no sentido de limitar rigorosamente o porte de armas, em coldres ou escondidas, por marinheiros. Uma vigilância mais severa era exercida sobre deportados, condenados e outros indivíduos indesejáveis a caminho do exílio nas colônias ou para guarnecer de soldados as tropas do império. Mais segurança foi dedicada às igrejas, que parecem ter sido alvos favoritos de impulsos criminosos (não restritos a marujos). Os esforços para refrear o contrabando consistiam em investigações em terra, inspeções de carga e pertences pessoais e buscas a bordo e inspeções antes do desembarque. A assistência médica sucumbia à divisão de responsabilidades entre a Coroa, autoridades municipais, a Santa Casa da Misericórdia e pessoas caridosas. Em Salvador, a insatisfação com a Santa Casa – que recebera a concessão real de dízimos

13 Carreira, *As companhias pombalinas de navegação, comércio e tráfico de escravos entre a costa africana e o nordeste brasileiro.*

para cobrir as pesadas despesas incorridas no tratamento dos marinheiros – levou capitães de águas profundas a propor a criação de um hospital de marinheiros. O vice-rei aprovou isso a princípio, em 1715, mas a moção foi derrotada pela oposição movida por interesses próprios da irmandade da Santa Casa e de membros do conselho da cidade.

Embora possa ter havido um aumento de farmácias no século XVIII (as ordens religiosas desempenharam um papel fundamental na importação de suprimentos farmacêuticos mantidos em mosteiros), as farmácias associadas às Santas Casas parecem ter sido a principal fonte de suprimentos. Com relação à transmissão de doenças contagiosas, já em 1626 o conselho de Salvador havia adotado a quarentena, e os navios ficavam isolados na ponta do curral e na Ilha dos Frades nos séculos XVII e XVIII. A Coroa, a pedido do conselho da cidade de Salvador em 1694, aprovou a indicação de um oficial de saúde, cujas funções incluíam inspeções médicas a bordo de todos os navios que chegassem a portos brasileiros provenientes da África.[14] Embora as Santas Casas não fossem isentas de críticas, a verdade era que as autoridades reais e municipais dependiam totalmente dos braços da irmandade caridosa para oferecer serviços médicos na colônia. Antes de 1700, tal assistência médica era acessível apenas (com a possível exceção de São Paulo em 1599) nos portos de: Santos (1543), Salvador (1550?), Espírito Santo (mais tarde, Vitória, antes de 1551), Olinda e Ilhéus (antes da década de 1560), Rio de Janeiro (1560-década de 1570?), Porto Seguro (antes de 1600), Paraíba (1604), Itamaracá (1611), Belém (1619), São Luís (antes de 1653). Com relação a um sistema mais regular de abastecimento de alimentos, as autoridades estavam à mercê de produtores locais que aumentavam preços de modo arbitrário ou atrasavam as entregas. Em suma, os esforços das autoridades surtiam efeito limitado, e os problemas persistiram por todo o período colonial em todos os maiores portos do Brasil. A melhoria ocorrida deveu-se

---

14 Para um levantamento geral sobre condições hospitalares em Salvador, veja Russell-Wood, *Fidalgos and Philanthropists: The Santa Casa da Misericórdia of Bahia, 1550-1755*, esp. p.266-71. Para uma comparação, veja Mesgravis, *A Santa Casa da Misericórdia de São Paulo*.

menos aos esforços das autoridades nessas várias frentes do que à redução drástica do período médio em que os navios permaneciam em portos brasileiros – de dois a três meses nos séculos XVII e XVIII a cerca de quinze dias no século XIX.

A presença marítima era parte essencial do tecido social dos portos, e dois aspectos dessa presença merecem uma discussão mais aprofundada. Em contraste com o cenário deprimente de um ambiente social caracterizado por turbulência, tensão e falta de autocontrole, havia um aspecto positivo. Era a criação de capelas, igrejas e irmandades por homens do mar em cidades portuárias. Já em 1542 marinheiros graduados da *carreira da Índia* haviam fundado a igreja de Chagas em Lisboa, e esse exemplo seria seguido nos portos brasileiros. Essas irmandades celebravam as missas e o festival do santo patrono; apesar das limitações financeiras, forneciam a seus membros assistência médica, gêneros alimentícios de primeira necessidade, roupas e um enterro cristão. A irmandade dos marinheiros de São Pedro Gonçalves no Rio de Janeiro pediu permissão real no início do século XVIII para obter armação com rodas para transportar ataúdes para os funerais de seus membros.[15] Essas entidades desempenhavam um papel importante, apesar de discreto, a suas comunidades. Fontes sugerem que a filiação a tais irmandades não se limitava a "homens do mar", embora a comprovação de serviço marítimo ativo possa muito bem ter sido um critério de elegibilidade para eleição do corpo diretivo. Para os marinheiros, as irmandades representavam um investimento espiritual e possivelmente emocional em uma comunidade litorânea, além de prover assistência. Para as autoridades civis e o pessoal em terra, eram evidência de participação de marinheiros na vida civil, social e espiritual de suas comunidades e podem ter compensado a crítica ao comportamento repugnante desses mesmos marujos em terra firme.

O segundo aspecto referia-se à vitalidade social e econômica dos portos, em especial sua estrutura ocupacional. A diversidade da frota em portos brasileiros é surpreendente, variando de canoas, grandes barcos a remo ou galés, jangadas, faluas, saveiros

15 Arquivo Nacional, Rio de Janeiro, códice 952, v.22, fol.52. Veja também Couracy, *O Rio de Janeiro no século dezessete*, p.208.

e lanchas até bergantins, chalupas, caravelas e carracas. Os navios tinham não só de ser construídos, mas também reparados, e estaleiros de variados graus de sofisticação surgiram para atender a essa dupla função. A construção de naus oceânicas no Brasil ocorria normalmente por meio de iniciativa oficial e não pela iniciativa privada. Não só o investimento de capital estava acima das condições financeiras da maioria dos indivíduos, mas também, por sua própria natureza, a navegação tinha importância estratégica e comercial. Como tal, tratava-se de um setor sobre o qual a Coroa sabia que precisava exercer rígido controle. Em todos os portos, havia pequenos estaleiros desde o início, mas os arsenais eram em menor quantidade e foram estabelecidos mais tarde. O primeiro estaleiro foi fundado em 1550, por ordem régia, por Tomé de Sousa em Salvador. Inicialmente, navios de menor porte como os bergantins (barcos de dois mastros) e as caravelas haviam sido construídos primordialmente para uso na Baía de Todos os Santos e na navegação costeira; no século XVII, essa atividade foi expandida de modo a incluir galés e carracas. Em 1790, um arsenal da Marinha foi criado em Salvador, inspirado no de Lisboa. Estima-se que durante o período colonial cerca de 45 embarcações foram construídas na Ribeira das Naus, na Bahia: oito carracas, oito fragatas, uma corveta e treze escunas, além de dois navios de guerra e três de correio.[16] Nessa atividade, Salvador teve a primazia de uma rede de estaleiros locais abrangendo Ilhéus, Matoim, Boipeba, Cairu, Camamu e as vizinhas Preguiça e Ribeira de Itapajipe. A Bahia não estava sozinha nisso. Uma ordem régia datada de 2 de janeiro de 1666 criou um estaleiro para construção de fragatas armadas no Rio de Janeiro. A segunda metade do século XVIII testemunhou um aumento de produtividade. A criação do arsenal da Marinha (1763) deu novo ímpeto, mas somente uma carraca (Nau São Sebastião) foi construída no Rio antes da chegada

16 Lima, *História político-econômica e industrial do Brasil*, p.71, corrige Brito, *Pontos de partida para a história econômica do Brasil*, p.253. Veja também Lapa, *A Bahia e a carreira da Índia*, p.51-81, e seu História de um navio. In: *Economia colonial*, p.231-78; Costa, *Construções navais da Bahia no século XVII: O galeão Nossa Senhora do Pópulo*; Prado, *A Bahia e as capitanias do centro do Brasil (1530-1626)*.

da corte em 1808, quando houve um novo surto na construção naval.[17] Na costa nordeste, São Luís era um excelente local para estaleiros por causa das marés altas. A Companhia Geral do Grão-Pará encomendou a construção em Belém de três navios de longa distância para fins de comércio na Europa. No Pará, a Casa das Canoas foi substituída em 1761 por um estaleiro que foi muito produtivo no final do século XVIII. A Coroa incentivava a construção de navios maiores com isenção de impostos e privilégios pessoais ou investindo fundos derivados dos quintos e do donativo real (como ocorreu em 1738). Em 1651, a Coroa ordenou a construção anual em um porto brasileiro de um galeão de setecentas a oitocentas toneladas – uma declaração de intenção –, embora seja pouco provável que tenha sido implementada. Uma ordem régia de 1757 determinou que a preferência no transporte de mercadoria fosse dada a navios construídos no Brasil.[18]

Salvador e Bahia possuíam certas vantagens naturais em comparação com Rio de Janeiro e Pernambuco. Ocupavam uma localização ideal no tocante a matérias-primas, sobretudo com fácil acesso a uma variedade de madeiras. No caso de Salvador, a madeira era trazida preferencialmente de Alagoas e Cairu ou de regiões distantes da zona de cultivo de cana-de-açúcar por causa do atrito com plantadores e usineiros, que também dependiam de grande quantidade de madeira para suas usinas. Tratava-se apenas de um dentre vários recursos de grande importância. O algodão produzia uma vela que era ao mesmo tempo resistente e leve. A casca das árvores anonáceas e fibras da embira e da palmeira-piaçaba eram ideais para cordame e calafetagem. A resina da camaçari era excelente para alcatroamento. No período em que foi vice-rei, o marquês de Lavradio incentivou o holandês João Hopman no Rio de Janeiro a produzir guaxima em escala comercial para fabricação de cordame, mortalhas e tirantes.[19]

17 Greenhalgh, *O arsenal da marinha do Rio de Janeiro na história* (1763-1822).

18 Brito, *Pontos de partida*, p.245-59; Lima, *História político-económica*, p.67-80; Camara, *Ensaio sobre as construções navais indígenas do Brasil*; Viterbo, *Trabalhos náuticos dos portugueses nos séculos XVI e XVII*, v.2, *Construtores navaes*.

19 Sousa, *Tratado descritivo do Brasil em 1587*, p.422; Lapa, *Bahia e a carreira da Índia*, p.83-107; Alden, *Royal Government in Colonial Brazil*, p.369-72.

A indústria da construção, reparo e querena de navios apresentava quatro características que davam um caráter especial à força de trabalho em Salvador. Primeiro, ela servia de estímulo a atividades e setores complementares. Ou seja, transporte, colheita de fibras naturais para cordame, seleção e corte de madeira, tecelagem de algodão para velas, fabricação de cordame e uma ampla gama de ofícios artesanais. No caso de Salvador, havia um vínculo entre a estação baleeira na ilha de Itaparica e o estaleiro porque alguns subprodutos da estação eram úteis no preparo de piche. Em meados do século XVIII, a fábrica contava com 421 trabalhadores (272 escravos, 71 negros livres, 56 mulatos, 20 brancos e 2 índios).[20] Em segundo lugar, um estaleiro demanda muita mão de obra. Terceiro, era necessária uma força de trabalho que cobrisse o espectro do qualificado ao não qualificado. Em Salvador, havia uma hierarquia de habilidades: os mestres que supervisionavam trabalhadores menos qualificados, a saber, o mestre do estaleiro (patrão-mor), o mestre dos toneleiros, o mestre dos pedreiros, o mestre dos calafates, o mestre de bandeireiros, o mestre da funilaria, o mestre da selaria, o mestre de poleeiros, o mestre dos ferreiros, o mestre dos veleiros e o mestre das carretas. Eles gerenciavam uma equipe de trabalho que incluía artesãos brancos, alforriados e escravos que haviam adquirido habilidades especiais. Deve ter havido cerca de seiscentos escravos serrando madeira ou se dedicando à carpintaria. Em Salvador, mulheres brancas eram empregadas como costureiras. Em Belém, os índios trabalhavam no estaleiro e se revelavam hábeis em algumas tarefas especializadas, como tecer cordame com fibras vegetais – um legado cultural que eles passaram aos portugueses. Quarto, a força de trabalho era composta de artesãos de uma ampla gama de ocupações. Entre elas: madeireiros, condutores de carros de boi, barqueiros, carpinteiros e marceneiros, fabricantes de piche, tecelões de algodão, veleiros, costureiras, pedreiros e fabricantes de cal (para carreira), calafates, toneleiros, pintores, fabricantes de corda, funileiros, seleiros, bandeireiros e marceneiros altamente especializados. Um grupo que pode não ter sido tão bem representado é o dos ferreiros porque, sempre que possível, os itens de ferro eram recuperados

20 Lima, *Formação industrial*, p.86-8.

de outros navios ou enviados de Portugal (e costumavam ser de origem estrangeira).

É difícil avaliar as habilidades e a qualidade da força de trabalho. A construção e reconstrução de um navio mercante usado na carreira da Índia, com seus três conveses – Nossa Senhora da Caridade, São Francisco de Paula e Santo Antônio –, em Salvador, levaram dois anos (1755 a 1757) e custaram 105.746$525 réis. John Byron, o almirante inglês que aportou no Rio de Janeiro em 1764, contratou calafates portugueses "em cujo emprego eles se mantiveram por algum tempo". Tendo em vista a baixa remuneração paga nos estaleiros, pode muito bem ser o caso de que não conseguiam atrair artesãos melhor qualificados que podiam obter uma ocupação mais lucrativa em uma plantação ou na cidade. Quando habilidades especializadas se faziam necessárias, artesãos eram importados de Portugal e projetos de navios elaborados lá eram enviados ao Brasil com ordens expressas de restringir ao mínimo possível as alterações ao original.[21]

Portos, o interior e o mundo

As cidades portuárias não existiam em um vácuo, mas em estreita relação com as regiões geográficas contíguas do interior, com o Brasil e com o mundo. Antes de examinarmos as particularidades, convém discorrermos sobre o que compreende o interior.

A denominação *interior* carrega certas conotações: a de que se trata de uma área circunscrita, com integridade territorial; que há uma qualidade estática nos limites desse território; que não há graduação entre interiores; que existe um vínculo territorial contínuo entre uma cidade e seu interior. Do meu ponto de vista, o *interior* pode transcender o estritamente geográfico de modo a conotar várias conexões em cadeia – pessoal, familiar, psicológica, social, cultural, administrativa e comercial, entre outras. Por fim, a noção do que compreende um interior é altamente subjetiva e pode depender do *status* e das percepções de um indivíduo ou um grupo.

21 Lapa, História de um navio, p.269; Gallagher (Org.), *Byron's Journal of his Circumnavigation, 1764-1766*, p.24-25. Veja também Lapa, *A Bahia*, p.109-38; Caldas, *Notícia geral*, p.214-5.

O caso brasileiro apresenta perspectivas que podem contribuir para essa discussão. Tão próximas eram as ligações humanas, políticas, comerciais e culturais entre Salvador e a República do Daomé e a Enseada do Benim – certamente tão próximas quanto as de Salvador e Jacobina, sem falar em Fortaleza – que a África Ocidental poderia ser considerada parte do interior de Salvador.[22] Com relação à noção mais convencional de um vínculo territorial entre um porto e seu interior, para o Brasil, esse interior era frequentemente menos caracterizado por integridade territorial do que por sua natureza arquipelágica. Esferas de influência, cada qual com um núcleo ou mais, poderiam existir em virtual isolamento entre si ou se inter-relacionar de modo irregular e aleatório. Tais configurações eram altamente fluidas e suscetíveis a mudanças. Os componentes críticos em tais reorientações eram a lucratividade e a força comercial do mercado. Na década de 1740, Mato Grosso teve uma oportunidade como essa, e ligações fluviais foram estabelecidas para São Paulo (via Tietê, Pardo, Coxim, Taquari, Paraguai) e Grão-Pará (via bacias do Amazonas-Madeira-Guaporé e do Araguaia-Tocantins).

A unidade geográfica que se poderia considerar que abrangia o interior do Rio de Janeiro em 1650 havia mudado radicalmente em 1750. Um exemplo dessa mudança foi Goiás, que compunha o interior do Rio de Janeiro ou de Santos, mas que, com a abertura da estrada Belém-Cuiabá em 1742, passou a fazer parte do interior de Belém. Por outro lado, a preocupação da Coroa com o contrabando levou ao fechamento de algumas estradas que ligavam Bahia e Pernambuco às áreas de mineração, desse modo afrouxando os vínculos entre os portos do Nordeste e Minas Gerais e fortalecendo o já evidente deslocamento, para que Minas Gerais fosse considerada, então, como parte do interior do Rio de Janeiro.

22 Para tais ligações, veja os inúmeros estudos de Verger, *Note sur le culte des Orisha et Vodoun à Bahia, la Baie de Tous les Saints au Brésil et l'ancienne Côte des Esclaves em Afrique*; *Flux et reflux de la traite des nègres entre le golfe de Bénin et Bahia de Todos os Santos du dixseptième au dix-neuvième siècle*, com especial atenção para as fotografias; *Bahia and the West Coast Trade, 1549-1851*; Role joué par le tabac de Bahia dans la traite des esclaves au Golfe de Bénin, *Cahiers d'études africaines* 4, n.15, p.349-69.

Uma unidade territorial circunscrita poderia vir a formar o interior de mais de uma cidade portuária.[23]

Sem dúvida, se por um lado os conselheiros de Recife ou Salvador pudessem considerar a Várzea ou o Recôncavo como parte do interior de seus respectivos portos, era menos provável que – apesar dos vínculos em comum com o sertão do Rio São Francisco – essa região fosse reputada da mesma forma. Na realidade, havia o interior primário, secundário e até mesmo terciário. A atribuição ou alocação de uma ou outra região a uma dessas divisões teóricas dependia tanto da percepção quanto da intensidade relativa das conexões comerciais, políticas ou sociais, e até mesmo da proximidade puramente geográfica. Em alguns casos, havia uma dependência unilateral do interior em relação ao porto; em outros, havia uma interdependência recíproca, como no caso de Paranaguá-Curitiba e Santos-São Paulo. Para o Brasil, o conceito de interior primário era aplicável a Salvador, Rio de Janeiro e Recife no primeiro século da colonização por causa do papel desses portos como centros de exportação de *commodities* agrícolas e pele animal para a Europa, além de seu papel predominante no comércio costeiro.

No entanto, até nesse ponto havia diferenças na natureza do interior em questão. O Recôncavo da Bahia era mais densamente povoado e possuía mais plantações, apesar das condições do solo e das chuvas semelhantes às da Várzea de Pernambuco. A densidade e o tamanho da população, a topografia, o solo e as chuvas distinguiam tanto a Várzea quanto o Recôncavo do interior do Rio de Janeiro tendo como cortina de fundo a Grande Escarpa. O interior secundário e o terciário assumiriam grande importância somente nos séculos XVII e XVIII, em parte por causa do desenvolvimento de uma economia mais diversificada, mas sobretudo em razão da exploração mineral. Em grande parte, os vínculos

23 Davidson, How the Brasilian West Was Won: Freelance and State on the Matto Grosso Frontier, 1737-1752. In: Alden (Org.), *Colonial Roots of Modern Brazil*, p.61-106; Lapa, Do comércio em área de mineração. In: *Economia colonial*, p.15-110; Holanda, *Monções* e *Caminhos e fronteiras*; Russell-Wood. Colonial Brazil: The Gold Cycle, ca. 1690-1750. In: Bethell (Org.), *Cambridge History of Latin America*, v.2, p.547-59.

entre os portos e o interior eram menos evidentes e menos efetivos no setor administrativo e mais pronunciados em intercâmbios comerciais e na movimentação de pessoas.

O desenvolvimento do interior de Salvador e Rio de Janeiro demonstrou como os desdobramentos históricos alteravam as relações entre as cidades portuárias e seu interior. Salvador era o maior porto da região Nordeste, enquanto o Rio de Janeiro era imbatível como o maior porto do Sudeste brasileiro. Havia grandes diferenças entre os dois interiores. A agricultura determinava os padrões de colonização e o desenvolvimento comercial no interior baiano, ao passo que a força propulsora no Rio era a mineração. Ambas as regiões vieram a desenvolver economias diversificadas, mas no Nordeste o açúcar e o tabaco predominavam. As distinções mais visíveis eram a súbita expansão territorial, o aumento na importância administrativa, o crescimento demográfico e o salto econômico do interior do Rio de Janeiro – tudo isso em menos de trinta anos. O deslocamento para o oeste ganhou ímpeto na primeira metade do século XVIII e teve seu efeito mais pungente na região centro-sul, a saber, o interior do Rio de Janeiro.

A partir da década de 1690, houve um fluxo cada mais crescente de pessoas para as áreas de mineração e, subsequentemente, um movimento de fluxo e refluxo de esperançosos entre as zonas mineradoras. Novas capitanias foram criadas em Minas Gerais, São Paulo, Mato Grosso e Goiás. Distritos municipais surgiram, por sua vez formando seu próprio interior imediato. O governo real – governadores, funcionários, servidores públicos e oficiais do Tesouro – marcou presença nas áreas recém-desenvolvidas bem mais do que havia ocorrido, ou deveria ocorrer, no caso no sertão nordestino. Os portos de Salvador, Recife, São Luís e Belém seriam afetados em variados graus por essa realocação do epicentro comercial do Brasil. As regiões mineradoras tornaram-se pontos de articulação entre as regiões Norte, Nordeste, Sudeste e Sul do país. Mas o Rio de Janeiro foi o mais afetado por esses desdobramentos e ficou sob pressão como o principal porto de importações e exportações para as áreas de mineração no decorrer do século XVIII.

As principais cidades portuárias do Brasil faziam parte – mais ativa do que seus pares caribenhos e atlânticos no império espanhol – da estrutura mais ampla de um império marítimo português que se estendia do Magrebe às Ilhas Molucas. Essa estrutura incluía não somente as ligações marítimas com Portugal (geralmente, Lisboa e Cidade do Porto, mas, em menor grau, Faro ou Setúbal) e com a África Ocidental, mas também com a África Oriental, Cochim e Goa, Macau e Nagasaki. Havia um constante fluxo e refluxo de *commodities* e pessoas por todo esse sistema imperial. Se a Bahia era afamada por seu tabaco nos palácios dos reis da África Ocidental e na corte do imperador manchu em Pequim, também a pimenta oriental, a noz-moscada, o cravo, a canela, o gengibre, temperos, árvores, seda e porcelana conquistaram rápida aceitação no Brasil. Negros de Angola trabalhavam em navios no Mar da China Meridional e javaneses nos navios de torna-viagem da carreira da Índia. Os jesuítas se deslocavam livremente entre as diversas províncias da Companhia de Jesus, assim como outros missionários. Soldados prestavam serviço em guarnições no Brasil, África, Índia, Malásia e além. Diversos vice-reis do Brasil (em especial Vasco Fernandes César de Meneses, conde de Sabugosa) haviam ocupado um alto cargo na Índia, assim como outros administradores de nível sênior. Na arquitetura residencial, de igrejas e militares havia características em comum com todos os aspectos do império. Até mesmo palavras de origem oriental marcavam presença no Brasil, além de costumes como o uso do palanquim, uma espécie de liteira. Os portos brasileiros também eram foco de contrabando com o Caribe, América do Norte, Europa Oriental e África Ocidental. A maioria dos bens exportados de Portugal a outras nações europeias era de origem brasileira; em contrapartida, o Brasil recebia *commodities* da Inglaterra, Hamburgo e França. Em suma, o Oriente encontrava-se com o Ocidente nos portos do Brasil colônia, imbuindo-os de uma qualidade notavelmente internacional que nem Lisboa possuía.[24]

As cidades e vilas portuárias – por força de sua localização na costa atlântica, além dos aspectos topográficos e dos acordos diplomáticos que impediam acesso pelo norte ou oeste – eram a única rota de entrada na América portuguesa. Certamente, o acesso pelo norte do Peru ou por terra a partir do Rio da Prata

---

24 Antonil, *Cultura e opulência no Brasil*; Lapa, O Brasil e as drogas do Oriente, *Studia* 18, p.7-40; Arruda, *O Brasil no comércio colonial*, p.279-92, 321-3.

ocorria, mas era raro e normalmente feito por indivíduos. As mesmas circunstâncias ditaram que os portos eram os principais pontos de saída da colônia. Neles foram instaladas alfândegas por esse motivo. Em resumo, os portos desempenharam uma função essencial como polos de atração de *commodities* e pessoas, para que esses tivessem acesso ao Brasil, e o mesmo princípio se aplicava a *commodities* e pessoas que partiam da América portuguesa. Salvador e Recife ocuparam essa função para a região Nordeste, e o Rio de Janeiro, para o Centro-Sul.

Os portos brasileiros não parecem ter exercido, por mérito próprio, uma intensa força centrípeta. Imigrantes que desejavam passar para o interior e *commodities* que chegavam ao cais tinham outros destinos que não os portos em si. Esse tráfego, seja de mercadorias, seja de homens e mulheres livres ou escravos, atingiu sua maior intensidade no século XVIII, quando o chamariz da riqueza fácil e o florescimento dos mercados nas zonas mineradoras exerceram uma inegável força centrípeta, extraindo recursos humanos e outros do litoral, da África Ocidental e de diferentes partes do mundo português – incluindo a metrópole. O outro lado da moeda era o êxodo de ouro e pessoas das áreas de mineração com destinos finais para além dos portos brasileiros.

Os papéis multifuncionais dos portos

Os papéis multifuncionais dos portos brasileiros abrangiam comércio, defesa e administração. Há restrições para avaliar a importância relativa desses portos no volume e valor do comércio. Isso resulta da natureza da comprovação das importações e exportações no período colonial antes de 1796 e do fato de que os registros de caixas de açúcar, rolos de tabaco e couro animal exportados eram incompletos e, portanto, não permitem comparações entre todos os portos. Há também outras ponderações mais abrangentes, tal como o volume que não necessariamente equivalia ao valor como indicador de importância, como ilustra a diferença de preço entre os diversos tipos de açúcar e o contrabando como um elemento importante do comércio colonial brasileiro. Salvador, Rio de Janeiro e Pernambuco eram os principais portos de importação-exportação do Brasil colônia, com São Luís e Belém do Pará ganhando relevância no século XVIII. Santos, Paraíba e Fortaleza mantiveram importância terciária. A Tabela 8.1 mostra o percentual de distribuição de importações e exportações entre portos brasileiros no período de 1796-1807.

As tabelas 8.2 e 8.3 mostram que, com relação às importações, somente em 1798 Salvador superou o Rio de Janeiro (e, mesmo assim, por margem estreita), mas que, durante seis anos (1804, 1805, 1807, 1809, 1810 e 1811), Salvador foi relegada a uma terceira posição, abaixo de Rio de Janeiro e Recife. Quanto às exportações, Salvador sobrepujou seus rivais em 1796, 1797, 1808 e 1809. Rio de Janeiro dominou ano a ano, exceto em 1805, quando Recife saltou para o topo, deixando o Rio em segundo lugar e Salvador em terceiro. Em 1808, um ano extraordinário, a ordem foi: Salvador, São Luís, Belém, Rio de Janeiro e Recife. As tabelas 8.2 e 8.3 também fornecem informações sobre a balança comercial de *commodities* nesses portos.[25]

Tabela 8.1 Importações e exportações brasileiras, 1796-1807, em percentual

Porto	Importações	Exportações
Rio de Janeiro	38,1	34,2
Salvador (Bahia)	27,1	26,4
Recife (Pernambuco)	21,0	22,7
São Luís (Maranhão)	8,7	11,7
Belém (Pará)	4,6	4,2
Paraíba	0,2	0,8
Santos	0,2	0,8
Fortaleza (Ceará)	0,1	0,8

Fonte: Arruda, *O Brasil no comércio colonial*, p.149, 153, gráficos 6 e 8.

25 Dados sobre importação e exportação de Arruda, *O Brasil no comércio colonial*, p.133-54. Os dados apresentados nas tabelas 6 e 8 contêm erros de cálculo e evidente confusão entre importações e exportações. Os números contidos nos gráficos parecem menos controversos. Meus agradecimentos à dra. Catherine Lugar por levantar a suspeita. Veja também Novais, *Portugal e Brasil na crise do antigo sistema colonial (1777-1808)*, para tabelas sobre comércio de 1796 a 1811. Catherine Lugar examina o comércio em Salvador no período de 1796-1807 em The Merchant Community of Salvador, Bahia, 1780-1830, p.96-110. A *História económica do Brasil, 1500-1820*, de Roberto C. Simonsen, apresenta números globais, embora sem discriminação por porto.

Tabela 8.2 Valor das importações (em réis) nos portos brasileiros, 1796-1811

ANO	Rio de Janeiro	Salvador	Pernambuco	São Luís
1796	2.174.170$036	2.069.637$404	1.383.924$447	634.599$945
1797	3.721.268$306	2.734.082$845	1.270.271$886	461.998$441
1798	3.413.346$404	3.509.894$391	2.303.991$562	781.141$659
1799	6.574.672$263	3.818.301$438	3.368.500$776	1.371.592$453
1800	4.080.456$444	2.305.920$437	1.733.479$205	818.744$499
1801	5.331.627$428	2.985.400$240	1.377.442$410	777.840$622
1802	3.578.882$219	2.505.947$169	2.361.565$909	1.142.749$747
1803	3.493.048$169	3.041.761$931	1.779.894$503	1.186.695$369
1804	3.959.016$724	2.857.922$545	2.879.654$646	977.602$919
1805	3.150.423$183	2.340.342$720	2.613.553$907	753.619$419
1806	3.015.506$966	2.110.468$965	1.788.795$289	831.600$767
1807	2.277.419$299	1.792.214$226	2.074.406$628	527.366$870
1808	585.044$543	384.694$579	336.213$255	133.655$931
1809	1.111.948$700	850.507$824	940.562$760	330.267$710
1810	925.989$555	715.847$020	742.794$351	391.687$490
1811	917.959$110	537.125$270	834.950$720	346.286$490
Total	48.610.724$349	34.560.069$004	27.790.002$254	11.467.450$331

Fonte: Arruda, *O Brasil no comércio colonial*, p.144, tabela 3.

Tabela 8.3 Valor das importações (em réis) nos portos brasileiros, 1796-1811 (Continuação)

ANO	Belém	Paraíba	Santos	Fortaleza	Brasil
1796	330.464$055	42.279$822	47.280$539	–	6.982.356$248
1797	226.447$931	39.416$279	72.294$405	–	8.525.780$093
1798	611.163$298	31.854$854	16.785$217	–	10.668.177$385
1799	565.109$863	69.961$642	32.800$120	–	15.800.938$555
1800	418.379$989	75.176$050	–	–	9.432.156$624
1801	194.394$695	13.354$380	–	–	10.680.059$775
1802	537.953$157	24.562$034	–	–	10.151.660$235
1803	409.695$684	–	–	17.373$196	9.928.504$852
1804	645.093$070	–	–	63.989$120	11.383.279$024
1805	625.614$527	–	–	21.702$240	9.505.255$996
1806	652.559$302	–	–	27.166$610	8.426.097$899
1807	266.989$521	–	–	14.651$910	6.952.957$454
1808	69.623$030	–	–	1.956$740	1.511.188$078
1809	180.001$592	–	–	24.446$505	3.437.735$091
1810	156.300$511	–	–	–	2.932.527$927
1811	153.724$230	–	–	2.720$000	2.792.765$820
Total	6.043.423$455	296.605$061	169.160$281	174.006$321	129.111.441$056

Fonte: Arruda, *O Brasil no comércio colonial*, p.144, tabela 3.

A natureza da produção de *commodities* no interior do país tinha forte relação com as exportações. Havia flutuações entre os portos, mas a distribuição a seguir era representativa do século XVIII. As exportações de açúcar provinham da Bahia e de Pernambuco e, em menor grau, do Rio de Janeiro. O tabaco era praticamente um monopólio baiano, com Pernambuco e Rio de Janeiro exportando quantidades ínfimas. As florestas brasileiras abrigam uma variedade de árvores, e a madeira era exportada a todos os portos, mas, se por um lado o Rio de Janeiro era o principal exportador de jacarandá, Pernambuco exportava a maior parte da madeira do Brasil. A pecuária ocupava a maior parcela da economia do Maranhão ao Rio Grande do Sul, e o crescimento do setor refletia-se em aumento na exportação de couro animal, de 110 mil unidades calculadas por Antonil em 1711 para 378.804 em 1762; se a pele animal usada para embalar tabaco fosse inclusa, o total de exportações chegaria a 390.440. O impacto econômico de Colônia do Sacramento refletia-se na importância crescente do Rio de Janeiro como exportador de couro da região Sul. Pernambuco e Bahia permaneceram como os maiores exportadores por todo o século, e a cessão de Sacramento para os espanhóis foi compensada pela produção crescente no Pará e Maranhão, em Goiás e Mato Grosso e, em especial, no Rio Grande do Sul. O cacau e, na segunda metade do século XVIII, o algodão eram exportados do Grão-Pará e Maranhão. No final do período colonial, até 150 navios aportavam por ano em São Luís. Exportações em menor quantidade abrangiam a copra, predominantemente da Bahia; melaço de Bahia, Pernambuco e Rio de Janeiro; óleo e barbatana de baleia da Bahia e, cada vez mais, do Rio; e farinha de Bahia, Rio de Janeiro e Pernambuco. Ouro e diamantes eram exportados de todos os portos brasileiros, tanto de forma legal quanto ilegal, sendo que o Rio de Janeiro era o principal polo de exportação.[26]

Não havia tanta variação de *commodities* importadas entre os vários portos brasileiros. A Companhia do Brasil havia sido

26 Pinto, *O ouro brasileiro*, p.184-254. Veja também: Godinho, Le Portugal, les flottes du sucre et flottes de l'or (1670-1770), *Annales, économies, sociétés, civilisations* 5, n.2, p.184-97; e *L'économie de l'empire portugaise aux XVe et XVIe siècles*; Mauro, *Le Portugal et l'Atlantique*, p.115-390.

encarregada de importação de vinhos, farinha de trigo, azeite de oliva e bacalhau. Esses e outros produtos alimentícios, como queijo e sal, permaneceram em alta demanda na colônia. Um segundo tipo de importação era de tecidos: lã, linho, flanela de algodão e sarja, além de aniagem e brocados. Em terceiro lugar, havia bens manufaturados que variavam de culatra para mosquetes a objetos de cobre para usinas de milho, ferramentas de mineração e baixelas de estanho. Tudo isso vinha da Europa, mas as carracas que retornavam do Oriente traziam artigos de luxo e exóticos, como seda, porcelana, penas de pavão, marfim, leques, caixas laqueadas e temperos.

Por fim, havia o comércio escravagista da África. Os portos brasileiros foram os pontos de entrada de cerca de 3.647.000 escravos ou 38,1% de todos os escravos trazidos para o Novo Mundo ao longo do período de comércio escravagista. Desses, em torno de 30 mil chegaram ao Brasil no século XVI, 560 mil no XVII e 1.891.400 no período de 1701 a 1810. No século XVII, Salvador e Recife eram os principais portos de entrada de escravos, na maior parte provenientes de Angola. No último período, as principais áreas de exportação na África foram Costa da Mina e Angola, e os maiores portos de entrada no Brasil (por ordem decrescente de importância) foram Salvador, Rio de Janeiro, Recife e São Luís.[27]

Embora o comércio oceânico seja relativamente fácil de documentar, o comércio costeiro no Brasil colônia ainda permanece em grande parte desconhecido. Há poucas descrições sobre o tráfego portuário ou a extensão das transações entre portos. A seguir, apresentamos uma mera sugestão de tipologia. Primeiro, havia o comércio de natureza predominantemente local consistindo em provisão de suprimentos perecíveis ou destinados a um porto provenientes de plantações ou distritos próximos. Em 1587, Gabriel Soares de Sousa notara que toda plantação do Recôncavo possuía ao menos quatro navios e que, em caso de emergência, 1.400

27 Para importações do Oriente, veja Pinto, *O ouro brasileiro*, p.223-7. Estimativas de importação de escravos em Curtin, *The Atlantic Slave Trade: A Census*, p.88-9, 119, 207; e Goulart, *A escravidão africana no Brasil das origens à extinção do tráfico*, p.98, 122, 217. Veja também Mattoso, *Être esclave au Brésil, XVIe-XIXe siècle*, p.58-60.

embarcações de diversos tipos poderiam ser convocadas à Baía de Todos os Santos. Em 1759, José António Caldas escreveu sobre 2.500 navios engajados no comércio entre os portos do Recôncavo, com cerca de mil em Salvador a qualquer dia. Em Pernambuco, havia praticamente total dependência de barcos para transporte ao longo dos Rios Beberibe e Capiberibe; Parati e Angra dos Reis mantinham comunicação diária com o Rio de Janeiro. Na realidade, para Rio de Janeiro, Bahia e Pernambuco, o transporte por via marítima ou fluvial era mais importante do que por terra.[28] Em segundo lugar, havia o comércio costeiro envolvido principalmente no transbordo de *commodities* trazidas da Europa e da África. Diferenças em oferta e procura e nos preços de mercado, associadas aos esforços da Coroa de controlar o comércio doméstico, levaram ao transbordo de escravos entre o Nordeste e o Rio de Janeiro. A proximidade do Rio com as áreas de mineração tornava essa operação financeiramente mais viável do que sujeitar os escravos ao constrangimento físico de uma longa jornada por terra, de Salvador ou Pernambuco a Minas Gerais. Uma terceira categoria envolvia a distribuição a outras partes do Brasil de *commodities* disponíveis apenas regionalmente. Por exemplo, o tabaco vinha de Salvador; carne-seca do Ceará e da Paraíba; e charque, couro e sebo do Rio Grande do Sul. Por fim, havia o trecho de comércio costeiro que se estendia do Brasil ao Rio da Prata. A presença portuguesa na Colônia do Sacramento na costa leste do Rio da Prata (1680-1777) provia acesso à América espanhola através de Buenos Aires. Os brasileiros obtinham prata, farinha de trigo, couro e charque curado dessa fonte em troca de escravos, tabaco e açúcar. Mesmo após 1777, tanto o comércio legal quanto o clandestino prosseguiram entre os portos brasileiros e os do Rio da Prata.

---

28 Sousa, *Tratado descritivo do Brasil em 1587*, p.174; Caldas, *Notícia geral*, p.4; Rodrigues; Ribeiro, *Civilização holandesa no Brasil*, p.169-70. Um documento anexado a uma carta do governador Manuel da Cunha Meneses a Martinho de Mello e Castro (27 de maio de 1775) observou que a maioria dos pescadores era de negros e pardos e totalmente desprovidos de habilidades marítimas. Documento em Almeida, *Inventário dos documentos relativos ao Brasil existentes no Archivo de Marinha e Ultramar*, 8v. Rio de Janeiro, 1913-36, reimpresso de *Anais da Biblioteca Nacional* 31, 32, 34, 36, 37, 39, 46 e 50, v.2, *Bahia*, 1763-86 (1713), n.8789 e 8790.

Para a Coroa portuguesa, os portos cumpriam dois outros papéis principais em relação ao Brasil e à estrutura do império: defesa e administração. No século XVI, a preocupação do poder real foi despertada pela perspectiva de ocupação estrangeira (como aconteceu no Rio de Janeiro) ou pela presença em águas e terras brasileiras de estrangeiros negociando predominantemente com comunidades indígenas. A defesa do Brasil foi uma das principais responsabilidades de Tomé de Sousa como primeiro governador-geral. Fortes haviam sido construídos e guarnições estabelecidas em todos os portos brasileiros até meados do século XVII. Assim que o Brasil assumiu sua posição como (nas palavras do vice-rei) "joia da Coroa portuguesa", a preocupação da realeza se concentrou na preservação das riquezas da colônia – sobretudo, ouro e diamantes – contra intrusos estrangeiros e monarcas europeus gananciosos. A presença francesa em São Luís, as invasões holandesas e a ocupação do Nordeste (1630-54), bem como a do Rio de Janeiro pelo corsário bretão René Duguay-Trouin (1711), criaram nas mentes de sucessivos monarcas portugueses uma obsessão por uma possível invasão estrangeira. Na ausência de uma fronteira ocidental de fato, associada à impraticabilidade e improbabilidade de um ataque do oeste, a atenção real se voltou para os portos. Um visitante ao Brasil da atualidade ainda pode apreciar os vários fortes solidamente construídos que defendiam a maioria dos portos e enseadas do país. Rio e Salvador eram especialmente bem dotados, sendo que a última contava em meados do século XVIII com seis fortalezas, cinco fortes, três baterias de artilharia, dois castelos nas extremidades norte e sul da cidade, um reduto e mais uma fortaleza em Itaparica.[29]

Se, por um lado, os portos formavam uma meia-lua de fortificações defensivas ao longo da costa, por outro, também representavam os núcleos administrativos da colônia. Os portos

29 Caldas, *Notícia geral*, p.353-86; Costa, *Na Bahia colonial: Apontamentos para história militar da Cidade de Salvador*; *Certidões do nascimento da fortaleza de Nossa Senhora do Pópulo*. Tais defesas não eram limitadas ao litoral, como demonstrado pelo Forte Príncipe da Beira (1776), ainda em pé às margens do Rio Guaporé, em Rondônia. Veja também *Real forte príncipe da Beira*, com um estudo de José Maria de Souza Nunes e cartografia de Isa Adonias.

eram sinônimo de governo. A fundação de vilas precedeu o estabelecimento do governo da Coroa no Brasil. A presença de um pelourinho na praça principal era prova explícita do poder da monarquia e da natureza altamente centralizada do sistema colonial. Tratava-se também de um lembrete de que as comunidades portuguesas por todo o mundo compartilhavam um monarca, uma religião, uma língua e valores. A cronologia do estabelecimento de vilas (veja a seção de abertura deste capítulo), cada qual com seu próprio Senado da Câmara, demonstra forçosamente que era nas cidades e vilas portuárias que o governo local estava estabelecido em bases mais firmes nos séculos XVI e XVII. A principal exceção foi São Paulo, que seria acompanhada, no final do século XVII e por todo o século XVIII, por distritos municipais no sertão e no interior como parte do deslocamento para a região Oeste.

As bases do governo da Coroa também ficavam nos portos. Nas diversas ocasiões em que a América portuguesa foi dividida administrativamente (no Maranhão, estado do Brasil, e nas capitanias do Sul), a capital era sempre uma cidade portuária, a saber: São Luís (Belém, após 1673), Salvador e Rio de Janeiro. A base do governador-geral ou vice-rei foi Salvador (até 1763) ou Rio de Janeiro (1763 em diante). Das nove capitanias gerais em 1799, somente três (Goiás, Minas Gerais e Mato Grosso) não tinham acesso direto ao mar. Nas seis restantes, o centro administrativo de quatro era um porto: Grão-Pará, Maranhão, Bahia e Rio de Janeiro. As exceções foram Pernambuco (Olinda) e São Paulo. Das oito capitanias subordinadas (Piauí, São José do Rio Negro, Ceará, Rio Grande do Norte, Paraíba, Espírito Santo, Santa Catarina e Rio Grande de São Pedro), somente São José do Rio Negro e Piauí não possuíam um porto marítimo. Nos demais casos, a base da administração ficava em um porto.[30]

Salvador e Rio de Janeiro

Salvador e Rio de Janeiro destacam-se no sentido de que ambos foram (e continuam sendo) portos importantes, além de

30 Vianna, *História do Brasil*, p.325-6.

capitais do Brasil, e levantam a questão sobre se sua relevância como portos pode ser dissociada de seu papel como capitais. Seria desafiador tentar definir a qualidade peculiar ou a multiplicidade de funções que caracterizam as capitais, mas nosso propósito aqui é saber mais sobre os portos. No caso brasileiro, ambos se entrelaçam. Vamos começar examinando esses dois portos como centros administrativos.

Salvador foi a primeira base do governo da Coroa no Brasil e o local de residência dos governadores-gerais e vice-reis. A primeira diocese brasileira foi estabelecida lá em 1551 e, em 1676, elevada à categoria de arquidiocese metropolitana, a única do Brasil colonial. A Corte de Apelação (Relação), o tribunal de mais elevada instância da América portuguesa, foi criada em 1609, extinta durante a invasão holandesa e restaurada em 1652. Permaneceu como a única da colônia por mais de um século até a criação de uma corte paralela no Rio de Janeiro em 1751. O tesoureiro-geral do Brasil residia e trabalhava em Salvador. A primeira Casa da moeda permanente foi fundada em 1694. Mas não havia só trabalho e nada de diversão. O conde de Sabugosa (vice-rei, 1720-35) estimulou as artes, incentivou um teatro de comédia e assistiu à criação de uma academia literária conhecida como Academia dos Esquecidos. O Colégio Jesuíta encenava óperas e tragicomédias sagradas em dias santos.

Em contraste, a cidade do Rio de Janeiro foi fundada pelos portugueses somente em 1565, e seu governador era subordinado ao governador-geral ou vice-rei em Salvador. De início ele exerceu jurisdição sobre uma vasta área, que viria a ser reduzida gradativamente com o estabelecimento das novas capitanias de São Paulo e Minas de Ouro (1709) e subsequente subdivisão em Minas Gerais (1720) e São Paulo (1720). Uma diocese foi estabelecida somente em 1676. No século XVIII, sua área de jurisdição viria a ser restringida pelo estabelecimento de dioceses em Mariana e São Paulo. Uma Relação foi fundada em 1751, sobretudo em resposta aos apelos da população em crescimento de Minas Gerais, cujo acesso à justiça era obstruído pela tirania da distância a percorrer até Salvador. O Rio de Janeiro contava com uma casa da moeda e uma rede de fortes e redutos solidamente defensivos. Na primeira metade do século XVIII, o Rio assumiu importância crescente por razões econômicas: o declínio dos preços do açúcar, que afetou duramente a região Nordeste, e a explosão das descobertas de minerais na região Centro-Sul.

Questões em transformação de ordem política, diplomática e militar concederam ao Rio uma importância estratégica considerável graças à sua proximidade com as minas de ouro e diamante de Minas Gerais. O longo e exitoso governo de Gomes Freire de Andrade (1733-63) elevou não somente sua reputação pessoal, mas também a do Rio de Janeiro. Após 1748, subordinadas a ele estavam as capitanias de Rio de Janeiro, Minas Gerais, São Paulo, Goiás, Mato Grosso, Santa Catarina, Rio Grande do Sul e Colônia do Sacramento no Rio da Prata. Em suma, Freire de Andrade exercia jurisdição sobre uma área do Brasil maior do que a do vice-rei em Salvador. Essa oscilação de importância da região Nordeste para o Sudeste e Centro-Sul do país foi sacramentada finalmente com a transferência oficial da capital em 1763.

Os construtores de Salvador e Rio de Janeiro não contavam com a orientação e as diretrizes que seus pares na América espanhola tinham codificadas na *Ordenanzas de Descubrimiento e Población*. Mas eles adotaram muitos dos mesmos critérios, tais como: ancoragem segura, localização elevada, meio ambiente saudável, posição defensiva, acesso à terra para fins de agricultura e materiais de construção. Tampouco os portugueses atribuíam muita prioridade à regulamentação das posições dos principais edifícios, à localização das praças e à disposição das ruas – embora não fossem insensíveis às tendências geométricas da Europa do século XVI, como às vezes se diz. O local escolhido por Tomé de Sousa havia sido na costa sudeste, dentro da Baía de Todos os Santos. Um terreno irregular de um quilômetro de comprimento e 350 metros de largura no ponto mais largo, no topo de rochedos íngremes de cerca de 60 metros de altura, oferecia uma localização adequada. Ao pé da escarpa havia uma faixa estreita de praia, que por si só dividia a cidade naturalmente em duas partes. Ao final do século XVI, as construções de taipa da colônia primitiva haviam cedido lugar a outros de belas pedras. Salvador tinha uma cidade alta cercada por muros e contava com o palácio do governador-geral; um colégio jesuíta (1549); mosteiros carmelitas (1580), beneditinos (1581) e franciscanos (1549); uma catedral; o palácio do bispo, muitas igrejas, uma Santa Casa de Misericórdia e as residências na cidade dos plantadores de cana-de-açúcar e dos funcionários públicos mais proeminentes. A cidade baixa era a zona comercial constituída por adegas, armazéns, cais de carga e uma casa alfandegária.

Em sua visita de 1610, Pyrard de Laval observou que "por mais de um quarto de légua, há casas bem construídas em ambos os lados, formando uma longa e bela rua, bem frequentada por toda sorte de mercadores, artífices e artesãos". A movimentação entre a área portuária e a cidade alta era feita por quatro ladeiras íngremes, penosas na melhor das hipóteses e especialmente perigosas em tempo úmido. Toda mercadoria pesada tinha de ser içada por um guindaste operado em um sistema de contrapeso. A imagem da cidade no início do século XVII passou por pequenas alterações durante o período colonial. A colonização foi maior na cidade alta em torno do Desterro e dos mosteiros das carmelitas e dos beneditinos. Os conventos de Santa Clara do Desterro (1677), Nossa Senhora da Lapa (1744) e das Mercês (1745) foram construídos. Na década de 1750, a cidade contava com trezentas igrejas ou capelas. Uma consequência dessa expansão foi que, qualquer que tivesse sido o plano original de disposição formal, ele se perdera na multiplicação de ruas estreitas e becos tortuosos. Quanto à cidade baixa, houve uma grande expansão comercial. Em 1623, essa cidade baixa tornou-se uma paróquia dedicada a Nossa Senhora da Conceição da Praia. Por fim, embora ainda oscilantes, as comunicações entre as cidades alta e baixa melhoraram. Uma rede de defesa constituída por fortalezas, fortes e redutos havia sido estabelecida desde a fortaleza de Santo Antônio da Barra até o forte de Itapagipe e, do outro lado, até a fortaleza de São Lourenço em Itaparica.[31]

---

31 A fundação de Salvador é descrita em Calmon, *História da fundação da Bahia*; e Sampaio, *História da fundação da Cidade do Salvador*. Descrições da cidade em diversas épocas são: Sousa, *Notícia do Brasil*, v.1, p.256-7; *The Voyage of François Pyrard de Laval to the East Indies, the Maldives, the Moluccas, and Brazil*, v.2, p.310-1; Dampier, *A Voyage to New Holland c. in the Year 1699; Wherein are Described the Canary-Islands, the Isles of Mayo and St. Jago, the Bay of All Saints, with the Forts and Town of Bahia in Brazil*, p.51-6; Von Spix; Von Martius, *Reise in Brasilien in den Jahren 1817-1820*, v.2, p.630-73.

Em seu perfil de portos selecionados da América do Norte, Jacob Price pôde contar com dados estatísticos que permitiram análise demográfica e por setor industrial. Esses dados censitários não estão disponíveis para grande parte do período colonial brasileiro. As informações disponíveis raramente permitem uma comparação entre as diversas regiões ao mesmo tempo ou uma análise que exija uma série de números por determinado período de tempo. O processo é ainda mais complicado pela inconsistência de registro. Registros paroquiais e notariais são valiosos, mas de limitada aplicação, assim como o recenseamento feito para fins militares, fiscais ou eclesiásticos. Em suma, durante grande parte do período colonial, o Brasil foi protoestatístico. Em 1587, Gabriel Soares estimou a população de Salvador em 14 mil habitantes. Registros da cidade de Salvador no século XVIII são mais abundantes, mas devem ser considerados um guia e não estatisticamente precisos. (A Tabela 8.4 é uma compilação de registros disponíveis de fontes contemporâneas.)

Outras estimativas variavam amplamente. Em 1799, Luís dos Santos Vilhena, professor de grego em Salvador, determinou a população em 60 mil. Quatro anos depois (em 1803), Thomas Lindley considerou o número de 100 mil e John Turnbull supunha algo entre 90 mil e 100 mil. Em ambos os casos, essas estimativas representavam o dobro dos assim chamados números "oficiais".

Se por um lado é difícil chegar a números seguros sobre a população geral, uma decomposição por raça é praticamente impossível antes do século XVIII. Em 1584, o jesuíta Fernão Cardim aludiu a 3 mil portugueses, 8 mil índios convertidos ao cristianismo e entre 3 mil e 4 mil escravos de Guiné. Nas principais cidades portuárias brasileiras, descendentes africanos constituíam a maioria. Em Salvador, em 1714, o engenheiro francês Frézier estimou que, para cada vinte pessoas nas ruas, dezenove eram escravos. Já Caldas estimou, em 1759, que cada segunda pessoa em Salvador era escrava. O censo de Manuel da Cunha Menezes para Salvador, em 1775, continha a observação de que "a

---

Caldas, *Notícia geral*, é uma fonte indispensável de informações. Veja também Azevedo, *Povoamento da cidade do Salvador*; Mattoso, *Bahia*: a cidade do Salvador e seu mercado no século XIX, p.83-105.

maioria era de escravos negros e pardos, mas a maioria dos fogos (domicílios) era de brancos".[32] O "Mappa Geral" de 20 de junho de 1775, que listou 7.345 fogos e 33.635 almas, incluía dados raciais: brancos, 10.720 (mais 277 clérigos); pardos livres, 4.213; pretos livres, 3.730; e 14.695 escravos. Os brancos eram sobrepujados na proporção de dois para um por pessoas de descendência africana e constituíam 32,7% da população. Uma decomposição mais profundada revela que 43,7% da população eram compostos por escravos e 23,6% por homens livres (pardos, 12,52%; pretos, 11,08%). Embora existisse um número substancial de pessoas livres de descendência africana na cidade, esse documento não fornece nenhum dado sobre a ocorrência de alforria.[33]

Tabela 8.4 População de Salvador: estimativas contemporâneas, 1706-1807

Anos	Fogos	Almas
1706	4.296	21.601[a]
1755	6.719	37.543[b]
1757	6.821	37.323[c]
1759	6.782	40.263[d]
1775	7.060	40.922[e]
1775	7.345	33.635[f]
1780	6.617	39.209[g]
1805		45.600[h]
1807		51.112[i]

[a] Seis paróquias, estimativa arquiepiscopal. Accioli-Amaral, *Memórias históricas e políticas da Província da Bahia do Coronel Ignacio Accioli de Cerqueira e Silva: Annotador Dr. Braz do Amaral*, v. 5, p.503; Castro e Almeida, *Inventário I, Bahia, 1613-1762* (1913), n.2010.

32 Cardim, *Tratados da terra e gente do Brasil*, p.288; Frézier, *Relation du Voyage de la mer du Sud aux côtes du Chily et du Pérou, fait éndant les années 1712, 1713, & 1714*; Mappa de todas as freguesias, In: Almeida, *Inventário* 2, n.8750.

33 Almeida, *Inventário* 2, n.8813. Isso pode ser comparado ao Rio de Janeiro em 1799: população total, 43.376; brancos, 19.578; pardos livres, 4.227; negros, 4.585; escravos, 14.986. Karasch, Supplies, Sellers, Servants, and Slaves. In: Hoberman; Socolow (Orgs.), *Cities and Society in Colonial Latin America*, p.254.

[b] Nove paróquias, estimativa de d. Romualdo Seixas. Accioli-Amaral, *Memórias históricas*, v.5, p.503.

[c] Estimativa de Manoel de Oliveira Mendes. Arcebispo da Bahia para Diogo de Mendonça Corte Real, Bahia, 30 ago. 1755. In: Castro e Almeida, *Inventário I*, n.2010; Azevedo, *Povoamento*, p.192-3. Estimativas eclesiásticas excluíram crianças pré-púberes, adultos não batizados e pessoas sem lar.

[d] Caldas, *Notícia geral*, 65. Baseado em registros de nove paróquias urbanas, excluindo-se crianças com menos de 7 anos de idade – que ele computava em 20 mil – e "pagãos", aparentemente escravos recém-chegados da África (p.70). O número de 6.752 de Caldas deve ser corrigido para "6.782" conforme o censo ordenado pelo conde de Arcos em 1759 (Azevedo, *Povoamento*, p.194) e confirmado na "Instrução para o Marquez de Valença", governador da Bahia, 1779, Castro e Almeida, *Inventário 2, Bahia, 1763-86,* (1914), n.10319.

[e] Mattoso, *Bahia*, p.129. "População da Capitania da Bahia, em janeiro de 1775", anexada à carta do governador Manuel da Cunha Meneses a Matinho de Melo e Castro, 3 mar. 1775, fornece números de 11.080 *fogos* e 40.992 *almas*. Mas o "Mappa de todas as Freguezias que pertencem ao Arcebispo da Bahia", 9 jan. 1775, anexa à mesma carta de 3 mar. 1775, apresenta o número de 7.080 *fogos* e 40.922 *almas*. (Castro e Almeida, *Inventário 2*, n.8745, 8748 e 8750). Azevedo (*Povoamento*, p.196-7) sugere que o primeiro foi um censo realizado pelo governador para fins de recrutamento e que ele não realizou outro. Entre 33.635 e 40.922, o número mais alto parece mais provável, dada a expansão da cidade (Mattoso, *Bahia*, p.130).

[f] "Mappa Geral no qual se vêem todas as moradas de casas que ha na Cidade da Bahia", 20 jun. 1775, anexada à carta do governador Manuel da Cunha Meneses a Martinho de Mello e Castro, 3 jul. 1775, Castro e Almeida, *Inventário 2*, n.8810, 8811 e 8813. Para dez paróquias.

[g] "Mappa de enumeração da gente e povo desta Capitania da Bahia", 5 dez. 1780, Castro e Almeida, *Inventário 2*, n.10701.

[h] Censo eclesiástico 1805 (Mattoso, *Bahia*, p.129).

[i] Observação do conde da Ponte (Mattoso, *Bahia*, p.129). Para obter uma discussão completa sobre os problemas demográficos, veja Azevedo, *Povoamento*, p.184-213; Mattoso, *Bahia*, p.127-33; Alden, "The Population of Brazil in the Late Eighteenth Century: A Preliminary Survey", *HAHR* 45, n.2, p.173-205; Marcílio, "The Population of Colonial Brazil". In: Bethell, *Cambridge History*, v.2, p.37-63.

O "Mappa Geral" de 1775 também fornece uma decomposição por estado civil, como mostra a Tabela 8.5, mas com aparentes anomalias nos números apresentados. Dada a natureza multirracial da sociedade baiana, é inacreditável que 100% dos casamentos de homens brancos tenham sido com mulheres brancas e que isso também aconteceu com os homens livres de ascendência africana.

Viajantes e autoridades portuguesas comentaram sobre a propensão – e até mesmo a preferência – demonstrada por homens portugueses pelas mamelucas (mulheres de origem mista europeia e índia) e as mulatas, o que torna os dados ainda mais incomuns. O documento prossegue demonstrando que o número de homens totaliza 8.403 e o de mulheres, 10.537. Uma vez eliminados os eclesiásticos, os homens casados e os viúvos (as duas últimas categorias com base no fato de que eram "pais de família"), 3.140 solteiros brancos foram deixados ao serviço militar.

Tabela 8.5 Estado civil de brancos e negros livres em Salvador, 1775

Estado civil	Brancos		Negros livres (forros)	
	Homens	Mulheres	Homens	Mulheres
Casado	1.697	1.697	440	440
Viúvo	184	237	37	156
Solteiro	3.140	1.803	963	1.694
Totais	5.021	3.737	1.440	2.290

Fonte: "Mappa Geral no qual se vêem todas as moradas de casas que ha na Cidade da Bahia...", Bahia, 20 jun. 1775. *Apud* Almeida, *Inventário dos documentos relativos ao Brasil existentes no Archivo da Marinha e Ultramar de Lisboa*, v.2, n.8813.

Não obstante as deficiências nos dados, vamos nos voltar para a composição da sociedade da Salvador colonial e tentar uma análise setorial. As cidades e vilas portuárias brasileiras compartilhavam características com a metrópole e outras colônias – a saber, estratificação social, racial e econômica, associada a um aguçado senso de hierarquia. Embora a noção medieval europeia de "estados" fosse nebulosa nas colônias, não estava totalmente ausente. De modo geral, a elite urbana de Salvador era de descendência portuguesa e abrangia proprietários de plantações, usineiros e pecuaristas que também tinham residências na cidade e – cada vez mais, no século XVIII – passava mais tempo nas cidades portuárias do que no campo. Eles exerciam poder financeiro e apreciavam a autoridade política. Para essas pessoas, os portos eram essenciais às exportações ao exterior das principais *commodities* (açúcar, tabaco, couro) e como mercados locais para suas safras. Em contrapartida, contribuíam com o comércio local comprando importados manufaturados; com o primeiro sistema bancário ao tomar empréstimos de instituições monásticas e conventuais, bem como das irmandades; e com a vida da comunidade ao fazer investimentos sociais e financeiros em irmandades e na vida civil. Membros dessa elite formavam parte de uma relação de afinidade e uma rede comercial na cidade e no Recôncavo. Tinham acesso aos mais altos dignitários da Igreja e do Estado na colônia e até mesmo ao rei e seus ministros na corte. Em Salvador, os fazendeiros dominaram o Senado da Câmara no século XVII e compartilharam autoridade política com a classe mercante no século XVIII, quando parece ter havido uma aliança entre o capital oriundo da exploração da atividade agropecuária e a riqueza gerada pela atividade comercial.[34]

Uma rivalidade intensa entre mercadores e fazendeiros, como a que ocorreu em Pernambuco e deu início à Guerra dos Mascates (1711), não existia em Salvador. O fato de um indivíduo empreendedor poder participar dos dois mundos foi demonstrado por Francisco Fernandes do Sim (1593-1664). Tratava-se de um mercador de Salvador envolvido nos comércios de vinho e açúcar, que havia desposado a filha de um usineiro de açúcar e morrera como um homem rico (proprietário de três fazendas, uma usina e dez casas na cidade), além de filantropo.[35]

No presente estágio da pesquisa, sabemos mais sobre a aristocracia fundiária do Brasil do que sobre as comunidades mercantis. Essa situação está mudando rapidamente, mas a historiografia

34 Schwartz, *Sugar Plantations in the Formation of Brazilian Society*: Bahia, 1550-1835, p.264-94; Russell-Wood, *Fidalgos and Philanthropists*, p.118-24; Flory; Smith, Bahian Merchants and Planters in the Seventeenth and Early Eighteenth Centuries, *HAHR* 58, n.4. p.571-94; Kennedy, Bahian Elites, 1750-1822, *HAHR* 53, n.3, p.415-39. Para representação dos mercadores no Senado de 1680 a 1729, veja Flory, Bahian Society in the Mid-Colonial Period: The Sugar Planters, Tobacco Growers, Merchants, and Artisans of Salvador and the Recôncavo, p.264-5; Lugar, Merchants. In: Hoberman; Socolow, *Cities and Society*, p.64-5.

35 Lugar, Merchants, p.58; Russell-Wood, *Fidalgos and Philanthropists*, p.118, 186, 191 e ilustração entre p.206 e 207; Petersen, Sweet Success: Some Notes on the Founding of a Brazilian Sugar Dynasty, the Pais Barreto Family of Pernambuco, *The Americas* 40, n.3, p.325-48.

do Brasil colonial ainda tem de produzir seu Frederic C. Lane ou Stuart Bruchey.[36]

Havia uma hierarquia na comunidade de mercadores. No topo, via-se a distinção básica feita por José Caldas em sua pesquisa de 1759 sobre esse tipo de comunidade em Salvador. Distinção essa entre (segundo palavras dele) aqueles que "frequentão o comércio" e "homens de negócio". Os primeiros eram os mercadores ou comerciantes e abrangiam desde aqueles engajados em comércio de longa distância por terra ou mar no negócio de importação-exportação até aqueles que negociavam em bases mais locais e modestas. "Homens de negócio" atuavam essencialmente como banqueiros (na ausência de bancos na colônia) adiantando crédito, fazendo empréstimos e subscrevendo custos de seguro. Um desses em Salvador era João de Mattos de Aguiar (c. 1700), de quem foi dito por um contemporâneo: "Toda a riqueza dele (à exceção de duas casas e alguns currais de gado) foi colocada em empréstimo e tão grandes eram os retornos que nem ele mesmo sabia o montante exato de sua fortuna".[37] No topo da escala financeira, a distinção ficava nebulosa por conta de mercadores que eram suficientemente ricos para assumir o papel de banqueiros mercantis. Também associados à comunidade de negócios estavam os comissários que tomavam mercadorias em consignação.

Uma questão básica era se a comunidade mercante de Salvador servia meramente como agentes de interesses metropolitanos e casas mercantis, ou se passara a formar uma mentalidade coletiva reconhecidamente colonial. Embora houvesse certamente

36 Flory, Bahian Society, p.217-80; Lugar, The Merchant Community; Flory; Smith, Bahian Merchants and Planters; Smith, The Merchant Class of Portugal and Brazil in the Seventeenth Century: A Socio-Economic Study of the Merchants of Lisbon and Bahia, 1620-90; Lobo, *Aspectos da influência dos homens de negócio na política comercial ibero-americana*. Para uma análise da correspondência de Francisco Pinheiro, mercador de Lisboa com vastos interesses brasileiros (ed. Luis Lisanti sob o título *Negócios coloniais*, 1973), veja Alden, Vicissitudes of Trade in the Portuguese Atlantic Empire during he First Half of the Eighteenth Century: A Review Article, *The Americas* 32, n.2, p.282-91.

37 Caldas, *Notícia geral*, p.525-6; Pitta, *História da América Portugueza*.

dependência de Portugal para a formação de conexões financeiras e comerciais, e muitos fossem sócios ou agentes de mercadores portugueses, minha opinião é que, em meados do século XVIII, pode-se falar com segurança sobre a brasilianização do comércio.

Financiamentos estavam sendo obtidos na colônia, e casas comerciais eram estabelecidas nos portos por pessoas que mantinham longa residência na colônia ou fortes laços familiares com parentes (geralmente, irmãos) em Portugal ou até mesmo na África Ocidental. Não eram grandes operações societárias, mas empreendimentos com forte componente familiar. No final do período colonial, o Rio de Janeiro contava com mais casas de negócios (126) do que Salvador (75). Sociedades corporativas só surgiram com força total após o estabelecimento das câmaras de comércio no início do século XIX. Mas um paliativo para as comunidades mercantis foi a criação pela Coroa, em 1751, de Mesas de Inspeção nos portos de Rio de Janeiro, Salvador, Recife e São Luís. Multifuncionais, esses conselhos de inspeção atendiam a litígios comerciais e vetavam petições comerciais antes de encaminhá-las a Lisboa.[38]

Em um nível mais modesto estavam os mercadores de loja, os donos de taberna e até os mascates. Esses negociavam essencialmente no comércio varejista e, em 1705, d. Pedro II definiu "mercador" como sendo "aplicável somente a pessoas em lojas abertas ao público que efetivamente se ocupem de medir, pesar e vender qualquer tipo de mercadoria a outras pessoas". Os artesãos recaíam nesse grupo social, e cada porto podia contar com uma Rua dos Toneleiros, Rua dos Sapateiros ou Rua dos Funileiros. Essa solidariedade corporativa também se manifestava nas irmandades de Salvador, Rio de Janeiro e Recife, cuja filiação era exclusivamente de artesãos. Estes eram reunidos pelas irmandades em áreas relacionadas; por exemplo, São José, no Rio de Janeiro, e Salvador para o comércio de construção (predominantemente, pedreiros e carpinteiros) e artesãos de madeira (marceneiros altamente especializados e toneleiros). A irmandade de São Jorge no

38 Brito, *Pontos de partida*, p.275; Lugar, The Merchant Community, p.259-66; Russell-Wood, As frotas de ouro do Brasil, 1710-50, *Estudos económicos* 13, esp. p.707-13.

Rio abarcava serralheiros, ferreiros, cuteleiros, armeiros, douradores e forjadores de espadas.

William Dampier visitava Salvador em 1699 quando notou a prosperidade dos artesãos, em especial daqueles que tinham condições de manter um escravo. Talvez inadvertidamente, Dampier estivesse enfatizando a significativa estratificação entre os artesãos. Um mestre pedreiro ou um mestre carpinteiro com seu próprio estaleiro, ou ateliê, ocupava uma posição muito diferente de um pedreiro ou carpinteiro comum, que não tinha uma oficina, ou outras pessoas (normalmente de origem africana) que possuíam as habilidades necessárias, mas não eram mestres nem empregadores. Havia uma estratificação entre os ofícios: um ferreiro possuía um *status* mais elevado do que um barbeiro-cirurgião.

Os ofícios não se limitavam a homens brancos, sendo praticados também por pessoas de ascendência africana. Os barbeiros eram praticamente todos de origem africana (tanto escravos quanto livres). Spix e Martius em Pernambuco e Henry Koster no Rio de Janeiro concordavam que os mulatos demonstravam maior aptidão para os ofícios. Embora não organizados em corporações, outros também exerciam suas habilidades. Especialmente notados em Recife, Salvador e Rio de Janeiro eram os balseiros e os barqueiros, muitos deles africanos, tanto escravos quanto livres – que forneciam transporte essencial de pessoas e moeda entre centros urbanos e subúrbios e entre subúrbios.[39] A participação nesses ofícios não se restringia a homens nem a pessoas de descendência africana ou europeia. Mulheres brancas e índias teciam algodão e costuravam velas em estaleiros das cidades portuárias. Por fim, havia participação ativa no comércio varejista de mulheres de ascendência africana, que atuavam como intermediárias (conhecidas como ganhadeiras) na compra e revenda de carne e peixe e que dominavam o cenário do mercado doméstico em Salvador, para desgosto de Santos Vilhena.[40]

---

39 Karasch, From Porterage to Proprietorship: African Occupations in Rio de Janeiro, 1808-1850. In: Engerman; Genovese (Orgs.), *Race and Slavery in the Western Hemisphere: Quantitative Studies*, p.379.

40 Vilhena, *Recopilação de notícias*, v.1, p.127-32.

Salvador possuía uma ampla presença administrativa, tanto civil quanto eclesiástica. A burocracia civil incluía o vice-rei, o secretário de estado, juízes da alta corte e o tesoureiro-geral. Funcionários de classes inferiores eram os inúmeros secretários, escrivães, meirinhos, porteiros, assistentes e guardas que compunham a burocracia civil do império. A burocracia eclesiástica abrangia os arcebispos, vigários-gerais, decanos, cônegos e capelães, além de lacaios como sacristãos, meninos do coro, sineiros e porteiros. O terceiro braço do governo era o militar, com regimentos de homens de artilharia e infantaria. Dois outros setores proeminentes eram o clero regular e secular e os profissionais liberais (advogados, médico e cirurgiões). Na base da sociedade estavam os escravos, os pobres e os desamparados.

Uma fonte indispensável de informações sobre ocupações em meados do século XVIII é o *Notícia geral desta Capitania da Bahia*. Trata-se de uma compilação de dados quantitativos e qualitativos feita por José António Caldas, aluno e mais tarde professor da Escola Militar de Salvador, além de membro da Academia dos Renascidos. O *Notícia geral* coloca em perspectiva histórica as três áreas de governo: eclesiástico, civil e militar.

A burocracia eclesiástica de Salvador em 1756 pode ser definida como aquela cujos salários eram pagos pela Coroa. Sob a liderança do arcebispo, os dignitários sêniores incluíam o vigário-geral, três juízes da corte eclesiástica, um decano, nove cônegos e clérigos de postos inferiores. Esses, em um total de 39, estavam diretamente associados à catedral. Além disso, havia nove párocos e seus dezoito assistentes. O clero totalizava 66. Davam assistência a esses homens de hábito os leigos. Dezesseis deles estavam associados diretamente à catedral e abrangiam um mestre de cerimônias, um sacristão, seis meninos do coro, um sineiro, dois organistas e um porteiro. A corte eclesiástica requeria uma equipe de sete membros. Em cada uma das nove paróquias, havia um sacristão leigo. Ao todo, a equipe de leigos pagos pelo tesouro real somava 32 pessoas.

Aqueles que faziam parte da folha de pagamento real não eram as únicas pessoas que serviam às ordens sacras em Salvador. Caldas fornece informações sobre as ordens monásticas na cidade e a Companhia de Jesus. Entre seu colégio, o convento e dois seminários, os jesuítas somavam 201. Além disso, havia oitenta ainda em treinamento. Membros de outras ordens incluíam 96 carmelitas, 70 beneditinos, 45 franciscanos, 28 capuchinos italianos, 24 de Santa Teresa e 6 agostinianos, totalizando 269. Também havia as freiras de Santa Clara do Desterro (65), de Nossa Senhora da Lapa (20) e as ursulinas (50), chegando a 135 ao todo. Membros, homens e mulheres, das ordens regulares e da Companhia de Jesus na cidade totalizavam 605. Caldas estimou que na capitania da Bahia havia 2 mil pessoas admitidas às ordens sacras.[41]

O espectro administrativo do governo variava de vice-rei descendo até o nível mais baixo de porteiro ou meirinho. A Tabela 8.6 mostra a distribuição de servidores públicos e equipe de suporte. Desses, 58 eram descritos como escrivães, 14 como meirinhos e 14 como porteiros.[42]

O contingente militar decompunha-se em dois regimentos de infantaria totalizando 1.200 soldados e um batalhão de artilharia de 300 homens, perfazendo um total de 1.500 soldados pagos. Os auxiliares (não remunerados) somavam 5.312 e incluíam 397 dos Henriques, compostos de negros.[43]

A mobilidade da comunidade comercial tornaria qualquer análise setorial difícil. No entanto, Caldas anexou a seu *Notícia geral* uma lista de 197 pessoas que se dedicavam ao comércio. Essas ele dividiu em cinco categorias, relacionadas na Tabela 8.7.

Há dados adicionais sobre as atividades econômicas das pessoas que recaíam na última e mais genérica categoria de Caldas: "negociantes, mercadores, comerciantes, que vivem de alguma modalidade de comércio". Caldas fornece informações sobre padrões geográficos de comércio e sobre as atividades comerciais predominantes. Quando listadas por Caldas, as regiões mostradas na Tabela 8.8 eram aquelas com as quais esses mercadores de Salvador comercializavam. Não menos interessantes são as descrições das atividades comerciais predominantes, que podem ou não se sobrepor às mostradas na Tabela 8.9.

41 Caldas, *Notícia geral*, p.11-23, 71, 453.
42 Ibid., p.73-88, 205-15.
43 Ibid., p.217-8, 222-5, 331-43.

Tabela 8.6 Servidores públicos e equipe de suporte, Salvador, 1759

Repartição pública	Funcionários
Suprema corte	19
Chancelaria	3
Alfândega	24
Tesouro	26
Arsenal real	22
Conselho de inspeção	19
Ouvidorias	12
Juízo de fora	5
Juízo de ausentes	5
Juízo de órfãos	12
Juízo dos cativos	4
Casa da moeda	25
Provedoria de comarca	6
Secretaria de Estado	7
Vice-rei e guardas	7
Senado da Câmara	6
Total	202

Fonte: Caldas, *Notícia geral de toda esta Capitania da Bahia desde o seu descobrimento até o presente ano de 1759*, p.73-88, p.205-15.

Ao analisar essa comunidade mercante, convém ter em mente que Caldas se referia apenas à elite mercante de Salvador. Evidentemente, ao menos como percepção geral, os realmente ricos eram poucos; e até mesmo aqueles dignos de registro como bem-sucedidos homens de negócio compunham uma parte muito pequena da população de Salvador.[44]

Caldas não fornece informações sobre os demais setores da comunidade comercial de Salvador, que abrangeriam donos de loja, taberneiros, mascates e artesãos. Tomando por base um documento assinado por 76 vendeiros, em 1718, Rae Flory sugeriu que o número de comerciantes com seu próprio local de comércio pode ter chegado a duzentos.[45] Isso estaria em queda em meados

44 Ibid., p.525-33.

45 Flory, Bahian Society, p.225.

do século e não levaria em conta a bastante ativa e hábil venda de alimentos nas ruas por regateiras e intermediárias, geralmente mulheres de origem africana. Tampouco inclui os artesãos de Salvador, os *oficiaes mecânicos*, que eram tão notórios na vida do porto. Embora nem os registros notariais ou os de licenças registradas no Senado da Câmara, nem as afiliações a irmandades possam prover ainda que uma estimativa aproximada do número de artesãos em Salvador, informações provenientes de uma variedade de fontes podem lançar luz sobre os ofícios mais proeminentes e a relativa posição numérica dos ofícios em comparação entre si. Três levantamentos foram feitos por: Carlos Ott (1655-1816), Rae Flory (1680-1725) e por A. J. R. Russell-Wood (1663-1750). Todos têm limitações e cobrem diferentes períodos de tempo, mas são comparados na Tabela 8.10.

Tabela 8.7 O setor comercial e de negócios, Salvador, 1759: uma classificação contemporânea

"Pessoas que se dedicam ao comércio e que parecem ter riqueza suficiente para seguir em frente."	14
"Pessoas que se ocupam do comércio e administram seu negócio com reservas adequadas e alto potencial e que detêm riqueza."	21
"Pessoas que possuem casas de comércio estabelecidas."	19
"Homens de negócio que são considerados bem experientes em preceitos mercantis e com capacidade de se dedicar ao comércio."	22
"Negociantes, mercadores, comerciantes, que vivem de alguma modalidade de comércio."	121
Total	197

Fonte: Caldas, *Notícia geral de toda esta Capitania da Bahia*, p.525-33.

Conclusão

Neste artigo, tentei responder a uma questão básica. O que tornava os portos tão singulares? É evidente que sua importância podia oscilar, provavelmente em decorrência de fatores europeus e não americanos. Desdobramentos políticos na Europa levaram à invasão do Nordeste brasileiro pelos holandeses, à tomada do Rio de Janeiro pelos franceses e aos acontecimentos no sul do país nas "terras disputadas" (*debatable lands*, segundo Dauril Alden). A invasão napoleônica da Península Ibérica foi precursora da chegada da Corte Real ao Rio de Janeiro (em 1808) e da abertura dos portos, desse modo contribuindo para a balcanização do Nordeste. Mudanças políticas em Portugal concorreram para os altos e baixos no destino de cada porto. As iniciativas pombalinas para estabelecer companhias de comércio na costa nordeste do Brasil aumentaram a importância de São Luís e Belém. Desenvolvimentos econômicos no interior da colônia exerciam impacto sobre os portos. A descoberta de ouro e diamantes era o fator mais crítico, porém o cultivo de algodão no final do século XVIII elevaria a reputação do Maranhão e da região norte do Brasil. Até certo ponto, a sina da colônia (e do país natal) estava sujeita ao capricho dos ciclos de demanda na Europa e à concorrência de outras grandes áreas de *commodities* (como açúcar, das Índias Ocidentais).

Tabela 8.8 Atividades de comércio, por região, de mercadores baianos, 1759

Região	Número de mercadores
Portugal	43
Portugal e Mina somente	10
Costa da Mina somente	8
Portugal e Minas Gerais	4
Angola somente	4
Angola e Mina	2
Portugal, Mina e Minas Gerais	1
Portugal e Angola	1
Portugal, Mina, Angola	1
Colônia do Sacramento	1
Não especificado, "várias regiões"	7

Fonte: Caldas, *Notícia geral de toda esta Capitania da Bahia*, p.525-33.

Acontecimentos na colônia também contribuíam para a oscilação na importância dos portos. No entanto, o cenário pode não ter sido tão sombrio quanto se imaginava a princípio. Sem dúvida, as descobertas de ouro prejudicaram o suprimento de mão de obra, o comércio e a sociedade nordestina, mas – não obstante o alarido dos conselheiros de Salvador – o impacto teve curta duração, e a cidade acabou conseguindo recuperar sua primazia comercial. No longo prazo, a experiência foi energizante: introduziu novos atores na arena comercial, forçou uma reavaliação das práticas comerciais e abriu janelas de oportunidades comerciais.

Havia também a cruel ironia de que, por causa de sua localização, os portos não eram somente os primeiros a receber novas ideias, mas também os mais vulneráveis a influências externas, às propostas comerciais estrangeiras e aos ventos da mudança na Europa e América no Norte concernentes às relações entre uma metrópole e suas colônias. No caso brasileiro, foi precisamente no século XVIII que as verdadeiras riquezas do Brasil foram enfim reveladas – nos reinos de d. João V (1706-50) e d. José (1750-77) –, levando a Coroa a nutrir sentimentos ainda maiores de paranoia e temor de invasão estrangeira. Pombal esforçou-se (em vão, no final das contas) para nacionalizar a economia luso-brasileira. Na colônia, surgiram conflitos e conspirações, e o impacto do Iluminismo se fazia sentir. O conflito político e intelectual seria mais notado nos portos, com a revolução dos alfaiates em Salvador (1798), a revolução de 1817 em Pernambuco, a agitação provocada pelas lojas maçônicas em Salvador e no Rio, a fundação de um seminário em Olinda por Azeredo Coutinho e sua autoria de três importantes estudos econômicos. Não era de se esperar que livros e ideias da Europa e dos Estados Unidos recebessem maior divulgação nos portos? Ou talvez os portos, em e por si mesmos, gerem um modo mais independente de vida e liberdade de pensamento – ou, pelo menos, receptividade a novas ideias.

Tabela 8.9 Identificação de setor comercial por atividade, Salvador, 1759

Comissários	24
Concessão de empréstimo	9
Loja somente	8
Comissário e dono de fazenda	6
Comissão e dono de loja	5
Mercador	4
Administração de contratos	3
Cobrança de dívidas	1

Fonte: Caldas, *Notícia geral de toda esta Capitania da Bahia*, p.525-33.

O estudo dos portos no Brasil colonial contribui para nossa compreensão da cultura, das economias e das sociedades de cada porto e pode suscitar mais questões do que propriamente respostas. Até que ponto os portos eram agentes de mudança, catalisadores de aspirações econômicas, sociais e políticas? O *status* de porto exerceria algum impacto sobre sua administração e sociedade, tornando-o mais conservador ou mais aberto à inovação? Acima de tudo, o fenômeno de ser um porto diferenciava-o de outras vilas e cidades? No caso do Brasil, os principais portos eram multifuncionais como centros de trocas comerciais e de administração (tanto civil quanto eclesiástica), bem como postos de guarnição para defesa, e representavam os maiores núcleos demográficos da colônia. Um estudo desses portos, de suas relações com o interior do país e com o mundo como um todo, constitui o ponto de partida para uma estrutura analítica que pode ser aplicada à história comparativa. Salvador e Rio de Janeiro, por causa de seu *status* como capitais, além de portos, incitam comparações mais amplas tanto com portos da bacia do Atlântico quanto com capitais em outras partes. Até que ponto foram esses portos refreados por fazer parte de uma rede de controle imperial? Eram eles capazes na época de atuar à revelia dos ditames imperais? Isso levanta a questão mais ampla das relações entre a América portuguesa e a metrópole e convida a comparações com os grandes impérios marítimos de Espanha, Inglaterra e República das Sete Províncias Unidas dos Países Baixos. Quais eram as prioridades dos poderes metropolitanos? Como essas prioridades mudavam e o quanto coincidiam com as prioridades e aspirações coloniais ou conflitavam com elas? Os interesses coloniais realmente representavam uma soma das partes ou os interesses regionais e setoriais eram fortes a ponto de obstruir uma posição colonial? Isso pode estimular uma discussão sobre o que constituía e distinguia o poder e a autoridade e quem exercia o poder ou a autoridade. Pontos tradicionais de comparação, por exemplo entre as Américas portuguesa e espanhola, podem ter de ser repensados. Nosso estudo sobre os portos da América portuguesa ressalta sua individualidade ao mesmo tempo que como participantes ativos de uma rede mais abrangente de relações econômicas, sociais e culturais que eram transoceânicas, estendendo-se para Europa, África e Ásia, bem como para a América do Norte e do Sul.

Tabela 8.10

	1655-1816a		1663-1750b		1680-1725c	
Ofício	Número	%	Número	%	Número	%
Madeira e pedra						
Serradores			2	0.7		
Marceneiros especializados	24	14.8	22	8.0	54	11.5
Carpinteiros	41	25.3	26	9.4	36	7.7
Torneadores de madeira	4	2.5	2	0.7		
Pedreiros	27	16.7	24	8.7	29	6.2
Calafates			2	0.7	6	1.3
Toneleiros			11	4.0	28	6.0
Tecido e couro						
Sapateiros			46	16.7	100	21.3
Alfaiates			18	6.5	56	11.9
Tintureiros			2	0.7	2	0.4
Seleiros			4	1.4	5	1.1
Artesãos da seda			3	1.1		
Chapeleiros			1	0.4		
Curtidores					1.3	2.8
Metal						
Ferreiros	15	9.3	12	4.3	35	7.5

	1655-1816a		1663-1750b		1680-1725c	
Ofício	Número	%	Número	%	Número	%
Forjadores de espadas			6	2.2	17	3.6
Serralheiros	12	7.4	10	3.6	7	1.5
Funileiros	3	1.9	2	0.7	5	1.1
Artesãos de prata ou ourives	24	14.8	39	14.1	43	9.2
Bate-folhas	1	0.6	1	0.4		
Douradores	3	1.9	3	1.1		
Armeiros			3	1.1		
Caldeireiros			2	0.7		
Moedeiros			1	0.4		
Cuteleiros			2	0.7		
Outros						
Poleeiros	3	1.9				
Escultores		0.6	2	0.7		
Pintores e decoradores	4	2.5	7	2.5	11	2.3
Fabricantes de suprimentos náuticos			5	1.8		
Boticários			7	2.5	4	0.9
Cabeleireiras			3	1.1		
Condutores de carro de boi e coche			5	1.8		
Confeiteiros			1	0.4		

	1655-1816a		1663-1750b		1680-1725c	
Ofício	Número	%	Número	%	Número	%
Fabricantes de vela			1	0.4	2	0.4
Gravadores			1	0.4		
Barbeiros-cirurgiões					7	1.5
Açougueiros					4	0.9
Totais	161		276		464	

Fontes:

[a] Ott, *Formação e evolução étnica da Cidade do Salvador*, v.1, p.46-7, baseado somente nos imigrantes, também uma pequena amostra por um longo período. Há encargos fora do comum, como o de sapateiros.

[b] Russell-Wood, Mobilidade social na Bahia colonial, *Revista brasileira de estudos políticos* 27, p.183-4, dados baseados nos membros da Misericórdia, limitados a cristãos-velhos, brancos, homens, donos de propriedade, acima de certa idade e com meios financeiros e boa reputação. Esses critérios favoreceriam certas profissões; note-se a ausência de barbeiros-cirurgiões, uma vocação praticada predominantemente por pessoas de ascendência africana.

[c] Flory, Bahian Society, p.283, baseado em informações obtidas de registros notariais.

Esses números podem ser comparados com os do Rio de Janeiro em 1792 e 1794 (*Anais da Biblioteca Nacional, Rio de Janeiro* 59 [1937], p.281-2 e 348, baseada nos *Almanacs* para esses anos) e 1799. Para 1799, veja Nunes, Almanaque histórico da Cidade de S. Sebastião do Rio de Janeiro para o ano de 1799, *Revista do Instituto Histórico e Geográfico Brasileiro* 21. Para dados ocupacionais por cor e sexo em Paraty no final do período colonial baseado em registros da corte, veja Kiernan, The Manumission of Slaves in Colonial Brazil: Paraty, 1789-1822. Spix e Martius comentaram sobre a distribuição de mão de obra no Maranhão onde, de catorze ofícios listados, os escravos predominavam em quatro (*Reise in Brasilien* 2, p.871).

UMA PRESENÇA ASIÁTICA NO NEGÓCIO DE TRANSPORTE DE METAIS PRECIOSOS, 1710-1750[1]

O século XVIII viu a consumação da transferência de importância do leste para o oeste no império português. Do ponto de vista do centro, ou seja, Lisboa, uma periferia foi substituída por outra no tocante à sua importância para a metrópole. Isso foi descrito no comentário incisivo de um frade franciscano de Salvador, que escreveu em 1702: "A Índia Oriental há muitos anos que por pecados e injustiças já não é Índia: O Brasil, pela cana, pelos bizalhos de diamantes que embarca em milhares de caixas todos os anos, é a verdadeira Índia e Mina dos portugueses".[2] A inevitabilidade disso já se evidenciava na segunda metade do século XVII e ganhou mais impulso com as descobertas de ouro na década de 1690 no Brasil, as corridas ao ouro *in seriatum* durante o primeiro terço do século XVIII e o "descobrimento" de diamantes na década de 1720. Ao contrário de seus antecessores, que haviam buscado em vão um parceiro brasileiro para os carregamentos de prata americana que eram desembacados no Rio Guadalquivir nos séculos XVI e XVII, d. João V podia assistir de seu palácio em

1 Tradução de Sonia Midori Yamamoto.

2 Fr. Antônio do Rosário, *Frutas do Brasil numa nova, e ascetica Monarchial*, citado por Curto, As práticas de escrita. In: Bethencourt; Chaudhuri (Orgs.), *História da expansão portuguesa*, v.III, p.421.

Lisboa à descarga de tesouros americanos – ouro e diamantes do Brasil.[3]

Portugal dependia do mar para a formação e a consolidação daquilo que Charles R. Boxer descreveu como um "império marítimo". Correntes e ventos alísios no Atlântico, bem como os sistemas de monções nos oceanos e mares a leste do Cabo da Boa Esperança, ditavam o ritmo do império como nenhum agente humano poderia fazer.[4] Os pilares do comércio marítimo português eram a *carreira da Índia* entre Lisboa e Goa e Cochim – com a Ilha de Moçambique como um porto de escala e com conexões a leste de Goa para Malaca, Macau, Japão e as Ilhas Molucas e Banda – e a *carreira do Brasil*, entre Lisboa (menos frequentemente, Porto e Setúbal) e os portos brasileiros de Salvador e Rio de Janeiro, principalmente, e Pernambuco.[5] As carreiras adaptavam-se a condições instáveis, respondiam às forças de oferta e demanda e desenvolviam novas rotas de abastecimento. No século XVIII, navios do Brasil para Portugal assumiram um novo papel como principais transportadores de metais preciosos.

Isso não significava o fim da rota do Cabo. Desde o século XVI, havia um componente brasileiro na carreira da Índia. Navios partindo de Lisboa para Goa e Cochim e de regresso ao porto de origem aportavam ocasionalmente em portos brasileiros. O século XVIII testemunhou um aumento nessa prática por naus de torna--viagem partindo de Goa e, até eventualmente, provenientes de Macau. Essas embarcações costumavam deixar Salvador rumo a Lisboa em outubro ou janeiro.[6] Tais escalas foram desencorajadas por um rei cético em relação às alegações dos capitães de que

---

3 Pinto, O *ouro brasileiro e o comércio anglo-português*; e o estudo revisional de Morineau, *Incroyables metaux:* Les retours des trésors américaines d' aprés les gazettes hollandaises, XVIe-XVIIIe siècles, p. 120-217.

4 Russell-Wood, *Portugal and the Sea: A World Embraced*, p.51-5.

5 Boxer, *The Portuguese Seaborne Empire, 1415-1825*, p. 205-27; *From Lisbon to Goa, 1500-1750: Studies in Portuguese Maritime Enterprise*. Veja também Carreira, Os úlimos anos da carreira da Índia. In: *A carreira da Índia e as rotas dos estreitos*, Actas do VIII Seminário Internacional de História Indo--portuguesa, p.809-34.

6 Boxer, The Principal Ports of Call of the "Carreira da Índia". In: *Les grandes escales 2ème partie: Les temps modernes*, esp. p.49-64; sobre itinerários, veja

haveria uma fatalidade próxima, ou da necessidade de abastecimento e assistência médica; ele acreditava que tais paradas eram incentivadas pelos lucros provenientes da venda de mercadorias orientais e pela oportunidade de carregar *commodities* brasileiras para venda, legal ou ilegal, em Lisboa. As escalas em portos brasileiros encontraram maior tolerância oficial e até mesmo aprovação no decorrer do século XVIII, e a segunda metade do século viu navios de soldados com destino a Goa parando regularmente em Salvador. Este porto, e não o do Rio de Janeiro ou outros brasileiros, era o preferido para escalas de naus de torna-viagem, embora uma ressalva seja necessária porque algumas faziam sua primeira parada brasileira no Rio de Janeiro para, em seguida, prosseguir rumo a Salvador antes de cruzar o Atlântico para Lisboa. Isso também se aplicava às carracas de regresso à pátria que partiam de Macau. Uma delas foi a *Santa Ana*, cuja rota incluiu escalas em Luanda, Rio de Janeiro e Salvador antes de chegar ao Tejo, em outubro de 1714.[7] Mas muitas naus de regresso a Lisboa faziam de Salvador seu único porto de escala no Brasil. Habitualmente, eram acompanhadas a Lisboa por um comboio de navios partindo de Salvador, que poderia ser ampliado com embarcações do Rio de Janeiro e, mais raramente, de Pernambuco. Por exemplo, em 1735, a fragata *Nossa Senhora das Ondas*, almiranta da frota do Rio, foi a Salvador para acompanhar naus de torna-viagem e chegou a Lisboa em 19 de novembro de 1735.[8]

Apesar de ataques a cidades, vilas e fortalezas portuguesas além-mar nos séculos XVII e XVIII, por europeus, em especial holandeses e ingleses, e por não europeus de regiões do leste da África até a costa oeste da Índia, em 1700 ainda havia uma presença portuguesa nos Açores, Cabo Verde e Madeira; no Brasil; na África Ocidental, Central e Oriental; e na Índia e Sudeste e

---

Mauro, *Le Portugal et l'Atlantique au XVIIe siècle, 1570-1670: Etude économique*, p.133-84.

7 Arquivo da Casa da Moeda, Lisboa (doravante ACML), v.1681.

8 Do Rio, ACML, v.2057; Salvador, ACML, v.1994 e 2076. Para Pernambuco, houve o interessante caso da *galera* ou *charrua São Pedro de Alcantara*, "que por ordem de SM foi a conduzir pau Brasil de Pernambuco", navegou para Salvador com o objetivo de "comboiar a Nau da Índia" e chegou ao Tejo em 18 de novembro de 1735, ACML, v.2043.

Leste Asiático. Dada essa presença multicontinental, não surpreende que instituições e indivíduos portugueses no Estado da Índia continuassem a enviar consignações para Portugal em naus de torna-viagem. Meu objetivo aqui é chamar a atenção para uma dimensão até então despercebida do negócio de transporte de metais preciosos por navios da carreira do Brasil: ou seja, um componente asiático para as remessas de metais preciosos em navios do Brasil para Lisboa, conforme documentado na coleção de manifestos das naus guardada na Casa da Moeda, em Lisboa. Para o período de 1710-1750, isso compreende cerca de 756 volumes encadernados contendo entre 200 mil e 250 mil declarações individuais.[9] Meu foco recairá sobre consignadores individuais residentes na Índia ou, no caso dos institucionais, aqueles que representavam as instituições portuguesas na Índia. Também destacarei a participação de consórcios de mercadores indianos e chineses. Este trabalho não pretende ser um estudo quantitativo dessas remessas, mas, em vez disso, deseja fornecer um perfil institucional e social dos consignadores.

Todas as consignações de ouro, prata e pedras preciosas tinham de ser registradas nos manifestos dos navios originários de portos brasileiros e com destino a Lisboa. As declarações de remessas de metais preciosos podiam ser feitas antes da partida, ou a bordo. Inicialmente, os manifestos eram manuscritos. As versões impressas surgiram pela primeira vez para uso na frota de torna-viagem de 1720 partindo do Rio de Janeiro. Um alvará régio de 1º de fevereiro de 1720 fixou um imposto de 1% sobre moedas e sobre ouro, em folhas, pó e barras, em tais consignações.[10] Também registrados eram os manifestos de metais e pedras preciosas transportados por indivíduos ou como remessas em navios de torna-viagem de Macau ou Goa, que paravam em um porto brasileiro a caminho de Lisboa. Os manifestos de ouro transportados

9 Para obter uma descrição dos 1.386 volumes dos *manifestos das naus* para 1710-1807, 23 volumes de *manifestos das visitas do ouro* para 1725-1822 e 32 volumes da *receita do 1 por cento do ouro* para 1752-1812, veja Paes Leme, "O Arquivo da Casa da Moeda de Lisboa: Seu interesse para a história do Brasil colonial, 1686-1822". In: *Acervo – Revista do Arquivo Nacional* X, p.47-56.

10 Para uma descrição mais completa desse processo, veja Russell-Wood, As frotas de ouro do Brasil, 1710-1750, *Estudos Econômicos*, v.XIII, esp. p.702-4.

nesses navios também eram registrados em manifestos de embarcações originárias de portos brasileiros que acompanhavam as naus da carreira da Índia no retorno a Lisboa. Tais registros de ouro referiam-se a estarem "fora dos cofres" e, por lei, sujeitos a um imposto de 1% arrecadado por oficiais em Salvador ou no Rio de Janeiro sobre o ouro que as pessoas tivessem em sua posse. O ouro transportado por passageiros e tripulantes na *Nau de Macao* também estava sujeito a esse imposto.[11] Por exemplo, manifestos de ouro e pedras preciosas na capitânia da frota baiana que chegou a Lisboa em 6 de abril de 1741 também registraram ouro e pedras preciosas na nau *Nossa Senhora da Conceição* e na carraca *São Pedro e São João* em torna-viagem partindo de Macau e que fazia parte do comboio de Salvador a Lisboa naquele ano.[12] Mas tanto os indivíduos que acompanhavam seus próprios lotes quanto as remessas entregues a bordo por um consignador ou seus agentes em Macau ou Goa permaneciam a bordo dos navios da carreira da Índia e seguiam para Lisboa. Na chegada ao Tejo, todos os navios eram abordados por autoridades. Para as naus da carreira da Índia e os navios de Macau, também havia um juiz da Índia e Mina, que possuía jurisdição sobre tais assuntos. Ele era acompanhado pelo guarda-mor da Casa da Índia e Mina.[13]

O conteúdo dessas consignações variava, dependendo de sua origem: Brasil ou Ásia. Aquelas originárias do Brasil consistiam em moedas de ouro de denominações variando desde o dobrão de 24$000 réis e de 12$000 réis até moedas de 4$800 réis cunhadas em Portugal ou em casas de moeda coloniais; barras forjadas e registradas em casas de fundição coloniais; ouro em pó e eventuais pepitas; e objetos de ouro para adorno (botões, fivelas, correntes) e uso pessoal (palitos de dentes) ou com significado religioso como rosários, breviários, cruzes e medalhões da sempre popular Nossa Senhora da Conceição. Há referências à prata americana espanhola: moedas (patacas), barras de prata e objetos confeccionados em prata. Com frequência, tratava-se de fruto de contrabando de bens manufaturados europeus, escravos, açúcar e tabaco entre

11 ACML, v.2122, 2070, 2076, n.7.
12 ACML, v.2198.
13 ACML, v.1677, 1678, 1704, 1721.

o Brasil e a região platina, ajudado e estimulado por ourives e artesãos de prata portugueses em Buenos Aires, por funcionários corruptos, por comerciantes que tiravam o máximo proveito das fronteiras porosas – e em grande parte não regulamentadas entre a América espanhola e a portuguesa – e pela estrategicamente localizada Colônia do Sacramento.[14] Remessas de indivíduos do Brasil também incluíam diamantes e outras pedras preciosas ou semipreciosas. Essa variedade inexiste em remessas enviadas em nome de residentes na Índia para Portugal. Fossem os consignadores indivíduos ou instituições, a regra era enviar moedas de ouro portuguesas no valor de 4$800 réis. Há uma referência àquilo que poderiam ter sido moedas cunhadas por autoridades indianas.[15] Mas havia exceções, geralmente envolvendo ouro em pó. Consignações para entrega em Lisboa de 180,5 oitavas e de 293,5 oitavas de ouro em pó eram feitas em nome, e por conta e risco, dos comerciantes hindus Prabhu e Panduranga Prabhu, residentes em Goa. Houve uma remessa de 194 oitavas enviadas a Lisboa, por conta e risco do juiz da alta corte em Goa, André Varela Souto Maior.[16] A origem do ouro em remessas da Índia era raramente declarada, mas faziam-se referências a remessas de "ouro da China".[17] Comumente, as remessas da Índia incluíam rubis, safiras e diamantes.[18]

A questão das origens suscita outra mais abrangente sobre as limitações dos manifestos dos navios como fontes para historiadores. No caso das naus da carreira da Índia que aportavam em Salvador ou no Rio de Janeiro de regresso ao porto de origem, não era clara a proveniência de alguns itens que constavam dos manifestos. Eles se originavam em portos indianos e asiáticos, ou eram embarcados nos portos brasileiros? Tomemos alguns exemplos. As naus da carreira da Índia *Princesa do Céu* e *São Francisco Xavier*, que aportaram em Salvador na viagem de volta e partiram

14 Boxer, *The Golden Age of Brazil, 1695-1750*, p. 246-8; Alden, *Royal Government in Colonial Brazil*, p.102, 390-1.

15 ACML, v.2062, n.77.

16 ACML, v.1785, n.149; 1787, n.77; 1785, n.276.

17 ACML, v.1816, n.7; 1824, n.27.

18 ACML, v.2201, n.48.

para Lisboa em junho de 1714, e a *Nossa Senhora de Nazaré*, que fez escala em Salvador em 1717, transportavam cargas mistas de metais preciosos. A *Santa Ana*, em torna-viagem a partir de Macau, carregava consignações de moeda, ouro em pó em menor quantidade e duas barras de ouro.[19] A quantidade desproporcional de ouro em pó e em barras, nesses casos, sugere que sua procedência era brasileira, em vez de asiática.

Cabe mencionar também o caráter restritivo das informações pessoais contidas em tais manifestos. São três os componentes desses manifestos: consignador, consignatário e o responsável pelo risco. Em primeiro lugar, o consignador entregava a remessa a bordo. Isso poderia ocorrer em seu próprio nome ou atuando como agente para um terceiro no porto de embarque ou, ainda, como agente para o consignatário que tomaria posse da consignação em sua chegada a Lisboa. Um consignador poderia ou não acompanhar a carga no navio para a viagem até Lisboa. Nesse ponto, muito dependia do lugar da origem. O Brasil tinha a reputação (muitas vezes injustificada) de um lugar de riquezas fáceis e rápidas. Consignadores retornando do Brasil para Portugal costumavam viajar no mesmo navio que suas remessas. Alguns eram residentes de regresso a Portugal, outros eram comerciantes e ainda outros eram autoridades do Estado ou da Igreja voltando para casa depois de ocupar um posto no Brasil. Mas havia um considerável número de aventureiros, especuladores e até mesmo clérigos. Estes agiam em causa própria ou podiam ter sido enviados ao Brasil para arrecadar donativos para casas religiosas em Portugal. No século XVIII, a Ásia tinha perdido sua promessa especulativa para os portugueses, e aqueles que haviam se instalado na Índia ou em Macau provavelmente terminariam seus dias no exterior em vez de regressar a Portugal. Não há evidência nessa coleção de manifestos de pessoas residentes na Índia que acompanhassem suas próprias cargas no mesmo navio. Pelo contrário, os consignadores permaneciam em seu local de residência na Índia e entregavam uma remessa a bordo em seu nome ou no de um terceiro. Raras vezes consignador e consignatário eram a mesma pessoa. Obviamente, oficiais e tripulantes das naus da carreira da Índia viajavam

19 ACML, v.1677, 1678, 1721 e 1681.

no mesmo navio que o ouro e as pedras preciosas que eles registravam em manifesto. Assim como os soldados, dignitários da Igreja e do Estado, comerciantes e outros cuja permanência na Ásia havia sido temporária e estavam sendo transferidos ou voltavam para Portugal.

Em segundo lugar, havia o consignatário. Tratava-se da pessoa na Europa a quem se destinava a entrega final. No caso de consignatários não residentes em Portugal, um agente em Lisboa – muitas vezes da mesma nacionalidade – agia em seu favor. Da mesma forma, pessoas em Portugal poderiam designar um agente para atuar em seu interesse. No caso de consignatários institucionais em Portugal, um ou mais indivíduos eram nomeados como autorizados a receber a entrega. Isso se aplicava a representantes de diferentes repartições do Tesouro Real e de instituições religiosas, tais como ordens monásticas, a Companhia de Jesus e conventos ou mosteiros.

Em terceiro lugar, os manifestos também registravam o nome da pessoa que assumia responsabilidade financeira e por conta e risco de quem a remessa era feita. Poderia ser o consignador, o consignatário ou terceiros. Os manifestos também contêm detalhes geográficos do local de residência do consignador e do consignatário ou seu agente. Dos manifestos consultados, apenas dois listavam um lugar na Índia que não Goa como o local de residência do consignador. Um era de um padre em Damão, consignador de 44$800 réis na *Nossa Senhora do Pilar*, a capitânia da frota baiana de 1735. A outra residia em Diu, e uma remessa de 121$600 réis foi feita em seu nome na *Nossa Senhora da Lampodusa*, almiranta da frota do Rio de Janeiro que chegou ao Tejo em 15 de dezembro de 1743.[20]

O foco deste artigo recairá sobre os consignadores. Eles serão tratados em duas categorias: instituições e indivíduos ou consórcios. Na primeira categoria, destacam-se as instituições do Estado e entidades religiosas. Em ambos os casos, há evidência de que ou uma operação financeira se originava na Ásia, mas as instituições asiáticas delegavam pessoas em cidades portuárias brasileiras para agir em seu favor de modo a garantir que o dinheiro chegasse a um

20 ACML, v.2063, n.380 e v.2227, n.48.

consignatário em Portugal, ou uma repartição do governo ou uma casa religiosa primordialmente ligada à Ásia podia gerar receita ou endividamento em vários pontos do império. Um representante no Brasil que recolhia tais receitas no país meramente as remetia para Lisboa.

Grande parte das consignações de metais preciosos constituía pagamentos ao Tesouro Real. Na qualidade de gabinete do Tesouro na capital colonial de Salvador, os agentes fiscais faziam remessas a diversas repartições do Tesouro em Lisboa. O consignador era relacionado como o tesoureiro-geral do Estado do Brasil ou como o tesoureiro da alfândega em Salvador. Muitas remessas eram somas de dinheiro devidas à Coroa. Incluíam-se aí impostos arrecadados no Brasil que pertenciam à Casa da Índia e expedidos ao provedor ou tesoureiro da Casa da Índia em Lisboa.[21] Também enviados ao tesoureiro da Casa da Índia foram somas de dinheiro devidamente pertencentes a pessoas que haviam falecido além-mar (defuntos da Casa); rendimentos derivados da venda de "fazendas da Índia" confiscadas ou apreendidas; e lucros provenientes da venda de mercadorias indianas recuperadas de um navio incendiado em Salvador.[22] O tesoureiro-geral em Salvador também remeteu (ao Conselho Ultramarino em ambos os casos) rendas obtidas de "fazenda da Índia" vendida em Angola depois que foram recuperadas do *Nossa Senhora da Vitória*, que naufragara em uma ilha do arquipélago de Mascarenhas no Oceano Índico em 1748 e havia sido transportado para Angola.[23] O tesoureiro-geral em Salvador também fazia inúmeras remessas ao tesoureiro do poderoso Tribunal da Junta do Tabaco (fundado em 1674), em Lisboa, com a averbação de serem "produto do buzio vindo do Estado da Índia" pertencente a Sua Majestade.[24] Portugal estabeleceu um Estanco do Tabaco em

21 ACML, v.2036, n.30; 2112, n.185; 2114, n.617; 2143, n.576; 2162, n.228; 2170, n.80-1; 2174, n.15; 2200, n.62; 2207, n.80; 2217, n.2; 2225, n.544; 2307, n.311; 2334, n.291; 2376, n.170.

22 ACML, v.2276, n.9; 1834, n.378; 2003, n.21; 2113, n.543.

23 ACML, v. 2332, fol.2^{v} e 2348, fol.118^{r}.

24 ACML, v.1834, n.617; 1836, n.178; 1887, n.132, 133; 1914, n.4, 1938, n.9; 1946, n.89; 1950, n.117; 2003, n.20; 2054, n.5; 2063, n.2; 2113, n.544; 2125, n.240; 2163, n.292; 2224, n.237; 2246, n.10; 2274, n.188. Veja

Goa (1624) e mais tarde em Macau. Isso explica uma consignação ao desembargador João Marques Bacalhao, conservador do Tabaco em Lisboa, descrita como "produto do tabaco da Xina".[25] Também há referências a consignações feitas pelo tesoureiro-geral de Salvador ao procurador-geral da fazenda da Rainha, "procedido do buzio que tocou à dita vindo do Estado da Índia" e sobre as quais um imposto de 1% foi recolhido.[26]

O que surpreende sobre as consignações de moedas de ouro enviadas pelo Tesouro Real em Salvador para a Casa da Índia, a Junta do Tabaco e o Conselho Ultramarino é seu foco estreito em termos de objeto e a pouca importância que detinham nas remessas totais do Brasil para Portugal na época. Esse pode ser mais um exemplo de fragmentação na administração geral do império português. Seja nas carreiras de desembargadores, ou na arregimentação de tropas ou nos padrões de migração, o Estado da Índia e o Estado do Brasil continuavam a ser duas entidades administrativas distintas com pouca reciprocidade, colaboração ou troca de informações entre si.

Certamente, não foi esse o caso das ordens religiosas e da Companhia de Jesus que foram implementadas na África, Ásia e América portuguesas e cujas atividades caracterizaram-se por um alto grau de colaboração e cooperação entre províncias de diferentes continentes. A Companhia de Jesus foi bem representada em todo o mundo influenciado pelos portugueses com províncias no Brasil, Goa, costa do Malabar, China e Japão. A intensidade no número de consignações de ouro registradas em manifestos de navios, associada à variedade de consignadores e consignatários institucionais, refletia a complexidade dos interesses da Companhia na Índia. Menos evidência tinham as consignações para entrega a procuradores em Lisboa das províncias da China e do Japão. As consignações de ouro eram entregues a bordo de um navio da frota de torna-viagem partindo de Salvador pelo procurador jesuíta em Salvador, principalmente por conta e risco da

também Hanson, "Monopoly and Contraband in the Portuguese Tobacco Trade, 1624-1702", *Luso-Brazilian Review* 19, p.149-68.

25 ACML, v.2288, n.97.

26 ACML, v.1836, n.177; 2063, n.383; 2112, n.250; 2163, n.165.

província jesuíta do Malabar, e para entrega em Lisboa ao procurador-geral da província de Malabar.[27] Ocasionalmente, havia uma consignação ao procurador-geral em Lisboa da província de Goa.[28] Com raras exceções, essas consignações eram em moedas de ouro no valor de 4$800 réis. Uma exceção ocorreu em 1721, quando Martinho Calmon, da Companhia de Jesus, procurador da missão em Salvador, entregou uma barra de ouro para consignação por conta e risco da missão de Malabar para entrega em Lisboa. Metais preciosos na nau *Nossa Senhora da Madre de Deus*, almirante da frota da Bahia que chegou a Lisboa em 1º de março de 1724, incluía uma consignação de 575,5 oitavas de ouro em pó para entrega ao procurador geral da missão de Malabar sobre a qual incidiu 1% de imposto.[29] As frotas baianas não detinham monopólio sobre as consignações. Em 1735, a almiranta do Rio de Janeiro, *Nossa Senhora das Ondas*, aportou em Salvador com um carregamento de 200$000 réis por conta e risco das províncias jesuítas do Japão e do Malabar para entrega em Lisboa. Em 1737, consignações totalizando 696$000 réis foram entregues em Lisboa pela *Nossa Senhora da Vitória*, capitânia da frota do Rio. Essas consignações foram expedidas por conta e risco do Japão e de Malabar ao procurador padre Marcelo Leitão em Lisboa.[30]

A variedade de interesses dos jesuítas em Goa no século XVIII foi refletida nos manifestos. Entre eles estava a administração do Hospital Real. Quatro consignações de moedas de ouro no valor de 1.506$549 réis foram expedidas de Salvador, em 1735, 1737 e 1745, para entrega em Lisboa ao procurador do Hospital Real de Goa ou ao procurador-geral da província de Goa. Em todos os casos, o risco foi assumido pelo Hospital Real.[31] A Sociedade mantinha um noviciado em Goa: também nesse caso algumas consignações foram feitas por um procurador jesuíta em Salvador para Lisboa,

27 ACML, v.1783, n.851; 1786, n.148; 1797, n.234, 235; 1809, n.225; 1833, n.4; 1936, n.161; 2248, n.148; 2256, n.15; 2279, n.188; 2307, n.251, 253; 2332, n.46.

28 ACML, v.2334, n.270.

29 ACML, v.1787, n.40; 1835, n.113.

30 ACML, v.2055, n.110; 2082, n.120 e 121.

31 ACML, v.2055, n.292; 2083, n.12; 2092, n.25; 2279, n.187.

em nome e por conta e risco do noviciado.[32] Os jesuítas também mantinham um seminário em Rachol. Entregue a bordo da *Nossa Senhora da Madre de Deus*, almiranta da frota baiana de escolta a uma nau da carreira da Índia, foi uma consignação da substancial soma de 1.004$800 réis por conta e risco do Seminário de Rachol e do Hospital de Goa, para entrega em Lisboa ao procurador-geral padre João Antunes, da Companhia de Jesus. O padre Antunes, na qualidade de procurador-geral do Colégio de Santo Antão, em Lisboa, também foi o consignatário de 1.585$600 réis, entregues a bordo do *Nossa Senhora do Vencimento e São José* pelo procurador jesuíta da missão do Estado da Índia e com o risco assumido pelo Hospital Real de Goa. Esse navio fazia parte do comboio baiano que acompanhava as naus da carreira da Índia para Lisboa e chegou ao Tejo em 26 de dezembro de 1749.[33]

As consignações de ouro despachadas pelo representante dos jesuítas em Salvador e registradas nesses manifestos para entrega em Lisboa relacionavam-se, em sua esmagadora maioria, com a Índia. Além dos carregamentos conjuntos com a província de Malabar listados anteriormente, as consignações de Salvador em 1744 e 1746 incluíram quatro, totalizando 3.511$200 réis e especificamente dirigidos ao procurador-geral da província do Japão em Lisboa.[34] Uma consignação de moedas no valor de 224$000 réis estava a bordo da *Nossa Senhora da Piedade*, capitânia da frota de torna-viagem do Rio de Janeiro que chegou ao Tejo em janeiro de 1746. A consignação destinava-se ao padre Marcelo Leitão, C. J., procurador-geral da província da China. Em ambos os casos, o risco foi assumido pelas respectivas províncias.[35] O padre Leitão atuou várias vezes como procurador das províncias do Japão e de Malabar e foi listado como o procurador da "província do Mallacia" para receber uma consignação de 320$000 réis despachada de Salvador em 1742, por conta e risco da própria província.[36] Do outro lado do Atlântico, em Salvador, o padre Antônio Maria

32 ACML, v.2307, n.255.

33 ACML, v.2335, n.314; 2373, n.198.

34 ACML, v.2256, n.161; 2276, n.266; 2279, n.186; 2307, n.248.

35 ACML, v.2292, n.186.

36 ACML, v.2211, n.69.

Scott, da Companhia de Jesus (variantes Escote, Scoti) não foi menos ativo entre 1745 e 1748 como o agente jesuíta que despachou consignações de moedas de ouro para Lisboa a procuradores de províncias jesuítas ultramarinas, do Hospital Real e do noviciado em Goa e do Seminário de Rachol.

As inúmeras outras ordens religiosas na Índia do século XVIII são representadas raras vezes nesses manifestos. A presença agostiniana na Índia mereceu não mais do que duas referências: em 1721, uma consignação de 192$000 réis em moedas de ouro foi feita pelos agostinianos (Agostinhos Calçados) em Goa para entrega ao procurador em Lisboa; e, em 1749, o procurator dos agostinianos em Lisboa foi designado a receber uma consignação de moedas de ouro no valor de 1.500$000 réis, despachada pelo padre Mestre Pantoja em seu próprio nome e em favor da "Congregação da Índia".[37] Há duas referências à província da Madre de Deus na Índia: no início de janeiro de 1729, um navio de Salvador descarregou em Lisboa 51$200 réis para entrega ao procurador-geral da ordem em Lisboa (Religioso dos Reformados); em 27 de fevereiro de 1732, a *Nossa Senhora da Madre de Deus* de Salvador chegou ao Tejo com uma consignação de 268$800 réis e o risco assumido pela província da Madre de Deus da Índia, para entrega a um padre que pode ter acompanhado essa remessa desde Salvador.[38]

Há também manifestos para consignações que não parecem ser institucionais. Não foram entregues a bordo por um clérigo, como era o caso daquelas provenientes de uma seção ultramarina de uma ordem monástica ou da Companhia de Jesus para Lisboa. Em 1745, Manuel João Viana, um leigo de Salvador, por conta e risco da missão no Japão, enviou uma consignação de 448$000 réis ao procurador-geral dessa missão em Lisboa e outra de 588$800 réis ao procurador-geral em Lisboa da província de Goa.[39] Uma remessa de moedas de ouro no valor de 51$200 réis, por conta e risco de terceiros, foi embarcada na *Nossa Senhora das Necessidades*, capitânia da frota do Rio, que chegou a Lisboa em 6 de março

37 ACML, v.1783, n.1071; 2374, n.66.

38 ACML, v.1950, n.29; 2000, n.236.

39 ACML, v.2279, n.190, 191.

de 1748. O consignatário era o procurador em Lisboa do Colégio Jesuíta em Goa.[40]

Não menos multicontinental em sua distribuição eram as muitas seções da Santa Casa de Misericórdia. A de Goa tinha sido a mais proeminente no Estado da Índia português e a de Salvador possuía uma história gloriosa de filantropia social e espiritualidade que remontava a 1550. A Santa Casa apresentava um excelente histórico no que se refere a assegurar que as vontades de testadores que haviam falecido no exterior fossem realizadas e que as heranças chegassem aos parentes em Portugal. Há um manifesto de uma consignação (que chegou a Lisboa no dia 8 janeiro de 1744) no valor de 569$600 réis, em favor da Santa Casa de Goa à casa mãe em Lisboa.[41]

Indivíduos em cujo nome as consignações eram enviadas para Portugal não são menos variados do que suas contrapartes institucionais. Já fizemos referência à forma como os manifestos de embarcações navegando dos portos brasileiros para Lisboa registravam não apenas as consignações de ouro levadas a bordo no Brasil, mas também, no caso dos navios que formavam o comboio partindo de Salvador para acompanhar uma nau de carreira da Índia ou outra de Macau no trecho final de volta a Portugal, registravam ouro, prata e pedras preciosas de consignações de passageiros e tripulantes de regresso a Portugal desde a Ásia. Os donos de tais remessas, bem como as remessas em si, permaneciam a bordo da nau da carreira da Índia ou da nau de Macao. Isso é declarado explicitamente em um manifesto de setenta moedas de ouro, cada qual no valor de 4$800 réis, de um tal Vicente de Carvalho, que permaneceu a bordo do *Piedade*, mas cuja remessa foi registrada em um manifesto da *Santa Rosa*, capitânia da frota da Bahia, que chegou a Lisboa em 1º de outubro de 1725. Houve também a declaração de que o guardião da *Piedade* "leva em seu poder na Nau da Índia" uma consignação de ouro em pó e moedas registrada em manifesto na capitânia da frota da Bahia em 1722.[42] Essas naus da carreira da Índia não paravam em portos brasileiros

40 ACML, v.2337, n.7.

41 ACML, v.2245, n.90.

42 ACML, v.1864, n.81; 1799A, n.81.

com regularidade e raramente passavam de duas em um dado ano. Um imposto de 1% era cobrado sobre tais consignações e recolhido por oficiais do navio brasileiro que fazia a escolta. O dinheiro era guardado em um baú a bordo e transportado por conta e risco da Coroa para entrega final a um oficial régio em Lisboa. A *Nossa Senhora do Pilar e Padre Eterno*, capitânia da frota de Salvador, que chegou ao Tejo em 14 de novembro de 1736, incluiu manifestos específicos (embora não em registros separados) para objetos de ouro transportados "fora dos cofres" e de pessoas em regresso à pátria na nau *Nossa Senhora da Madre de Deus*, e essa era a prática.[43] Um desses passageiros era Pedro Carvalho na nau da Índia *São Francisco Xavier*, que registrou em manifesto da capitânia de escolta da frota da Bahia "três letras que na cidade de Goa asignou a pagar em Lxa" à soma de 800$00 réis e sobre a qual incidiu 1%. Ela chegou a Salvador em 1747 e ao Tejo em 28 de janeiro de 1748.[44]

Os manifestos demonstram que os membros da tripulação das naus da carreira da Índia tiravam pleno proveito de sua posição para levar ouro de sua propriedade ou para acompanhar consignações de metais preciosos de terceiros para entrega em Lisboa. Na *Nossa Senhora do Pilar*, que parou em Salvador antes de chegar ao Tejo em 1722, os manifestos mostram que o guardião Antônio Gomes Pereira declarou 745 oitavas de pó de ouro e 335 moedas de ouro, cada uma de 4$800 réis, e que o terceiro piloto havia trazido a bordo e foi responsável pela entrega em Lisboa de 325 e um quarto de moedas de 4$800 réis. O fato de esse último não assumir responsabilidade sugere que estava em nome de terceiros.[45] João Francisco Maia, primeiro carpinteiro da nau da Índia *Nossa Senhora da Piedade*, entregou a bordo, assumiu o risco, recebeu a entrega e pagou o imposto de 1% no valor de 14$400 réis sobre uma consignação de trezentas moedas de 4$800 réis cada. O segundo piloto declarou 420 moedas de ouro e o mestre do mesmo navio, 925. Até mesmo um marinheiro da *Madre de Deus* declarou

43 ACML, v.2070; 2170, n.193; 2244A; 2273; 2372; 2401.

44 ACML, v.2333.

45 ACML, v.1799A, n.81, 113.

uma consignação de doze moedas.[46] Os manifestos registrados a bordo da *Pilar*, capitânia da frota baiana de 1735, refletiam remessas transportadas em duas naus da Índia, *Nossa Senhora do Livramento* e *Santa Teresa de Jesus*. Consignações de ouro foram registradas para pilotos, marinheiros, carpinteiros e calafates dos dois navios. Havia mais dois passageiros afluentes no serviço régio da *Livramento*. O capitão de mar e guerra Phelippe Francisco de Proença e Silva acompanhava uma consignação de 10.451$200 réis em moedas, dez correntes e uma figura de Nossa Senhora da Conceição, todas em ouro. Seu companheiro de viagem era o sargento-mor André Ribeiro Continho, que levava para casa uma variedade de ouro e pedras preciosas da Índia: uma memória de esmeraldas, rubis soltos e pérolas, além de um colar, uma pulseira, abotoaduras, pequenas fivelas e relicários de filigrana, tudo em ouro, e moedas indianas.[47] Manuel Rodrigues de Oliveira era um passageiro a bordo da *Santa Teresa de Jesus*. Ele registrou em manifesto uma consignação de 22.400$000 réis em moedas de ouro.[48]

Um dos poucos navios de torna-viagem partindo de Macau para o qual consta um manifesto nessa coleção foi o *Santa Ana*. Ele parou em Angola, Rio de Janeiro e Salvador, antes de chegar a Lisboa em outubro de 1714. Sua carga de metais preciosos incluía moedas, pó de ouro e duas barras de ouro, presumivelmente carregados nos portos brasileiros, cujo valor na inspeção em Lisboa foi estipulado em 16.155$000 réis. O mestre calafate declarou uma consignação de 6.720$000 réis em moedas; o condestável João de Sousa, 1.664 oitavas de ouro em pó; e o carpinteiro do navio, Manuel Gonçalves, 320 oitavas de ouro pertencentes a ele.[49]

Os manifestos de consignações de ouro em embarcações brasileiras também contêm inúmeros registros de remessas expedidas a partir de Salvador, em favor de residentes portugueses na Índia, ou destacados para lá, e que residiam em Goa. No caso dos oficiais da Coroa, aparentemente essas entregas eram feitas em caráter privado, e não na qualidade de oficiais. Desembargadores

46 ACML, v.1861, n.193; 1865, fol.4ᵛ-5ʳ.
47 ACML, v.2062, 1ª série n.75, 77.
48 ACML, v.2062; 2ª série, n.87.
49 ACML, v.1681, fol.3ᵛ, 6ʳ.

sêniores destacam-se, ainda que em diferentes capacitações. Em 1725, uma consignação de oito moedas no valor de 4$800 réis cada uma foi depachada de Salvador para Lisboa em nome de Luís Afonso Dantas, desembargador e residente em Goa. Essa remessa modesta foi ofuscada por embarques posteriores feitos no interesse de desembargadores em Goa. O juiz André Varela Souto Maior assumiu o risco por consignações em 1721 no valor de 960$000 réis e de 194 oitavas de pó de ouro de Salvador para Lisboa. A *São Lorenço*, almiranta da frota de torna-viagem do Rio de Janeiro que chegou ao Tejo em 11 de março de 1723, carregava uma remessa de 4$800 réis cada uma. O risco pela carga foi assumido pelo desembargador João Rodrigues Machado, secretário de Estado em Goa. O chanceler da Índia, desembargador Veríssimo Antônio da Silva, também residente em Goa, assumiu o risco de duas consignações de 400$000 réis e 454$400 réis entregues em Lisboa em 1745 e 1747, respectivamente.[50]

Inquisidores de Goa também aparecem em tais manifestos e assumem o risco de remessas feitas em seu nome partindo de Salvador. O inquisidor Antônio de Amaral Coutinho fez quatro delas entre 1728 e 1733 para um modesto total de 632$800 réis; Manuel da Silva Sintrão, promotor do Santo Ofício em Goa, a soma de 512$000 réis em 1731; e o inquisidor José Peixoto Moreira, de 1.500$000 réis para entrega em Lisboa em 1738.[51] Um grupo representado com frequência é o de sacerdotes seculares residentes na Índia, em cujo interesse consignações de moeda, e mais raramente de pó de ouro, foram feitas.[52]

Outros indivíduos residentes na Índia e em cujo interesse consignações de ouro foram feitas do Brasil para Portugal não passavam de nomes registrados, mas há exceções. Dom Francisco Souto Maior, residente em Goa, asssumiu o risco de várias remessas para entrega em Lisboa, em 1721 e 1722, totalizando 552$000

50 ACML, v.1840, n.69; 1783, n.1038; 1785, n.276; 1813, n.177; 2280, n.412; 2306, n.6.

51 ACML, v.1948, n.158; 2001, n.242; 2016, n.31; 2042, n.128; 2000, n.286; 2124, n.34.

52 ACML, v.2071, n.237; 2063, n.380; 2073, n.54; 2125, n.248; 2170, n.193; para pó, veja v.1781, n.77.

réis em moeda e 280 oitavas de ouro em pó.[53] Sua relação, se é que havia alguma, com o desembargador André Varela Souto Maior não está explícita nessa documentação. Há registros de duas remessas, de 1.008$000 réis cada uma em moeda e em navios separados da frota baiana que chegou ao Tejo em 1º de março de 1724. Os consignatários eram os herdeiros do então falecido desembargador André Varela Souto Maior e o risco foi assumido em Goa.[54] Um licenciado em Goa assumiu o risco de uma remessa de 576$000 réis entregues a bordo em Salvador, em 1725.[55]

Havia uma sutil distinção entre alguém envolvido em comércio e um comerciante em tempo integral. Vice-reis, juízes, autoridades fiscais, capitães e soldados dedicaram-se todos ao comércio em alguma fase de sua residência na Índia. O grupo mais identificável como uma classe de mercadores portugueses na Índia eram os casados, soldados que haviam deixado o serviço real honrosamente e se estabelecido como moradores, normalmente se casando com mulheres locais e criando família. Na Índia, havia uma hierarquia que ia daqueles nascidos de pais brancos em Portugal (reinóis) aos nascidos de pais brancos na Ásia, aos castiços – um de cujos pais era de origem portuguesa e o outro eurasiano – e aos mestiços. Por fim, havia os indianos nativos. O termo "negro" era aplicado a indianos de pele escura e até mesmo aos convertidos ao cristianismo. Em 1635, estimava-se haver 4.800 brancos e 7.500 negros casados em Goa, a maior presença portuguesa na Ásia. Os casados mantinham intensas relações de trabalho tanto com comerciantes orientais quanto com os europeus.[56] Fora da jurisdição das autoridades portuguesas estavam os *chatins* portugueses, principalmente em torno da Baía de Bengala, mas espalhados em pequenas comunidades do sudeste da África

53 ACML, v.1783, n.103; 1784, n.88; 1803, n.275.

54 ACML, v.1832, n.319 (erroneamente numerado como 1831); v.1836, n.105.

55 ACML, v.1862, n.93.

56 Boxer, *Race Relations in the Portuguese Colonial Empire, 1415-1825*, p. 62-65; Prakash, The Portuguese and the Dutch in Asian maritime trade: a comparative analysis. In: Chaudhury; Morineau (Orgs.), *Merchants, Companies and Trade: Europe and Asia in the Early Modern Era*, p.180-1.

até a China.[57] Raras vezes os manifestos nessa coleção indicam as ocupações dos consignadores de Goa, nem das pessoas de lá que assumiam o risco das consignações provenientes de Goa ou feitas em seu favor por agentes em portos brasileiros.

O que os manifestos documentam efetivamente são consignações para entrega em Lisboa a consórcios de comerciantes em Portugal com interesse no comércio asiático. Tomemos dois exemplos. O primeiro diz respeito a quatro remessas de ouro entre novembro de 1736 e abril de 1741 para entrega em Lisboa a Vasco Lourenço Veloso e seus sócios, que detinham interesse na carraca *Europa*, que estava envolvida no comércio com a costa de Coromandel. As consignações eram de volume substancial e o risco foi assumido pelos "interessados da negociação da viagem da Índia".[58] Mais amplamente documentado está o comércio privado com Macau, com referências a uma Junta de Macau em Lisboa e a uma Companhia de Macau. A primeira consignação de 980$400 réis foi registrada na *Nossa Senhora Madre de Deus*, capitânia da frota de torna-viagem partindo de Salvador, que chegou ao Tejo em 22 de dezembro de 1722. Há referência nesse caso a um Leandro Tomé Pereira.[59] Na *São Lourenço*, almiranta da frota de torna-viagem partindo do Rio de Janeiro que atracou em Lisboa em 11 de março de 1723, havia três remessas ligadas a Macau: uma de 1.459 oitavas de "ouro da China", por conta e risco de Pereira, e duas totalizando 21.826 oitavas de ouro, com o risco sendo assumido pelas pessoas interessadas em uma Companhia de Macau e na embarcação *Nossa Senhora Rainha dos Anjos*. A capitânia da mesma frota do Rio de Janeiro, *Nossa Senhora das Necessidades*, transportou outras três remessas, uma de 2.256$000 réis em 470 moedas de ouro e as demais totalizando 26.337 oitavas de ouro em pó destinado ao mesmo consórcio.[60]

57 Russell-Wood, For God, King, and Mammon: The Portuguese Outside of Empire, 1480-1580. In: Disney; Booth (Orgs.), *Vasco da Gama and the Linking of Europe and Asia*, p.261-79.

58 Novembro de 1736: 5.200$00 réis (ACML, v.2072, n.127); novembro de 1737: 4.760$00 réis (v.2097, n.102); outubro de 1738: 800$000 réis (v.2123, n.172); abril 1741: 51$800 réis (v.2199, n.14).

59 ACML, v.1797, n.1041.

60 ACML, v.1816, n.7, 44, 113; 1821, n.200; 1824, n.1 e 27.

O fato de que se tratava de proveniência chinesa e não brasileira estava claramente indicado, ou seja, "ouro da China", e estava sujeito ao imposto de 1%. Não há referência a Pereira, no contexto do consórcio interessado na *Nossa Senhora Rainha dos Anjos*. Ao que tudo indica, mais tarde, Pereira firmou parceria com Manuel Nunes da Silva, também residente em Macau, porque a capitânia da frota do Rio, que chegou a Lisboa em 30 de novembro de 1727, carregava uma consignação de 563$200 réis, em favor de ambos para entrega a Antônio Francisco Ferraz e Francisco Xavier Ferraz, em Lisboa.[61] Somente em 1741 há um manifesto com mais referência às pessoas interessadas em uma "Companhia da nau de Macau", que assumiu o risco de uma consignação, mais uma vez a bordo da almiranta da frota do Rio, no valor de 3.353$600 réis em moedas, e de outra do mesmo montante na capitânia da mesma frota, também para entrega em Lisboa. Há, ainda, um intervalo de quatro anos antes que um manifesto registre mais uma remessa de ouro para Lisboa ao risco da Companhia de Macau. Novamente, foi na frota do Rio de Janeiro que chegou ao Tejo em 8 de março de 1745. Era de 1.280$000 réis, e a entrega em Lisboa devia ser recebida por Christiano Hocher/Hocqueber and Company. Houve outra remessa de 473$600 réis, mais uma vez na almiranta da frota do Rio, que chegou a Lisboa em 24 de outubro de 1746. Ocorreram duas novas consignações, cada qual de 403$200 réis, divididas igualmente entre a capitânia e a almiranta da frota Rio que chegariam ao Tejo em 1747. A capitânia da frota do Rio, que chegou ao Tejo em 23 de junho de 1719, carregava mais uma entrega, dessa vez de 339$200 réis e novamente destinada a Christiano Hocher/Hocqueber.[62] A mobilidade dos comerciantes portugueses foi ilustrada por uma consignação datada de 1743 para Lisboa, no valor de 300$000 réis, com o risco sendo assumido pelo consórcio interessado no monopólio do tabaco (estanco) da Madeira. A primeira opção para receber a entrega era Policarpo José Machado. Mas o manifesto observou

61 ACML, v.1901, n.313.

62 ACML, v.2176, n.168; 2186, n.73; 2264, n.105; 2288, n.33; 2315, n.106; 2319, n.34; 2363, n.40.

que, se ele estivesse ausente, Macao Ambrósio Lopes Coelho seria o próximo da lista.[63]

Intrigantes são as referências nos manifestos de navios brasileiros a comerciantes chineses e indianos como consignadores de ouro. As referências chinesas são para um consórcio de mercadores residentes em Macau e no Cantão. Os nomes são reproduzidos como "Chasqua Tan Kua Comlao", "Chasqua Tom Untiva Comlao" e "Pokoa/Polhoa". Chasqua Tan Kua Comlao e Pokoa/Polhoa assumiram o risco de duas consignações de moedas de ouro no valor de 1.236$000 réis na fragata *Nossa Senhora das Ondas*, almiranta da frota de torna-viagem do Rio, que chegou ao Tejo em 30 de novembro de 1727. Destinavam-se à entrega a Antônio Francisco Ferraz, em Lisboa. A capitânia da mesma frota, *Nossa Senhora da Assumção e São Pedro*, transportava outra remessa de 1.200$000 réis em moedas de ouro por conta e risco do consórcio de Chasqua Tom Untiva Comlao e Polhoa, dessa vez em associação com o português Manuel Nunes da Silva, para entrega a Francisco Xavier Ferraz em Lisboa.[64] O problema consiste em decifrar quem poderiam ter sido os comerciantes chineses, pois o oficial que registrou o manifesto no Rio de Janeiro copiou os nomes de outro documento ou tentou representar a fonética do que lhe diziam. Paul Van Dyke sugeriu que o primeiro grupo era formado por um consórcio entre pai e filhos: o pai Chen Shouguan (ou Suqua, Shuqua, Comshaw, Comlao) e seus filhos Chen Jieguan (filho de Shouguan; ou Chietqua, Sjecqua, Chasqua) e Chen Dengguan (filho de Shouguan, ou Tinqua, Tanqua, Ton Tinqua, Tom Untiva). Se essa identificação estiver correta, esse consórcio permaneceu ativo nas décadas de 1720 e 1730, comercializando ouro bem como outras *commodities*. Van Dyke opina que o simples fato de eles estarem negociando ouro em consignação sugere que eram "mercadores hong" no Cantão, visto que os portugueses não teriam confiado neles de outra forma e eles não teriam contado com as requeridas boas conexões no Cantão e com os recursos financeiros que eram pré-condições para viabilizar tais transações. Esse consórcio familiar operou sob o nome de Guangshun

63 ACML, v.2225, n.554.
64 ACML, v.1894, n.321, 323; 1901, n.311.

Hang (forma cantonesa de Hong). Li Kaiguan (também conhecido como Beaukuiqua, Ou Kueequa, Beauqua, Pokoa) também foi um mercador hong no Cantão e o nome de sua empresa era Fengshun Hang. Comerciantes em Macau e no Cantão seguiam o mesmo *modus operandi*: ou seja, dividiam uma consignação entre dois navios da mesma frota para maior segurança. Além disso, os nomes de Manuel Nunes da Silva, em Macau, e de Francisco Xavier Ferraz, em Lisboa, já haviam surgido em conexão com Leandro Tomé Pereira.

Não menos intrigantes são as referências nos manifestos a famílias indianas residentes em Goa. A decifração carrega o mesmo problema da nomenclatura chinesa, à qual podem ser acrescentadas variantes de nomes e inconsistências ortográficas e linguísticas, como o nome do deus hindu: Vitol em concani/Viththala em marati. As famílias goenses eram brâmanes, descendentes de Saraswat que haviam migrado do norte da Índia para as regiões costeiras de Konkan e Malabar e melhorado de *status* em Goa ao se tornarem corretores, financiadores e até mesmo grandes mercadores no comércio intra-asiático.[65] A família mais representada em tais consignações era a Kamat, tanto por serem numerosos quanto pela intensidade de sua atividade comercial: Vassu, Rana, Rama, Pai, Dagu, Sonu, Phond, Vanti Soiru, Krishna, Roulu, Bolu Krishna, Vitol, Vitogi, Narayana, Upea/Opo e Chandra Naik Kamat. Os portugueses corromperam o nome nativo Kamat e referiam-se a eles como Camotim, Camotis, Camotims ou até mesmo Canuti.[66] As famílias Prabhu (Babule, Bapu, Bequi, Venkata, Chimnea, Sonu e Essu, Iria, Panduranga) e Naik (Babu,

65 Sobre os brâmanes Saraswat e outros mercadores nativos, veja a monografia de Pinto, *Trade and Finance in Portuguese India: A Study of the Portuguese Country Trade, 1770-1840*, p.53-61; e o Apêndice I sobre mercadores hindus residentes em Goa em 1800. Sobre a proeminência meteórica alcançada pelos brâmanes Saraswat, veja Pearson, Indigenous Dominance in a Colonial Economy: The Goa Rendas, 1600-1670, *Mare Luso-Indicum* 2, p.61-73.

66 Os registros da família nesses manifestos são anteriores aos primeiros documentos preservados no Xavier Centre for Historical Research em Goa, que datam de 1759. Veja Souza, Mhamai House Records, Indigenous Sources for Indo-Portuguese Historiography, separata do II Seminário Internacional de História Indo-portuguesa. Actas, p.931-54. Veja também Carreira, Les

Ram, Ramuji, Vitog, Vithoba, Pandu, Ganesha e Rama Krishna) eram muito ativas. A participação dos Sawant (Soguia, Babuxa, Vitoba/Vitol) e dos Sinay (Santapa, Panduranga, Baapu, Narayana) era menos evidente. As referências às famílias Corondo, Keny, Custam e Delba eram esporádicas. Em alguns casos, os nomes derivavam de termos aplicados originalmente a certos grupos. De início, Kamat designara um papel de liderança em uma associação hereditária de camponeses em aldeias que cultivavam terras recuperadas, uma tarefa que exigia um esforço cooperativo. Teotônio de Souza observa que havia "famílias Kamat onde quer que houvesse grandes áreas recuperadas para o cultivo do arroz". Eles se dedicavam à administração fiscal na Índia portuguesa em meados do século XVII e aplicaram seus conhecimentos sobre as condições locais para acumular capital, que investiram no setor de negócios. Na época em que seu nome apareceu pela primeira vez em manifestos de navios, os Kamat estavam na crista do sucesso financeiro. Em 1739, Phondu Kamat foi descrito como o mercador mais rico de Goa. Contratempos existiam, mas a viúva de Raulu Camoti mencionada nos manifestos descreveu seu negócio como "a casa mais importante da cidade de Goa e muito envolvida no comércio marítimo do império".[67] Prabhu era um termo genérico que se referia a pessoas alfabetizadas empregadas em funções administrativas em uma empresa privada ou até mesmo em repartições públicas. Posteriormente, eles subiram de *status* para se tornarem corretores e mercadores. O nome Naik estava associado a uma casta guerreira. Sawant era um clã que vivia na fronteira norte de Goa e Keny era associado a pessoas que viviam no norte da costa de Konkan. Sinay referia-se a um clã de brâmanes que eram proeminentes em Goa na época da conquista portuguesa. De início, os Corondo eram associados a produtores de cestas, mas claramente, no século XVIII, a família mencionada nos manifestos estava envolvida em comércio internacional. O nome familiar

Kamat et le commerce français en Inde, 1778-1819", *Moyen Orient & Océan Indien* 7, p.157-77.

67 Souza, French Slave-Trading in Portuguese Goa (1773-1791). In: ______ (Org.), *Essays in Goan History*, p.120-2.

registrado nos documentos portugueses como Chatim referia-se à classe mercantil dos Shetty.

Como observado por Celsa Pinto, a casa de agenciamento foi a "primeira unidade característica do comércio privado asiático moderno". Essencialmente, era uma parceria composta por membros de uma única família. Os manifestos de metais preciosos guardados na Casa da Moeda em Lisboa revelam como os membros de famílias mencionadas anteriormente eram consignadores individuais que atuavam em conjunto com um ou mais membros da mesma família, além de formar parcerias com membros de outras famílias. Phondu Kamat estabeleceu sociedades com Babuxa Gueni e Babulea Naik.[68] Vitulle Kamat, Essu e Chamni Prabhu e também Soguia e Babuxa Sawant foram consignadores associados para uma dada consignação.[69] Em raras ocasiões, um manifesto listava um comerciante português e outro hindu na mesma consignação.[70] Invariavelmente, o risco era assumido pelos consignatários. As remessas destinavam-se a entrega em Lisboa. Os agentes preferidos dos membros da família Prabhu em Lisboa eram a parceria de Medici e Berrardi.[71]

Enquanto as consignações em favor de comerciantes residentes em Macau e no Cantão eram feitas em navios de torna-viagem das frotas do Rio de Janeiro, invariavelmente aquelas associadas a mercadores da Índia eram realizadas em frotas de Salvador. Em ambos os casos, as remessas eram predominantemente de moedas de ouro de 4$800 réis. Havia exceções ocasionais de remessas de ouro em pó, ou mais raramente em barras, geralmente associadas aos membros das famílias Prabhu ou Kamat.[72] Objetos confeccionados em ouro são raros. O que os manifestos não indicam é a motivação dessas remessas. Os comerciantes indianos poderiam estar pagando por mercadorias portuguesas – vinhos, queijos etc. – para venda à comunidade portuguesa em Goa.

68 Pinto, p.63-73. ACML, v.1994, n.108; 2061, n.179; 2062, n.300; 2114, n.700; 2125, n.39; 2002, n.32; 2040, n.27.

69 ACML, v.2062, n.463.

70 ACML, v.2276, n.346; 2279, n.32.

71 ACML, v.1785, n.149; 2052, n.136.

72 ACML, v.1785, n.149; 1787, n.77; 2125, n.93; 2247, n.162; 2075, n.27.

No caso de remessas institucionais, o consignatário em Lisboa representava os interesses da Coroa, de uma ordem religiosa ou da Companhia de Jesus. O dinheiro era depositado em um cofre institucional adequado e permanecia em Portugal. No que se refere às consignações feitas por indivíduos ou em nome deles, a razão da remessa não é indicada, nem se percebe facilmente se a pessoa que aceita a entrega está agindo em seu nome ou como um agente. As exceções são a inclusão de frases reveladoras, como um consignatário em Lisboa "que contrata em cousas da Índia" ou a referência a Manuel Francisco, residente no distrito de Nossa Senhora da Palma, em Lisboa, com uma "loja de louça da Índia", que significava porcelana da China.[73] Embora os manifestos estejam repletos de nomes de agentes ou mercadores não portugueses em Lisboa, que providenciavam transbordos de remessas predominantemente para entrega final em Londres, Hamburgo e Gênova, mas também em Roma, Barcelona e Amsterdã, essa dimensão internacional não está presente nos manifestos relativos à Índia e à China.

No século XVIII, as perdas associadas à carreira da Índia e à carreira do Brasil haviam diminuído, mas sempre existia um risco. Havia predadores humanos: furtos durante o carregamento em um porto brasileiro, roubos a bordo, trapaça dos oficiais dos navios que trocavam o conteúdo de um contêiner e a descoberta de que o ouro transportado para Portugal era "falso".[74] Nem o ouro destinado ao Tesouro Real era imune a fraudes. Quando uma consignação para o Tesouro Real em baús fechados de 18 mil oitavas de pó de ouro foi aberta em 1727, foram encontrados pedaços de chumbo. Em outra, de 1748, constatou-se que havia 71 placas de chumbo em vez dos esperados 762$740 réis em moedas de ouro.[75] Algumas cargas eram alvo de negligência, como embalagens inadequadas que arrebentavam nas costuras. Havia o risco constante de perda de um navio. A *Santa Rosa*, capitânia da frota de torna-viagem de Salvador em 1726, incendiou-se no mar; um

73 ACML, v.1664; 1675, fol.32[r].

74 ACML, v.1962, n.11; 1963, n.49; 1730, fol.45[v]; 1974, n.21, 48, 55; 2079, n.6.

75 ACML, v.1898, n.1; 2052, n.298; 2339, n.215.

navio da carreira da Índia consumiu-se em chamas em Salvador no ano de 1738; a carraca *Nossa Senhora da Vitória* naufragou nas Ilhas Mascarenhas.[76]

Este artigo foi baseado em uma fonte nunca utilizada pelos historiadores do Estado da Índia, composta por uma rede de fortalezas, portos, feitorias, cidades e povoados portugueses estendendo-se do Moçambique ao Japão e às Ilhas Banda. As consignações aqui discutidas foram predominantemente de ouro carregado em navios nos portos brasileiros para entrega em Lisboa, mas em nome de consignadores institucionais e individuais baseados na Índia e em Macau. No caso dos indivíduos, os consignadores eram na maior parte portugueses, mas, assim como há referências individuais a escravos e negros livres e a sua Irmandade de Nossa Senhora do Rosário fazendo consignações no âmbito do Atlântico, também existem referências a comerciantes chineses e hindus, bem como casas de agenciamentos, nesses registros. Essa rica documentação presta testemunho à trama de homens e mulheres de diversas raças, afiliações religiosas e posição social e econômica, que participaram dessa rede multicontinental e multioceânica do comércio marítimo português no século XVIII.[77]

The Johns Hopkins University

---

76 ACML, v.1886; 2113, n.543; 2125, n.239; 2348, n.461, fol.118r.

77 Meus agradecimentos a Ho-fung Hung e a Jack Wills pelo interesse em decifrar os nomes chineses. Minha profunda gratidão a Paul Van Dyke que recorreu a seu rico banco de dados sobre mercadores chineses dos séculos XVII e XVIII para fazer identificações tentativas. Ele cruzou dados de registros de Companhias da Índia Oriental inglesa, holandesa, alemã e sueca, além de obras secundárias sobre mercadores hong. Para elucidar nomes indianos, recebi muita ajuda de Anthony D'Costa, S. J., Aubrey Mascarenhas, S. J., Celsa Pinto, Teotónio de Sousa, de meus colegas Ruby Lal e Gyanendra Pandey, da Johns Hopkins University, e, em especial, de Mariam Dossal Panjwani, da University of Mumbai. Richard Goldthwaite colocou à minha disposição seus conhecimentos sobre banqueiros e corretores italianos. Todos foram muito gentis e pacientes em responder às minhas inúmeras dúvidas.

A DINÂMICA DA PRESENÇA BRASILEIRA NO ÍNDICO E NO ORIENTE. SÉCULOS XVI-XIX[1]

Introdução
O contexto historiográfico

As historiografias dos impérios ultramarinos europeus compartilham dois traços principais. O primeiro deles é sua fragmentação. Em relação ao império português, com poucas exceções,[2] a historiografia sobre Portugal além-mar é limitada territorialmente (portugueses na Índia, na China, no Ceilão, em Angola, no Brasil)

---

1 Uma forma abreviada deste texto foi apresentada ao X Seminário Internacional de História Indo-Portuguesa, na cidade de Salvador, Bahia, em dezembro de 2000. Agradeço ao contra-almirante Max Justo Guedes, aos seus colegas do Patrimônio Histórico e Cultural da Marinha e aos membros da comissão executiva brasileira e da comissão organizadora portuguesa, sobretudo os doutores João Paulo de Oliveira e Costa e Inácio Guerreiro, pelo convite para participar deste seminário magistral. [Este texto foi publicado originalmente na *Revista Topoi*, n.3, set. 2004, p.9-40. Disponível em: http://www.revistatopoi.org/numeros_anteriores/topoi03/topoi3a1.pdf]

2 Boxer, *The Portuguese Seaborne Empire, 1415-1825*; Godinho, *Os descobrimentos e a economia mundial*. E mais recentemente, Sá, *Quando o rico se faz pobre: Misericórdias, caridade e poder no império português, 1500-1800*; Russell-Wood, *Um mundo em movimento: Os portugueses na África, Ásia e América (1415-1808)*; Coates, *Degradados e órfãs: colonização dirigida pela Coroa no império português*, 1550-1755.

ou oceanicamente (o Atlântico, o Índico). Existem antecedentes históricos com relação a essa tendência. Tanto o licenciado Domingos de Abreu e Brito, em um relatório de 1591, quanto o viajante francês François Pyrard de Laval, baseado na sua residência em Salvador (1610), identificaram um forte elo entre o Brasil e a África e também uma inter-relação ibérica no Atlântico. Do outro lado, para o frade português João dos Santos e para o viajante francês Jean Mocquer, no início do século XVII a unidade do Índico era aparente.[3] A historiografia do império ultramarino português tem uma segunda característica: reflete uma perspectiva predominantemente metropolitana. A presença metropolitana é inevitavelmente forte na história administrativa, nas histórias dos costumes e comportamentos e dos sistemas de crenças e valores, na história social e na história das ideias. As diásporas mercantis sobretudo são estudadas no contexto do comércio luso-brasileiro.

O propósito deste artigo é discutir a presença brasileira no Índico e no Oriente no contexto de uma história que contemple os dois hemisférios do império português. D. Luís da Cunha, por exemplo, diplomata português, em um memorando confidencial de 1735-1736, propôs que d. João V assumisse essa mudança como um passo essencial em direção a uma melhor integração do império comercial português, cujos componentes seriam europeus, americanos, africanos e asiáticos, e com uma rede comercial articulada de suprimento e demanda, englobando o Atlântico, o Mar Arábico, o Oceano Índico e mares da Ásia Oriental.[4] Também vou considerar o império português sem fazer referência exclusiva à metrópole. A potencialidade global do Brasil, "situado no meio do mundo", ligado à África, à Europa e à Ásia, já foi comentada pelo bispo José Joaquim da Cunha de Azeredo Coutinho.[5] A historiografia tradicional a respeito da vida social, política e econômica do Brasil colonial a coloca no contexto do Atlântico, quer dizer, em

3 Fr. João dos Santos, *A Ethiopia Oriental*; Mocquet, Voyage en Ethiopie, Mozambique et Goa, & autres lieux d'Afrique & des Indes orientales, *Topoi*, set. 2001, p.9-40.

4 D. Luís da Cunha, *Instruções inéditas de D. Luís da Cunha a Marco António de Azevedo Coutinho*.

5 Coutinho, *Ensaio econômico sobre o comércio de Portugal e suas colônias*.

relação à Europa e à África. A respeito do papel desempenhado pelo Brasil em relação à carreira da Índia, a historiografia dá ênfase a dois aspectos: primeiro, aos portos brasileiros como meros portos intermediários de escala da carreira; segundo, que essas escalas em portos brasileiros se deram predominantemente nas viagens de volta ("torna-viagem") para a Europa.[6] Enfim, enquanto há referências na historiografia a respeito da influência ou da presença oriental no Brasil, parece-me que a existência de influências ou da presença brasileira no Índico foram pouco comentadas. Nesse contexto, minha agenda é a seguinte: primeiro, seguindo a observação do bispo Azeredo Coutinho de que o Brasil estava "com os braços estendidos, um para a Europa, outro para a Ásia", meu propósito é situar o Brasil no contexto marítimo do Índico e naqueles mares que se estendem até o mar do Japão. Em segundo lugar pretendo reexaminar o papel desempenhado pelos portos brasileiros, sobretudo Salvador e Rio de Janeiro, como escalas para as naus de carreira com destino a Goa ou a Macau. Examinarei ainda a novidade que apareceu sobretudo no percurso do século XVIII e no XIX, qual seja, aquelas naus que transitaram diretamente entre portos brasileiros e aqueles portos para além do Cabo da Boa Esperança. Por fim, em quarto lugar, analisarei a presença brasileira naquelas terras desde a costa suaíli até o Extremo Oriente que faziam parte do Estado da Índia, termo referente à rede de fortalezas, feitorias, cidades, povoações e missões desde o Cabo da Boa Esperança até o Japão e as Ilhas Banda e Molucas. Conquanto as relações entre o Brasil e o Estado da Índia e o Oriente já tenham sido objeto de várias pesquisas, destaca-se sobretudo o impacto comercial e artístico, além daquele resultante da introdução de flora, do Oriente sobre o Brasil. Meu propósito é outro: dar foco especificamente à presença brasileira além do Cabo da Boa Esperança e atribuir aos baianos e ao porto de Salvador, bem como aos cariocas e ao porto de São Sebastião do Rio de Janeiro – sobretudo no transcurso do século XVIII e começos do século XIX –, um

6 Boxer, The Principal Ports of Call in the Carreira da Índia, p.29-65, Separata; Moçambique Island and the Carreira da Índia, *Studies* 8, p.95-132. A respeito de Salvador, veja também Lapa, *A Bahia e a Carreira da Índia*, p.327-43.

papel mais dinâmico e um perfil mais importante do que consta da historiografia.[7]

O Brasil contava com pelo menos meia dúzia de baías com águas profundas, capazes de prover ancoradouros seguros para as maiores frotas da época; mas, no contexto geopolítico e comercial de meados do século XVI, a Baía de Todos os Santos era excepcional: um soberbo porto natural com duzentos quilômetros de circunferência, uma área de 1.050 quilômetros quadrados de superfície e uma barra muito larga. Ainda que não fosse tão naturalmente protegida, como alguns outros portos, o tamanho fez dela "o mais conveniente lugar que há nas ditas terras do Brasil".[8] Mais tarde, foram aqueles mesmos atributos físicos, sobretudo os referentes à magnífica Baía da Guanabara, que contribuíram para o enorme sucesso da cidade de São Sebastião e para sua importância como porto, empório, centro administrativo e capital (depois de 1763) da colônia.

Assim, como havia sido a primeira nação europeia a maximizar o potencial dos sistemas de ventos e das correntes equatoriais, dentre outras, do Atlântico, Portugal viu na Baía de Todos os Santos e na cidade recém-fundada o eixo mais ocidental para o império atlântico português, que englobava possessões na África do Norte, na África Central e Ocidental, assim como os arquipélagos ao norte e ao sul do Equador. As carreiras do Atlântico para a África, para as ilhas e para o Nordeste do Brasil eram curtas e sem grandes desafios para a navegação, quando comparadas com a carreira da Índia. O Recôncavo provia uma excelente área para a agricultura, especialmente o açúcar. Os rios e a baía garantiam acesso fácil a Salvador que, por sua vez, estava próxima das fontes de trabalho africanas. Na condição de porto, Salvador tornou-se importante

7 Lapa, op.cit.; Godofredo Filho, Influências orientais na pintura jesuítica da Bahia, *Universitas* 2, p.13-21. A respeito da "projeção" do Brasil no Índico e no Oriente, veja Russell-Wood, A Brazilian Commercial Presence beyond the Cape of Good Hope, 16th-19th Centuries. In: Malekandathil; Mohammed (Orgs.), *The Portuguese, Indian Ocean and European Bridgeheads: Festschrift in Honour of Professor K. S. Matheu*, p.191-211; e, pelo mesmo autor, A projeção da Bahia no império ultramarino português, IV *Anais do Congresso de História da Bahia*, v.I, p.81-122.

8 Dias (Org.), *História da colonização do Brasil*, p.363.

no comércio direto Portugal-Brasil-Portugal, formando também um eixo no comércio triangular Europa-África-Brasil, e também um ponto de articulação e destino para uma rede atlântica de comércio, que excluía a Europa: Angola, São Tomé, Príncipe, Cabo Verde, Açores e Madeira. D. João III provavelmente não previu que Salvador se tornaria uma escala intermediária de abastecimento para navios do Estado da Índia, nem tampouco que as correntes do Brasil e das Malvinas ofereceriam às cidades portuárias brasileiras a oportunidade de assumir uma presença para além do Atlântico.[9] Em termos de localização estratégica, nenhuma outra nação europeia nas Américas poderia competir com as cidades portuárias do Brasil, sobretudo Salvador e Rio de Janeiro. Cada uma delas teve uma próspera área portuária, testemunho de sua importância como empórios tanto para a cabotagem como para o comércio oceânico, e cada uma podia contar com a presença de fortes, fortins, baluartes e redutos em volta das respectivas baías e áreas contíguas.

Outras cidades portuárias foram construídas ao longo dos 9.198 quilômetros da costa brasileira, mas nenhuma rivalizava com a feição imponente de Salvador. Mesmo na década de 1560 houve discussão em Portugal sobre a importância relativa do Estado da Índia e dos interesses portugueses no Atlântico – e ao longo do século XVII o Estado da Índia entrava em declínio. Observando a mudança da importância da Índia portuguesa para o Brasil, um frade franciscano em Salvador escreveu em 1702: "A Índia Oriental há muitos anos que por pecados e injustiças já não é Índia: o Brasil, pela cana, pelos bizalhos de diamantes que embarca em milhares de caixas todos os anos, é a verdadeira Índia e Mina dos portugueses".[10] Por volta de 1700, Salvador era a mais importante cidade do ultramar português, o principal exportador de açúcar e fumo para a Europa, de uma importância sem par no

9 Para uma ótima síntese, veja Guedes, O condicionalismo físico do Atlântico e a expansão dos povos ibéricos, *Studia* 47, p.245-90; Mauro, *Le Portugal et l'Atlantique au XVIIe siècle* (1570-1670): *Etude économique*, p.13-27, 70-4; Russell-Wood, *Portugal e o mar: um mundo entrelaçado*.

10 Fr. António do Rosário, *Frutas do Brasil numa Nova, e Ascetica Monarchia*, citado por Curto. As práticas de escrita. In: Bethencourt; Chaudhuri (Orgs.), *História da expansão portuguesa*, p.421.

comércio para a África Central, e capital da colônia mais rica de Portugal. No decurso da primeira metade do século XVIII, foi sofrendo um declínio sempre maior diante das riquezas do Rio de Janeiro, que respondeu melhor às novas prioridades políticas e às realidades econômicas e comerciais. O Rio de Janeiro era o porto mais indicado para a exportação de ouro e diamantes das capitanias recém-criadas no interior. Tornou-se o porto mais favorecido pela exportação e importação de mercadorias e importação de escravos, constituindo-se, assim, uma classe mercantil de grande influência política, *status* social e recursos financeiros. Estrategicamente, o Rio de Janeiro estava mais próximo das terras contestadas entre Portugal e Espanha no Rio da Prata. Esta reorientação econômica do Brasil colônia, desde o Nordeste para o Sudeste, exigiu novas medidas administrativas. Transferiu-se a capital de Salvador para o Rio de Janeiro em 1763. Mesmo assim, a importância da própria Baía de Todos os Santos e das facilidades portuárias continuaram inegáveis, e a cidade de Salvador continuou a desempenhar um papel importante em relação às novas configurações da carreira da Índia.

Uma presença brasileira além do Cabo de Boa Esperança

1. A governança civil

Ainda que, durante o período das capitanias, a da Bahia tenha sido um fracasso quando comparada à de Pernambuco e a de São Vicente, o estabelecimento da capital em Salvador (1549) deu-lhe instantâneo reconhecimento como centro administrativo da colônia, embora no início do século XVII alguns governadores-gerais tivessem preferido residir em Pernambuco e assim desfrutar da vida social de Olinda. Não apenas Salvador foi o centro do governo real até 1763, e a sede do único vice-reinado no mundo atlântico português, mas também a sede da única Relação no Brasil, até 1751, e do único bispado (1551-1676) e mais tarde (1676) arcebispado no Brasil. É bem sabido que Salvador desempenhou o papel principal na administração secular e eclesiástica dentro do Brasil. Menos conhecido é que esse papel administrativo tenha ultrapassado os limites territoriais do país. Examinaremos essa afirmação em relação ao posto de governador-geral/vice-rei, à Relação, aos assuntos militares e às carreiras dos altos funcionários da Coroa.

Embora o governador-geral ou vice-rei, sendo o mais importante representante na colônia da Coroa, tenha desempenhado um papel para além da extensão territorial do Brasil em relação à governança e defesa dos territórios portugueses na África e no Golfo de Benim, existem poucas referências à sua participação em decisões referentes ao Estado da Índia. É escassa a correspondência entre vice-reis ou governadores com sede em Goa e em Salvador e, posteriormente, no Rio de Janeiro. Essa falta é um indicativo da bifurcação administrativa e da governança do império ultramarino português entre o Estado da Índia e o Estado do Brasil. O mais prestigioso e eficiente ramo do governo, o judiciário, também refletiu essa fragmentação de jurisdições. O regimento para a governança da Relação em Goa tem data de 8 de abril de 1544. Funcionou uma Relação em Salvador entre 1609-1626 e de 1654 até ao século XIX. Uma segunda Relação começou a funcionar no Rio de Janeiro em 1751.[11] Nos fins do século XVII, a Relação de Goa estava experimentando problemas em seu funcionamento, atribuíveis em parte à falta de experiência dos desembargadores. Recomendou-se que a Relação de Goa, apesar de sua antecedência, devia adotar o regimento da Relação de Salvador, documento exemplar por sua conformidade com as leis do reino.[12]

O Brasil colonial nunca teve o forte caráter militar que foi marcante no Estado da Índia. Vice-reis/governadores-gerais em Salvador eram responsáveis pela defesa do Brasil. Isso incluía o estabelecimento de lugares de defesa, equipamento de guarnições, regulamentação das tropas de linha e o aumento das milícias e

11 Pereira, *História da administração da justiça no Estado da Índia. Século XVI*, p.79-80; Schwartz, *Sovereignty and Society in Colonial Brazil: The High Court of Bahia and Its Judges, 1609-1751*.

12 Documento de 28 dez. 1699. Historical Archive of Goa (abreviação HAG), Livros das monções do reino, v.63, fol.411r.

auxiliares. Salvador era também base para operações militares no Atlântico Sul. No auge dos ataques ao Estado da Índia, no século XVII, sugeriu-se que se enviassem reforços do Brasil; porém, tais sugestões eram raramente atendidas e, quando o eram, de modo inadequado. As tentativas de um vice-rei/governador-geral de manter regimentos em Salvador além do efetivo eram frustradas por deserções, falta de vontade e evasão. Na década de 1690 houve várias consultas do Conselho Ultramarino a respeito do Brasil como fonte potencial de soldados para suprir as guarnições portuguesas na Índia. Parece mesmo que houve uma ordem régia nesse sentido. Pressionado pela comunidade mercantil de Salvador, que esperava que fosse aprovado o comércio franco entre o Brasil e Moçambique e a Índia, em 1699 o governador-geral em Salvador enviou para Lisboa uma proposta que enfatizava as alegadas vantagens financeiras para a Coroa caso mandasse soldados diretamente do Brasil para a Índia.[13] Com certeza houve participação baiana – mesmo sendo às vezes constrangida – e soldados e oficiais de origem brasileira serviram na Índia no percurso do século XVIII. Um edital régio de 1748, requerendo alistamento voluntário de 1.500 soldados para a guarnição militar da Índia, foi publicado em Salvador.[14] Há notícias de soldados passando por Salvador, de volta da Índia a caminho de Portugal; contudo, há dúvidas se uma campanha para alistamento em Salvador teria reunido muitos voluntários para servir na Índia. Mesmo assim, na década de 1780, soldados de "guarnição de carreira" foram

13 Consulta do Conselho Ultramarino, 21 mar. 1690; resposta do governador, 23 jan. 1691, HAG, Livros das monções, v.55A, fol.201, 203. Apud Coates, *Degredados e órfãs*, p.144, e n.165. A respeito da proposta do governador-geral do Brasil em 1699, veja HAG, Livros das monções, v.64, fol.170r-173r. Veja também Shirodkar, Brazil's Colonial Administration as Reflected in Goa Archives, *Purabhilekh-Puratatva*, v.8., n.1. Special Issue *Índia and Brazil*, p.26-7. Sobre a consulta do Conselho de Estado em Goa de 14 out. 1702, veja Kakodkar, Source Material for Latin America in Goa (With Special Reference to Brazil). In: Souza (Org.), *Essays in Goan History*, p.211. Veja também Anthony, Colonial Brazil and Goa: Visible and Invisible Links, *Purabhilekh-Puratatva*, v.8, n.1, p.82-3 e n.34.

14 Almeida (Org.), *Inventário dos documentos relativos ao Brasil existentes no Archivo de Marinha e Ultramar de Lisboa*, p.536-7.

remetidos de Salvador para Moçambique, criando um problema para o governador daquele território, que não contava com recursos financeiros para pagar as remunerações de tais soldados.[15]

Em 1786, o governador da ilha de Moçambique acusou a chegada de dois "soldados incorrigíveis" mandados pelo governador de Salvador. Também na década de 1780, vários soldados do regimento de infantaria em Salvador foram mandados para a Índia como punição por sua má conduta. Em 1789, foram embarcados em Salvador, na nau *Nossa Senhora da Conceição e Santo Antônio*, três soldados degredados para a Índia por seus crimes: dois do segundo regimento de infantaria da guarnição de Salvador e um do regimento de infantaria de Pernambuco.[16]

Uma dimensão muito diferente da projeção brasileira no império português diz respeito aos movimentos que caracterizaram as carreiras dos altos funcionários da Coroa. Em tais movimentos de carreira, o padrão predominante era o de oficiais que haviam servido na África ou na Ásia serem então nomeados para cargos no Brasil, com uma subsequente nova nomeação ou uma aposentadoria em Portugal. Mas havia alguns poucos exemplos em que altos representantes da Coroa transferiam-se de Salvador para Goa.[17] Estes incluíram os seguintes governadores-gerais/vice-reis que serviram em Salvador: d. Vasco Mascarenhas, governador-geral interino do Brasil (1639-1640), vice-rei na Índia (1652-1653) e vice-rei em Salvador (1663-1667); Antônio Luís Gonçalves da Câmara Coutinho, governador-geral do Brasil (1690-1694) e vice-rei na Índia (1698-1701); d. Rodrigo da Costa, governador-geral no Brasil (1702-1705) e vice-rei na Índia (1707-1712); d. Pedro de Almeida, terceiro conde de Assumar, e mais tarde marquês de Castello-Novo e de Alorna, tendo sido governador da capitania de

---

15 António de Melo e Castro, governador de Moçambique a Rodrigo José de Meneses, governador da Bahia. Moçambique, 15 dez. 1786. Arquivo Público do Estado da Bahia (abreviação, APB). Correspondência recebida pelo Governo da Bahia. v.197. Governador de Moçambique, doc.3.

16 António Manuel de Mo. e Castro ao governador da Bahia, Rodrigo José de Meneses, Moçambique 29 nov. 1786; e de 15 dez. 1786. APB, Correspondência recebida pelo Governo da Bahia, v.197. Governador de Moçambique, doc.2 e 3; HAG, Livros da monções, 171B, fol.568r-72r.

17 Varnhagen, *História Geral do Brasil*, p.243-96.

São Paulo e Minas Gerais (1717-1721), além de vice-rei do Estado da Índia, onde se distinguiu por seus talentos administrativos e militares e por seu sucesso em batalha contra os maratas, culminando na captura da fortaleza de Alorna em 1746. Antes de ser nomeado e tomar posse (1816) com o 49º vice-rei e capitão-geral da Índia, d. Diogo de Sousa, primeiro conde do Rio Pardo, foi governador e capitão-geral em Moçambique (1793-1798), governador e capitão-geral da capitania do Maranhão e Piauí (1798) e o primeiro capitão-geral da capitania do Rio Grande de São Paulo (1807-1814). Nenhum desses homens nasceu no Brasil. Mesmo assim, o mero fato de que Portugal tivesse vice-reinados concomitantemente na América e na Ásia fez dele um caso único dentre os impérios ultramarinos europeus. Por outro lado, seria fascinante conhecer mais acerca do impacto e, se foi esse o caso, da experiência brasileira sobre os governadores-gerais que mais tarde serviram como vice-reis na Índia. Foi o grande historiador baiano Sebastião da Rocha Pitta que comentou com grande orgulho sobre "As pessoas naturaes do Brasil, que exerceram dignidades e governos ecclesiásticos e seculares na patria e fóra d'ella". Com três exceções, tais cargos estavam no Brasil, no Maranhão, em Angola, em Cabo Verde, em São Tomé e em Lisboa, como conselheiros ultramarinos, desembargadores da Casa de Suplicação em Lisboa ou da Relação do Porto e provedores e vedores da fazenda real. As três exceções que ocuparam cargos administrativos no Estado da Índia foram os seguintes brasileiros: o dr. Pedro Pinheiro e o dr. Agostinho de Azevedo Monteiro, que foram desembargadores na Relação em Goa; e Tomé de Sousa Correia, castelão de Moçambique.[18] As experiências desses vice-reis, governadores, juízes e administradores em dois hemisférios merecem nossa atenção pelo potencial que oferecem ao estudioso que se interessa pela história das mentalidades e das ideias no império ultramarino português, e, especificamente, pela história da contribuição brasileira à governança do Estado da Índia.

18 Pitta, *História da America Portugueza.*

2. Os padres como pontes entre dois hemisférios

Já no século XVI, os padres jesuítas na Ásia mandaram carta para seus correligionários no Brasil revelando ligações de ordem religiosa entre o Brasil e a Índia. Houve vários exemplos de padres jesuítas, já com experiência na Índia, que desembarcaram em Salvador nas viagens de volta a Portugal. O mais célebre foi o padre João de Brito, que embarcou em Goa em dezembro de 1686 com destino a Lisboa e fez escala em Salvador em 1687. Em 1696 outro jesuíta, padre João da Costa, também desembarcou em Salvador. Estes incentivaram padres jesuítas brasileiros a viajarem para a Índia em missão evangelizadora, criando assim uma presença brasileira no Índico. Um deles foi o baiano Francisco de Sousa, da Companhia de Jesus, nascido na Ilha de Itaparica em 1649. Ganhou grande fama como autor do livro *Oriente conquistado a Jesus pelos padres da Companhia de Jesus da Província de Goa* (Lisboa, 1710). Morreu em Goa em 1712. Dois padres jesuítas, também filhos da Bahia, o padre José Agostinho e o padre José Teotônio, foram martirizados em Goa em 1760. Sem dúvida houve outros exemplos de uma presença brasileira de religiosos no Índico e no Oriente. Mais uma vez surge a pergunta: será que esses padres nascidos no Brasil trouxeram para o Oriente uma perspectiva distinta daquela de seus contemporâneos de nascimento europeu? No caso de Luís de Góis – português de nascimento que se tornou padre jesuíta em Goa em 1562, e que lá morreu aos 63 anos em 1567, e a quem Damião de Góis atribuiu a introdução do fumo em Portugal –, parece que sua residência em São Vicente e suas experiências como senhor do engenho de Madre de Deus criaram nele uma preocupação espiritual com a evangelização dos índios, e mais tarde o incentivaram a tomar os votos de obediência como jesuíta, cumprindo suas ações apostólicas como confessor e missionário em Divar e Chorão.[19]

---

19 Leite, Movimento missionário do Brasil para a Índia, *Boletim do Instituto Vasco da Gama*, n.69, p.108-18; e seu artigo, "Luís de Góis. Senhor de engenho do Brasil, introdutor do tabaco em Portugal, Jesuíta na Índia (1504?-1567), *Brotéria*, LXI, p.146-61. Fernandes, *Missionários Jesuítas no Brasil no tempo de Pombal*, p.22. Não consegui consultar essas referências

Só encontrei um exemplo de um brasileiro nomeado para um alto posto eclesiástico no Oriente. Foi d. Fr. Francisco da Assunção e Brito, natural do bispado de Mariana, nomeado para ser bispo de Pernambuco. Depois de confirmado em 15 de março de 1772, tomou posse por procuração em 5 de dezembro de 1773. Nomeado arcebispo de Goa, renunciou ao bispado em 1º de janeiro de 1783.[20]

3. No serviço de Mamón: o Brasil e a carreira da Índia

Segundo a historiografia, com poucas exceções, a presença comercial do Brasil limita-se ao Atlântico. Um aspecto que tem merecido a atenção de historiadores é o papel dos portos brasileiros, sobretudo o de Salvador, como ponto de escala na carreira da Índia. Segundo esses autores, tais escalas foram muito atraentes para os capitães, oficiais e marinheiros e para aquelas pessoas voltando da Índia para Lisboa que viam em Salvador uma boa chance para vender/trocar produtos asiáticos por açúcar, fumo e outros produtos brasileiros, em um comércio predominantemente ilegal e clandestino. Em resumo, para além do contexto comercial do Atlântico, Salvador tem sido retratada como porto para descarga, mais do que para carregamento de mercadorias. Alguns exemplos poderão corrigir essa visão, situando Salvador como um participante ativo no comércio multioceânico.

A participação da Bahia no comércio além do Atlântico teve várias dimensões. Vamos examinar quatro configurações comerciais que servem para ilustrar como o Brasil podia se aproveitar da carreira da Índia para conseguir que seus produtos chegassem ao Índico e achassem mercado na Índia e no Extremo Oriente.

(a) Uma se manifestou através da exportação para Lisboa de produtos brasileiros e do reembarque desses produtos em embarcações integrando a carreira da Índia. Fumo, mas só o da melhor qualidade, foi o produto baiano mais procurado na Ásia. A cidade

---

que constam do artigo de Anthony, Colonial Brazil and Goa: Visible and Invisible Links, p.80-1, e n.28 e 29.

20 Varnhagen, op. cit., v.5, p.302.

de Salvador dispunha de uma posição incomparável para tirar vantagem dessa oportunidade. O cultivo do fumo já estava se desenvolvendo no Recôncavo desde a década de 1570. Embora fosse cultivado por quase todo o Brasil (Maranhão, Pará, Pernambuco, Alagoas, Sergipe d'El Rei, Rio de Janeiro, São Paulo e Minas Gerais), a Bahia dominava a produção brasileira (e mundial) de fumo, desde a segunda década do século XVII até 1815. A maior parte do fumo exportado de Salvador para Lisboa era reexportada para venda na Europa (Itália, Alemanha do Norte, Espanha, por exemplo) e na Índia.

O fumo chegava ao Oriente por duas vias: por recarregamento em Lisboa e por via direta de Salvador para Goa. Já na década de 1620, o produto baiano era transportado para Lisboa para ser transformado em pó. O monopólio régio do fumo foi estabelecido em Lisboa entre 1624 e os primeiros anos da década de 1630 e, em Goa, no ano de 1624. O comércio do fumo enviado para a Índia se tornou altamente lucrativo. A cota régia anual de exportação de fumo para a Índia aumentou de 4 mil arrobas para 6 mil arrobas na década de 1790. A Junta da Administração do Tabaco foi criada em 1674 em Lisboa. Em 1680 uma Junta da Administração do Estanco Real do Tabaco foi estabelecido em Goa para regular todos os aspectos, sobretudo fiscais e comerciais, do fumo.[21] Em Goa e nas áreas vizinhas de Bardés e Salsete, o contrato era arrematado a negociantes locais com arrendamentos trienais, desde a década de 1620 até o século XIX. Esse contrato foi muito contestado. Em fins do século XVII, o fumo baiano foi o produto de exportação mais lucrativo no comércio de Lisboa para a Ásia. Depois que Bombaim foi cedida à Inglaterra, os ingleses passaram a comprar fumo em Lisboa para vendê-lo na Índia. O

21 O estudo mais completo acerca do fumo brasileiro é de Nardi, *O fumo brasileiro no período colonial: lavoura, comércio e administração*. Veja também Hanson, Monopoly and Contraband in the Portuguese Tobacco Trade, 1624-1702, *Luso-Brazilian Review* 19, n.2, p.149-68; Nardi, Le commerce du tabac vers l'Inde portugaise du XVIIe siècle au début du xixe siècle, *Moyen Orient & Océan Indien* 6, p.165-74; Lapa, Dimensões do comércio colonial entre o Brasil e o Oriente, *Studia*, v.49, p.394-5; Dias, Impacto of Tabacco on Goa (1620-1840). In: Shirodkar (Org.), *Goa: Cultural Trends*, p.222-28; Pinto, *Trade and Finance in Portuguese Índia, 1770-1840*, p.193-5.

fumo baiano foi também transportado para Macau, onde um Estanco do Tabaco foi estabelecido. Daí, foi disseminado pela China, sob a dinastia Qing (Manchu). Na China, havia preferência pela folha aberta, ao invés de rolos de fumo, assim como havia mercado para rapé.[22]

(b) Na segunda metade do século XVII, e de modo crescente no século XVIII, as naus da carreira da Índia, em torna-viagem para Lisboa, aportaram em Salvador. Provisões de 1672 e 1692 legalizaram e até mesmo encorajaram paradas em Salvador. Uma resolução régia de 1734 autorizou a venda na Bahia de mercadorias de proveniência asiática sob a condição de serem pagas as devidas taxas alfandegárias, e tal resolução foi confirmada por um alvará de 1783. Mercadorias de origem asiática tanto eram vendidas em Salvador quanto reembarcadas com destino a Costa da Mina e Angola para serem trocadas por escravos ou, ainda, com destino ao Rio da Prata para serem trocadas por prata.

Paralelamente, na segunda metade do século XVII, e mais intensamente ao longo do XVIII, as naus da carreira da Índia com destino à Índia também aportaram em Salvador. Aí eram carregadas de fumo (em pó e em folha), açúcar, cereais, cachaça, peles, farinha de mandioca, alimentos, madeiras, coquilhos, pau-brasil e ouro em barras. Goa era o destino principal, sendo ainda várias mercadorias enviadas para Macau.[23] A historiadora indiana Celsa Pinto observou que entre os anos de 1798 e 1820 foram os negociantes luso-brasileiros os principais fornecedores de ouro e prata para Coromandel e Bengala.[24]

Mesmo sendo Lisboa o porto de origem de tais naus e sendo Salvador apenas um ponto de escala, esse comércio foi uma novidade, pois os produtos brasileiros estavam sendo exportados de um porto brasileiro diretamente para Goa. Nas décadas de 1770 e

---

22 Lapa, Dimensões do comércio colonial, *Studia* 49, p.395-96.

23 Lapa, A *Bahia e a Carreira da Índia*, p.253-64, 272-7; Subrahmanyam, *The Portuguese Empire in Ásia, 1500-1700*: A Political and Economic History, p.183-5.

24 As naus fizeram as rotas seguintes: Lisboa-Madras com escalas em Pernambuco, Salvador e Rio de Janeiro. Pinto, Luso-Brazilian Commerce and the Eastern Littoral of Índia, 1780-1820, comunicação apresentada ao X Seminário Internacional de História Indo-Portuguesa, Salvador, dez. 2000.

1780, principalmente, há numerosas referências a consignações de fumo em rolos, em pó e em folha aberta, que eram carregadas em Salvador, em embarcações vindas de Lisboa, com destino a Goa. Essas embarcações com frequência transportavam tropas para a Índia e fizeram escala em Salvador em função da alta incidência de doença e mortalidade.[25] A Mesa de Inspeção em Salvador emitiu ofícios para o carregamento de fumo em tais embarcações. Governadores em Salvador – especialmente o marquês de Valença e d. Rodrigo de Meneses – estavam sempre às voltas com solicitações incessantes do secretário de Estado em Queluz, para providenciarem cargas de fumo em folha, cuja compra e frete seriam de responsabilidade da Fazenda Real, e para atuarem fortemente no combate ao contrabando.[26]

(c) No século XVIII, a carreira da Índia assumiu uma nova dimensão: o comércio direto entre o Brasil e a Ásia. Já na década de 1690 a comunidade mercantil de Salvador exerceu pressão sobre o governador-geral nesse sentido. De fato, em 1699, mandou para Lisboa uma proposta sugerindo que fossem iniciadas relações comerciais diretas entre Salvador, Pernambuco e Rio de Janeiro, além de Moçambique e Goa e outros portos do Estado da Índia. Já em carta de 28 de novembro de 1699, o vice-rei de Goa informou ao rei que não devia haver saída em Moçambique para mercadorias exportadas de Salvador para aquele porto, e achou desvantajoso para a Fazenda Real permitir livre comércio

25 Veja o comentário do conde de Galvêas a respeito da mortalidade e doenças da tripulação da nau *Bom Jesus de Villa Nova* durante a viagem de sessenta dias de Lisboa para Salvador: "o estrago que fez nestes homens a morte, não proveio tanto das infermidades como da fome e da sede que experimentarão na viagem". Galvêas para o rei. Salvador, 3 jul. 1748 (APB, "Coleção de ordens régias", v.45, doc.41).

26 Lapa, *A Bahia e a Carreira da Índia*, p.292-7; Castro e Almeida, Inventário. v.2, n.10.595-9; 10.601-5; 10.611-2, 11.005-7; 10.545; 10.849; 10.856-7; 10.860-6; 10.944; 11.011-2; 11.025-6; 11.238; 11.491; 11.555; 11.625-9; 11.737; 11.754-6. Veja Kakodkar, Source Material for Latin America in Goa (With Special Reference to Brazil), p.210-1; Shirodkar, Brazil's Colonial Administration as Reflected in Goa Archives, p.34-37; Pinto, Goa-Brazil Commercial Relations, 1770-1825, *Purabhilekh-Puratatva*, p.43-51, 58-61, e o livro dela *Trade and Finance in Portuguese Índia*, p.197-99; Anthony, Colonial Brazil and Goa, p.73-5.

de navios entre Salvador e a Pérsia. Assim, não houve surpresa quando a proposta do governador-geral foi rejeitada pela Junta de Tabaco, em 16 de fevereiro de 1700, cuja preferência foi que todo o comércio fosse feito via Lisboa, como foi o costume, e pela Casa da Índia, em 20 de fevereiro de 1700, ambas com sede em Lisboa. A Casa da Índia achou que os produtos sugeridos pelos mercadores baianos para exportação para a Índia – açúcar, fumo, gabarito, jacarandá e pau-violeta – eram supérfluos e impróprios. Mas a reação em Goa foi de outro teor. A noção de comércio direto por particulares entre o Brasil e a Índia foi calorosamente acolhida em Goa, cujas pessoas principais acharam que a novidade de tal comércio direto podia resultar em um renascimento econômico e um crescimento na população, além de contribuir para a fazenda real pelas taxas alfandegárias. O próprio rei foi contra a proposta de comércio direto entre Brasil e Moçambique, mas favorável ao comércio direto Brasil-Índia. A proposta também foi rejeitada pela maioria das pessoas consultadas pelo vice-rei de Goa e pelos participantes de uma reunião convocada em Goa em 10 de novembro de 1700. Os mercadores baianos não desistiram. No século XVIII, agiram coletivamente, cresceram em seus números e começaram a exigir para si maior influência e poder político. O fato de uma companhia de comércio pombalina não ser estabelecida em Salvador deve ser atribuído à oposição por parte da comunidade mercantil local. Já na segunda metade do século XVIII existiam comunidades de mercadores nos maiores portos brasileiros interessadas no comércio de cabotagem, no comércio atlântico e no comércio interoceânico de longa distância. Cada comunidade teve sua própria estrutura e hierarquia social e econômica.[27]

No percurso do século XVIII verificou-se a introdução de embarcações navegando da Ásia para o Brasil, mas retornando à Ásia, ao invés de continuarem até Portugal. Suas cargas eram vendidas em Salvador ou transferidas para outros navios, a fim de seguirem para Portugal ou África. Em Salvador, essas embarcações eram carregadas com produtos baianos e também com produtos chegados de Portugal. Mas as próprias embarcações não

27 HAG, Livros das monções, v.63, fol.418r-51r; v.64, fol.159-62, 164r-v, 166-7, 168r-v, 170r-173r.

passaram além de Salvador.[28] O monopólio português do fumo terminou em 1775, o que incentivou indivíduos a comerciarem diretamente do Brasil para a Índia. Os navios procedentes de Salvador deviam fazer escala no Rio de Janeiro para ser vistoriados antes de continuarem a viagem para Goa.[29] Assim, além das cargas subvencionadas pela Fazenda Real, desde a década de 1760 houve intenso comércio de fumo entre particulares, sobretudo de fumo em folha, de Salvador para Goa. Os governadores, tanto em Salvador como em Goa, foram exortados pelo rei e pelo secretário de Estado em Lisboa a tomarem providências para evitar as fraudes e os abusos cometidos pelos mercadores baianos, como, por exemplo, o de mandarem folhas de qualidade inferior e mesmo de péssima qualidade ou danificadas, além de inadequadamente empacotadas.[30] O que nos interessa sobretudo aqui é a exportação do fumo brasileiro para o Oriente, mas não devemos deixar de fazer referência ao fato de o Brasil abastecer Goa com uma enorme variedade de alimentos, inclusive gengibre, salsicha, queijo e açúcar.[31]

Salvador, entretanto, assumiu novo papel sancionado pela Coroa: além de ser o porto de chegada e de partida para embarcações na rota Lisboa-Salvador-Lisboa, e para aquelas diretamente engajadas no comércio Salvador-África-Salvador, e além de se constituir em um eixo no comércio triangular Europa-África-Brasil-África, a cidade tornou-se parte de outra rede interoceânica de comércio, que ligava Ásia-Brasil-África (Luanda, Benguela) em todas as combinações possíveis. A situação mudou completamente depois da transferência da corte real para o Rio de Janeiro. A partir de 1808 foi autorizado o comércio direto do Brasil para Índia e para Macau, e naus brasileiras se aproveitaram dessa oportunidade para viajar diretamente do Rio de Janeiro ou de

---

28 Lapa, *A Bahia e a Carreira da Índia*, p.262-4, 277.

29 Pinto, Goa-based Overseas and Coastal Trade. 18th-19th Centuries. In: Souza (Org.), *Goa through the Ages. An Economic History*, v.2, p.180-1, e a n.19.

30 Veja as referências em Castro e Almeida, Inventário, n.25 deste ensaio; Kakodkar, Source Material for Latin America in Goa, p.210-1; Shirodkar, Brazil's Colonial Administration as Reflected in Goa Archives, p.34-7.

31 Pinto, Goa-based Overseas and Coastal Trade. 18th-19th Centuries, p.180-1.

Salvador para Macau, sem fazer escala em Goa, onde os chineses procuraram avidamente o fumo. Os armadores brasileiros enfrentaram concorrência da parte da Companhia Oriental Inglesa e de comerciantes portugueses, e foram os armadores do Rio, mais do que seus colegas em Salvador, que prevaleceram nesse novo ambiente comercial.

Essas considerações sobre as ligações comerciais diretas entre Salvador e São Sebastião do Rio de Janeiro e os portos do Estado da Índia exigem algumas observações a respeito do comércio intercolonial. O Índico e a Ásia fornecem numerosos exemplos de comércio intercolonial dentro e fora do Estado da Índia. Tal comércio foi atribuível à iniciativa empresarial de particulares: a própria Coroa não era um parceiro ativo, não extraía plenos benefícios tributários e nenhum porto português estava envolvido, sendo que a receita permanecia majoritariamente na Ásia. No Atlântico sob influência portuguesa, houve menos oportunidades. O comércio Salvador-Costa da Mina/Angola-Salvador constituiu um exemplo excepcional de como comerciantes coloniais estabeleceram e sustentaram seus mercados, sem se incomodar com interesses metropolitanos. A historiadora Celsa Pinto observou que enquanto nas últimas décadas do século XVII e durante o século XVIII houve plenas manifestações da decadência do Estado da Índia como entidade institucional, militar, administrativa e comercial sob auspícios reais, paralelamente foram criadas magníficas oportunidades para empreiteiros particulares portugueses ganharem fortunas no comércio intra-asiático. Mesmo Portugal e o próprio Estado da Índia conseguiram tirar algum proveito desse clima de oportunidades e favorável a empreendimentos.[32] O contexto brasileiro foi totalmente distinto. No século XVIII, o Brasil passou por uma fase de expansão sobretudo no setor comercial, estimulado em grande parte pelo acesso às riquezas derivadas direta e indiretamente dos descobrimentos de jazidas auríferas e de diamantes. Criaram-se nos portos brasileiros comunidades de mercadores de curto e de longo percurso, como consta da lista compilada em 1759 pelo engenheiro militar José Antônio Caldas, para Salvador. No decorrer do século, a descoberta de ouro e de

32 Pinto, *Trade and Finance in Portuguese India*.

diamantes estimulou um maior comércio interno e internacional, bem como a emergência de poderosos grupos de mercadores. Daí o potencial para a acumulação de capitais no Brasil, derivados de atividades comerciais e agrícolas, e também no setor de exportações, o que levou a uma diminuição resultando na dependência de financistas metropolitanos para empréstimos.[33]

(d) Até aqui a participação comercial da Bahia em redes comerciais tem estado dentro do parâmetro institucional do comércio sancionado pela Coroa. Em Salvador, não menos que em outras cidades portuárias do Brasil, havia uma bem desenvolvida prática de evasão.[34] Isso envolvia participação em contrabando para dentro e fora do império português. Salvador e a costa baiana ofereciam amplas oportunidades para o contrabando de ouro para Portugal, para a Europa (especialmente Inglaterra, diretamente, ou através do Falmouth Packet de Lisboa), para a Costa da Mina, para a África Central e para a Índia.[35] Seria de se esperar que tivesse havido participação baiana nessa exportação de ouro e prata para a Índia, seja de ouro brasileiro, seja de prata oriunda da América Espanhola. Descobertas de ouro na Bahia, na primeira metade do século XVIII, a montante dos rios navegáveis, até o mar, aumentaram essas oportunidades. O ouro, assim como o fumo, foi levado para a Índia por embarcações francesas e inglesas, tocando Salvador; ou, no caso do ouro, por navios ingleses, em Lisboa, em rota para a Ásia. Salvador também se envolveu no comércio ilegal de açúcar e escravos para o Rio da Prata. Salvador e São Sebastião do Rio de Janeiro foram integradas nas principais rotas de ida e volta da África e Europa,

33 Caldas, *Notícia geral de toda esta Capitania da Bahia desde o seu descobrimento até o presente anno de 1759*, p.525-33; Russell-Wood, Senhores de engenho e comerciantes. In: Bethencourt; Chaudhuri (Orgs.). *História da expansão portuguesa*, v.3, p.205-9; Fragoso, *Homens de grossa aventura: acumulação e hierarquia na praça mercantil do Rio de Janeiro (1790-1830)*.

34 Veja a valiosa contribuição de Pijning, Controlling Contraband: Mentality, Economy and Society in Eighteenth-Century Rio de Janeiro.

35 Conde de Sabugosa ao secretário do Estado, 18 nov. 1733. APB, Coleção de ordens régias, v.29, doc.169; Russell-Wood, Colonial Brazil: The Gold Cycle, c. 1690-1750. In: Bethell (Org.), *The Cambridge History of Latin America*, v.2, p.589-93; para fumo, veja Pinto, Goa-based Overseas and Coastal Trade, p.181 e n.18.

às quais se ligaram dentro de diásporas mercantis envolvendo Europa, África e América do Norte, as ilhas do Caribe, estendendo-se para além do Atlântico e pelo Mar Arábico, Oceano Índico e mares da Indonésia e do Extremo Oriente. O historiador brasileiro José Jobson de Arruda apontou um paradoxo inerente a esse comércio: para estimular a produção colonial, a metrópole foi compelida a afrouxar restrições no comércio intercolonial, do que resultou a perda de certos setores do comércio além-mar e dos direitos alfandegários deles derivados.[36]

4. A Ilha de Moçambique: uma comunidade luso-brasileira no Índico

Moçambique nos dá um exemplo de uma comunidade comercial brasileira sediada no Índico. Ainda no século XVI, naus rumando de Goa para Portugal paravam em portos brasileiros, onde desembarcavam escravos provenientes da África Oriental. Entretanto, naquela época, maiores números de escravos eram provavelmente trazidos de Moçambique pelas naus em viagem para a Índia. Durante o século XVII, a ocupação holandesa de Mouri (1612), São Jorge da Mina (1638) e Angola e Benguela (1644-8) estimulou o tráfico de escravos de Moçambique e Quelimane para o Rio de Janeiro. Mesmo assim, a política da Coroa continuou a considerar Angola como a fonte preferida para fornecer mão de obra para o Brasil. Escravos provindos da África Oriental continuaram a ser transportados esporadicamente para portos brasileiros. No século XVIII, considerou-se novamente o potencial da África Oriental como fonte de escravos, proposta apoiada pelo conde de Assumar (governador de São Paulo e Minas

36 Arruda, *O Brasil no comércio colonial*, p.321-3. A respeito do comércio intercolonial nos séculos XVIII e princípios do século XIX, e as ligações de longa distância entre os portos do Brasil, da África oriental, da Índia e de Macau, veja os artigos de João Fragoso, Roquinaldo Ferreira e Luís Frederico Dias Antunes, na coletânea que abre novas perspectivas sobre o papel desempenhado pelo Brasil no império português: *O antigo regime nos trópicos: A dinâmica imperial portuguesa (séculos XVI-XVIII)*.

Gerais, 1717-21) e pelo próprio vice-rei do Brasil, o conde de Sabugosa, que já fora vice-rei de Goa (1712-7). Contudo, o tempo de transporte mais longo e o custo mais elevado, em relação aos escravos da África Central, junto à baixa reputação que os escravos da África Oriental tinham no Brasil, fez que o assunto fosse engavetado.[37] A situação mudou em 1752, quando Moçambique ganhou autonomia administrativa, não mais sendo subordinada ao vice-rei/governador-geral em Goa.[38] Um componente-chave da política econômica pombalina foi a intensificação da produção agrícola no Brasil. Inaugurou companhias privilegiadas para o Maranhão e Pará, Pernambuco e Paraíba. Nesse contexto, Pombal viu o tráfico de escravos Moçambique-Brasil como instrumento para levar mais escravos para o Brasil, aumentar a produção agrícola e também revitalizar a moribunda economia moçambicana. Pombal favoreceu os comerciantes metropolitanos em detrimento dos colonos brasileiros. Assim, por alvará régio de 1765, comerciantes portugueses foram autorizados a enviar embarcações e suas cargas para a ilha de Moçambique e portos em terra firme, carregar escravos e transportá-los para o Brasil. Apenas em 1769 é que as embarcações brasileiras foram autorizadas a comercializar livremente com os portos de Moçambique, mas já houve ocasiões na década de 1760 em que naus do Brasil entraram em portos da África Oriental. Um alvará de 1772 proibiu naus brasileiras de entrarem no Índico, permitindo apenas o comércio com Moçambique – e essa proibição ficou efetiva até 1808.[39]

Capitães gerais em Moçambique desempenharam papel decisivo nessa iniciativa. Tal foi o caso de Baltasar Manuel Pereira do Lago (1765-79), eficaz administrador que cuidou da defesa da colônia, e que promoveu o comércio de escravos e de marfim. Encorajou negociantes portugueses e brasileiros a despachar escravos para as

37 Alpers, *Ivory and Slaves*: Changing Pattern of International Trade in East Central África to the Later Nineteenth Century, p.188-9; Rocha, Contribuição para o estudo das relações entre Moçambique e o Brasil – século XIX. *Studia* 51, p.64-8; Capela, *O escravismo colonial em Moçambique*, p.193-5.

38 Lobato, *Evolução administrativa e econômica de Moçambique, 1752-1763*. I Parte: Fundamentos da criação do governo-geral em 1752.

39 Rocha, Contribuição, p.70-2; Carreira, Os últimos anos da Carreira da Índia, Separata do *Carreira da Índia e as rotas dos Estreitos*, p.810-20.

ilhas Mascarenhas; também estimulou comerciantes da Bahia e do Rio de Janeiro a verem Moçambique como uma fonte de escravos. O vice-rei de Goa, o conde de Ega, protestou veementemente contra propostas para estabelecer portos da África Oriental como zona franca para o comércio. Na década de 1790, o governador-geral da África Oriental portuguesa, d. Diogo de Sousa Coutinho, mostrou-se favorável a um comércio entre Moçambique e Brasil, para o qual a aprovação real foi dada em 1795. Um decreto de 1811 o estendeu a portos portugueses subordinados na África portuguesa oriental. A transferência da corte real para o Brasil, as pressões abolicionistas da Inglaterra sobre Portugal resultantes das restrições no comércio atlântico, bem como o reconhecimento de Portugal (1825) da independência brasileira, tudo favoreceu a mudança da África Ocidental e Central para a África Oriental, como fonte de escravos para o Brasil, onde havia crescente demanda por mão de obra nas plantações de café.[40] Salvador – juntamente com Rio de Janeiro, Pernambuco, Maranhão e Pará – participou desse comércio levando cargas de açúcar, cachaça, alimentos, fumo, armas e pólvora e madeira para construção naval.[41] No caso baiano houve vários exemplos de experiência prévia. Já durante o vice-reinado do conde de Alvor em Goa (1681-6) houve notícias de um navio oriundo de Salvador que aportou em Quelimane, o qual, não encontrando mercado para a venda de sua carga, sofreu grandes prejuízos financeiros. Por ordem régia de 11 de fevereiro de 1700, o rei mandou o governador-geral em Salvador despachar uma embarcação para Moçambique, mas esclareceu que a ação não devia ser considerada como abertura de precedente para o livre comércio.[42] Nessa nova onda de interesse da parte de comerciantes brasileiros, é difícil avaliar o grau da participação baiana num comércio que era dominado por mercadores do Rio

40 Magalhães, Os territórios africanos. In: Bethencourt, Chaudhuri (Orgs.), *História da expansão portuguesa*, v.3, p.71-3; Bethel, *The Abolition of the Brazilian Slave Trade: Britain, Brazil, and the Slave Trade Question, 1807-1869*; Newitt, A *History of Mozambique*, p.248-51; Rocha, Contribuição, p.75-85; Capela, *Escravatura. A empresa de saque. O abolicionismo, 1810-1875.*

41 Alpers, *Ivory and Slaves*, p.211-7.

42 Pareceres de 1 e 28 nov. 1699. Goa. HAG, Livros das monções do Reino, n.63, fol.418r-23r.

de Janeiro e que estabeleceram casas de negócio em Moçambique. Mas, já em 1761, duas embarcações de Salvador rumaram para Moçambique. A revitalização da indústria açucareira no Nordeste também havia aumentado a demanda de escravos. A Bahia estava em boas condições para prover açúcar e cachaça, assim como madeira, para a construção de navios, e cordame, para esse comércio. Uma notícia em 1773 faz referência a comerciantes de Salvador e do Rio de Janeiro participando no comércio de Moçambique, estabelecendo casas de negócio e se engajando no comércio escravo, não apenas voltado para os portos brasileiros, mas também despachando navios para as Ilhas Mascarenhas, e carregando marfim, ouro, búzios e escravos para a Índia. Esse seria outro exemplo de uma presença brasileira no comércio entre o sudoeste da África e a Índia Oriental. Tais negociantes poderiam ter trazido de volta para Salvador pau-preto e tecidos da Índia e Bengala, e escravos, marfim, ouro e búzios.[43]

No império ultramarino português, a dispersão comercial provia o contexto em que comunidade de portugueses se estabelecessem nas periferias, ou mesmo fora do Império.[44] É bem documentada a presença de comunidades de negociantes e mercadores baianos nos portos do Golfo de Benim.[45] Com relação à costa suaíli e a Moçambique, em particular, o ouvidor de Moçambique comentou num memorando de 1773 que foi o comércio que estimulou brasileiros a estabelecer casas de comércio e a comerciar não apenas com portos brasileiros, mas também para as Ilhas Mascarenhas e para a Índia portuguesa. Provavelmente, alguns desses comerciantes passavam parte do tempo em Moçambique; outra,

43 Rocha, Contribuição, p.71-5; Alpers, *Ivory and Slaves*, p.127, 211-7; Karasch, *Slave Life in Rio de Janeiro, 1808-1850*, p.13-5, 21-5, *inter alia*; Fragoso, *Homens de grossa aventura:* acumulação e hierarquia na praça mercantil do Rio de Janeiro (1790-1830), p.179-82, 262-3.

44 Winius, Portugal's Shadow Empire in the Bay of Bengal. In: ______ (Org.), *Portugal, The Pathfinder: Journeys from the Medieval toward the Modern World, 1300-ca. 1600*, p.247-68; Russell-Wood, Os portugueses fora do império. In: Bethencourt; Chaudhuri (Orgs.), *História da expansão portuguesa*, v.1, p.256-65.

45 Verger, *Flux et reflux de la traite des nègres entre le Golfe de Benin et Bahia de Todos os Santos*, sobretudo os capítulos 12 e 16.

no Brasil; mas outros, possivelmente, fixaram-se em Moçambique. Parece que, até o presente, não se realizou pesquisa aprofundada sobre a presença de comerciantes brasileiros residentes em Moçambique, que era uma encruzilhada entre o Índico e o Atlântico e que, depois de 1808, teve ligações mais fortes com o Rio de Janeiro do que com Lisboa. Além desse aspecto comercial, Moçambique foi ponto de encontro de brasileiros e franceses e, como observou José Capela, do ponto de vista ideológico, "Moçambique não ficou completamente imune à penetração das novas ideias em curso, quer a partir da França quer provenientes do Brasil".[46]

5. As naus: veículos vinculando o Ocidente e o Oriente

Sob o amplo rótulo de uma projeção comercial da Bahia, temos examinado diásporas comerciais e o papel da Bahia no engajamento do comércio legal e ilegal. Um componente instrumental de tal comércio foram as embarcações e, por isso, uma breve referência deve ser feita à construção marítima. A Baía de Todos os Santos era um ponto de congregação de embarcações da carreira da Índia e das carreiras africanas e europeias, além de um ponto central para o comércio de cabotagem. Foi também um centro para a construção de caravelas, bergantins e mesmo galeões e naus. Amaral Lapa calcula que cerca de trinta embarcações para alto-mar foram construídas na Bahia, no período de 1665 a 1822; dessas, pelo menos catorze navegaram em rotas para a Ásia, e outras podem ter sido integradas em algumas partes da carreira da Índia.[47] Em resumo, produtos baianos eram transportados para o Índico em embarcações construídas em Salvador.

46 Capela, *O escravismo colonial em Moçambique*, p.195-7; e, do mesmo autor, *Donas, senhores, e escravos na Zambésia*; Alpers, *Ivory and Slaves*, p.127.

47 Lapa, *A Bahia e a Carreira da Índia*, p.51-81 e apêndice 1; Boxer, *Salvador de Sá and the Struggle for Brazil and Angola, 1602-1686*, p.308-9; Barros, *Novos documentos para a história colonial*, p.23-7. A respeito de uma tal construção, veja a ordem do conde de Galvêas para o provedor-mor, 7 fev. 1738, e o despacho do provedor-mor, 8 fev. 1738 (APB, Coleção de ordens régias, v.57, fol.298-99; v.58, f.129r; e também v.34, doc.24. Refere-se à construção de uma nau de sessenta peças na ribeira de Salvador, a custo da fazenda real, e destinada para a Carreira da Índia.

6. A aventura das plantas

Em relação a outro aspecto concernente à projeção da Bahia no Índico e no Oriente, minha hipótese é mais tênue, mas seguirei duas linhas de investigação: a alimentação e os costumes. Sabe-se bem que o Brasil foi o ponto de disseminação de plantas americanas além-mar. No caso da disseminação na Europa, a Espanha ultrapassou o Brasil, mas há ampla evidência de que plantas nativas do Brasil, e das Américas em geral, foram transportadas pelos portugueses, nos séculos XVI e XVII, para a África Ocidental, Central e Oriental, para a Índia e para a China: elas incluíam o milho, a mandioca, a batata-doce, o amendoim, o abacaxi e a abóbora. A contribuição específica da Bahia não foi registrada, mas seria muito provável que, em relação a São Tomé e Príncipe e à África Central, a alta incidência de contatos e a proximidade poderiam fazer de Salvador um ponto de partida de raízes, sementes e mudas de plantas nativas indígenas. O milho e a mandioca foram largamente disseminados para além das regiões costeiras da África Ocidental e Central. A mandioca foi provavelmente introduzida em Moçambique por iniciativa brasileira e daí se espalhou pela terra firme, assim como aconteceu com outros gêneros de proveniência brasileira. Na segunda metade do século XVIII, barcos de portos brasileiros carregaram uma larga variedade de alimentos para Moçambique: mandioca, milho, batata-doce, feijão, abóbora, caju, goiaba, mamão, abacaxi e verduras de origem europeia. Enquanto a Bahia exportava gêneros alimentícios básicos, as plantas (gengibre, cravo, canela, pimenta) importadas da Índia para a Bahia não se constituíram em gêneros alimentícios básicos e, apesar do encorajamento oficial, plantadores locais estavam relutantes em alocar terras para seu cultivo. A contribuição baiana à história da alimentação, especialmente na África, requer mais pesquisas e é uma outra possível dimensão da projeção baiana além do Brasil. Esse legado tem sido duradouro: abacaxi e caju na Índia; batata-doce, milho e amendoim na China; e pimenta-da-guiné na Índia, no Sri Lanka e na China. Mesmo hoje, come-se feijoada em Goa e há referências a uma pimenta "de Pernambuco".[48]

48 Russell-Wood, *Um mundo em movimento*, p.227-76.

Observa-se que os historiadores da sociedade e da economia brasileira têm deixado para os cientistas o estudo da botânica, mas, dada a fertilidade e variedade do solo na Bahia, junto à localização de Salvador como porto e, assim, impregnado tanto por forças centrífugas quanto centrípetas, a história botânica é um promissor campo para estudos. Darei um exemplo que teve dimensão internacional.

No início do século XIX, chegou ao conhecimento do secretário de Estado em Queluz a notícia de que um memorial sobre uma planta chamada "aya-pana", ou "herva milagrosa", havia sido apresentada a um erudito instituto na França.[49] Natural do Pará, essa planta havia sido cultivada na Bahia. De Salvador, mudas, sementes ou plantas tinham sido enviadas a Île-de-France, onde suas qualidades foram louvadas. O secretário solicitou ao governador que enviasse todos os pés disponíveis para o presidente do Real Erário em Lisboa. Essa planta em discussão era a aiapaina, uma espécie de *eupatorium*, que os índios brasileiros acreditavam ser um antídoto para veneno de cobra. Isso levanta algumas questões. Por que essa planta era cultivada na Bahia? Foi uma embarcação francesa com destino às Índias que levou as mudas para a Île-de-France ou foi um capitão baiano que a levou para Moçambique, antes de retornar à Bahia, com sua carga de escravos? Os registros são silenciosos sobre a matéria.

7. O impacto cultural do Brasil no Índico e no Oriente

Minha sétima linha de indagações diz respeito ao impacto do Brasil sobre os costumes. É bem sabido que o açúcar e o fumo eram os principais produtos de exportação do Brasil no período colonial. Foi o jesuíta Antonil (João Antônio Andreonil) que, em 1711, fez uma distinção entre eles, em termos do impacto que tiveram além-Brasil. Residente havia 35 anos em Salvador, ele escreveu: "Se o assucar do Brasil o tem dado a conhecer a todos os reynos & provincias da Europa, o tabaco o tem feito muito afamado em

49 Secretário do Estado ao governador, 4 out. 1802 (APB, Coleção de ordens régias, v.100, fol.81).

todas as quatro partes do mundo, em as quais hoje tanto se deseja & com tantas diligencias, e por qualquer via se procura".[50] A cana-de-açúcar cultivada na Bahia era exportada principalmente para a Europa, mas também foi levada como carga em embarcações que saíam de Salvador para a África e a Ásia. A distribuição do fumo da Bahia para a África Central, especialmente, e para a Ásia, via Lisboa e/ou diretamente, já foi discutida. O modo de consumo variava: podia ser mastigado, fumado, tomado em pitadas ou aplicado de modo medicinal. Aqui focalizarei o impacto do fumo – a grande maioria de procedência baiana – nos costumes da África e da Ásia. O fumo exportado para a África era, por determinação régia, de ínfima qualidade. Em geral, as folhas tinham pragas, estavam estragadas e velhas, o que levou produtores baianos a desenvolverem a técnica de untar as cordas de fumo com melaço, dando ao fumo um aroma e sabor adocicado. Assim preparadas, as cordas tornaram-se extraordinariamente atraentes ao gosto, precisamente no mercado do qual os baianos importavam o maior número de escravos: o Golfo de Benim. Aí, o fumo baiano difundiu-se largamente como um produto de uso diário, sobretudo para mascar. No Oriente, havia um espectro diferente de gostos. Os atos de fumar e de consumir rapé eram mais comuns do que na África e o consumidor asiático exigia fumo da mais alta qualidade. Ainda se discute sobre a data e a natureza da introdução do fumo na Índia, mas, no século XVI, no Deccan, ele foi associado aos portugueses. Provocou discussão de doutores e eruditos da corte Mughal. O imperador Jahangir proibiu seu uso e Aurangzeb (1659) proibiu seu cultivo. Mas essas ordens imperiais foram ineficazes. O fumo era largamente cultivado por lavradores indianos. Em Goa, seu consumo tomou várias formas: fumar um cachimbo ou um charuto tornou-se corriqueiro, mas o fumo também era encontrado em pó como rapé e em pequenos pedaços, para mascar. Acreditava-se que a fumaça da folha de fumo era remédio eficiente contra ataques convulsivos de crianças. Folhas de fumo eram usadas externamente na cura da inflamação dos testículos. Sua popularidade pode ser inferida do fato de que três das

50 Antonil, *Cultura e opulência do Brasil por suas drogas e minas*, segunda parte, capítulos 1 e 2.

mais importantes línguas da Índia tinham palavras para o fumo: *pan* ou *dhunti* (konkani), *tambacu* (marata) e *tambaku* ou *surti* (híndi).[51] Da Índia foi levado para Málaca e China. O historiador inglês Charles Boxer observou que os jesuítas da corte imperial em Beijing afirmaram que nenhum presente era mais apreciado pelo imperador manchu e seus mandarins do que o rapé do Brasil.[52] Na China,o fumo era usado, por suas qualidades alegadamente medicinais, como remédio e como tratamento para problemas dos olhos. No Japão, quando introduzido, foi barrado por editos oficiais, que baniram seu uso; porém, homens e mulheres tornaram-se viciados, fumando a folha em cachimbos de metal.[53] Na América do Norte, povos indígenas também tinham um gosto pelo fumo brasileiro, que comerciantes franceses e ingleses trocavam por peles. A Hudson Bay Company mantinha um agente em Lisboa para comprar fumo brasileiro, destinado a esse mercado indígena. Em um memorando de 1780, o ex-governador da Bahia, Manuel da Cunha Meneses, observou que o fumo encontrava menos mercado dentro de Portugal do que "nas três partes do mundo por onde gira".[54]

Conclusão A presença brasileira no Índico e no Oriente. Um balanço

Já é tempo de fazermos uma avaliação do que tenho chamado de "a dinâmica" da presença brasileira no Índico e no Oriente. Meu objetivo foi testar a hipótese de existirem aspectos administrativos e comerciais que estabeleceram vínculos entre o Brasil e o Estado da Índia. Essa investigação nos levou a uma

51 Dias, Impacto of Tobacco on Goa, p.222-5; e Tobacco Trade in Goa, 1600-1850 A. D. In: Shastry (Org.), *Goan Society through the Ages*, p.178-85; Habib, *The Agrarian System of Mughal Índia*, 1556-1707, p.45-6 e notas, e p.94.

52 Boxer, *Salvador de Sá*, p.384, n.79.

53 Pinto, *Biombos Namban*, p.14 e ilustrações.

54 Meneses, Lisboa, 12 ago. 1780; Castro e Almeida, Inventário, v.2, n.10.653.

reavaliação da historiografia a respeito da carreira da Índia, revelando a dinâmica de uma presença brasileira importante e também uma dimensão pouco comentada, qual seja, o comércio direto entre Salvador e Rio de Janeiro e os portos do Estado da Índia. Admite-se que as relações entre o Estado da Índia e o Estado do Brasil foram fragmentárias. Citamos alguns exemplos referentes a uma projeção brasileira além do Cabo da Boa Esperança. Mais pesquisa é necessária, não apenas sobre os contatos comerciais Moçambique-Índia, mas sobre Moçambique como ponto de convergência e articulação entre o Ocidente (Brasil) e o Oriente (Índico), sobre as relações interculturais e sobre o papel desempenhado pelos comerciantes Baneanes de Guzerate ao levarem para a Índia mercadorias de proveniência brasileira.[55] A realidade é que o Brasil deixou poucos traços materiais ou artísticos no Oriente e que produtos comerciais e artísticos orientais da Ásia causaram maior impressão no Brasil do que o inverso. Esse impacto reflete a demanda, no Brasil colonial, por sedas, porcelanas, objetos de marfim e pedras preciosas do Extremo Oriente, e por tecidos, bandejas, verniz de laca, caixas de madeira, chá, pimenta e especiarias da Índia. Em 1758, o conde dos Arcos, vice-rei de Salvador, escreveu que porcelana era "a droga que mais facilmente se vende nesta terra".[56]

Durante o século XVIII, Salvador e Rio de Janeiro assumiram uma dimensão acentuadamente internacional. Houve muitos visitantes estrangeiros fazendo escala.[57] A vida intelectual cresceu com a presença de estudantes que retornavam de seus estudos na Universidade de Coimbra e divulgavam ideias europeias. Houve

---

55 Pearson, *Port Cities and Intruders: The Swahili Coast, Índia, and Portugal in the Early Modern Era*, p.129-54; Pearson, Goa-based Seaborne Trade, 17th-18th Centuries. In: Souza, Goa Through the Ages, *An economic History*, v.2, p.146-75; e Pinto, Goa-based Overseas and Coastal Trade, idem, p.186-91, e seu livro *Trade and Finance in Portuguese Índia*, p.111-7, 163-83. Veja Shirodkar, Índia and Mozambique: Centuries-Old Interaction, *Purabhilekh-Puratatva* 6, v.1. Special Issue. Índia and Mozambique, p.35-62.

56 APB, Coleção de ordens régias, v.58, fol.154r-202v, 275-307v; conde de Arcos ao rei, Salvador, 18 maio 1758, v.60, fol.150r-v; veja também Brancante, *O Brasil e as louças da Índia*.

57 Augel, *Visitantes estrangeiros na Bahia oitocentista*, v.23, doc.23.

a importação de livros, predominantemente em inglês, francês e latim. Nem Goa, nem Salvador, nem Moçambique ficaram imunes às repercussões da Revolução Francesa e dos "princípios jacobinos" e "abomináveis princípios franceses". Os ideais e aspirações dos *sans culottes* ressoaram em Goa e no Estado do Brasil. Salvador e Rio de Janeiro foram pontos de convergência de mercadorias da Europa, África e Ásia. No século XVIII, embarcações inglesas e francesas frequentaram esses pontos. As da Companhia Inglesa das Índias Orientais introduziram em Salvador mercadorias de proveniência europeia e indiana. Também embarcações da Companhia Oriental Francesa aportaram. Em 1724, uma embarcação sob o comando do capitão Legat chegou a Salvador, a caminho da Ilha de Bourbon e Pondichérry. Menos frequentes foram os barcos da Companhia Ostend.[58]

Havia três áreas bem diferentes, nas quais o Brasil fazia parte de diásporas globais, que incluíam, mas também transcendiam, o império ultramarino português. Desde o início do século XVI houvera uma emigração forçada de cristãos-novos de Portugal. Em muitos casos, especialmente na Ásia, eles se uniram a comunidades judias já existentes. Nos séculos XVI e XVII houve uma presença de cristãos-novos por todo o Brasil, alguns dos quais engajados no cultivo do açúcar, outros no comércio. Esses cristãos-novos faziam parte de uma diáspora global de famílias judaicas dentro e fora do império português.[59] Ademais, o contrabando forneceu oportunidades para baianos e outros brasileiros entrarem em contato com ingleses, franceses, holandeses, norte-americanos e hispano-americanos.[60] Em toda parte existiram dois tipos de comércio, o legal e o clandestino. Os arquipélagos dos Açores e das Madeiras, as Ilhas de São Tomé e Príncipe e os portos na África Central eram pontos de articulação desse tráfico clandestino e legal no Atlântico. De não menor variedade foram os comerciantes com os quais os brasileiros entraram em contato em Moçambique: árabes,

58 APB, Coleção de ordens régias, v.9, doc.32; v.19, doc.16, 78, 79; v.21, doc.110; v.23, doc.43.

59 Boyajian, *Portuguese Trade in Ásia under the Habsburgs*, 1580-1640; Russell-Wood, *O mundo em movimento*, p.164-7.

60 Coutinho, *Ensaio econômico sobre comércio de Portugal*.

franceses, espanhóis de Cuba e de outros pontos da América espanhola, escravistas norte-americanos, baneanes do Guzerate e comerciantes muçulmanos.[61] Salvador e Rio de Janeiro foram portos que assistiram à entrada e saída de produtos que só podem ser estudados em um contexto global: o ouro, as especiarias, o fumo e os têxteis. Não há dúvida de que uma pequena proporção da prata e do ouro americano que foi levada para Europa (e pelos espanhóis diretamente de Acapulco para Manila) pelos espanhóis e portugueses foi exportada mais uma vez para o Oriente para efetuar compras, ou disseminada pelos otomanos em troca de mercadorias oriundas da Índia, sobretudo as têxteis.[62] Resta pesquisar até que grau o ouro brasileiro, e mesmo as patacas espanholas que entraram no Brasil clandestinamente pelo Rio da Prata, fizeram parte dessa redistribuição de metais preciosos americanos levados para a Europa, e também para efetuar compras de especiarias, têxteis e objetos de luxo, introduzidos nos portos brasileiros pelas naus da carreira da Índia ou por aquelas naus que só transitaram entre o Brasil e a Ásia. Com a mudança da importância comercial e estratégica do Oceano Índico para o Atlântico, e do Estado da Índia para o Brasil – ao lado de fortes comprometimentos da Coroa portuguesa para com o Brasil, mais tarde reforçados por iniciativas comerciais pombalinas –, Salvador e Rio de Janeiro tornaram-se as mais importantes cidades do império português e capitais sucessivas da mais rica colônia de Portugal.

Iniciei este artigo referindo-me a dois aspectos da historiografia de impérios multicontinentais: a bifurcação da historiografia e uma historiografia vista através do prisma metropolitano. Espera-se que, nesse sentido, este trabalho tenha fornecido um pequeno corretivo. Além do mais, através do engajamento no comércio intercolonial e da participação no contrabando, os brasileiros não apenas minaram o propósito do sistema mercantilista mas, consistentemente, resistiram a pressões metropolitanas, desenvolvendo uma estratégia de resistência que nem reis nem conselhos metropolitanos puderam vencer. O fato de que havia flexibilidade

61 Alpers, *Ivory and Slaves*, p.209; Rocha, Contribuição, p.74.

62 Chaudhury; Morineau (Orgs.), *Merchants, Companies and Trade*: Europe and Ásia in the Early Modern Era, p.111-2 e n.57; p.135, 302.

e potencial para negociação dentro do sistema colonial sugere ter havido um certo grau de aceitação oficial do *status quo*. Também se atribui uma postura mais agressiva a brasileiros agindo independentemente da metrópole e interagindo com outras partes do império, de maneiras não regulamentadas nem antecipadas pela metrópole. Houve iniciativas brasileiras no comércio internacional, levando mesmo a contatos e colaboração com mercadores e negociantes europeus, orientais, africanos e com não cristãos. Mesmo assim, a presença brasileira mais duradoura, no Índico e no Oriente, não foi em termos de comércio nem do governo secular ou eclesiástico, mas sim em termos de alimentação e de costumes. A história das relações entre o Estado do Brasil e o Estado da Índia é campo fértil para pesquisas que recuperem essa dimensão negligenciada pela historiografia: a presença brasileira no Índico e no Extremo Oriente.

ATRAVÉS DE UM PRISMA AFRICANO: UMA NOVA ABORDAGEM AO ESTUDO DA DIÁSPORA AFRICANA NO BRASIL COLONIAL[1]

O debate sobre se um maior conhecimento da história da África é central para nossa melhor compreensão da história do Brasil precisa ser verificado através do reconhecimento de que, apesar da existência de vários traços comuns, em termos culturais, institucionais, sociais e políticos, em várias regiões na África, este era (e ainda permanece sendo) um continente demarcado por diferenças. Também não é o caso de se dizer que a história da África permaneceu estagnada durante o período anterior ao do intenso contato e negociação com os europeus, bem como durante a fase que os europeus definem como o início da era moderna. Três séculos foram marcados pela presença de um comércio desumano, que trouxe para o Brasil cerca de 3,6 a 5,5 milhões de pessoas da África subsaariana, oriundos principalmente das regiões que compunham a África Ocidental e a Centro-Ocidental, e da África

1 O autor agradece as sugestões feitas por Igor Kopytoff, Philip Curtin e Carolyn Adenaike na leitura cuidadosa de uma versão preliminar deste artigo, assim como também às sugestões e às referências feitas por Mieko Nishida e Kim Butler, e agradece a Herman Bennett pela rica discussão e troca de ideias sobre o tema aqui considerado. [Publicado originalmente na *Revista Tempo* n.12, dez. 2001.]

Oriental, em menor escala.[2] Cada região tinha sua própria história e se desenvolvia em passos diferentes e com ênfases diversas. Minha proposta não é considerar as "sobrevivências" africanas no Brasil colonial, nem o grau de resistência ou adaptação africana aos ambientes do Novo Mundo, nem uma reconstrução da forma como se configurou a escravidão africana nas *plantations*, nas atividades extrativas ou nos centros urbanos do Brasil colonial. Ao invés disso, pretendo postular que o preço resultante da incapacidade de se prestar a devida atenção à história da África se coloca como algo enganoso, em termos de nossa melhor compreensão da história do Brasil. Nesse sentido, a chave de tal compreensão situa-se em termos da presença de escravos, nascidos na África, no interior da América portuguesa e não, na maioria dos casos, expostos a culturas europeias antes de sua chegada ao Brasil.

Consideremos, em termos legais, as regiões da África que forneceram escravos para o Brasil colonial. Designações identificadoras de escravos apresentavam-se como uma mistura de referências relacionadas ao porto de origem, de referências genéricas ou de termos específicos, vinculados às áreas geográficas de origem, às formas de governo, aos grupos étnicos e à terminologia criada pelos traficantes ou pelas pessoas encarregadas da elaboração dos registros alfandegários, que provavelmente misturavam dois ou mais grupos étnicos em um mesmo nome genérico (congo), aplicando assim uma designação geográfica (por exemplo, o porto de Cabinda) ou estendendo a designação um tanto estreita de nagô ao tratamento de todos os grupos que falavam iorubá. Designações largas e amplas, tais como "mina", eram aplicadas a diferentes regiões e povos, em diversos períodos. Raramente tais designações refletiram mudanças resultantes de migrações africanas internas, bem como entre suas várias diásporas, ou de crises de fome, de mudança nas alianças políticas ou nos padrões de fortuna, ou no aparecimento de novas fontes de oferta de escravos e rotas de comércio. No Brasil, essas terminologias eram usadas pelos vendedores e pelos compradores de escravos como marcas de comércio ou etiquetas, entendidas como uma descrição, que dava conta de

2 Curtin, *The Atlantic Slave Trade: A Census*, p.47-9, 88-90, 268; Conrad, *World of Sorrow: The African Slave Trade to Brazil*, p.25-34.

atributos físicos, de qualidades morais e de características culturais e comportamentais. Em resumo, considerando o fato de que pode ter havido instâncias em que povos usaram tais denominações na descrição de si mesmos, a situação mais provável foi aquela em que esses termos descritivos foram aplicados por outros povos africanos ou por europeus e, assim, se tornaram subjetivos, traduzindo possivelmente projeções imprecisas das fronteiras étnica, linguística e geográfica. A elasticidade ou a arbitrariedade de tais identificações étnicas e o reconhecimento de que novos grupos étnicos estavam sendo provavelmente criados requerem de um historiador ou de um etnógrafo uma considerável circunspeção em sua aceitação, em termos de seu valor aparente.

A África Ocidental forneceu a maior parte dos escravos vindos para a Bahia e o Nordeste do Brasil, no período colonial e no século XIX. África Ocidental designava uma extensão que ia do Senegal ao atual Camarões, às ilhas do Atlântico, Cabo Verde, São Tomé e Príncipe, incluindo a região mais importante de todas, integrada pelo Golfo de Benim e pelos portos de tráfico de escravos, compondo o que era frouxamente denominado pelos portugueses como sendo a Costa da Mina. Dentre os numerosos grupos étnicos, o mais proeminente no Brasil colonial foram os iorubás (os nagôs da Bahia e do Rio de Janeiro) e os jejes (do Daomé). Documentos contemporâneos atribuíam a tais escravos as seguintes "nações": Cabo Verde, Ilha do Príncipe, Calabar, Mina, Haussa, Arda, Ashanti, Tapa (Nupe), Mandinga, Camarão, Ibo, Jabu, Mandubi, Fulani e Bornu. A África Centro-Ocidental e a Centro-Oriental também forneceram escravos para a Bahia e o Nordeste – em graus marcadamente inferiores, apesar do aumento observado no século XIX – e, no século XVIII, cada vez mais para Minas Gerais e Rio de Janeiro, cidade de onde eram transportados para o interior, depois de 1808. A África Centro-Ocidental incluía as regiões que iam do atual Gabão até o sul de Angola, e os escravos eram identificados, pelas alfândegas e por outros registros no Brasil, por suas regiões de origem, sendo-lhes atribuídas também afiliações étnicas: Congo, Cabinda, Monjolo, Anjico; e Angola, Ambaca, Cambambe, Cabundá, Cassange, Muxicongo, Gabão, Mbundu, Molembo, Ambris, Rebollo, Luanda, Camundongo, Quiçama, Songo, Benguela, Ganguela. Alguns eram referidos como grupos étnicos, mas havia outros grupos étnico-linguísticos, tais como os bakongos (que falavam o kikongo), os mbundus (que falavam o kimbundu, conhecido no Brasil como cabundá), os ovimbundus e os nganguelas, cujas verdadeiras origens étnicas se encontravam escondidas atrás do nome do porto de onde haviam sido transportados. A África Oriental incluía a atual região que ia da Tanzânia até Maputo, no sul de Moçambique, incluindo as seguintes nações: Moçambique, Quelimane, Inhambane, Mucina (Sena), Lourenço Marques, Macua, Mougão. Esses grupos étnicos são também identificados como os tumbukas, os yaos, os makuas, os makondes e os maravis no norte, os Manyikas no centro e os rongas, os chopis e os changaans no sul.[3]

Havia diferenças entre a África Ocidental e a África Centro-Ocidental, mas provavelmente eram mais significativas aquelas entre a África Ocidental e a África Oriental, neste último caso, principalmente Moçambique. Apesar dos dois obstáculos físicos, constituídos pelo deserto do Saara e pela combinação de sistemas de correntes e de ventos desfavoráveis, a África Ocidental e a Centro-Ocidental haviam sido conectadas com as redes de comércio do Mediterrâneo, inicialmente através dos intermediários árabes, nas rotas que atravessavam o Saara e, mais tarde, através dos comerciantes europeus, pelo mar, uma vez que este havia sido aberto através do Cabo Nao. Os portugueses haviam sido os líderes dessa iniciativa. Em contraste, as cidades costeiras da África Oriental estavam posicionadas de frente para o Oceano Índico e o mar árabe e faziam parte das redes de comércio árabe com o Golfo Pérsico e o Mar Vermelho e estavam, portanto,

3 Ott, *Formação e evolução étnica da cidade do Salvador*, v.1, p.53-75 e estampa IX; v.2, p.91-3; e A procedência étnica dos escravos bahianos no século XVIII, *Clio*, n.11, p.33-59; Verger, *Flux et reflux de la traite des nègres entre le Golfe de Bénin et Bahia de Todos os Santos du dix-septième au dix-neuvième siècle*; Karasch, *Slave Life in Rio de Janeiro, 1808-1850*, p.10-28 e Apêndice A. Manuel Moreno Fraginals identificou as mudanças no uso do termo Congo, Africa in Cuba: A Quantitative Analysis of the African Population of the Island of Cuba. In: Rubin; Tuden (Orgs.), *Comparative Perspectives on Salvery in New World Plantation Societies*, p.187-201. Veja também Wheeler; Pélissier, *Angola*, p.7; Finnegan, *A Complicated War: The Harrowing of Mozambique*, p.28.

expostas a influências externas. Na África Ocidental e na Centro-Ocidental, o contato entre as regiões costeiras e o interior havia sido favorecido pelos rios, mas a historiografia – até os trabalhos recentes de Michael Pearson – tem argumentado que teria havido, antes do século XIX, pouco contato entre os enclaves de comércio costeiro, a cultura de base suaíli, e o interior.[4]

Apesar de haver diferenças entre os grupos étnicos no interior da África, mesmo dentro de uma estreita região circunscrita, a abordagem de "área de cultura", defendida por historiadores como Philip Curtin e Michael Petrovich, apresenta vários aspectos a seu favor. Esses estudiosos têm usado tal designação para se referirem às "regiões nas quais os modos de vida dos povos são razoavelmente similares através de um longo período de tempo". Qualquer que tenha sido o grau de isolamento que tenha existido em relação ao continente africano, nas regiões ao sul do Saara havia uma longa história de intercâmbio de produtos e de movimentação de povos, bem como de um certo número de características compartilhadas entre si. Sem diminuir a importância e a prevalência daquela diversidade, que caracterizou os sistemas africanos econômicos, culturais, de costumes, societários e de governo, as três regiões que compunham a principal fonte de fornecimento de escravos para o Brasil se situavam no interior da África subsaariana e exibiam um grau suficiente de unidade cultural, descrita por Igor Kopytoff como sendo uma grande região cultural, referindo-se a ela em termos de um "fluxo histórico-cultural comum", uma "cultura política pan-africana" e possuidora de "certos princípios culturais de organização, que são compartilhados em toda a África subsaariana". Nesse aspecto, Kopytoff recentemente contribuiu para a discussão sobre as culturas pan-africanas, que tem variado, estando agora em voga novamente.[5] Passemos a considerar algumas das características ou princípios que possam auxiliar

4 Pearson, *Port Cities and Intruders: The Swahili Coast, India, and Portugal in the Early Modern Era*, p.63-100.

5 Petrovich; Curtin, *The Human Achievement*, esp. p.495-511; Kopytoff, Introdução. In: ______ (Org.), *The African Frontier: The Reproduction of Traditional African Societies*, p.3, 10, 15, 16, 35. Apesar de não ter descrito isso como tal, em 1964 Paul Bohannan citou vários atributos de área de cultura compartilhados pela África e Europa, *Africa and Africans*, p.5-6.

no estabelecimento de uma linha de reflexão de base africana para fundamentar nossa discussão sobre a centralidade da história africana para uma maior compreensão acerca da história do Brasil.

Joseph Miller aconselha cautela em identificar a formação do Estado na África através da estreita perspectiva dos cientistas políticos ocidentais, defendendo a necessidade de situar aquelas entidades políticas no interior de uma concepção social e intelectual africana.[6] Pluralidade, diversidade e mudança caracterizaram os sistemas africanos de governo e suas instituições políticas. Dinastias surgiram, impérios foram consolidados e dissipados através das várias clivagens internas. Não atípicos desse processo eram os maraves, que alcançaram o domínio sobre antigos habitantes na região ao norte do Rio Zambezi, mas cujo próprio império viria a ficar caracterizado por dissentimentos entre seus chefes, pela fragmentação e pela reconstituição. Alguns Estados aproximavam-se da clássica noção europeia de formação de Estado; outros podem ser mais bem descritos como "simulacros de Estados" e outros não tinham sequer tal organização. Kopytoff postula a existência de um modelo ("o processo da fronteira") na formação das políticas e das sociedades africanas, partindo de uma perspectiva de fronteira, com interação entre metrópoles e fronteiras, identificando quatro estágios na transição de povoados de fronteira para os "chefiados" e os reinos.[7] Algumas formas de governo revelaram um alto grau de autoridade, outras variaram em seus

---

6 Miller, *Kings and Kinsmen: Early Mbundu States in Angola*, p.2-3.

7 Kopytoff, The Internal African Frontier: The Making of African Political Culture, Introdução. In: ______ (Org.), *The African Frontier*, com uma sinopse de questões nas p.16-17. A visão geral que se segue está baseada em Milleer, *Kings and Kinsmen*; Birmingham, *Trade and Conflict in Angola*; Vansina, "A Comparison of African Kingdoms". In: Klein; Johnson (Orgs.), *Perspectives on the African Past*, p.54-67; Mair, *African Kingdoms*; Vansina, *Paths in the Rainforests: Toward a History of Political Tradition in Equatorial Africa*, e *Kingdoms of the Savanna*; Birmingham, *Central Africa to 1870*; ensaios sobre os sistemas políticos dos mutapa e dos malawi e sobre os sistemas congoloses de Edward Alpers e Isaria Kimambo, respectivamente, em Ranger (Org.), *Aspects of Central African History*, p.1-48; Finnegan, A *Complicated War*; Henriksen, *Mozambique*: A History; Newitt, *Portuguese Settlement on the Zambesi*, esp. p.21-31; Ferreira, *Fixação portuguesa e história pré-colonial de Moçambique*; *African History*, de autoria de

graus de concentração de autoridade e outros, em termos de uma total descentralização. Em alguns casos, autoridade e poder estavam associados a um chefe supremo, reconhecido como tal; em outros se vivia em uma anarquia feudal (para usar uma expressão de Newitt), com chefes independentes, ao passo que, em outros casos, esses atributos eram investidos em "grandes homens". Vansina nota como essa característica de pluralidade e diversidade de poder existiu no nível local, sendo que poder e autoridade oscilavam entre vilas e distritos, com a casa formando a terceira unidade de uma tríade, situada frequentemente no centro do processo de formação da sociedade. Elites políticas (príncipes, chefes, sultões, reis) e "grandes homens" ganharam tal *status* através de empreendimentos, na maioria dos casos – que poderiam incluir também sucesso no comércio –, apesar de haver instâncias em que esses atributos fossem obtidos através de herança (de ambas as linhas, patriarcal e matriarcal). Autoridade poderia vir a ser definida não tanto em termos de gentes ou terras, mas de capital social e político, representado pela "aquisição de pessoas".[8] As conclusões alcançadas por Vansina são baseadas em uma única área. Desse modo, generalizações derivadas das mesmas precisam ser realizadas com cautela, mas essa abordagem regional fornece um ponto de contraste interessante em contradistinção a uma perspectiva pan-africana mais abrangente. A liderança era acompanhada de símbolos de *status*. Tanto poderes mágicos quanto guerreiros faziam parte do arcabouço da autoridade de um líder. Guerra era um veículo de promoção da extensão do controle territorial, e o comércio era um meio para consolidar tal controle. Como fora no caso do Congo, as hierarquias administrativas existentes eram organizadas em termos da principal intenção de arrecadação de tributo, podendo assumir a forma de impostos e trabalho.

Para além das elites políticas, deferência era prestada aos líderes religiosos e também aos mais velhos, cuja liderança e

---

Curtin et al., permanece sendo a visão geral de valor inestimável do continente como um todo.

8 Kopytoff; Miers, African Slavery as an Institution of Marginality, In: _____ (Orgs.), *Slavery in Africa*: Historical and Anthropological Perspectives, p.381.

autoridade estavam fundadas em suas posições hierárquicas com base na idade. A antiguidade, medida através de uma variedade de critérios, era algo central nas culturas políticas africanas. O *status* poderia também ser acordado através da ocupação, sendo que o artesanato de metais e a posição dos ferreiros, em particular na África Ocidental e na Centro-Ocidental, forneciam um *status* especial. Em contraste, serviços de carregador eram tão frequentes que não denotavam nenhum *status* especial. Líderes religiosos e fazedores de chuva usufruíam de grande prestígio.

Mudemos agora nossa consideração de tais diferenças étnicas e culturais e passemos a considerar as que estavam associadas ao comércio e aos padrões de troca de mercadorias. As economias demonstraram níveis de diversidade regional, refletindo variações climáticas, atribuíveis às oscilações na queda de chuvas e na topografia, tanto quanto à oferta e à demanda. Os sistemas de produção de alimentos incluíam a agricultura, a caça e a pesca, a criação de gado, a coleta de frutas e legumes e as economias mistas. Na África oriental, como em outros lugares, havia distinções significativas entre as regiões agrícolas e de pastoreio. Minas de ouro eram exploradas na África Ocidental e na Oriental. Nesta última havia o comércio com os mercadores da Costa do Suaíli. Observava-se a presença, na África, de metalúrgicos sofisticados e artesãos especializados na produção de objetos de metal. Havia redes de comércio, economias de troca em longa distância e sistemas de mercados bem articulados, como também mercadores sofisticados, em termos de habilidades empresariais. Conchas e panos eram apenas dois itens de uma numerosa lista de troca. Vansina observa:

> [...] depois de séculos de comércio, os produtos ainda retinham mais seu valor de uso do que de troca. Sempre que possível, a riqueza com base em produtos era convertida em séquitos de criados e de indivíduos dependentes. Os princípios, enfatizando a importância de mercados para terra e trabalho, eram ainda rejeitados.[9]

9 Vansina, *Paths in the Rainforests*, p.251.

Diferentes formas de escravidão existiram em todas essas sociedades, às vezes derivadas das situações de prisioneiros de guerra, mas, em nenhum caso, apresentando características em comum com a instituição escravista que tomou forma nas Américas, bem como com a prática de venda.

Relações de parentesco determinaram os papéis prescritos e esperados em termos do comportamento de cada pessoa e serviam como um instrumento importante para a aquisição de autoridade e a obtenção de recursos. Havia ainda sociedades de linhagens segmentárias, associações e chefiadas. As sociedades africanas se apresentavam em um formato tanto matrilinear quanto patrilinear, ainda que no interior de uma mesma região (por exemplo, em Moçambique, no norte, Yao, Makonde e Makua eram matrilineares, enquanto no sul, Shangaan, Ronga e Chopi eram patrilineares) e refletiam um aparente sem-número de variantes, derivadas da complexidade atormentadora de formas reprodutivas e de parentesco. Em todos os casos, grande importância era dada à formação da família e ao parentesco, baseado tanto em afinidades quanto em consanguinidade. As mulheres desempenhavam papéis importantes por suas capacidades de reprodução, aumento da linhagem e de ampliação das redes de parentesco, contribuindo assim para a riqueza de um líder através do número de dependentes e dos que lhe deviam serviços. As sociedades africanas apresentavam múltiplas formas de casamento – troca de irmãs, casamento como presente para consagrar a paz, casamento por captura, casamento pela riqueza da noiva, "casamento de mulheres" – e vários desses tipos poderiam coexistir em qualquer uma delas. As mulheres eram a chave da reprodução e da produção. A agricultura formava a base econômica de tais sociedades e o papel estereotipado da mulher (verdadeiro em alguns casos, nem tanto em outros) era aquele que, para além dos papéis de dar à luz e da sustentação das crianças, do cuidado da família e da responsabilidade para com todas as tarefas domésticas, que iam desde a feitura da comida e a coleta de madeira para o fogo até o fornecimento de água, incluíam, também, o cultivo dos campos, o plantio e a coleta da produção agrícola, bem como a venda na rua e no mercado dos produtos que a família não necessitava usar. Na África Ocidental e na Centro-Ocidental, também usufruíam do *status* associado aos seus papéis de mercadores de escravos e como membros das associações de comércio, formadas exclusivamente de mulheres. Até hoje as mulheres se apresentam como comerciantes proeminentes nos mercados subsaarianos, um esforço que demanda liderança, organização e cooperação e que tem resultado em um grau de independência econômica.[10]

A religião, em todas as suas formas de manifestação, era e ainda é algo central para as sociedades africanas. A maioria das religiões africanas apresenta duas formas de divindade: um deus criador universal, removido da vida cotidiana, e uma multidão de deuses de menor importância, espíritos e "remédios", cuja presença é invocada em relação a todos os aspectos da vida diária. As religiões na África desafiam esquemas discretos de classificação, sendo que cada uma delas apresenta características associadas ao monoteísmo, ao politeísmo e ao panteísmo. Há seres supremos, ancestrais e espíritos da natureza, veneração de espíritos ancestrais e cultos para fazer chover. Todas as sociedades são caracterizadas pela presença de múltiplas religiões, variando entre uma religião principal, tal como o islã, e religiões animistas e fetichistas, que dividem características comuns entre si, mas que também têm aspectos locais particulares.[11] Uma única tradição ancestral poderia ser transformada, por diferentes sociedades, em diversas regiões, no processo caracterizado por Vansina como o da "dinâmica da inovação".[12] Havia uma considerável criatividade associada à constituição, à reforma e à reconstituição das religiões mais locais, bem como uma elasticidade que permitiu a incorporação de componentes recebidos de diferentes cosmologias. Religião e cura eram partes indissociadas de um cosmo que incluía a aceitação de um credo de que as forças sobrenaturais poderiam ser manipuladas, sendo que as forças do mal e seus agentes (bruxas) podiam ser refreados através dos bons serviços prestados

10 Veja o prefácio de Herskovits, esp. p.XI-XIII e seus ensaios, in: Bohannanm; Dalton (Orgs.), *Markets in Africa*; Finnegan, *A Complicated War*, p.28; Monica Schuler registrou a presença de tais redes na Jamaica, tendo a África Central provido o modelo ali adotado, Alas, Alas, Kongo, p.70.

11 Ray, *African Religions: Symbol, Ritual and Community*, esp. p.2-76.

12 Vansina, *Paths in the Rainforests*, p.193-5.

pelos curandeiros e adivinhadores. Muitas dessas religiões eram orientadas tanto em termos da sociedade como um todo quanto do indivíduo como tal. Na verdade, tanto a bruxaria quanto a mágica poderiam ser usadas legítima e ilegitimamente, dependendo da motivação associada ao interesse público ou individual. Ambas encontravam expressão nos rituais: sacrifício de animais para fortalecer os laços entre homem e divindade; cerimônias de iniciação para celebrar a entrada na maturidade, com o aumento de responsabilidades e a aquisição de conhecimento; e o uso de amuletos para espantar os espíritos do mal, para resolver problemas comunais ou prover invulnerabilidade em uma batalha. Os cultos poderiam servir como instituições fortes e potentes para os estados e, junto com as poderosas classes hierárquicas de religiosos e médiuns espirituais, exerciam grande influência em assuntos políticos. Os líderes e as demais pessoas reconheciam o prestígio associado aos santuários. A religião poderia atuar como uma força poderosa e unificadora e reforço de liderança, como fora o caso do grupo dos shonas, cujos médiuns espirituais foram indispensáveis para assegurar a continuidade de sua cultura, na medida em que relembravam e recitavam as tradições relacionadas aos chefes falecidos. Música e dança não se apresentavam como simples formas recreativas e tinham também fortes qualidades adicionais, em termos simbólicos e religiosos.[13]

Para tais povos, a afiliação étnica era um indicador importante para autoidentificação e assim eram reconhecidos por outros,

---

13 Newitt, *Portuguese Settlement on the Zambesi*, p.23, 27; Craemer; Vansina; Fox, Religious Movements in Central Africa: A Theoretical Study. In: ______ (Orgs.), *Comparative Studies in Society and History*, p.458-75; MacGaffey, Comparative Analysis of Central African Religions, *Africa* 42, n.1, p.21-31; Morton-Williams, An Outline of the Cosmology and Cult Organization of the Oyo Yoruba, *Africa* 34, p.243-60. A melhor análise geral permanece sendo a produzida por Mbiti, *Introduction to African Religion*. Karin Barber postula uma hipótese a respeito da existência, na África Ocidental, de um paralelismo curioso: de uma parte, o poder acumulado por um indivíduo e baseado no respeito acordado com ele por um grupo de aderentes; e, da outra parte, o poder relativo de um orixá, fundado na quantidade de devotos. Ela salienta que em ambos os casos existe a possibilidade de escolha por parte do indivíduo, em How Man Makes God in West Africa: Yoruba Attitudes Toward the Orisa, *Africa* 51, n.3, p.724-45.

apesar de Vansina ter alertado que a identificação com base em identidade comunal pode ter sido sobrepujada pela identidade étnica. Joseph Miller argumenta que um sentido de identidade não transcendia a vila ou o nível local, mas John Thornton desenvolveu uma análise convincente, acerca do caso do Congo, afirmando que havia, de fato, identidade entre o individual e o Estado.[14] No interior de qualquer grupo étnico, poderia haver multiplicidade de idiomas utilizados, e estes eram outros indicadores de identidade. Kopytoff enfrenta o desafio do detalhamento de outros princípios culturais, que são comuns à região subsaariana. Estes incluíam: um senso de hierarquia em relações sociais, políticas e rituais; tendências de posicionamentos de autoridade mantidos por toda a vida; subermegência de identidade social de indivíduos no grupo, notadamente nos grupos de parentesco; o uso do idioma de parentesco como metáfora de relações políticas, incluindo relações de autoridade; "parentesco perpétuo"; "direitos sobre pessoas"; e princípio de precedência e autoridade dos primeiros a chegar.[15]

A partir dessa visão, inevitavelmente superficial, certas conclusões podem ser tiradas acerca das sociedades subsaarianas. Três delas envolvem mudança. A mais evidente é o acentuado grau de diversidade, a ser medido pelas economias e pelos graus de sofisticação no comércio e na economia, pelos sistemas de liderança, pelas formas políticas de governo, pelos idiomas e dialetos, pelas religiões ou pelos padrões de parentesco e arranjos de família. O segundo deve ser descrito como inventividade, criatividade e disponibilidade para inovação. Várias áreas da vida africana seguiam um ciclo de criação, fragmentação, segmentação, fissão, incorporação, reformulação, reconstituição e criação de novas entidades. No aumento e no declínio de Estados, de emergência e queda de dinastias, de aumento e diminuição dos reinos e impérios, de mudanças de laços de fidelidade e lealdade e de instituições e

14 Miller, Central Africa during the Era of the Slave Trade, 1490s to 1850s. In: Heywood (Org.), *Central Africans and Cultural Transformation in the African Diaspora*; Thornton, Celebrations and Kongo Identity, trabalho apresentado no XXIII Congresso Internacional da Latin American Studies Association (LASA), Washington D. C., 6-8 set. 2001.

15 Vansina, *Paths in the Rainforests*, p.20; Kopytoff, The Internal African Frontier, p.35-40, 52-61, *inter alia*.

entidades políticas, há uma força regenerativa que concorre para o surgimento de novas alianças, instituições e sociedades organizadas. Como foi apontado por Willy de Craemer, no caso da África Central, as religiões não ficavam à margem desse tipo de ciclo de mudança e regeneração: "uma nova forma religiosa consiste usualmente dos conjuntos dos rituais existentes, dos símbolos e das crenças ou dos mitos que haviam sido redistribuídos ou recombinados". As religiões apresentavam uma notável capacidade de incorporação de elementos tomados de diferentes cosmologias. Uma terceira característica seria a adaptabilidade e a habilidade em lidar com a mudança. O tema da adaptação/mudança é tão central para a história da África que poderia ser tomado como ponto de organização ou referência, em contraste com o modelo mais estático do pan-africanismo. Os africanos lidavam com enormes diferenças de clima, variando da seca às chuva pesadas, da savana à floresta quente e úmida, da estabilidade ao quadro de mudanças nas alianças políticas e, frequentemente, uma precondição essencial para dominação política e controle econômico sobre populações residentes, por partes de grupos recém-chegados. A África foi descrita por Kopytoff como o "continente de fronteiras" e caracterizada ao longo de toda a sua história pelo contexto de deslocamento de grande número de pessoas, requerendo delas extraordinária flexibilidade e capacidade de adaptação para lidar com esse contexto.[16] O engenho dos habitantes era mais bem exemplificado em termos do desenvolvimento das economias (extrativistas e de mineração, de pastoreio e agrícolas) próprias para climas e topografia específicas, por exemplo, criação de gado na savana, cultivo de frutas e legumes ao longo dos rios e desenvolvimento de novos padrões de comércio.

Outros fatores refletem a estabilidade e a continuidade, que também faziam parte integrante das sociedades subsaarianas. A natureza pluralística da sociedade africana, junto com a propensão portuguesa de registrar não apenas grupos étnicos, mas também de atribuir *status* étnico a regiões e vilarejos, podem ter concorrido para que tanto portugueses quanto outros povos europeus

16 Craemer et al., Religious Movements, p.60; Kopytoff, The Internal African Frontier, p.7.

enfatizem fortemente essa diversidade e, desse modo, dissimulem o fato de que muitos povos compartilhavam culturas e valores comuns.[17] Os povos das florestas da África Equatorial, não obstante sua diversidade, comungavam várias tradições entre si; na África Oriental, intracasamentos possibilitaram o surgimento de espaços comuns entre os povos. Havia outros agentes de ligação, que incluíam as vilas e suas economias, os clãs, a religião, o parentesco, bem como um senso bem enraizado de hierarquia e reconhecimento dos líderes e uma forte história oral. Até mesmo quando a liderança política entrava em colapso, guerras eclodiam, economias estavam erodidas ou doenças devastavam suas populações; tais eram a força e a flexibilidade desses laços de ligação que os povos sobreviviam a tais adversidades e encontravam consolo e tranquilidade na continuidade, na unidade e na preservação dos valores compartilhados, nos princípios culturais, nas tradições, nos relacionamentos pessoais, nas instituições e nos sistemas de governo. Os povos africanos não eram flexíveis apenas às forças e às influências externas de suas vilas, regiões ou impérios, mas também às influências e às introduções de fora da África, tais como as armas de fogo e o catolicismo, a diplomacia europeia e as propostas econômicas desorganizadas do *status quo*, a construção de fortes e feitorias, bem como a intenção europeia de transportar africanos para o Novo Mundo, a fim de servirem como escravos.

Mudando o olhar da África para o Brasil, generalizações acerca da travessia do Atlântico tendem a diminuir a diversidade e as flutuações de comércio, sendo que atenção suficiente não tem sido dedicada à corrente migratória verificada no interior do Brasil. Dependendo de uma variedade de fatores de um ou de ambos os lados do Atlântico, alguns grupos étnicos eram mais propícios a – ou estavam em maior demanda – se tornarem escravos do que outros; havia flutuações, em diferentes períodos, nos portos de partida e chegada, e os números de escravos transportados mostraram diferentes níveis de intensidade de uma década para outra. Cerca de um terço dos escravos transportados para o Brasil, no período colonial, foi enviado para o Nordeste. O resultado foi que povos com origem em diferentes regiões na África foram

17 Wheeler; Pelissier, *Angola*, p.6.

desproporcionalmente representados em diferentes regiões do Brasil. Enquanto o Nordeste (Bahia, Pernambuco) atraiu seu maior número de escravos da África Ocidental, o Rio de Janeiro os atraiu da África Centro-Ocidental e da Oriental, tendo os africanos da região oriental predominado depois de 1808. Apesar de ter havido escravos trazidos para o Brasil da África Oriental, no período colonial, foi somente no século XIX que Moçambique se tornou fonte de escravos para o Brasil. Mary Karasch argumenta que, no século XIX, um resultado disso foi o fato de que, em Minas Gerais e no Rio de Janeiro, passava a haver uma maior diversidade étnica do que na Bahia, onde predominavam os nagôs. Apesar de ter havido mudanças proporcionais entre regiões, em períodos variados de tempo, grosso modo, tal generalização se apresenta como um dado verdadeiro. Para além dos escravos transportados da África Centro-Ocidental e da Oriental para o Rio de Janeiro, havia escravos provenientes da África Ocidental que foram embarcados para Salvador e Pernambuco e, então, reembarcados para o Rio ou transportados por terra para Minas Gerais e o interior, configurando o tráfico inter-regional no Brasil. Isso criou maior potencial para a mistura interétnica e os contatos culturais entre escravos nascidos na África, mais nas regiões Centro e Sul do Brasil do que no Nordeste.[18]

É difícil responder à pergunta-chave, a saber: quantos escravos, no Brasil, em qualquer momento dado, haviam nascido na

18 Karasch, *Slave Life in Rio de Janeiro*, p.XXI-XXII, 8-28. As conclusões alcançadas por Karasch em relação ao Rio de Janeiro no século XIX e por Schuler (Alas, Alas, Kongo) em referência à Jamaica confirmam a proeminência indistinguível dos modelos da África Central. Isso, além da considerável ocorrência de culturas comuns na África Central e em regiões contíguas, sugere que possa ter havido elementos suficientes de homogeneidade cultural, pelo menos dentre os escravos transportados da África Central, concorrendo para sobrevivência de princípios culturais africanos, a despeito das forças dispersivas decorrentes do tráfico. Cf. análise de Mintz; Price, *An Anthropological Approach to the Afro-American Past: A Caribbean Perspective*, republicado com um novo prefácio e o título de *The Birth of African-American Culture: An Anthropological Perspective*, texto que expressa reservas com relação à "herança cultural" da África Ocidental, enfatizando a importância da precoce crioulização na construção das "formas culturais e sociais afro-americanas".

África, em contraste com aqueles que nasceram no Brasil? Isso variou entre diferentes períodos de tempo e pontos de chegada no Brasil, refletindo as características dos sistemas africanos de fornecimento e a demanda brasileira. Havia também mudanças nas tendências de aquisição de escravos, e certos grupos eram estereotipados pelos portugueses, sob alegação de seus atributos moral e físico. Considerando os anos de 1701-1810, estima-se que cerca de 68% (1.414.500) dos escravos importados para o Brasil eram oriundos de Angola (África Centro-Ocidental) e de Moçambique, e 32% (611 mil) da Costa da Mina ou do Golfo de Benim (África Ocidental). No período de 1795-1811, amostragens têm sugerido que cerca de 95% dos escravos chegados ao Rio de Janeiro eram angolanos. Certamente, a África Ocidental perdeu terreno, proporcionalmente, ao longo do século XVIII, como também, no Brasil, o Nordeste e o Norte perderam para o Rio de Janeiro. Nos últimos anos do período colonial, algo como cerca de 6 mil escravos eram importados pelo Brasil, anualmente, de Moçambique.[19] A expectativa de extinção do tráfico de escravos (1830) concorreu para um grande influxo de escravos para o Rio de Janeiro, na década de 1820. Karasch sugere que os escravos nascidos na África constituíam entre metade e três quartos do total da população do Rio, nas décadas de 1830 e 1840.[20]

Quais lições podem ser obtidas de um conhecimento acerca da história da África, em termos de nossa maior compreensão da história da América portuguesa? Meu abreviado relatório acerca da história da África não foi empreendido em razão de outros propósitos que não o de sublinhar minha afirmativa de que as pessoas nascidas na África chegaram aos portos brasileiros com valores, crenças, comportamentos, práticas, conceitos e perspectivas sobre eles próprios, sobre seu papel na sociedade e no mundo

19 Curtin, *The Atlantic Slave Trade*, p.205-10, 238-44; Klein, *The Middle Passage: Comparative Studies in the Atlantic Slave Trade*, p.23-72; Capela, *Escravismo Colonial em Moçambique*, p.193-209; Russell-Wood, A Brazilian Commercial Presence beyond the Cape of Good Hope, 16th-19th Centuries. In: Malckandathil; Mohammed (Orgs.), *The Portuguese, Indian Ocean and European Bridgeheads: Festschrift in Honour of Professor K. S. Mathew*, p.199-202.

20 Karasch, *Slave Life in Rio de Janeiro*, p.8.

e sua posição nele, e isso os distinguiu das pessoas de ascendência africana nascidas no Brasil e da sociedade luso-brasileira, em termos gerais, e que a compreensão dos princípios culturais e comportamentos africanos é central para nosso entendimento da diáspora africana nas Américas. O que fica evidente é que certos aspectos-chave, identificados como elemento crítico para a – e ilustrativo da – formação da sociedade afro-brasileira, se haviam manifestado antes do início do comércio do Atlântico e não se constituíram como respostas ou adaptação especial às situações do Novo Mundo nem da escravidão.[21] Retornemos à consideração de alguns princípios culturais, discutidos como sendo comuns aos povos subsaarianos, e vejamos como, uma vez que os nascidos na África são vistos, no Brasil, no contexto africano, ao invés de no americano, nossos parâmetros de pesquisa acadêmica podem mudar e nos levar a novas interpretações acerca de aspectos da diáspora africana.

Contemporâneos, no Brasil, e historiadores da era colonial têm notado a presença de "nações" e comentado a importância da etnicidade e de grupos descendentes na regulagem dos namoros, dos casamentos, das transações, do comércio, do *marketing*, das alforrias, da seleção de padrinhos e da afiliação em irmandades.[22] Evidências em Salvador, no Rio de Janeiro e em São Paulo sugerem que a prática de substituição de escravos, como um instrumento de alforria, funcionava quando o escravo comprava um outro para ser seu substituto. A escolha era informada frequentemente pela decisão consciente de escolher um substituto do mesmo grupo étnico ou da mesma nação.[23] Vista como etnicidade, a escolha assumiu grande importância no processo de criação de veículos de socialização no Brasil; muitas das mesmas funções e necessidades encontravam-se presentes entre grupos étnicos e de parentesco no interior da África. O transporte para o Novo Mundo destruiu as

21 Veja Gutman, *The Black Family in Slavery and Freedom, 1750-1925*.

22 Russell-Wood, *The Black Man in Slavery and Freedom in Colonial Brazil*, p.114, 137-9, 187-90.

23 Nishida, Manumission and Ethnicity in Urban Slavery: Salvador, Brazil, 1808-1888, *Hispanic American Historical Review* 83, n.3, p.379-91; Karasch, *Slave Life in Rio de Janeiro*, p.358, n.72; Goldschmidt, Alforrias e propriedade familiar, *Anais*, p.33-4.

unidades familiares e separou as pessoas do mesmo grupo étnico, desfazendo, desse modo, os vínculos que uma etnia ou um grupo de parentesco compartilhado fornecia às pessoas que se moviam pelo interior da África, mas não destruiu a consciência de uma identificação com base na etnia e nos grupos de parentesco e de família, ou em parentesco fictício, criado entre os companheiros de embarcação (malungos) nos navios negreiros. Eram essa consciência e essa memória coletiva que possibilitavam que as pessoas de ascendência africana reconstituíssem sua identidade através da família e da etnicidade no Brasil, provendo um amortecedor contra os cruéis aspectos da instituição escravista. Pesquisa nas práticas de dar nomes, no Brasil colonial, apresenta grande potencial. Muitos nascidos na África receberam nomes de administradores ou proprietários, no momento de sua aquisição. Mas os nascidos na África também tinham a oportunidade de escolher seu nome. Tal escolha não apenas refletiu como alguém, nascido na África, via a si mesmo, mas também como ele/ela desejou ser identificado pelos outros. A escolha de um nome abre a janela para a parte mais interior da psique de um indivíduo e pode refletir valores, prioridades e anseios que distinguiram os indivíduos nascidos na África dos nascidos no Brasil.

A despeito dos obstáculos levantados pela escravidão, como proprietários não simpatizantes, bem como constrangimentos físicos, os africanos no Brasil colonial realizaram esforço considerável em se casar e constituir famílias. Tão importante lhes era isso que, quando pressionados pela oposição do proprietário ao casamento ou pela perspectiva de fragmentação de uma família, alguns escravos optaram por fugir, ao invés de ceder às suas exigências. Estudos recentes revisam nossas visões sobre a composição da família no Brasil colonial.[24] O que se pode observar é a diversidade da estrutura familiar e que a sanção de casamentos por parte da Igreja não exerceu uma pressão bastante forte em si mesma para manter unidas as famílias. Nessa discussão sobre famílias, na fase final do período colonial, em Vila Rica, Donaldo Ramos constatou

24 Veja Russell-Wood, Free and Freed Persons of African Descent in Colonial Brazil: Trends and Historiography, 1982-2002. In: ______, *Slavery and Freedom in Colonial Brazil*.

que a família matrifocal era a unidade familiar predominante, que as mulheres não brancas eram as responsáveis pela maioria das unidades domésticas e que os nascidos na África abarrotavam as menores unidades domésticas. Um inventário de 1791 acerca dos 1.347 escravos da antiga fazenda dos jesuítas, situada próximo ao Rio de Janeiro – apesar do problema da atipicidade –, tem similarmente concorrido para o questionamento do conhecimento, aceito até aqui, acerca das famílias escravas, mas, infelizmente, ele não contém informações que possam sugerir que os escravos não tivessem nascido no Brasil. Uma lição a ser tirada disso é o fato de que a natureza e a composição dos lares escravos podem ter guardado especificidades regionais e temporais. O que essas fontes confirmam é a importância das mulheres na vida da colônia e quão pouco são conhecidos os arranjos domésticos das mulheres escravas em geral, e das mulheres nascidas na África em particular. Para além dos casamentos sancionados pela Igreja e das uniões de natureza mais consensual, seria interessante saber se se verificou na América portuguesa a ocorrência de cerimônias de casamento que fossem africanas. Pode ter havido casos em que libertos de ascendência africana tenham comprado mulheres escravas no Brasil, no contexto da tradição africana de aquisição de fato de mulheres com o fim específico de procriação e não apenas de exploração sexual. Em tais instâncias, a motivação era de origem africana e não brasileira, tratando-se de seleção matrimonial e não somente de gratificação sexual; o parceiro selecionava a mulher a partir de sua capacidade reprodutiva, como veículo de criação da família, e de sua contribuição para estender a rede de parentesco, bem como constituir parte do sistema africano de "direitos sobre pessoas". Em tal contexto, as crianças assumiam importância excepcional, como havia sido o caso da África.[25]

25 Ramos, Marriage and the Family in Colonial Vila Rica, *Hispanic American Historical Review* 55, n.2, p.200-25; Graham, Slave Families on a Rural Estate in Colonial Brazil, *Journal of Social History* 9, n.3, p.382-402; Karasch, *Slave Life in Rio de Janeiro*, p.287-301. Seria interessante saber se os tabus africanos acerca do relacionamento sexual durante a amamentação eram também praticados no Brasil.

Uma linha de pesquisa bastante promissora diz respeito à relações fictícias de parentesco, presentes no contexto da família negra no Brasil colonial e da alforria.[26] Mas nenhum desses estudos enfrentou as questões que eu havia colocado inicialmente.[27] Houve paralelos entre o parentesco ritual, como praticado pelas pessoas de descendência africana no Brasil, e a África? Ou era ele de origem africana, tendo sido transferido para o Brasil? Ou representavam as práticas de parentesco no Brasil uma fusão entre o parentesco fictício africano e o conhecido pelos portugueses como compadrio? A prática conhecida como "tomar conta" de criança (uma espécie de adoção) é exercitada entre os mendes de Serra Leoa, sendo também comum em outras partes da atual África. Consiste no envio das crianças para serem criadas, em parte, por "guardiães" adultos, que não são seus pais ou parentes imediatos. A expectativa é garantir que as crianças recebam bom treinamento de adultos que não se deixem levar por elas, como poderia ser o caso de seus pais, e que um guardião de alto *status* possa promover a mobilidade social das crianças e de suas famílias. Um guardião que seja uma "grande pessoa" é também um patrono, cuja proteção, cujas redes de contato e cujos meios materiais podem beneficiar a criança e seus pais. Há também o componente da clientela, remanescente do "direito sobre pessoas" nas sociedades africanas, cuja autoridade se basearia no capital social e político, representado pela aquisição de pessoas que lhes prestam apoio, em sua condição de protetor ou "grande homem".[28] Entre

---

26 Neves, Ampliando a família escrava: compadrio de escravos em São Paulo no século XIX. In: Marcílio (Org.), *História e população*: estudos sobre a América Latina, p. 237-43; Schwartz, *Slaves, Peasants, and Rebels*: Reconsidering Brazilian Slavery, p.137-60; Figueiredo, *Barrocas e famílias*, p.119-30; Faria, *A colônia em movimento*, p.319-22; Higgins, *"Licentious Liberty" in a Brazilian Gold-Mining Region*: Slavery, Gender and Social Control in Eighteenth-century Sabará, Minas Gerais, p.129-34.

27 Russell-Wood, *The Black Man in Slavery and Freedom in Colonial Brazil*, p.187-90.

28 Bledsoe, No Success Without Struggle: Social Mobility and Hardship for Foster Children in Sierra Leone, *Man. The Journal of the Royal Anthropological Institute* 25, n.1, p.70-88; Kopytoff; Miers, African Slavery as an Instrument of Marginality. In: ______ (Orgs.), *Slavery in Africa: Historical and Anthropological Perspectives*, p.3-81.

os mendes, não há palavra que equivalha a compadrio, mas essas relações de clientelismo, na África dos dias atuais, e que têm antecedentes históricos, de fato possuem características em comum com as expectativas de um compadre no Brasil colonial e seria interessante estudar essa instituição através de uma perspectiva histórica comparativa.

Se etnicidade, formação familiar e parentesco formavam o cerne dos sistemas de valores africanos, esse também seria o caso da religião e dos rituais de transição entre o nascimento e a morte. Enquanto muita atenção tem sido dedicada aos aspectos sincréticos das religiões africanas no Brasil, há razões para se crer que, para várias das pessoas que vieram da África e passaram a viver no Novo Mundo, suas crenças religiosas eram unicamente africanas. Suas visões de mundo eram africanas e não produto de sincretismo (algum, ancestral, outros, ligados aos fenômenos naturais ou à terra), identificando-se o bem e o mal em uma ordem natural, o reconhecimento do sobrenatural e de como suas forças poderiam ser controladas e usadas através da intervenção humana para o bem ou o mal, por meio de bruxaria, divinização e curandeiros. Kim Butler argumenta em termos da natureza oyocêntrica do candomblé baiano. Mieko Nishida sugere que uma menor incidência de casamentos entre os nascidos na África, em Salvador no século XIX, pode refletir uma aderência às religiões africanas e uma decisão consciente de não entrar em uniões santificadas pela Igreja Católica e que, dentre as pessoas livres nascidas na África, havia uma propensão de somente entrar em tais uniões mais tarde na vida.[29] John Thornton nos lembra de que a amalgamação cultural entre o cristianismo e as religiões africanas ocorreu na África e que havia uma Igreja Católico-Africana no Congo e em partes da África Ocidental. De forma mais importante, o "cristianismo africano permitiu que africanos retivessem suas antigas cosmogonias, suas velhas formas de compreensão da estrutura do universo, bem como o lugar dos deuses e de outros seres divinos no interior

29 Butler, *Freedom Given, Freedoms Won: Afro-Brazilians in Post-Abolition São Paulo and Salvador*, p.189, n.75, e p.197-201; Nishida, Gender, Ethnicity, and Kinship in the Urban African Diaspora: Salvador, Brazil, 1808-1888, p.139, 179, e manuscrito não publicado.

dessa estrutura".[30] Karasch sugere que os padrões de incorporação na África Centro-Ocidental teriam provavelmente fornecido o modelo para reunião de qualidades de incorporação, que poderiam ter concorrido para o surgimento da umbanda no século XX, postulando a presença, no Rio de Janeiro, de uma tradição religiosa da África Central. Tal propensão de incorporação também seria aplicada às irmandades, especialmente as criadas no Brasil pelos escravos nascidos na África.[31]

30 Thornton, On the Trail of Voodoo: African Christianity in Africa and the Americas, *The Americas* 44, n.3, p.261-78, e seu ensaio Perspectives on African Christianity. In: Hyatt; Nettleford (Orgs.), *Race, Discourse, and the Origin of the Americas: A new World View*, p.169-98. Uma avaliação atual é fornecida por Francis Cardinal Arinze, da Nigéria, em 1994, em uma entrevista: "Muito da crença africana é animismo, e animismo é muito, muito próximo ao catolicismo, então há uma atração natural, uma afinidade. No animismo, há um deus, espíritos do bem e do mal, culto aos ancestrais, rituais", em Wilkes, This Pope and the Next, *The New York Times Magazine*, 11 dez. 1994, seção 6.

31 A noção acerca da existência de um padrão religioso generalizado no Congo e na região da savana é desenvolvida por MacGaffey: Comparative Analysis of Central African Religions, *Africa* 42, n.1, p.21-31; veja também seu livro *Religion and Society in Central Africa: The BaKongo of Lower Zaire*. Sobre o Brasil, veja Karasch, *Slave Life in Rio de Janeiro*, p.54-5, 261-87, e seu artigo Central African Religious Tradition in Rio de Janeiro, *Journal of Latin American Studies* 5, n.2, p.233-53. Veja também Mello e Souza, *O diabo e a terra de Santa Cruz*; cf. Schuler, Alas, Alas, Kongo, p.33: "O mialismo surgiu a partir de uma dinâmica tradição religiosa africana, possuindo funções de antiguidade etária de explicação, predição e controle". A parte sudeste da floresta na África Central serviu de local (Vansina, *Paths in the Rainforests*, p.177-85) de associações voluntárias, que Vansina tem distinguido de forma mais precisa enquanto "irmandades" e "associações", mas cuja proposta (rituais masculinos de iniciação em tratamento e adivinhação e de divinização e introdução na masculinidade para irmandades e associações sociopolíticas) não tem nada em comum com seus homônimos brasileiros. A sugestão feita por Valerie Smith de que as expressões de comportamento coletivo na África, anteriores ao controle europeu, forneceu o modelo das confraternidades de pessoas de descendência africana é puramente especulativo: Smith, The Sisterhood of Nossa Senhora da Boa Morte and the Brotherhood of Nossa Senhora do Rosário: African-Brazilian Cultural Adaptations to Antebellum Restrictions, *Afro-Hispanic Review* 11, n.1-3, esp. p.62.

No Brasil colonial, o trabalho escravo supria as demandas de uma economia de exportação. Proprietários definiam suas preferências por tipos de escravos, em termos de uma espécie de política de aquisição, com base na faixa etária, no sexo e na cor, mas também em termos do local de nascimento. Existe ampla evidência, no Brasil colonial e na América anglo-saxã continental, que sugere o fato de que alguns desses escravos, nascidos na África, possuíam conhecimento anterior do cultivo agrícola, especialmente do arroz, do controle da água para a irrigação e de tecnologias de mineração. Isso fez que alguns proprietários – plantadores ingleses e mineradores e plantadores portugueses – dessem maior preferência à aquisição de pessoas nascidas de certas "nações", na África. Em resumo, tecnologias que eram cruciais para o desenvolvimento agrícola e econômico nas Américas iam sendo transferidas não da Europa, mas da África para o Novo Mundo.[32] Compradores de escravos no Brasil e na América anglo-saxã reconheceram que as mulheres, não menos do que os homens, tinham herdado este conhecimento tecnológico e as compravam por essa razão. O fato de as mulheres escravas serem mais baratas que os homens serviu também como um elemento persuasivo. Seu conhecimento técnico pode ter exercido um papel crucial em habilitar as mulheres nascidas na África para adquirirem sua liberdade no Brasil.

Tanto os escravos quanto os libertos se engajaram no cultivo de pedaços de terra, na colheita e na criação de galinhas e porcos para o consumo familiar e para a venda local. Mulheres nascidas na África continuaram a multiplicar papéis e ocupações, que, antes, lhes eram associados, na África, na mesma proporção que as nascidas no Brasil, especialmente o do cuidado e da educação das crianças, bem como o da produção e da venda de gêneros alimentícios. Essa sagacidade comercial era uma habilidade de fácil transferência para o Novo Mundo. Todos os aspectos do comércio

32 Wood, *Black Majority, Negroes in Colonial South Carolina from 1670 through the Stono Rebellion*; Littlefield, *Rice and Slaves*: Ethnicity and the Slave Trade in Colonial South Carolina; Carney, *Black Rice: The African Origins of Rice Cultivation in the Americas*; Russell-Wood, Technology and Society: The Impacto of Gold Mining on the Institution of Slavery in Portuguese America, *The Journal of Economic History* 37, n.1, esp. p.68-9, 77-9.

local no Brasil, seja nas ruas ou nas barracas, encontravam-se dominados pelas mulheres de ascendência africana. A familiaridade com o lugar do mercado e com as técnicas apropriadas pode não ter apenas diferenciado a mulher nascida na África da nascida no Brasil, mas ficou refletida também na incidência e no modo por que eram adquiridas as cartas de alforria. Apesar de os escravos nascidos no Brasil serem geralmente preferidos, em relação aos nascidos na África, em termos da concessão de alforrias, seria interessante verificar a proporção dos nascidos na África, em comparação com os nascidos no Brasil, que conseguiram sua liberdade através, especificamente, de sua própria compra, de sua substituição por outro escravo e da coartação.[33] Mary Karasch atribui o sucesso das mulheres escravas nascidas na África em obter sua liberdade à "manutenção de padrões africanos", que incluíam a ação de compra e venda. Tais mulheres certamente estavam mais bem equipadas do que os homens nascidos na África, cujo papel, que lhes era atribuído lá, era o da caça, o do pastoreio, o da pesca e o de esculpir madeiras. Mas o homens escravos nascidos na África portadores de técnica, como os artesãos, os artífices de ferro e outro e os mineiros, eram procurados com maior demanda no Brasil colonial.[34]

33 Veja os estudos recentes de Paiva, *Escravos e libertos nas Minas Gerais do século XVIII: Estratégias de resistência através dos testamentos*, p.83-6, 216-23; Libby; Paiva, Manumission Practices in a Late Eighteenth-century Brazilian Slave Parish: São Jose d'El Rey in 1795, *Slavery and Abolition* 21, n.1, p.118-21; Souza, Coartação-problemática e episódios referentes a Minas Gerais no século XVIII. In: Silva (Org.), *Brasil: colonização e escravidão*, p.275-95.

34 O estudo mais abrangente é o de Graham, *Home and Street: The Domestic World of Servants and Masters in Nineteenth-Century Rio de Janeiro*; veja também Karasch, *Slave Life in Rio de Janeiro*, p.347; Russell-Wood, *Black Man in Slavery and Freedom*, p.36-7, 54-5; Reis, Mulheres de ouro: as negras de tabuleiro nas Minas Gerais do século XVIII, *Revista do Departamento de História*, p.72-85; Nishida, Gender, Ethnicity and Kinship, p.59-62. Com relação ao amplo leque de ocupações disponíveis para as mulheres nascidas na África, no Brasil, Igor Kopytoff sugere que isso pode estar relacionado à cultura africana naquilo a que ela se refere: "no novo mundo as mulheres africanas poderiam se encontrar MAIS livres para circular por uma variedade de ocupações do que na própria África, onde poderia não haver objeções EM PRINCÍPIO à expansão de seus papéis, mas os constrangimentos poderiam

Mais fácil de detectar e mais bem documentado nos registros iconográficos da América portuguesa são os costumes das pessoas nascidas na África. No Brasil, os escravos vindos da África demonstravam respeito aos mais velhos e à antiguidade inerente às sociedades africanas. Isso podia ser observado nos batismos e nos casamentos, na escolha de padrinhos negros que pudessem ter ocupado cargos mais altos ou posições de respeito na África, havendo grande sensibilidade para com o *status* dos indivíduos, de acordo com um código cultural africano de hierarquia, etiqueta e comportamento. No Brasil, os escravos nascidos na África não falavam uma, mas várias línguas africanas, como acontecia lá, onde um indivíduo poderia falar a língua materna, a de sua região e a de trocas, tal como o suaíli ou o fulani. Formas de saudação e de ritual de trocas de presente entre os indivíduos nascidos na África eram observadas no Brasil e, seguindo frequentemente as tradições africanas, por exemplo, a prática, no Congo, de troca de rapé. Muitas mulheres, especialmente as da África Ocidental e as da Centro-Ocidental, usavam xales e carregavam crianças em seus quadris, à moda africana. Amuletos usados pelos nascidos na África (e, provavelmente, pelos demais) serviam como talismã e alguns tinham importância religiosa associada ao Alcorão e a religiões animistas. A iconografia registra a presença, no Brasil, de costumes e artefatos africanos não adulterados: cestos e tapetes, culinária, instrumentos musicais de corda e percussão, música e dança.[35]

A historiografia produzida acerca dos descendentes africanos na América portuguesa tem focalizado principalmente quatro aspectos da diáspora africana: o migratório – a travessia do

ser PRAGMÁTICOS" (comunicação pessoal em 21 de março de 1995; letras maiúsculas do autor). Veja seu artigo Women's Roles and Existential Identities. In: Sanday; Goodenough (Orgs.), *Beyond the Second Sex: New Directions in the Anthropology of Gender*, p.77-98.

35 Baseado em Karasch, *Slave Life in Rio de Janeiro*, p.220, 225-7; em termos de uma perspectiva baiana, veja Ott, *Formação e evolução étnica*. Na década de 1840, o inglês James Wetherell destacou a polidez e a presença de saudações específicas entre os negros, *Stray Notes from Bahia: Being Extracts from Letters, &co. During a Residence of Fifteen Years*, apud Nishida, Gender, Ethnicity and Kinship, p.51-2.

Atlântico; o institucional – a escravidão, notadamente a discussão sobre a alegada brandura ou brutalidade da escravidão brasileira; o ocupacional – a *plantation* e a escravidão doméstica; e o cultural – o debate acerca do grau em que as culturas africanas foram suprimidas, adaptadas ou preservadas e sua contribuição em prol da cultura brasileira.[36] Esse último aspecto é de grande interesse para nós, aqui, na medida em que o debate tem sido desenvolvido no contexto da experiência africana em geral e no contexto institucional da escravidão em particular. Daí a construção de um contexto caracterizado pela hibridação, especialmente luso-brasileira, e pela hifenização na nomenclatura que se refere à mistura de culturas com componente africano: afro-baiano e afro-carioca. A formação de tais culturas híbridas ou sincréticas e os estudos da evolução das culturas escravas no Brasil colonial têm recebido tanta atenção que o contexto africano tem sido largamente ignorado pelos historiadores da América portuguesa,[37] especialmente pelos estudiosos que associam ao Brasil uma perspectiva e um vocabulário relacionados aos modelos anglo-americanos do Caribe e da América do Norte. Nessa tradição historiográfica, nessa estrutura conceitual do sincretismo, nessa síntese cultural, nessa assimilação e nessa aculturação predomina o uso de metáfora: *melting pot, salad bowl, mosaic*. Tal contexto contribui para uma perspectiva em que os traços da cultura africana ou os costumes sejam vistos como "retenção" (termo que, pelo menos, tem uma dinâmica e uma conotação ativa, atribuindo aos atores ou aos participantes um sentido de intenção) ou "sobrevivência" (conceito mais passivo), e o componente africano é estreitamente percebido no contexto da contribuição dos escravos africanos para as economias americanas, da contribuição das culturas afro-americanas para a sociedade americana e de como o passado dos

36 Para o Brasil, o defensor mais conhecido foi Freyre, *The Masters and the Slaves*.

37 Notáveis exceções: Karasch, *Slave Life in Rio de Janeiro*; Schuler, Alas, Alas, Kongo; Miller, *Way of Death: Merchant Capitalism and the Angolan Slave Trade, 1730-1830*; e Thornton, *Africa and Africans in the Making of the Atlantic World, 1400-1680*. Com relação ao impacto sobre as sociedades africanas, as economias da escravidão e os tráficos de escravos, veja Manning, *Slavery and African Life, Occidental, Oriental and African Slave Trades*.

povos afro-americanos contribui para uma compreensão da situação contemporânea.

O que os contemporâneos notaram durante o período colonial, e que viajantes, no Brasil, confirmaram durante o período monárquico, e vem sendo confirmado pelos estudos mais recentes, é que na verdade há evidência a sugerir que pelo menos algumas pessoas nascidas na África permaneceram distintas e não se integraram a uma sociedade mais ampla de pessoas de descendência africana, que incluiu pessoas nascidas na América e na África. Através de todo o período colonial, tal era a intensidade sustentada pelo tráfico de escravos que uma distinção dos nascidos na África foi assegurada. Da parte destes, colocava-se no nível individual a decisão acerca de quão separatistas ou não ficariam em relação a outras pessoas de descendência africana, que incluíam os nascidos no Novo Mundo (principalmente no Brasil), os escravos e as pessoas livres. A demografia do tráfico de escravos, que favorecia os homens em relação às mulheres, em uma proporção de dois por um, concorreu para um desequilíbrio mais pronunciado entre os nascidos na África do que entre a população de ascendência africana em geral no Brasil. Tal era a intensidade do tráfico que as pessoas nascidas na África formavam o maior contingente populacional do Brasil colonial, predominando sobre o número das pessoas nascidas no Brasil de ascendência africana, bem como sobre os brancos e os nativos americanos. Os nascidos na África eram fisicamente distintos da população em geral, em função do que era conhecido pelos fazendeiros da Carolina do Sul, no século XVIII, como as "marcas do país": cicatrizes, cortes e queloides faciais. No caso do Brasil, esses exemplos foram bem documentados pelo artista alemão Johann Moritz Rugendas, em seus desenhos do século XIX rural e das cenas urbanas.[38] Os nascidos na África falavam os idiomas africanos e se referiam uns aos outros através de seus nomes africanos, em adição aos nomes impostos pelos proprietários. O fato de alguns tentarem permanecer ao largo é evidenciado através de organizações corporativas, tais como as irmandades, cujos estatutos restringiam a afiliação

38 Littlefield, *Rice and Slaves*: Ethnicity and the Slave Trade in Colonial South Carolina, p.117, 123. Rugendas, *Malerische Reise in Brasilien*.

(por exemplo, em Salvador, a Irmandade do Senhor Bom Jesus das Necessidades e Redenção dos Jejes, e a Irmandade de Nossa Senhora da Boa Morte dos Nagôs de Ketu). Em 1765, a Confraria do Senhor Bom Jesus dos Martírios, da vila de Cachoeira, no Recôncavo Baiano, fez uma petição à Mesa de Consciência e Ordens, em Lisboa, solicitando a confirmação de seu compromisso. Essa petição não foi apoiada pelas autoridades eclesiásticas baianas, que alegaram que os irmãos, africanos da nação jeje, "são tirados do paganismo da África e sempre lhes fica uma propensão para coisas sobrenaturais".[39] O estudo de Marcos Magalhães de Aguiar[40] sobre as relações entre as irmandades negras e mulatas em Vila Rica do século XVIII mostra que elas serviam de instrumento tanto de integração quanto de exclusão entre as pessoas de nascimento ou ascendência africana. Também tinham potencial para servir como instrumentos de aculturação e integração de pessoas de nascimento ou ascendência africana na sociedade luso-brasileira. Não menos importante era o fato de que as irmandades abriam oportunidades de liderança e serviam como amortecedores para diminuir tensões, no Brasil, entre diferentes grupos de pessoas nascidas na África.[41] Os escravos de ganho nascidos na África apropriavam-se de esquinas ou lugares e ofereciam seus serviços de carregadores.[42]

A ausência das habilidades decorrentes da instrução ou do treinamento, da exposição prévia aos costumes e à língua

39 Soares, *Devotos da cor*: identidade étnica, religiosidade e escravidão no Rio de Janeiro, século XVIII, p.169.

40 Aguiar, Vila Rica dos confrades: a sociedade confrarial entre negros e mulatos no século XVIII; e Capelães e vida associativa na capitania de Minas Geraes, *Varia História* 17, p.80-105.

41 Kiddy, Congados, Calunga, Candomble: Our Lady of the Rosary in Minas Gerais, Brazil, *Luso-Brazilian Review* 37, n.1, p.47-61.

42 Sobre a recente historiografia das irmandades, veja Russell-Wood, Brazilian Archives and Recent Historiography on Colonial Brazil, *Latin American Studies Research Review* 36, n.1, p.98-100; e Russell-Wood, Free and Freed Persons of African Descent in Colonial Brazil. Trends and Historiography, 1982-2002. In: ______, *Slavery and Freedom in Colonial Brazil*. Sobre cantos, veja Rodrigues, *Os africanos no Brasil*, p.156-7; Reis, *Slave Rebellion in Brazil: The Muslim Uprising of 1835 in Bahia*, p.164-5; Nishida, Gender, Ethnicity and Kinship, p.55-8.

portuguesa e dos comportamentos associados às forças de aculturação também colocava à parte os demais indivíduos nascidos na África. De fato, para os homens vindos da África, vivendo nos vilarejos e nas cidades do Brasil colonial, a ausência de habilidades que pudessem aumentar sua utilidade para o proprietário, para além do fato de prestarem trabalho pesado, que não requeria qualquer treinamento, fez que os proprietários os alugassem. Entre as mulheres nascidas na África, vivendo em ambientes urbanos no Brasil, a combinação de habilidades derivadas de seus múltiplos papéis na África somava-se à falta de familiaridade com os costumes e a língua portuguesa, tornando-as menos adaptadas para o trabalho doméstico do que para as atividades de rua, que poderiam incluir a venda de artigos ou a prostituição, a pedido de seus senhores e senhoras.

O componente africano dos ritos e das crenças religiosas e o grau em que eram precursores das práticas de candomblé permanecem sendo algo especulativo para o período colonial, como também o papel, em tais ritos, dos nascidos na África. Nem há qualquer evidência clara para o período colonial de que os nascidos na África diferissem das demais pessoas de ascendência africana na colônia, com relação à veneração a certos santos católicos, brancos ou negros.[43] O forte laço desenvolvido entre os escravos transportados em uma mesma embarcação, conhecido como malungo, pode ter servido também como fator a isolar as pessoas nascidas na África dos demais descendentes de africanos na colônia. Revoltas escravas na Bahia, entre 1807 e 1835, foram caracterizadas por uma alta representação dos escravos nascidos na África e por uma baixa participação dos nascidos no Brasil.[44]

A historiografia sobre resistência, em termos gerais, e sobre os quilombos, em particular, tem se expandido bastante desde

43 Verger, *Notícias da Bahia, 1850*, p.66 apud Nishida, Gender, Ethnicity and Kinship, p.142; veja também Bastide, *The African Religions on Brazil: Toward a Sociology of the Interpenetration of Civilizations*, p.113, 116; e Karasch, *Slave Life in Rio de Janeiro*, p.230, 268-70 *inter alia*.

44 Nishida, Gender, Ethnicity and Kinship, p.101-21; veja também Prince, Slave Rebellion in Bahia, 1807-1835, e Slave Resistance in Brazil: Bahia, 1807-1835, *Luso-Brazilian Review* 25, n.1, p.111-44. O estudo mais abrangente é o de Reis, *Slave Rebellion in Brazil*.

a década de 1980[45] e se tornado mais sofisticada em relação às novas interpretações que levam em consideração uma dimensão africana. Stuart Schwartz e Robert Anderson postulam uma nova interpretação no estudo de Palmares, a despeito da ausência de novas fontes de pesquisa.[46] Schwartz examina a etimologia da palavra quilombo, na qual vê uma "história codificada e não escrita". Baseando-se na descrição do historiador norte-americano Joseph Miller, a partir do caso dos imbangalas, Schwartz recupera seus movimentos em Angola, seu contato e sua adaptação, em relação às suas próprias necessidades, à instituição mbundu do Ki-Lombo, como organização social, cujo chefe era Nganga a Nzumbi, que fornecia uma organização militar e era um instrumento de integração de povos espalhados e destituídos de laços de parentesco. Apesar das diferenças, os negros em Palmares poderiam ter aproveitado alguns aspectos desse antecedente africano, em proveito de sua própria organização social e ritual. Para Schwartz, sua escolha da palavra quilombo era intencional e refletia o modo como os escravos, no Brasil do século XVII, percebiam a forma pela qual suas necessidades de uma organização militar e de uma integração social se emparelhavam com as dos africanos na Angola no início do século XVII. Anderson corrige os erros da tradução de Kent, apesar de concordar que "poderia parecer que, no auge de Palmares, títulos e práticas rituais políticas e públicas da África Central tenham prevalecido", indicando ainda o fato de que, por volta dos anos de 1650, havia uma população multiétnica e uma "população heterogênea, nascida no Novo Mundo". Enfatiza a dimensão crioula brasileira, ao mesmo tempo adotando a visão de Schwartz, com relação ao modelo de ki-lombo como fator de integração de uma comunidade sem linhagem, para quem a guerra e a defesa própria eram aspectos de importância fundamental, atraindo a atenção dos nascidos tanto no Brasil quanto na África.

---

45 Schwartz, *Slaves, Peasants and Rebels*, p.14-5; Reis; Gomes (Orgs.), *Liberdade por um Fio: História dos Quilombos no Brasil.*

46 Schwartz, op. cit., p.122-8; Anderson, The Quilombo of Palmares: A New Overview of a Maroon State in Seventeenth-century Brazil, *Journal of Latin American Studies* 28, n.3, p.545-66.

Isso reforça a importância da memória coletiva. Thornton desenvolveu o argumento convincente de que, no Congo, os indivíduos se sentiam identificados com o reino e demonstravam uma grande lealdade para com o rei. A língua (kikongo) e o orgulho acerca de uma identidade cristã, que datava do final do século XV, foram outros elementos associados a esse senso de identidade coletiva. O rei católico Afonso I tornou-se um herói cultural, cuja memória era consagrada pela tradição oral e perpetuada pela celebração de sua vitória sobre o rival pagão e meio irmão, graças à aparição de São Tiago, cuja celebração (a 25 de julho) se tornou um dia nacional no Congo e cimentou ainda mais o forte sentimento de identidade nacional.[47] Personagens históricos, transformados em heróis culturais – como no caso da rainha Njinga do Ndongo e Matamba, mesmo durante o período em que estava viva –, demandam novos estudos acerca dos papéis desempenhados por essas personagens no interior da África, como pontos de referência para os africanos nas Américas.[48] Estudos recentes têm concorrido para uma melhor compreensão da identidade, da diversidade étnica e racial, da mudança do elemento étnico para o da cor e da complexidade do processo de reidentificação, experimentada por pessoas de ascendência africana no Brasil colonial. A África e a noção de um torrão natal africano ocupavam um lugar importante na memória coletiva das pessoas de ascendência africana no Brasil.[49]

Claramente, pouco se sabe, em relação ao período colonial no Brasil – dada a virtual ausência de documentos produzidos por

---

47 Thornton, Celebrations and Kongo Identity.

48 Luís da Câmara Cascudo (1965) reparou nesta transferência da lenda da rainha Jinga para o Brasil, em um artigo intitulado A Rainha Jinga no Brasil. Veja Alencastro, *O Trato dos Viventes: formação do Brasil no Atlântico Sul*, p.277-82.

49 Mattos, *Das cores do silêncio*: os significados da liberdade no sudeste escravista – Brasil, século XIX; Reis, Identidade e diversidade étnica nas irmandades negras no tempo da escravidão, *Tempo* 2, n.3, 1997, p.7-33; Nishida, From Ethnicity to Race and Gender. Transformations of Black Lay Sodalities in Salvador, Brazil, *Journal of Social History* 32, n.2, p.329-48; Kiddy, Ethnic and Racial Identity in the Brotherhoods of the Rosary of Minas Gerais, 1700-1830, *The Americas* 56, n.2, p.221-52; Soares, *Devotos da cor*.

pessoas nascidas na África –, sobre como se sentiam identificadas entre si, ao invés de identificadas pelos outros grupos, tanto brancos quanto negros, nascidos no Brasil. Mas há ampla evidência de que, no Brasil, as pessoas nascidas na África viam a si próprias como separadas, à parte, e até mesmo em situação de desigualdade, não apenas em relação aos brancos, mas também às pessoas de ascendência africana nascidas no Brasil. Não foi apenas na revolta dos malês, de 1835, na Bahia, que os indivíduos nascidos na África identificaram os negros nascidos no Brasil, os mulatos e os brancos como inimigos. Já no século XVIII, ataques de escravos tinham tido como objetivo brancos e mulatos. Essa separação era abertamente reconhecida pelas pessoas de descendência africana nascidas no Brasil, cujo antagonismo em relação àqueles que haviam nascido na África era evidente, estigmatizando-os como não dignos de confiança.[50] No caso da revolta dos malês, quando a inevitável reação por parte das autoridades se verificou, a ação era mais direcionada contra as pessoas nascidas na África do que contra as nascidas no Brasil, de ascendência africana, bem como era um movimento direcionado não apenas contra pessoas, mas também contra qualquer objeto africano. Em 1837, a desconfiança era um fator a incidir na recusa em permitir que escravos nascidos na África participassem da defesa da cidade de Salvador, durante a Revolta da Sabinada. Karasch demonstra a forma como as vestimentas, os estilos dos penteados e as joias não eram apenas indicadores de *status* entre as mulheres escravas, mas foram também adotados, de forma consciente, para distinguir os nascidos no Brasil dos nascidos na África.[51] Menos claro é se essa rejeição às pessoas nascidas na África, por parte das nascidas no Brasil, de

---

50 Russell-Wood, *Black Man in Slavery and Freedom*, p.81-2, 83, 92, 133-4, 137-9, 148, 156, 159; Gutiérrez, Crioulos e Africanos no Paraná, 1798-1830, *Revista Brasileira de História*, p.161-88; Reis, *Slave Rebellion in Brazil*, p.54, 179; Schwartz, The Formation of a Colonial Identity in Brazil. In: Canny; Pagden (Orgs.), *Colonial Identity in the Atlantic World, 1500-1800*, p.48.

51 Reis refere-se a isso como "o repuxo anti-africano" e, em termos da manutenção de um sentimento anti-africano, ele classifica com a "linha conde da Ponte", em *Slave Rebellion in Brazil*, p.203; veja também Kraay, As "terrifying as unexpected": the Bahian Sabinada, 1837-1838, *Hispanic American Historical Review* 72, n.4, p.501-17; e Karasch, *Slave Life in Rio de Janeiro*, p.221-6.

ascendência africana refletia atitudes de acordo com os princípios culturais africanos, que, como recém-chegados, os definiam como *outsiders* e, como tais, não eram aceitos ou, então, eram vistos apenas como inferiores.

Aparentemente, a maioria dos oficiais e, provavelmente, dos soldados dos regimentos dos Henriques era nascida no Brasil, já na condição de livres ou de libertos. Os oficiais dos Henriques, de Salvador, encontravam-se integrados em uma rede de pessoas de ascendência africana, associada aos ofícios mecânicos e às irmandades católicas. Como tal, constituíam uma elite negra e faziam parte de uma comunidade firmemente entrelaçada. Na verdade, se tais entidades corporativas formalmente não excluíam os nascidos na África, simplesmente estes não tinham o mesmo acesso a tal comunidade, do qual dispunham os nascidos no Brasil. De seis pessoas de ascendência africana (quatro pretos e dois mulatos) que se distinguiram na luta contra os holandeses, em Pernambuco e Salvador, e que foram agraciados com o título de Cavaleiros da Ordem de Cristo, da Ordem de Santiago e da Ordem de Avis, cinco haviam nascido no Brasil.[52]

Essa antipatia e essa descrença têm sido tradicionalmente vistas no contexto das condições e dos valores prevalecentes em um ambiente americano: especialmente entre os nascidos no continente americano e os que não nasceram ali. Mas a reconsideração dessa questão, no contexto do sistema de valores africanos, pode ser instrutiva. Na África subsaariana, o conceito de primazia é importante. O fato de um indivíduo ou grupo ser o primeiro a entrar e a instalar-se em um dado lugar lhes conferia uma posição social privilegiada, só pela virtude de tal primazia. Essa primazia também conferia antiguidade em relação àqueles que chegaram depois. Minha hipótese é a de que o desdém, demonstrado pelas pessoas de ascendência africana nascidas no Brasil em relação às nascidas na África, poderia refletir sentimentos baseados nesse

52 Kraay, The Politics of Race in Independence-era Bahia: the Black Militia Officers of Salvador, 1790-1840. In: ______ (Org.), *Afro-Brazilian Culture and Politics: Bahia, 1790s-1990s*, p.30-56; Dutra, A Hard-Fought Struggle for Recognition: Manuel Gonçalves Doria. First Afro-Brazilian to Become a Knight of Santiago, *The Americas* 56, n.1, p.91-113.

princípio de primazia. Se os recém-chegados fracassaram em demonstrar o apropriado respeito e a deferência a seus predecessores, em razão de sua antiguidade, a antipatia em relação a eles poderia surgir como um resultado disso.

O Brasil colonial era demonstração das várias fissuras e divisões existentes entre os grupos de pessoas de ascendência africana, para além das associadas às nações e que incluíam divisões religiosas, ocupacionais, sexuais, de cores de pele, de línguas e de graus de aculturação. Nenhum fator único – racial, sexual, lugar de nascimento, cor, *status* escravo – foi forte o bastante para superar tais divisões e, assim, prover um terreno comum a todas as pessoas de origem ou ascendência africana, ou um sentido de autoidentificação como africanos. Algumas tensões surgiam como produtos das condições no Brasil: entre escravos e livres ou pessoas libertas; entre os nascidos livres e os alforriados; entre pretos e mulatos. Até mesmo a maneira pela qual os escravos tinham obtido sua liberdade poderia ser um ponto de gradação. Outras tensões se viam como sendo do Velho Mundo de forma irremediável e reproduziam no Brasil divisões originárias de dentro da própria África. A questão é que, no interior do Brasil colonial, havia suficiente massa crítica – em termos culturais, demográficos e linguísticos –, além de um contexto no qual a homogeneidade era tão frágil que não poderia sustentar-se, no sentido de aspirações separatistas, ou cuja heterogeneidade fosse tal que pudesse acomodar tais sentimentos e implementações, para que pessoas nascidas na África – com mínima possibilidade de intervenção por outras – continuassem os modos de vida e comportamento, no cotidiano, tal como existiam na África. Isso incluía a prática de ritos inalterados, a manutenção de crenças e relacionamentos pessoais, a adesão a princípios culturais e, mesmo, almejar ocupações como as que tinham na África. Tinham-se movimentado no tempo e no espaço, e a escravidão – tal como era praticada nas Américas, bem como sua presença irremediável em cada faceta da vida colonial – constituía um contexto totalmente afastado do observado na África. Mas, para que os que desejavam viver no Brasil como africanos, ao invés de afro-brasileiros, existia um potencial para agir assim. Essa opção consciente, por parte dos africanos nas Américas, marcada por um amplo caráter cultural comum, foi observada por Melville Herskovits há cerca de cinquenta anos, quando concluiu que as diferenças demarcando as pessoas tendiam a ser suavizadas, e que eram suprimidos os aspectos que divergiram demais em relação aos valores e aos comportamento do grupo dominante.[53]

O que estou propondo é uma mudança de paradigma, que possa servir como contraponto para a importância dada por alguns pesquisadores à "crioulação", que pode ser interpretada como uma força homogeneizadora, capaz de transformar a diversidade das culturas e os povos africanos em uma série de identidades hifenizadas no Novo Mundo. Nessa abordagem, será dada atenção, em proporções equivalentes, a ambos os componentes, o africano e o americano, pesquisadores da diáspora africana nas Américas serão bem servidos pelo exame de alguns aspectos da experiência afro-americana (em seu sentido amplo) – liderança, pluralidade e diversidade de poder, produção e comércio, parentesco e arranjos domésticos, hierarquia, crenças e práticas religiosas e identidade – não apenas no contexto das Américas, mas no da África. Também proponho que a ênfase na suposição de um impulso assimilativo seja contrabalançada por uma perspectiva que reconheça a possibilidade de uma rejeição consciente por pessoas nascidas na África à cultura hegemônica luso-brasileira, por razões outras que não as que pudessem levar as pessoas de ascendência africana, nascida no Brasil, a adotarem posição semelhante. Tal rejeição por parte dos nascidos na África não deve ser apenas interpretada no contexto da *marronage* ou do debate sobre a resistência, mas em termos de uma decisão consciente de permanecer africano, ao invés de se tornar afro-brasileiro ou mesmo afro-luso-brasileiro. Agindo dessa maneira, não apenas as pessoas nascidas na África rejeitavam (no que era viável dentro de uma relação senhor-escravo) uma cultura portuguesa dominante, bem como os valores, as crenças e mesmo as práticas domésticas, mas também qualquer laço comum baseado na escravidão, na religião, na etnicidade, no parentesco, no costume e racial, que eles podiam ter compartilhado com as pessoas, nascidas no Brasil, de ascendência africana. Em resumo,

53 Herskovits, The Contribution of Afroamerican Studies to Africanist Research, *American Anthropologist* 50, n.1, esp. p.6-7.

deles era a cultura africana, algo que não era uma contracultura nem contra-hegemônico, coisa que, no contexto brasileiro, significava ser europeu ou originado do Novo Mundo (luso-americano ou afro-americano). Em seu estudo sobre os imigrantes por contrato vindos da África para a Jamaica, Monica Schuler argumenta que

> desde o começo, os imigrantes, a despeito de sua origem étnica, decidiram constituir parte de algo maior, um grupo formado por todos os africanos ou todos os imigrantes, separados do macrocosmo jamaicano, que incluía tanto os afro-jamaicanos quanto os europeus.

Não seria o caso de haver uma situação paralela no Brasil colonial?[54]

Minha linha de argumentação é muito diferente da sugerida por Sterling Stuckey para os Estados Unidos, a saber: "Como podia um único povo ser formado de vários grupos étnicos nas plantações do Sul"?.[55] Nem é minha preocupação maior se houve continuidade de exemplos de práticas, mitos, crenças e comportamentos africanos da era colonial nos dias atuais no Brasil. Minha preocupação é exclusivamente com a consideração dos princípios culturais das pessoas, nascidas na África, no Brasil, e não com as mudanças que poderiam ter ocorrido em moldes gerais, mas as que representavam mudanças na África. Estou também sugerindo que – fascinante como pode ser o estudo da dimensão étnica ou "tribal" da diáspora africana no Brasil – o fato mais aparente, na organização de irmandade e cantos, considerando assim dois exemplos amplamente documentados, é a existência de dúvidas quanto à autenticidade, à precisão história, à proveniência de tais atribuições e à validade de tais modelos étnicos ou "tribais" como construções analíticas, bem como reservas acerca do embasamento de hipóteses unicamente sustentadas sobre tais atribuições "proto-etnológicas" e sua importância como determinantes da organização de esforços corporativos para padrões de

54 Schuler, Alas, Alas, Kongo, p.65 e 32. Veja também Thornton, *Africa and Africans*, p.5.

55 Stuckey, *Slave Culture: Nationalist Theory and the Foundations of Black America*, p.viii.

comportamento, para sistemas de crença ou redes de parentesco.[56] Se Igor Kopytoff está correto em sua discussão sobre a unidade cultural da África subsaariana, tal cultura de base pan-africana poderia ter sido tão fortemente influenciada pelas pessoas nascidas na África e transportadas para o Brasil que teria transcendido as distinções "tribais" ou étnicas e fornecido um laço cultural comum entre tais pessoas na América portuguesa. Esse foco do fenômeno de ser nascido na África será um exercício na história compensatória e pagará dividendos tão ricos quanto os derivados dos estudos sobre as origens "tribais" ou "étnicas". Minha afirmação é de que as pessoas nascidas na África, vivendo nas Américas, precisam ser estudadas em seus termos próprios, especialmente na condição de serem africanas, e de que uma compreensão da dimensão africana é uma faceta de não menos importância para a história da diáspora africana em geral e dos africanos no Brasil em particular, do que o estudo das reações das pessoas de ascendência africana, nascidas nas Américas, em relação à hegemonia cultural e social portuguesa. Finalmente, que o paradigma de trocas recíprocas entre as culturas europeia e africana e entre as culturas africana e afro-brasileira abre caminhos para pesquisas frutíferas, sendo um de vários modelos de estratégias de pesquisa para o estudo da diáspora africana nas Américas. Esse novo foco também é um exercício importante na história compensatória, enquanto uma das deficiências nos estudos afro-americanos antropológicos e historiográficos reside precisamente no fato, com algumas exceções (Melville Herskovits sendo talvez o mais notável), de que muitos estudiosos da história afro-americana se ressentem da falta de uma experiência pessoal africana e baseiam suas conclusões apenas na literatura etnográfica.

Essa perspectiva também confere às pessoas nascidas na África, no Brasil, uma dimensão universal, que transcende os horrores da travessia do Atlântico e a instituição escravista, na

56 O termo "proto-etnológico" é usado por Palmie, Slave Culture and the Culture of Slavery in North America: A Few Recent Monographs. In: Binder (Org.), *Slavery in the Americas*, p.32. Veja também seu inteligente artigo, Ethnogenetic Processes and Cultural Transfer in Afro-American Slave Populations. In: Binder (Org.), *Slavery in the Americas*, p.337-63.

forma como era praticada nas Américas, liberando-as do contexto racista caracterizado pelo preconceito e pela discriminação, bem como de um contexto exclusivamente americano. Ela também as libera de uma historiografia, exemplificada por uma vasta literatura sobre a "expansão da Europa" e proponente do excepcionalismo europeu, que enfatiza o alegado dinamismo dos europeus e exagera o "impacto" dos europeus sobre as populações nativas das Américas, da Ásia e da África. A promoção de uma colaboração simbiótica entre historiadores do Brasil e da África pode ser vantajosa para ambos e promover trocas acadêmicas recíprocas.

Há mais dois outros elementos potencialmente vantajosos. Um é o fato de que a historiografia sobre as pessoas de ascendência africana na América portuguesa poderia liberar-se não apenas do Brasil, mas também das Américas, quando assumindo novas possibilidades como válidas para exame, na literatura crescente sobre os estudos transculturais. Um exemplo é o exame das precondições e dos processos de conversão ao catolicismo, da africanização do cristianismo e da efetividade da evangelização, da profundeza e duração da conversão e do grau de apostasia e negação. Esse processo é comparável ao verificado no Oriente entre as populações locais, algumas das quais oriundas do islamismo, do budismo, do hinduísmo, do confucionismo e do taoísmo, que foram convertidas ao cristianismo em graus variados de compreensão e cometimento e que, mais tarde, retornaram às suas religiões iniciais. A segunda oportunidade poderia ser o potencial para estudo das pessoas nascidas na África, no Brasil, como exemplo de uma comunidade de enclave: como tal, a comunidade dos nascidos na África, no Brasil colonial, fornece um ponto de referência para um estudo comparativo das comunidades contemporâneas da diáspora africana ou pode trazer uma dimensão histórica para a análise das comunidades de enclave dos séculos XIX e XX. Isso não apenas das pessoas de ascendência africana, em Toronto e em Londres, para as quais a migração pode representar uma primeira ou segunda diáspora, mas também para comunidades como a dos chineses em São Francisco, nos Estados Unidos, ou as dos indianos e paquistaneses em Bradford e Birmingham, na Inglaterra. Tal perspectiva também liberta as pessoas nascidas na África das atenções dos proponentes de excepcionalismo americano e permite aos pesquisadores focalizar comparativamente as pessoas nascidas na África em um contexto das diásporas.

Alguns "estranhos na terra", para cunhar a expressão de John Higham, abraçaram entusiástica e totalmente uma nova cultura; outros a assimilaram parcialmente; e ainda outros vivem uma existência esquizofrênica, na qual as duas culturas (a hegemônica e a alternativa) correm caminhos paralelos. Existem os que conscientemente rejeitam o novo e há ainda outros que continuam a aderir àqueles valores, àquelas práticas e àqueles costumes, assumindo sistemas de crenças e mantendo os padrões sociais de seus lugares de nascimento, sem um sentido de luta contra a cultura prevalente ou predominante. Dentre outros fatores, incidindo no desfecho, podem estar a identidade de grupo, as crenças e as convicções religiosas compartilhadas, a força dos princípios culturais, a estabilidade e o caráter insular do lugar de origem, os números, a proporção sexual, os graus em que se formam a maioria ou a minoria dentro das comunidades receptoras, a solidariedade imigrante e a estabilidade comparativa ou a segurança em seus novos ambientes. Toda coesão cultural ou regional que possa ter havido entre qualquer grupo de escravos era suscetível de fragmentação, através do processo de recolha e transporte para as Américas. Estudos recentes, especialmente os de Mechal Sobel para a Virgínia do século XVIII, de Monica Schuler para a Jamaica, e Herman Bennett para a Nova Espanha, de Mary Karasch para o Rio de Janeiro, de Mieko Nishida para Salvador e de Kim Butler para Salvador e São Paulo, no período pós-abolição, sugerem que poderia haver outra dimensão para essa imagem de uma tradição cultural fragmentada e fragmentária, e que as bases para o debate sobre a identidade e a autodeterminação entre os nascidos na África e as pessoas de descendência africana no Novo Mundo merecem ser examinadas novamente.[57] Seus estudos, embora distintos em tempo e lugar, enfatizam a importância da história da África para

57 Sobel, *The World They Made Together, Black and White Values in Eighteenth-Century Virginia*; Schuler, Alas, Alas, Kongo; Bennett, "Lovers, Family and Friends: The Formation of Afro-Mexico, 1580-1810"; Karasch, *Slave Life in Rio de Janeiro*; Nishida, Gender, Ethnocity, and Kinship; Butler, *Freedoms Given, Freedoms Won*.

nosso entendimento da diáspora africana nas Américas em geral e sublinham os aspectos comuns, as diferenças sutis ou os contrastes sinceros na experiência africana nas Américas. Monica Schuler desenvolve um ponto de vista válido (mas frequentemente negligenciado) de que um navio negreiro era mais do que propício a carregar africanos de um único grande complexo cultural – como, por exemplo, os povos da savana central africana, os akans de Gana, e os que falavam as línguas aja e iorubá, do Daomé e do sudoeste da Nigéria. Consequentemente, os já mencionados laços de companheirismo, amealhados nos navios negreiros, apresentavam tamanha força na criação de laços de parentesco fictícios, entre os africanos, durante o tráfico dos escravos, que provavelmente teriam concorrido para reforçar a etnicidade, ao invés de demovê-la. A hipótese pode ser postulada em termos de que tais eram o padrão e a intensidade do tráfico de escravos da África para o Brasil, sendo inevitável a destruição dos grupos familiares, mas, entretanto, a consciência de autoidentificação, como africanos, pode ter sido reforçada e tal era a força dessa identificação que ela não simplesmente persistiu, mas coexistiu no Brasil, ao lado de formas de identificação assumidas por outras pessoas de ascendência africana (mas não de nascimento africano). A evidência acumulada por Karasch para a cidade do Rio de Janeiro do século XIX sugere um número substancial de pessoas nascidas na África que compartilhavam características oriundas da África Central. Segundo a autora, "o caráter centro-africano da população escrava da cidade é fundamental para uma compreensão das fontes da cultura escrava afro-carioca".[58] Havia pessoas nascidas

58 Schuler, Afro-American Slave Culture. In: Craton (Org.), *Roots and Branches*: Current Directions in Slave Studies, p.123-4; Karasch, *Slave Life in Rio de Janeiro*, p.XXIV. Em seu estudo sobre Palmares, P. K. Kent argumenta que isso representa a transferência de um sistema político africano para o Brasil e sugere que o "modelo de Palmares não poderia ter vindo de nenhum outro lugar que não a África central"; Kent , Palmares: An African State in Brazil, *The Journal of African History* 6, n.2, p.161-75. Para uma abordagem mais cautelosa a relacionar as estratégias defensivas de um mocambo na Bahia a antecedentes africanos, veja Schwartz, The Mocambo: Slave Resistance in Colonial Bahia, *Journal of Social History* 3, n.4, esp. p.329-31, e seu capítulo em *Slaves, Peasants and Rebels*: Reconsidering Brazilian Slavery, esp. p.125-8.

na África, vivendo no Brasil colonial, que tinham sido transportadas através do tempo, do espaço e das fronteiras culturais, que permaneciam ainda se considerando africanas – através de seus valores, crenças, costumes e vidas cotidianas. Tal era sua presença numérica, tal era a força de suas convicções e tamanha era sua capacidade de suportar a qualidade da cultura compartilhada de lugar de origem, que isso se apresenta como uma janela que deve ser plenamente aberta na história da América portuguesa.

Tal abordagem levantará questões que serão de difícil resposta. Isso demandará o reconhecimento de que nem as origens raciais compartilhadas, nem as experiências comuns, como vítimas da escravidão, eram tais que puderam todas fornecer a base de fundação para a criação da identidade das pessoas de ascendência africana nas Américas. A importância dada pelos historiadores às origens étnicas ("nações") terá de ser reavaliada, e uma instância mais crítica deve ser adotada em relação à autenticidade, à validade ou à artificialidade de tais atribuições aparentemente étnicas. Historiadores da América espanhola e portuguesa terão de se divorciar, seja isso reconhecido de forma consciente ou não, de estruturas interpretativas e metodológicas desenvolvidas para o estudo da "instituição peculiar" na América anglo-saxã, e reconhecer quão pouco representativa da escravidão nas Américas era a instituição escravista na América inglesa de antes da Guerra Civil. A história da África pré-colonial e a história do Brasil colonial sublinham o fato de que não havia uma única África ou Brasil monolíticos, mas várias Áfricas e vários Brasis, e quão inapropriada é uma interpretação baseada na rígida bipolarização dos sistemas de crença europeu e africano, ou cristão e não cristão. No interior da cristandade havia uma escala, variando entre a intocada ortodoxia e a religião popular, ricamente engordada com crenças e superstições pré-cristãs, bem como a própria diversidade das religiões africanas e das variações manifestadas em qualquer religião, que desafia a noção de um sistema de crença monolítica.

Schwartz enfatiza o fato de que aspectos do Imbangala ki-lombo se encontravam presentes em outras instituições da África Central e, desse modo, eram bem conhecidas pelos que não eram do grupo, e que alguns desses aspectos eram desconhecidos nos quilombos do Brasil colonial.

Aceita a diversidade da geografia humana da África, apenas um escrutínio cuidadoso poderá revelar se a circunstância de ser nascido na África era suficiente em si mesma para constituir uma forma de autoidentificação que pudesse atravessar as distinções tribais e demarcar tais pessoas ao largo dos indivíduos de ascendência africana nascidos no Brasil.

Essa abordagem irá requerer do historiador que coloque as pessoas nascidas na África e transportadas para o Brasil em um contexto cultural africano e não americano ou mesmo afro-americano: no contexto dos sistemas de crença africano, de parentesco africano, de papéis sexuais africanos, de instituições africanas, de valores africanos, de economias e sociedades africanas. Teriam as pessoas nascidas na África interpretado sua passagem de condição de pessoas livres a de escravos no contexto de escravização ou teriam eles percebido a si próprios como vítimas de bruxaria, para o que a resposta apropriada não seria resistência, mas sim uma forma mais forte de magia? Em que grau teria sua exposição anterior a repetidos levantes e deslocamentos, vividos na África, bem como a aparente disposição em lidar com tais perturbações, impactos em suas reações à captura, transporte para o Brasil e escravização, informado o padrão de suas atitudes posteriores? Em que medida poderia seu comportamento no Brasil refletir atitudes que eram africanas? Igor Kopytoff tem feito referências a várias dessas atitudes. A primeira diz respeito a como, para os africanos, o espaço é espaço social e ele observa que há "uma relativa indiferença dos africanos para com um enraizamento físico-espacial, associada a uma indiferença em relação à associação permanente com um espaço em particular". Seria tal atitude refletida em seus comportamentos como escravos no Brasil? Outra atitude trata da motivação relacionada à criação de quilombos no Brasil. Que luz traz a consideração de tais formações no contexto da prática africana de "revelar o lugar" e o prestígio associado ao fato de ser o "primeiro", em termos de nosso conhecimento sobre a motivação de criação de tais comunidades? Em que grau a fuga de grupos ou unidades familiares para tais comunidades refletiu a preferência africana em se desvincular por parte mais de subgrupos do que de indivíduos? Será que o comportamento corporativo de pessoas, nascidas na África, no Brasil, refletiu "desenraizamento social e ritual de um indivíduo em uma hierarquia de grupos", uma marca da dinâmica social na África, e quais são as implicações disso para nossos estudos sobre solidariedade de grupo dentre os nascidos na África "recém-chegados" no Brasil e outras instâncias de comportamento coletivo, tais como as confraternidades? A animosidade documentada entre os nascidos no Brasil e na África teria refletido a consciência tardia acerca de uma hierarquia baseada na tradição dos "primeiros a chegar" e dos "últimos a chegar" da cultura política africana, bem como na estratificação, na autoridade e na "antiguidade", todas com base na precedência? Visto nessa perspectiva, os confrontos entre os nascidos na África contra os nascidos no Brasil, de ascendência africana, e os brancos refletiu as frustrações daquelas com relação às suas inabilidades em utilizar, no cenário do Novo Mundo, estratégias de expulsão que poderiam estar de acordo com os princípios culturais africanos, ao invés de explanações mais convencionais dos historiadores que interpretam tais explosões no contexto das hostilidades mulato/negro ou escravo/liberto? Em seu uso de termos de parentesco, os nascidos na África e pessoas de ascendência africana no Brasil usaram tais termos e eram assim percebidos pelos luso-brasileiros, a partir de um conjunto europeu de conotações, ou esses termos refletiram o uso metafórico, presente no discurso político africano, com conotações de obediência ou subordinação? Em seu "modelo de fronteira", Kopytoff considera a forma como as conexões entre os grupos de parentela, morando nos centros metropolitanos na África, e dos homens vivendo nas periferias, capacitaram esses últimos a construir uma identidade de fronteira. A partir de princípios africanos, não deveríamos examinar o impacto da constante renovação da população escrava no Brasil através da introdução de pessoas, nascidas na África, no contexto da formação de identidade dos nascidos na África dentro do Brasil?[59]

Tais linhas de pesquisa poderão levantar a questão acerca do que as pessoas nascidas na África consideraram como sendo as facetas de suas vidas na África que elas deveriam lutar por manter e de quais elas aceitaram se desfazer. Qual foi, para os nascidos na África, o relacionamento entre a identidade pessoal, a identidade

59 Kopytoff, The Internal African Frontier, p.22, 23-5, 26-8, 37-9, 51-61.

étnica e a identidade baseada no nascimento na África, e teria esse relacionamento mudado, enquanto resultado da exposição às pressões do Novo Mundo e em um contexto distante do que havia na África? O que, em contexto brasileiro, se constituía para eles em um comportamento aceitável? Ter-se-iam recusado a se comprometer com a manutenção de seus sistemas de crença ou haveria áreas onde eles conscientemente permitiriam a erosão desses seus sistemas?[60] Em que medida as mulheres nascidas na África, vivendo no Brasil, através de suas atividades, ocupações e papéis, se desviaram de ou mantiveram aquelas posições e ocupações a elas designadas nas sociedades e nas economias africanas, e qual era a significância disso em termos de sua própria percepção e autoestima? Na medida em que uma cultura política pan-africana se encontrava presente na América portuguesa, isso era uma prerrogativa exclusiva das pessoas nascidas na África, e algo tão penetrante e difuso para poder resistir às pressões associadas à "crioulização"? A busca para perguntas como essas, e outras questões, irá demandar uma compreensão mais profunda da história da África como parte essencial da formação acadêmica dos historiadores do Brasil colonial. Isso irá incidir em um ônus para o historiador que formular questões que refletem sobre um contexto africano ou não europeu, americano, luso-americano ou afro-americano. Tal *enquête* irá estimular o desenvolvimento de novas metodologias, a busca de novas fontes e o encorajamento de cooperação, colaboração, bem como o aumento de trocas positivas entre pesquisadores nas e das Américas e seus colegas na e da África.

60 A importância relativa das diferentes atividades e valores para as pessoas concorreram para que Melville Herskovits postulasse a "hipótese do foco cultural", em seu artigo The Contribution of Afro-american Studies to Africanist Research, *American Anthropologist* 50, n.1, p.1-10.

FRONTEIRAS DO BRASIL COLONIAL[1]

A fronteira como metáfora

Este ensaio adota, relativamente à fronteira, uma abordagem diferente: considera a fronteira como uma metáfora, vendo no termo "fronteira" uma área de interação entre diferentes culturas. Como figura de retórica, o reino da lexicografia é um ponto de início tão válido como qualquer outro.

Em qualquer outra parte das Américas, a fronteira tem sido associada aos pontos cardeais (*el sur* na Argentina, como no pequeno conto de Jorge Luis Borges; *the West* nos Estados Unidos). Tal não foi o caso da experiência brasileira. À semelhança da Argentina (*las pampas*), dos Estados Unidos (*The Great American Desert*) ou da Austrália (*Outback*), no Brasil, uma característica topográfica e uma palavra que exprimia, tanto percepções como realidades, era de importância capital. A palavra mais comum é sertão ou sertões. Para o geógrafo, o sertão é a área para lá do agreste, onde a terra se eleva e se torna mais árida, o clima se torna mais seco, e onde predominam a vegetação rasteira e os cactos. Mas para os habitantes da colônia, o sertão era menos definido. Um aspecto determinante dos sertões era sua ausência de limites.

1 Tradução de Francisco Silva Pereira.

Por muito que se entrasse no sertão, este mais ainda se prolongava, assumindo a vaga designação de interior do sertão. O sertão não era contínuo nem podia ser domado, tampouco tinha um princípio ou um fim exatos. Não era uma fronteira no sentido político ou geográfico, mas, antes, um estado de espírito.

Sertão não era uma palavra neutra. O contexto e a utilização de adjetivos demonstram que o sertão possuía certas conotações. Os sertões eram regiões normalmente não habitadas pelos portugueses. O sertão passaria a ser visto como a personificação de uma força disruptiva e potencialmente perigosa. Era bárbaro, caótico, não cristão, não civilizado, e hostil aos valores e princípios (justiça, cristandade, disciplina, estabilidade, boa administração) apreciados pelos portugueses. Era uma região esquecida por Deus e desconhecida do homem civilizado. Resumindo, a civilização e a ortodoxia acabavam onde o sertão começava. O conceito era essencialmente etnocêntrico, concebido pelos administradores coloniais, missionários católicos, e colonos que se orgulhavam de ser os representantes da civilização assim entendida pelos portugueses. Os brancos não se limitavam a viajar até o sertão: penetravam nele ou faziam entradas. Essas penetrações estavam associadas à conquista ou supressão, e não à noção de expansão de fronteiras.

Os habitantes naturais do sertão eram selvagens (gentios) não "domesticados" (bravos) que cometiam atrocidades (barbaridades), o que era universalmente aceito, pelo menos entre os colonizadores. A partir do século XVI, e até o século XIX, esses americanos nativos eram vistos como uma ameaça. As reações portuguesas passavam por sua submissão, batismo, catequização e "civilização". Frequentemente, o resultado era um genocídio em massa, sistemático e acidental, da população aborígene. Duas outras categorias de pessoas associadas ao sertão não eram nativas dessa área, sendo movidas por um de dois motivos, muitas vezes interligados; nomeadamente, refúgio e oportunidade. O sertão era um local de refúgio para aqueles que rejeitavam ou que eram rejeitados pela sociedade, ou que fugiam da Igreja, da justiça ou da opressão. Aqui se incluíam pessoas que fugiam da Inquisição, as que evitavam processos civis ou criminais, e escravos fugidos ou pessoas de ascendência africana ou mestiça. Algumas delas poderiam encontrar no sertão uma terra de oportunidades, mas essa não fora a sua principal motivação. Na segunda categoria surgiam os bandeirantes que, a partir do século XVI, penetravam no interior, partindo de Bahia, Pernambuco e São Paulo, em busca de lucro, quer sob a forma de índios a escravizar e vender, quer de ouro ou de terras. Se existisse um único tipo a ser associado ao sertão, esse seria constituído pelos poderosos do sertão, homens influentes do interior cujo capital residia essencialmente no gado, que viviam e agiam a seu *bel-prazer*, espalhando o terror com seus homens de confiança e exércitos privados, e desafiando a autoridade. Contudo, nem os índios nem os homens das duas últimas categorias eram homens de fronteira, no sentido de terem procurado conscientemente essa região com o intuito de se estabelecerem na fronteira ou para além desta. Para alguns índios, o sertão era sua pátria. As outras categorias poderiam transformar-se em gente do mato, versada na sobrevivência num meio hostil, mas não se consideravam – nem os outros as consideravam – na fronteira, no sentido em que esse termo viria a ser utilizado nos Estados Unidos: fundiam-se com o sertão. Um deles era Domingos Afonso, um paulista e homem do mato, o qual adotou o apelido Sertão, tornando-se Domingos Afonso Sertão, dono de plantações e de fazendas para criação de gado no sertão.

Devido à natureza metafórica do sertão e à natureza díspar das pessoas a ele associadas, é difícil falar de uma cultura de fronteira no Brasil colonial. O único terreno comum seria o fato de todos viverem para lá da fronteira da jurisdição civil ou eclesiástica efetiva. A eficácia de seu refúgio e a hipótese de uma oportunidade residiam essencialmente em sua inacessibilidade, graças à distância e topografia entre elas e os representantes da administração da coroa. Eram homens "transfronteiriços", uma vez que viviam além dos mecanismos de controle social ou legal, o que era bem ilustrado por aqueles escravos fugidos que viviam nas povoações vagamente federadas conhecidas como Palmares em Pernambuco, os quais resistiram a cerca de vinte ataques de holandeses e de portugueses entre 1602 e 1694. Característico dessa raça era o grupo de negros e de mestiços que, na década de 1730, percorria o interior sob a liderança de um autoeleito Príncipe do Brasil.

Os poderosos do sertão eram constantes espinhos cravados na carne da coroa, os quais cometiam crimes de lesa-majestade vezes sem conta, dominavam os representantes reais enviados para os refrear, pagavam os impostos conforme lhes aprazia (geralmente não o fazendo), e que, todavia e de forma curiosa, mantinham um certo grau de estabilidade no sertão. Aos olhos da burocracia e de muitos colonos, o sertão não era associado a qualquer democracia de espírito, mas antes à anarquia e à violência.

Se existia uma cultura do sertão, desta se destacavam três características. Um tema contínuo na história do sertão era a violência: as entradas para matar, escravizar e violar índios, ou para a apropriação de terras tribais; os ataques índios, ofensivos ou retaliatórios, a esses intrusos; a predação por parte dos homens poderosos do interior, originando fogo posto, massacres e torturas; razias contra escravos fugidos, levadas a cabo por sanguinários capitães do mato ou paulistas; ataques de escravos fugidos a fazendas ou comunidades isoladas. A segunda característica era a evasão. Os habitantes ou aqueles de passagem pelo sertão dedicavam-se, com uma virtual impunidade, ao contrabando, à fuga aos impostos e ao roubo de gado. A terceira característica era a inortodoxia religiosa. No sertão existiam poucas limitações às manifestações individuais ou coletivas de crenças e práticas religiosas, fossem elas católicas, xamanistas ou animistas e de proveniência africana, europeia, americana nativa, ou híbridas derivadas do sincretismo dessas três culturas. Paralelamente a esse sincretismo religioso existiam superstições derivadas de tradições populares portuguesas, africanas e índias, onde se venerava o sobrenatural e se dava grande importância aos presságios e à adivinhação. A feitiçaria e a magia faziam parte da práticas daqueles que dominavam o sertão. Essa era uma região confusa e ameaçadora para muitos brasileiros devido a essa cultura da inortodoxia, ainda que fossem raros os brasileiros não expostos aos desvios do cânone católico e à superstição, mesmo nas populosas e sofisticadas cidades portuárias. Mas o sertão era visto como um cadinho de crenças tão heterodoxas que eram consideradas idólatras, e de superstições tão intensas e tão desenfreadas que ameaçavam a estabilidade da existência doméstica, coletiva e individual e, por extensão, do estado.

É nesse contexto de fronteira como metáfora que podemos abordar a interpretação das três culturas que se reuniram na América portuguesa. Duas dessas culturas – a africana e a europeia – já tinham um largo contato remontando aos tempos clássicos, recebendo um novo impulso com o desembarque em Lagos, no sul de Portugal, de 235 negros em 1444. No século compreendido entre essa data e a introdução dos escravos nas plantações no Brasil, tais contatos tinham se intensificado. Mas nem os europeus nem os africanos tinham tido qualquer contato anterior com os povos aborígenes das Américas até o desembarque de Pedro Álvares Cabral em 1500 ou, no caso dos africanos, cerca de trinta anos depois. Para os índios, existira um isolamento mútuo relativamente aos europeus e aos africanos, e uma total ausência de exposição a qualquer grupo racial que não o seu.

Para o Brasil, a fronteira física abriu-se com a chegada de Pedro Álvares Cabral, e a fronteira conceptual, com a primeira carta da América portuguesa escrita por Pero Vaz de Caminha em 1º de maio de 1500, ao rei d. Manuel. Caminha falava sobre os "castanhos escuros e nus", "ingênuos", e "inocentes" índios. Mas existiam sugestões ominosas, com referências aos possíveis depósitos de ouro e de prata. A forma como a terra era tão favorecida que apenas necessitava ser adequadamente cultivada, e – a mais ominosa de todas – de que aos nativos apenas faltava o conhecimento para serem convertidos ao cristianismo. Calcula-se que em 1500 a população índia do Brasil fosse de 2.431.000. A população atual ronda os 100 mil. Muitos povos nativos desapareceram após a independência (1822), mas, no final do período colonial, muitos tinham sucumbido vítimas do genocídio em massa e do etnocídio. Os portugueses não conseguiram estabelecer uma hegemonia total sobre os povos índios, mas tiveram êxito em regiões mais importantes. O século XX assistiu a uma guerra aberta entre índios e colonos no Maranhão e no Mato Grosso, e os botocudos resistiram às intrusões europeias até a década de 1890. Um aspecto notável da historiografia brasileira é o desequilíbrio entre a extensa literatura relativa aos contatos luso-africanos e a escassa oferta no campo dos contatos índio-portugueses ou índio-africanos. Os contatos índio-portugueses dividem-se essencialmente em três categorias: trabalho, atividade missionária e hostilidade.

Nos primeiros anos, as relações europeio-índias eram cordiais, revestidas de um carácter de confraternização. Na indústria das madeiras corantes – que dependia totalmente do trabalho índio –, o trabalho voluntário deu lugar à troca. À medida que os índios ficavam saturados de machados de metal, facas e artigos manufaturados, verificou-se uma transição da troca para a escravatura, diretamente ou através das guerras intermédias ou intertribais cujos prisioneiros eram entregues aos portugueses. Essa transição foi exacerbada pelas exigências laborais da indústria do açúcar. Os portugueses fizeram experiências com diversas formas de trabalho índio nas plantações de açúcar do Nordeste. A escravatura de índios ia contra as leis portuguesas de 1570 e de 1587, em que se garantia a liberdade dos mesmos e contra a doutrina cristã e humanista, mas os conceitos de "necessidade extrema" (permitindo a escravatura como alternativa à morte), ou "apenas de guerra", e a realidade de hostilidade aberta, constituíram fugas que deram origem à abertura de uma "época de escravatura" de índios. As expedições comerciais/de ataque com esse fim foram regularizadas na década de 1570. Baianos e pernambucanos (tais como os mestiços de Tomacaúna), e não os paulistas, eram os mais destacados. Na última parte do século XVI e início do século XVII, os ameríndios e africanos trabalhavam conjuntamente nas plantações, pendendo a balança para o lado dos africanos como força de trabalho preferida, em parte devido à oposição real à escravatura índia, mas, de modo mais prático, devido à suscetibilidade dos mesmos índios à doença e devido à sua baixa produtividade. Esse não foi o fim do trabalho forçado índio. A chegada dos portugueses ao Amazonas e a abertura do Maranhão e do Pará no início do século XVII criaram uma nova procura de força de trabalho. Estendendo-se desde os trechos inferiores do Amazonas na década de 1620 ao Alto Amazonas na década de 1660, os ataques "para tomada de reféns" tinham provocado grandes estragos desde Belém às Solimões. As armas de fogo europeias exterminavam tribos inteiras; outras eram "feitas reféns" e escravizadas; os índios "livres" eram enviados para as aldeias das missões jesuítas. Os índios dessas aldeias missionárias tornaram-se a principal fonte de força de trabalho para os colonos e para a Coroa no Maranhão e no Pará nos séculos XVII e XVIII (1680, 1686, legislação sobre o uso de força de trabalho das missões). No Amazonas, o trabalho índio, e não o africano, era a norma durante grande parte do século XVIII. A corrida ao ouro em Cuiabá criou uma nova procura de força de trabalho índia, originando o massacre de Paiaguá, a escravatura dos passivos parecis, a escravatura ou a domesticação dos caiapós e a cooptação dos bororós. A anarquia reinava no Mato Grosso, mas, em suas missões no Amazonas, os jesuítas impuseram sua própria marca de trabalho, a qual seria mais duradoura. A expulsão dos jesuítas (1759) deu origem a uma administração secular dos índios por parte do *Directório* (1757-98) e a um grande esforço de integração dos primeiros na economia sob a forma de trabalhadores livres. Para os índios "mansos", não sendo produtos das aldeias de missionários nem vítimas do trabalho forçado, existia sempre um lugar na força de trabalho livre, de modo particular no Norte e no Nordeste. Em Belém, índios de ambos os sexos trabalhavam nos estaleiros e em tarefas especiais – algumas das quais exigiam qualidades nativas –, tais como o fabrico de cordame a partir de fibras vegetais ou o fabrico de velame. A fábrica baleeira na Ilha de Itaparica contava, em meados do século XVIII, com pelo menos dois índios em sua força de trabalho. Os índios também trabalhavam em fazendas de gado do Nordeste e nas minas de Mato Grosso e Goiás.

O aspecto melhor documentado dos contatos índio-europeus diz respeito às atividades missionárias em geral e às da Companhia de Jesus em particular. O *Diálogo sobre a conversão dos pagãos*, de Cardim (1556), as cartas de Nóbrega e a gramática tupi de Anchieta são testemunhos do entusiasmo jesuíta. Esses jesuítas e outros trouxeram entusiasmo e qualidades organizacionais ao estabelecimento de missões na Bahia e no Norte do Brasil, e também em São Paulo e São Vicente no Sul. A partir do final do século XVI e até 1759 os jesuítas controlavam, virtualmente, os índios sob domínio português. Inicialmente, esse era um romance recíproca e excessivamente entusiasta: os jesuítas viam os índios como inocentes prontos para a conversão e batismo em massa; os índios viam nas batinas negras proteção contra os colonos. As aldeias enchiam-se de índios do litoral, estabelecendo-se aldeias adicionais a norte e a sul. Essa euforia mútua deu lugar a uma desilusão também mútua. O materialismo índio e sua relutância em abdicar dos seus costumes tribais e características comportamentais perturbavam os jesuítas. A decisão de "reduzir" os índios foi crítica, criando uma aliança profana entre os missionários e as forças administrativas, mal utilizada, especialmente no Amazonas. A força fora considerada inicialmente como o último recurso, mas tornou-se aceitável com a explicação de que os fins justificavam os meios. As aldeias colocavam os índios totalmente sob a tutela jesuíta, sendo maior sua abundância e sucesso no Maranhão, Pará e em Guaíra. As hierarquias índias de autoridade, sua distribuição sexual do trabalho, mobilidade espacial e suas práticas de caça foram abolidas. Pela primeira vez, os índios encaravam a imposição de fronteiras físicas representadas pela área delimitadora da aldeia. O trabalho ocasional tinha sido substituído por um outro, estruturado, o qual, ainda que não sendo escravatura, era forçado. Em termos de interação cultural, a exposição mútua não resultou em um melhor entendimento. O fracasso das ordenações de nativos levou os jesuítas a desistir, em uma fase inicial, de quaisquer pretensões de intercâmbio intelectual significativo, sendo o programa acadêmico baseado em uma aprendizagem repetitiva. O entusiasmo dos índios pela música e cerimônias não decresceu. John Hemming caracteriza os índios das aldeias como "congregações devotas e domesticadas". Os jesuítas mostraram-se inflexíveis, não sendo claro se as atitudes e práticas dos capuchinhos franceses, mais tolerantes para com os costumes índios, levaram a uma maior compreensão mútua.

A terceira área de contato era o conflito. O estabelecimento por parte do rei de um sistema donatário de concessões de terra assinalava a intenção portuguesa de permanecer no Brasil, tendo iniciado três séculos de guerra entre índios e brancos. A natureza agressiva dos tupis e suas rivalidades intertribais, bem como as aspirações europeias, tornaram a guerra inevitável. O fato do primeiro donatário da Bahia e do primeiro bispo terem sido comidos pelos caetés foi o pretexto para represálias selváticas por parte de Mem de Sá, o qual virtualmente irradiou os costeiros tupinambás. Existiam alianças complexas e variáveis, mais baseadas nos interesses próprios das partes do que nas relações culturais, forjadas entre diferentes nacionalidades europeias e tribos índias. Os povos que falavam tupi encontravam-se fragmentados em muitas tribos que se defrontavam entre si, perfeitamente preparadas para explorar as hostilidades europeias em proveito próprio. Os europeus – franceses, ingleses, portugueses, holandeses e espanhóis – que utilizavam auxílio índio poderão ter ignorado por completo os planos ocultos de seus aliados. Por outro lado, a amizade europeia podia ser devastadora, como o ilustra o destino dos tamoios perto do Rio de Janeiro na década de 1550, cuja aliança com os franceses levou à sua dizimação por doenças europeias e à perda de vidas em guerras contra os temiminos e uaitacás, às quais foram incitados pelos franceses. Para facilitar o acesso ao pau-brasil do Rio Paraíba e antagonizar ainda mais os portugueses, os franceses aliaram-se aos potiguares, hostis à expansão portuguesa ao longo da costa leste-oeste a norte de Pernambuco. Mas na década de 1580, os portugueses conquistaram os tabajaras através de uma aliança matrimonial e também ao explorar seu ódio pelos potiguares em 1601. Os portugueses usaram então os tabajaras contra os aimorés. Em Pernambuco, a aliança entre os caetés e os franceses foi devastadora para os igaraçus e para os olindas. Os caetés eram inimigos dos portugueses e dos tupinambás. Não obstante as guerras intertribais, na década de 1560 muitas tribos ainda travavam outras guerras contra os portugueses, mas no virar do século a resistência nativa por parte das tribos litorais tinha sido virtualmente suprimida. Particularmente ferozes eram os aimorés, cuja guerra total contrastava com o estilo mais elegante dos tupis. John Hemming sugeriu que, se os aimorés e outras tribos tapuias não tivessem sido afastados da costa pelos tupis antes da chegada dos portugueses, a colonização europeia teria sido mais difícil. No século XVII os portugueses avançaram para o norte, culminando no massacre da guerra dos tupinambás de 1616-1619 e subsequente aniquilação dos índios no Pará e no Maranhão. No século XVII, realizaram-se incursões contra os tapuias e os janduins na região pecuária do Ceará, Rio Grande, e no Maranhão. A corrida ao ouro de Cuiabá provocou o conflito entre os portugueses e esses excelentes cavaleiros, os guaiacurus, e também com os paiaguás, fabricantes de canoas. Se os paiaguás resistiram e foram mortos, os bororós tentaram uma linha diferente, aliando-se aos portugueses para lutar contra outras tribos, especialmente seus rivais, os caiapós. Quer os índios tenham manipulado os europeus, quer tenham sido manipulados, quer tenham assinado tratados e formado alianças através de casamentos, quer tenham resistido à escravatura ou tenham sido passivamente escravizados, os resultados foram os mesmos: o massacre dos povos nativos e a destruição de suas culturas. Contra esse cenário variável de campanhas e incursões desde o Alto Amazonas e do Mato Grosso à costa, encontrava-se a constante da relação de inimizade entre paulistas e índios. Na década de 1580, os índios encontravam-se extintos em redor de São Paulo, alargando os paulistas suas atividades predatórias, estendendo-se a montante até os Tocantins. Essas atividades adquirem um menor relevo quando comparadas com os ataques brutais e massacres cometidos pelos paulistas contra as províncias jesuítas de Guaíra, Tapé, Uruguai e Itatim entre 1616 e meados do século. Não obstante essa violência, o maior flagelo foi a doença, a qual destruiu tribos inteiras em um processo contínuo, à medida que estas eram expostas aos intrusos europeus.

Para finalizar, qual terá sido o grau de aculturação? Após os encontros iniciais e confraternização, as visões idílicas e as fantasias dos europeus relativas a "nobres selvagens" deram lugar a avaliações mais materialistas e exploradoras dos índios. A vida idílica de Caramuru na Bahia ou de João Ramalho em Piratininga, com suas grandes famílias, no início do século XVI, foi de curta duração. O canibalismo deu aos europeus as bases morais, justificando a exploração e a escravatura. As ofensivas europeias forçaram os índios a se retirar de suas terras tribais para evitar outros contatos, em um processo de retirada contínuo, para os recantos mais remotos do sertão ou da floresta. Sua recompensa foi a conservação da independência e da integridade cultural. Mas a luta era contínua, como ilustram aqueles tupinambás que se tinham deslocado da costeira Bahia para o Amazonas inferior no final do século XVI, apenas para, mais uma vez, serem acossados pelos europeus, à medida que os franceses e portugueses se expandiam no Amazonas no início do século XVII. O contato cultural existente aqui terá dependido dos europeus, e não dos índios. Os primeiros relatos mais detalhados e congeniais não foram os dos portugueses, mas antes os dos missionários franceses, com maior inclinação etnográfica, tais como Jean de Léry e André Thevet. E foram os franceses quem, de todas as nacionalidades europeias presentes no Brasil, desfrutaram das relações mais cordiais com os índios, vivendo mesmo com eles e servindo como intérpretes, tentando compreender a perspectiva dos vencidos ao descrever as reações índias perante os europeus e traduzindo ou transmitindo a língua índia. Diversos intérpretes franceses partilhavam totalmente as atividades índias, incluindo o canibalismo. Todavia, Villegagnon era hostil aos tupinambás da França Antárctica em 1555. Mas essa era uma atitude excepcional, indo contra a prática habitual francesa de não estabelecimento de povoações, contrária à dos portugueses. Mais tarde, no Maranhão, verificou-se a adoção, por parte dos tupinambás, de certas práticas francesas, incluindo a esgrima, mas tal parece ter sido mais por mimetismo do que assimilação cultural. Os franceses, portugueses e ingleses trouxeram consigo índios para a Europa setecentista como parte dos artigos exóticos do Novo Mundo. No Brasil, franceses e portugueses uniam-se livremente a mulheres ameríndias nas primeiras fases do contato cultural. Mais tarde esta prática tornou-se menos comum à medida que os índios recuavam, morriam ou eram mantidos sob apertada vigilância pelos jesuítas. No final do século XVI, a miscigenação entre europeus e americanos nativos tinha sido substituída pelas relações sexuais europeu-africanas. Os contatos tornaram-se limitados àqueles índios que se deslocavam às cidades europeias ou aos mercadores europeus que visitavam as aldeias índias. Nesse último caso, as bebidas alcoólicas e as armas de fogo eram objetos de troca, com consequências desastrosas para os índios.

Os jesuítas, os paulistas e os ganadeiros mantinham contatos bastante assíduos com os índios, sendo-nos possível examinar como estes se processavam. As aldeias foram a experiência mais duradoura e intensiva em termos de coexistência, mas nem os índios destribalizados nem os jesuítas foram capazes de um contato cultural mais do que superficial, registrando-se a exposição mas nenhuma interação. O resultado foi mais a criação de uma subcultura única do que de uma aculturação. As primeiras tentativas jesuítas de conquista dos chefes, adotando mesmo algumas práticas nativas de comunicação, depressa foram abandonadas. Os costumes matrimoniais das tribos foram suprimidos, as grandes casas comunais foram substituídas por cabanas e a cultura índia foi destruída. Os missionários, pelo menos, aprenderam as línguas índias e tentaram compreender suas crenças e costumes, que mais não fosse para os alterar. Por sua parte, os governadores raramente faziam qualquer distinção entre tribos quando emitiam ordens de entrada. O outro grupo que teve maior contato com os índios foram os paulistas. Estes eram o produto da união de homens portugueses com mulheres índias no planalto do Piratininga, crescendo seu número tão rapidamente que mameluco se tornou sinônimo de paulista. Aprendiam o tupi com suas mães, tinham conhecimentos de técnicas de sobrevivência, eram versados em ervas e hábeis batedores. E, todavia, foram os filhos mestiços de Ramalho que, ressentidos contra as restrições jesuítas relativas à poligamia e contra a escravatura, usaram seu próprio prestígio para virar os tupiniquins contra os jesuítas. Essa não seria a última vez que os índios seriam enganados e levados a confiar em tais mamelucos, consentindo passivamente em sua "descida" – a designação eufemista pela qual era conhecido o processo em que os índios eram forçados a trocar o interior pelas proximidades das povoações brancas – e escravatura. As subsequentes atividades dos paulistas dirigiam-se mais no sentido da escravatura e do assassinato do que de uma função como intermediários entre duas culturas. Suas capacidades como homens de mato provocavam sua procura por parte dos governadores para táticas de guerrilha contra os holandeses, contra os quilombos (comunidades de escravos fugidos) e contra os índios, em guerras justas, e outras não tanto como isso. O terceiro grupo era constituído pelos ganadeiros, cuja deslocação da zona da mata para o sertão da Bahia e de Pernambuco se iniciara no século XVI e continuara sem decréscimo para as regiões do Ceará, Piauí e Maranhão. As tribos índias eram deslocadas, subjugadas ou extintas e, contudo, a criação do gado encontrava bom uso para as aptidões dos índios, bem como para as mulheres índias, utilizadas como parceiras sexuais, sendo esta uma economia onde a coexistência entre índios e europeus era razoavelmente amigável. Durante o período colonial, houve algumas áreas de intercâmbio cultural mais duradouras: o cultivo e preparação de mandioca e o cultivo de abóboras, cabaças e feijão pelos europeus; alargou-se muito mais a variedade de especiarias e ervas medicinais disponíveis, especialmente com a conquista dos Amazonas; e foram os europeus quem imitaram os índios no fumar do tabaco. Não obstante tanto derramamento de sangue e violência, os portugueses referiam com orgulho antepassados índios na sua genealogia.

Uma área de intercâmbio que quase não provocou qualquer perturbação na superfície histórica diz respeito à interpenetração cultural índio-africana. O contexto no qual essas duas culturas são citadas conjuntamente com maior frequência é o da escravatura. A irracionalidade de escravizar africanos para, ostensivamente, libertar revela atitudes, leis e comportamentos muito diferentes dos portugueses relativamente a índios e a africanos. Devem ter ocorrido contatos quando os negros fugiam e viviam em aldeias índias ou quando os índios se encontravam em quilombos, mas estes terão sido esporádicos e raros. Hemming refere algum sangue negro entre as tribos sobreviventes da Guiana brasileira e sangue índio entre os negros dos rios setentrionais, mas bem mais frequente teria sido a hostilidade por parte dos índios, os quais receavam esses intrusos como portadores de doenças. O casamento entre africanos e índios era desencorajado pela Igreja, pelo Estado e pelos colonos. Uma lei de 1755, na qual se declarava a ilegalidade da escravatura de ameríndios, excluía especificamente os ameríndio-negros nascidos de escravos negros. A legislação pombalina que promovia os casamentos entre ameríndios e colonos brancos negava quaisquer benefícios ou concessões aos ameríndios que se casassem com negros. Não obstante tal oposição, referências casuais demonstram a existência de relações estáveis e sancionadas pela Igreja, mas provavelmente em número reduzido. As pessoas de ascendência africana teriam provavelmente em tais uniões como seus parceiros não negroides, os mestiços, e não índios, em parte devido à indisponibilidade destes últimos. Se o parceiro do sexo feminino nessas uniões era ameríndio e o masculino um escravo, por lei a descendência nascia livre. Na realidade, tanto a mãe como a criança eram virtualmente escravizadas, se não fossem separadas, respectivamente, de seu marido ou de seu pai. Também não existem evidências no período colonial da interpenetração de práticas religiosas ou supersticiosas, adivinhação, utilização de amuletos, ou de quanto o extenso conhecimento de ervas de ambos, africanos e índios, para fins medicinais e outros, se terá interligado. Certos objetos poderão ter tido importância ritual para as duas culturas.

O estudo das relações e da interpenetração cultural europeu-africanas exigiria numerosos volumes. Não será demais dizer que os europeus e africanos tinham em comum o fato de serem elementos intrusivos nas Américas. Em segundo lugar, a demografia isoladamente seria responsável pelo estabelecimento de contatos muito mais intensos do que aqueles verificados entre europeus ou africanos e a população indígena. Calcula-se que entre 1500 e 1810 2,5 milhões de pessoas foram trazidas da África para o Brasil com fins escravagistas. O padrão da migração portuguesa, favorecendo os homens solteiros em detrimento das famílias ou casais, especialmente nos dois primeiros séculos, tornou inevitável a miscigenação. Como resultado, surgiu uma crescente e cada vez mais influente população mulata. Outra característica da demografia colonial era uma maioria negra em muitas regiões, especialmente naquelas de maior intensidade econômica. A oportunidade econômica e a miscigenação, isolada ou conjuntamente, foram o contexto para um aumento da incidência de alforrias e para a presença significativa de uma população livre constituída por pessoas de ascendência africana.

A demografia teve fortes implicações na interpenetração cultural. Em primeiro lugar, as novas chegadas constituíam uma constante revitalização das culturas africanas no Brasil. Em segundo, estes eram os transmissores, e também os herdeiros, de tradições culturais africanas muito diferentes; como consequência, para muitos africanos a interpenetração cultural com outros africanos apenas teve lugar no Novo Mundo. De fato, de todos os povos do Novo Mundo, os africanos eram os possuidores de maior diversidade cultural quando comparados com os americanos nativos, não obstante as diferenças tribais destes, e com os europeus, apesar das distinções nacionais e religiosas destes últimos. Em terceiro lugar, com a exceção da distinção entre cristãos-velhos e cristãos-novos entre os caucasianos católicos, nenhum outro grupo se encontrava legalmente dividido como o negroide, isto é, em escravos e libertos. Com a possível exceção dos ciganos e de alegados judeus, nenhum grupo era objeto de tais tentativas oficiais persistentes de supressão de características, crenças e valores culturais.

O contexto para a maioria dos contatos entre europeus e africanos foi a instituição da escravatura. As principais ocupações dos escravos encontravam-se na agricultura, na prospecção de ouro e de diamantes, como artesãos e no trabalho doméstico. Existiam variantes dentro da instituição: em um extremo encontravam-se os escravos que trabalhavam em operações de extração de ouro em grande escala, conhecidas como lavras, ou na lavagem de diamantes, os quais eram alvo de uma supervisão constante e rigorosa; no outro extremo, os jornaleiros e os escravos de ganho ou escravos de aluguel, os quais tinham chegado a acordos mutuamente vantajosos com seus donos, gozando de mobilidade substancial, não sendo supervisionados. Na instituição da escravatura do Brasil existia bastante espaço para a adaptação. Considerar as relações como uma série de dicotomias polares (casa grande/senzala, senhor/escravo, negro/branco), seria deturpar a natureza matizada de muitas relações econômicas e sociais existentes no Brasil e o elevado potencial de adaptação individual e mesmo coletiva. Um exemplo extremo desse potencial era o acordo negociado e o tratado assinado entre os escravos fugidos e seu proprietário no final do século XVIII. Sobre esse cenário de constante interação física, social e econômica, inclino-me para a interpenetração entre as culturas portuguesa e africana. Meu objetivo não é o de introduzir a eterna questão das sobrevivências africanas ou examinar a capacidade de adaptação das pessoas de ascendência africana, dentro e fora da escravatura, no Novo Mundo ou o de isolar características de origem irrefutavelmente africana, mas antes o de me dedicar aos limites entre as culturas europeia e africana em quatro aspectos: parentesco e atribuição de nomes; tecnologia; religião; as artes.

O parentesco era importante na cultura africana e também na europeia. Este poderia ser consanguíneo ou fictício. No último caso, para as pessoas de ascendência africana poderia assumir a forma de experiência partilhada, transporte no mesmo barco, parceria no mesmo quilombo ou trabalho na mesma casa ou plantação. Ser da mesma "nação" podia ser equivalente a parentesco. Na comunidade portuguesa, o parentesco ritual era expresso pelo apadrinhamento (*padrinazgo*) ou coapadrinhamento (*compadrazgo*, compadrio). Este poderia verificar-se no contexto do batismo ou do casamento católico, mas poderia ser completamente secular. Em ambas as culturas, as formas de parentesco ritual eram usadas para aumentar a família para além dos limites da consanguinidade e da afinidade. Que o parentesco ritual era uma parte integrante da experiência negra no Brasil colonial nos é confirmado pela correspondência do governador de Minas Gerais em 1719. O conde de Assumar dizia que nos batismos e casamentos, os negros escolhiam como padrinhos outros negros que tivessem atingido posições de destaque e de respeito dentro da comunidade negra no Brasil, que fossem da mesma "nação" ou que tivessem sido membros de famílias dominantes na África. Eram preferidos aqueles que ainda não fossem parentes de sangue. As qualidades pessoais e de linhagem do escolhido eram mais importantes do que as distinções de estatuto legal, ou seja, escravo ou livre. O governador alegava que os escravos entregavam seus ganhos aos padrinhos e não aos seus donos, que os padrinhos abusavam de sua autoridade incitando esses seus parentes a fugir e que os aspirantes a chefes usavam seu estatuto de padrinho como patamar de acesso a posições de autoridade na comunidade negra e nos quilombos. Através do apadrinhamento, escravos e libertos reforçavam laços que atravessavam o tempo e o espaço, reclamando uma origem africana anterior à escravização inicial de seus antepassados ou reclamando suas origens étnicas. Não sabemos se, procedendo desse modo, os africanos continuavam no Novo Mundo uma instituição bem enraizada nas sociedades africanas, se viam no apadrinhamento uma instituição – tanto secular como religiosa – aceitável aos olhos dos portugueses e a usavam para encobrir o que, de outra forma, poderiam ser práticas proibidas, ou se Assumar simplesmente procurava o equivalente português mais próximo para uma instituição africana. Mas a realidade era que, através de suas escolhas de padrinhos, os africanos reforçavam sua africanidade. Mas também existia um contexto exclusivo do Novo Mundo para o parentesco secular e fictício, exatamente na forma em que este tinha sido entendido e praticado pelos portugueses na Europa e, por consequência, no Brasil. No contexto da escravatura, os escravos preferiam pessoas livres para padrinhos. Essa escolha era totalmente pragmática, não tendo qualquer componente étnico ou religioso. Era induzida pelo reconhecimento do potencial de um padrinho como abonador e protetor. Quando os escravos escolhiam brancos ou pessoas livres de cor para padrinhos, estavam a exercer uma escolha vertical. Os padrinhos podiam intervir para evitar o abuso físico, a separação forçada de famílias de escravos ou erros judiciais, servir como mediadores em processos de alforria ou oferecer proteção contra agentes da lei tirânicos ou excessivamente zelosos, ou contra éditos draconianos.

Uma situação paralela poderá também ser aplicável às práticas de atribuição de nomes, ainda que estas tenham de ser estudadas sistematicamente no que se refere ao Brasil colonial. Algumas pessoas de ascendência africana procuravam, através de sua escolha de nomes, estabelecer uma ligação com um local africano, com um legado étnico ou cultural africano, com uma experiência partilhada ou com seus antepassados, resumindo, satisfazer a necessidade psicológica das pessoas deslocadas de procurar uma autoidentificação através de um ponto de referência. Os nomes dessa natureza eram africanos. Mas outros nomes eram claramente portugueses ou americanos: o apelido de um dono, um nome cristão ou o nome português de um local ou de uma plantação. A motivação poderá ter sido idêntica, ou atribuível, à vaidade, à influência de um dono, ao desejo de subir socialmente ou para expressar sua identificação com o Novo Mundo. São raros os exemplos no Brasil colonial de práticas híbridas dessa natureza como as verificadas em Saint-Domingue, ou seja, a adição de um nome africano para identificar um escravo, por exemplo, "A *Diane do Congo, chamada em seu país Ougan-Daga*", ainda que as ocupações e locais de origem fossem utilizados para identificar um escravo de forma mais específica (por exemplo, João Sapateiro ou Pedro Cabinda).

A transferência de tecnologia é outro caso de fronteiras culturais no Brasil colonial. Duas dessas áreas eram o processamento do açúcar e a extração de ouro. As pessoas de ascendência africana não tinham qualquer conhecimento anterior do processamento da cana-de-açúcar. O jesuíta Antonil (1711) referira a utilização de mão de obra especializada e não especializada, tanto escrava como livre, no processamento do açúcar. Até a colocação da cana nos cilindros exigia perícia, mas as ocupações verdadeiramente especializadas encontravam-se na fervura para manter a temperatura correta e no saber quando acrescentar cal, cinza ou água, como escumar, e também na casa de purificação, onde se realizava a separação e a secagem. Os supervisores eram frequentemente libertos de ascendência africana. Em contraste, na extração do ouro eram os africanos que detinham os conhecimentos tecnológicos. Poucos eram os emigrantes ou empresários portugueses que tinham qualquer conhecimento ou experiência anteriores na extração de ouro, sendo que no período colonial a tecnologia mineira era bastante rudimentar, o que ficava patente na dependência excessiva da mineração aluvial e na incapacidade de explorar filões. A Coroa recusava-se a enviar mineiros especializados da Hungria ou da Saxônia, receando que seu conhecimento das riquezas minerais do Brasil pudesse ser colocado ao serviço de potências hostis. Mas os escravos da Costa da Mina eram oriundos de regiões onde a extração de ouro e a metalurgia se encontravam muito desenvolvidas. Nos estados do Akan, o pó de ouro era a moeda interna e a exploração mineira em poços, bem como a lavagem aluvial, eram banais. Outros escravos vinham de regiões de extração e de fundição do ferro. Na Cidade do Benim, os ferreiros e fundidores de bronze eram altamente sofisticados, tendo um excelente conhecimento dos metais constituintes na fundição do bronze e do latão. Como resultado, os escravos africanos eram os detentores de conhecimentos tecnológicos muito apreciados, o que era uma bênção mas também uma desgraça (como se demonstra por suas qualidades provadas na adulteração do ouro, misturando o pó com enchimentos de prata, cobre e ferro).

A religião era tanto uma fronteira como uma ponte entre culturas. À primeira vista, os praticantes da ortodoxia católica e das religiões fetichistas africanas pouco pareceriam ter em comum. Todavia, como Laura de Mello e Souza nos recordou em seu estudo pioneiro sobre bruxaria no Brasil colonial, existia um abismo entre o erudito e o popular no entendimento do dogma e na prática do catolicismo no Brasil. Essa autora introduz a noção de um catolicismo "imperfeito", já um híbrido do profano e do sagrado em Portugal e adicionalmente hibridizado na colônia. O mesmo poderia ter se verificado com as religiões trazidas pelos africanos para o Novo Mundo. No Brasil colonial ocorreu o sincretismo de religiões que já tinham passado pelo hibridismo na Europa e na

África, respectivamente. Por sua parte, os antecedentes africanos ditavam uma grande variedade de seitas, liturgias e cerimônias, em que os naturais do Daomé, do grupo Gege (Ewe, Fon) e Yoruba (Nago, Egba, Ketu), se encontravam bem representados no Brasil. As crenças religiosas incluíam a adoração de deuses e deusas que personificavam fenômenos naturais e a veneração dos antepassados. Esse aspecto da vida africana encontra-se escassamente documentado, em parte porque os principais dogmas eram passados oralmente de pai para filho, em parte devido à supressão oficial, e também porque a religião se encontrava envolta em secretismo. A participação por parte de escravos e de libertos na vida religiosa pública da colônia encontra-se, todavia, bem documentada. As pessoas de ascendência africana estabeleciam suas próprias irmandades, construíam capelas e mesmo igrejas, participavam no *Corpus Christi* e em outros espectáculos civis, compareciam em funerais e eram modelos de decoro e de estabilidade institucional. Quando da sua morte, deixavam doações para a celebração de missas por alma, para dotes e para aplicações caritativas. Duas alegações que devem ser abandonadas são as de que as irmandades de escravos e libertos de cor ajudavam os fugitivos e de que seriam fachadas para a prática clandestina de ritos religiosos africanos. Não existe qualquer prova que apoie tais alegações de atividades ilegais. De fato, de todas as regiões do longínquo império português nas quais a instituição europeia da irmandade viria a ser adotada, em nenhum outro local se veria uma adesão tão fervorosa por parte de uma população não europeia como no Brasil colonial.

Se existiu uma área em que europeus e africanos, homens livres e escravos, se uniram culturalmente, essa terá sido a da construção e a das artes decorativas. Negros, mulatos livres e escravos encontravam-se envolvidos na construção e decoração de edifícios seculares e religiosos durante todo o período colonial, em nenhum outro local de forma tão notável como nas igrejas e capelas construídas durante a "cidade do ouro" do Brasil na Bahia e em Minas Gerais. O mais famoso arquiteto mulato foi Antônio Maria Lisboa, filho de um mestre carpinteiro e arquiteto português e de uma sua escrava. Recebeu instrução em desenho técnico, arquitetura, escultura e provavelmente em pintura e desenho. As obras a ele atribuídas incluem obras-primas do barroco em Minas Gerais, tais como a Ordem Terceira de São Francisco em Vila Rica e em São João del Rei, Nossas Senhoras e santos delicadamente esculpidos, e os profetas do Antigo Testamento e o Calvário em Congonhas do Campo. Ainda mais espetacular em termos sociais foi o feito de Manuel da Cunha (1737-1809), um escravo que revelou um tal potencial artístico que foi enviado para Lisboa para continuar os seus estudos. Ao regressar ao Brasil foi alforriado, executando depois obras-primas de arte religiosa em igrejas e capelas do Rio de Janeiro. Mas sua fama deve-se realmente ao fato de ser o primeiro artista no Brasil, e entre os primeiros artistas negros nas Américas, a distinguir-se como retratista. O que é particularmente notável nos milhares de artistas africanos anônimos que construíram, decoraram, pintaram e guarneceram edifícios seculares e religiosos, privados e públicos, no Brasil colonial, foi o fato de terem aderido de forma tão precisa ao cânone da arte europeia, não se registrando, tanto quanto sei, em qualquer dessas obras evidência de uma tradição africana de artes decorativas como aquela que se verifica para os artesãos índios nos edifícios coloniais espanhóis de Quito ou de La Paz.

Em nosso estudo das fronteiras entre as tradições culturais da Europa, da África e da América, da forma como se interpenetraram no Brasil colonial, a música e a linguagem são duas áreas onde essas três culturas ainda hoje continuam sua interação. Ainda que pouco documentadas para o período pré-colonial e colonial inicial, evidências limitadas e analogias etnográficas sugerem que os índios tinham uma grande variedade de instrumentos musicais, com uma preferência pelos instrumentos de sopro, como as flautas. Os jesuítas testemunharam as excelentes qualidades corais dos índios, mas sua música parece ter sido bastante limitada, com a repetição monótona de um único refrão ou de alguns ritmos derivados do canto dos pássaros e da natureza. Os jesuítas reconheceram a aptidão dos índios para a música, mas, em lugar de lhes permitirem desenvolver sua própria cultura, usaram a música como instrumento para atingir o controle. Apresentaram-lhes novos instrumentos europeus como o cravo, e ensinaram-lhes cânticos em latim e em português. Como resultado, as tradições musicais índias apenas sobreviveram longe dos centros de atividade portuguesa, ainda que no século XIX Carlos Gomes tenha recorrido a fontes índias para inspiração para sua ópera *O guarani*, como também o fez o compositor Heitor Villa-Lobos no século XX. Antropólogos e etnógrafos demonstraram que essa tradição ainda está viva, e que a música e a dança acompanham todos os eventos e transições importantes nas vidas dos americanos nativos que sobreviveram ao genocídio e ao etnocídio.

Os africanos poderão não ter tido uma tradição musical mais rica do que aquela dos americanos nativos, mas sua quantidade e constante renovação levaram à sua perpetuação no Novo Mundo. Ao contrário da música índia, a africana tende para a polirritmia, destacando-se os instrumentos de percussão, em particular os tambores, partilhando com a música índia um pendor para o canto repetitivo. Dividir a música africana em religiosa e secular poderá ter o efeito negativo de impor um conceito ocidental de separação entre religioso e profano, ignorando a qualidade mais holística das culturas não ocidentais, onde as linhas de separação entre arte, religião, música e medicina são pouco definidas, quando existem. Mas, em termos gerais, existia uma vertente musical associada às religiões africanas e posteriores cultos afro-brasileiros, da qual temos poucas evidências anteriores ao século XIX. Será razoável assumir, com base em evidências africanas e brasileiras dos séculos XIX e XX, que também durante o período colonial existiam canções e ritmos associados a cada deus ou deusa. De fato, podemos especular que alguma parte da música associada a cerimônias afro-brasileiras no Brasil de hoje poderá representar uma forma fossilizada de música mais antiga, posteriormente modificada ou totalmente alterada durante o desenvolvimento cultural na África Ocidental desde o final do escravagismo. Em contraste com o secretismo que envolvia esse gênero de música religiosa, os batuques profanos eram tão públicos quanto escandalosos, enfurecendo os administradores coloniais, que faziam deles o tema de seus relatos, dedicando grande esforço à erradicação dessa tradição cultural. Hoje esse legado é imediatamente visível na variedade de instrumentos de percussão em qualquer orquestra ou banda brasileira, na forte componente rítmica da música brasileira, na dança e em uma forma de cantar claramente identificável como sendo africana.

Existe um outro aspecto da contribuição africana para a música brasileira não tão divulgado mas melhor documentado. As pessoas de ascendência africana destacavam-se em cortejos musicais, espetáculos teatrais, apresentações operáticas, mímicas e danças, parte essencial das celebrações de casamentos e aniversários reais, da chegada de um juiz do Supremo ou da instalação de um governador ou bispo. Para além desses executantes e dançarinos essencialmente amadores, existia uma escola de músicos e atores profissionais negros em Minas Gerais no final do século XVIII. Entre estes contavam-se cantores, instrumentistas, compositores e regentes. A reconstituição de suas obras sugere a existência de um talento real, tendo-se revelado diversos mulatos no final do século XVIII como verdadeiros mestres da música barroca no Brasil. Dois dos mais conhecidos foram José Joaquim Emerico Lobo de Mesquita e Inácio Parreira Neves. Lobo de Mesquita, organista na igreja de Santo Antônio no Arraial do Tijuco, foi um compositor classificado por Curt Lange como estando ao nível de seus contemporâneos europeus; Parreira Neves era corista, compositor e regente em Vila Rica, tendo composto e regido a música fúnebre quando da morte de dom Pedro em 1787. Resumindo, as pessoas de ascendência africana não só conservaram as tradições musicais africanas no Novo Mundo, como também as desenvolveram, criando uma nova tradição musical. Mais ainda, dominaram certos aspectos de uma tradição musical exclusivamente europeia. Foi essa a contribuição, exclusiva dos africanos, no quadro da interpenetração de três culturas no Brasil colonial.

Para finalizar, estudemos as línguas do Brasil e examinemos as fronteiras entre as mesmas. Os portugueses eram, em sua maior parte, únicos dentro desses três grupos, por serem monolíngues. As únicas exceções eram aqueles missionários que aprenderam línguas africanas ou índias e os bandeirantes, muitos dos quais eram bilíngues, falando português e tupi-guarani. Os índios tinham inúmeros dialetos locais, línguas tribais e famílias linguísticas mais gerais. No grupo linguístico tupi-guarani, apenas no Brasil oriental, incluíam-se os gês, tapuias, botocudos e bororós. Os africanos também eram poliglotas, falando até três ou quatro línguas africanas, e adaptando-se ao português com graus variáveis de fluência. Deverá ser destacado que nessa Babel existiam alguns africanos cuja língua nativa não era inteligível nem para outros africanos. Gilberto Freyre referiu o vácuo que existia no Brasil entre o português escrito e a língua falada e entre a língua erudita falada pelos juízes, licenciados, funcionários públicos e membros do clero e a língua do povo. Será razoável assumir que os portugueses do sertão terão absorvido palavras ou frases índias. Os nomes índios ainda predominam em elementos topográficos como rios e montanhas, na flora e na fauna, nos peixes e nos pássaros. Freyre referiu a influência dos africanos na reduplicação da sílaba tônica, nas sílabas finais brandas e nos nomes próprios. Alexander Caldeleugh, visitante no Brasil no final do século XIX, relatava diferenças distintivas entre o português do Brasil e o da metrópole, ainda que fosse excessivo atribuir exclusivamente à influência africana as diferenças sintáticas entre o português de Portugal e o do Brasil. Atualmente, em especial no Nordeste, as palavras africanas fazem parte do discurso falado do cotidiano, contendo certas conotações ausentes em suas equivalentes portuguesas menos expressivas.

O exame das realidades e conceitos no contexto do Brasil colonial alerta-nos para os perigos muito reais da transposição para uma cultura diferente – com um diferente grau e intensidade de desenvolvimento histórico – de noções derivadas de uma outra cultura. Essas noções deram origem a uma historiografia e a interpretações que não são aplicáveis, exceto com fortes reservas, para além do meio físico e cultural no qual foram originalmente concebidas. Foi demonstrado que, no que respeita ao Brasil colonial, o conceito linear de fronteira tinha pouca aplicabilidade que não em termos estritamente matemáticos, e como uma caracterização política relacionada com territorialidade e imperialismo.

O que se revela particularmente excepcional no caso do Brasil é que, não obstante a prevalência do que foi caracterizado como uma "fronteira oca", uma qualidade arquipelágica, e das dificuldades impostas por comunicações e transportes deficientes, essa colônia exibia um grau notavelmente elevado de unidade socioeconômica e política. A ambiguidade inerente da palavra "sertão" – simultaneamente uma terra de ninguém e, contudo, uma região cuja habitação por parte de certos grupos marginais, ou marginalizados pela sociedade, era considerada aceitável – poderá fornecer a solução para a abordagem alternativa, nomeadamente, o exame da fronteira como metáfora. Aqui, a palavra "fronteira" é entendida no contexto de um limite entre culturas: essa abordagem é mais reveladora, e mais conforme com a mistura única de culturas, parte inerente do desenvolvimento histórico no período colonial, sendo um fenômeno em curso e não menos evidente no Brasil de hoje.

O GOVERNO LOCAL NA AMÉRICA PORTUGUESA: UM ESTUDO DE DIVERGÊNCIA CULTURAL

A expansão da Europa nos séculos XV e XVI fez com que os europeus e principalmente os ingleses, holandeses, espanhóis, portugueses e franceses entrassem em contato com as terras, povos e civilizações da África, da Ásia e das Américas. Os efeitos dos descobrimentos europeus tiveram um menor alcance na Ásia do que no caso da África ou das Américas, onde o escambo logo cedeu lugar à escravidão; a catequese pacífica à conversão forçada; a barganha e o comércio à extorsão e aos monopólios; e a dominação armada à coexistência com os intrusos europeus. Embora na Nova França, no Brasil e nas colônias britânicas predominassem os interesses comerciais e agrícolas, em contraposição ao que ocorreu na América espanhola, onde a ênfase inicial foi de caráter militarista, o fato é que os resultados da colonização europeia foram similares em toda parte. Logo em seguida à conquista e à colonização foram introduzidas no Novo Mundo instituições, cujo valor já tinha sido comprovado em seus países de origem. Em alguns casos, como o das *seigneuries* do Vale do São Lourenço, no século XVII, essas transferências tiveram um cunho mais legal do que real. Em outros argumenta-se, como no caso do Peru espanhol, que não só as instituições como as próprias sociedades do Velho Mundo foram duplicadas no Novo Mundo. Imigrantes das origens mais diversas identificaram-se diante de problemas comuns de ataques ameríndios, climas estranhos, topografias difíceis, escassez de provisões, dificuldades de comunicações e a própria necessidade de sobreviver em um meio hostil. Com diferentes graus de apoio oficial, o *Cabildo* espanhol, o *Senado da Câmara* português, a *township* da Nova Inglaterra e o *county* das colônias britânicas do Centro e do Sul dos Estados Unidos transformaram-se nas subdivisões administrativas locais de maior importância. Todas refletiam seus antecedentes europeus. O objetivo do presente trabalho é analisar em que medida essas formas de governo local continuaram a refletir sua fonte de origem, ao passo que iam se tornando cada vez mais exógenas, devido à força de superimposições ou de adaptação às condições externas (americanas ou europeias). Pretendemos abordar esse assunto à luz de uma teoria a qual vou me referir como "análise de estruturas convergentes".

A teoria da análise de estruturas convergentes consiste essencialmente na apresentação de um modelo dinâmico, com aspectos evolutivos de funções e disfunções. Essa teoria fica amplamente elucidada no correr do trabalho, mas pode ser parcialmente resumida aqui. Parto de duas premissas básicas; primeiro, um processo de crescimento ou expansão e, segundo, a existência de um órgão administrativo principal. Órgãos administrativos secundários podem ou não estar presentes, mas minha teoria se aplica a situações em que esses órgãos secundários de fato existam ou vêm a ser criados. Nessas condições, tendem os órgãos administrativos a desenvolver-se invariavelmente no sentido de uma maior especialização e de uma maior diferenciação em termos de organização pessoal, jurídica e funcional e, por isso, alternativas fenomenológicas podem ser vislumbradas:

1. a de que órgãos principais e secundários tenderão a divergir e na medida em que isso ocorre (não necessariamente de forma convergente ou coincidente) haverá uma convergência de jurisdição e autoridade, se: a) os órgãos administrativos forem interdependentes e não necessariamente exclusivos; b) e/ou se constituírem como partes ou acessórios desses órgãos administrativos.

Dois resultados possíveis podem então ser vislumbrados: o primeiro implica tensões e conflitos de atribuições, com disputas de caráter pessoal ou jurídico. Individualmente ou em conjunto, isso poderia levar a tensões disseminadas no sistema global, e talvez a uma tendência separatista, porém não a uma revolução. O outro resultado seria a cooperação funcional entre as partes constituintes dos órgãos administrativos e seus subsistemas, mas não entre os órgãos principais e secundários do governo. Meu objetivo é aplicar esse modelo à forma primordial do governo local em uma dada região do império português ultramarino.

O *Senado da Câmara* ou conselho municipal era um componente integral e vital da administração pública em Portugal e em seu império. Representava, juntamente com a *Relação* (alta corte), a *Fazenda Real* (tesouro), as autoridades judiciais, militares, eclesiásticas e a semiburocrática *Santa Casa da Misericórdia*, a política conservadora e não inovadora, adotada pela Coroa portuguesa em relação a seu império, que ia das Molucas ao Mato Grosso. As *Câmaras*, fossem elas de vilas da estatura de Goa e Bahia ou de municipalidades tais como Massangano e Cachoeira, eram modeladas por suas contrapartes em Lisboa e Porto, admitindo pequenas variações locais em sua composição, estatutos e termos de referência. Dessa forma, ofereciam estabilidade em um império extremamente móvel: permitiam a defesa dos interesses locais na corte de justiça, reasseguravam a cidadania a um grande número de soldados, marinheiros, comerciantes, que representavam grande parte do elemento humano no fluxo e refluxo demográfico que caracterizou o império marítimo português.

No império português, eram os *Senados* os responsáveis por todos os aspectos do governo local e frequentemente serviam de porta-voz para a opinião pública em questões de interesse nacional. Era usualmente composto por um ou dois juízes ordinários, três ou mais vereadores e um procurador, eleitos todos eles anualmente. Também assessoravam o Senado um secretário e um tesoureiro, nomeados pelo próprio Senado ou escolhidos pela Coroa e que não exerciam o direito de voto. Em nível local, seus membros exerciam funções jurídicas, políticas, fiscais e administrativas. Serviam, nos casos civis, como cortes menores de apelação, cuidando de problemas referentes à taxação, higiene, aplicação das leis, disputas de terras, obras e finanças públicas – além de representar (perante a Coroa) os interesses da comunidade. Os Senados da Ásia, África e Brasil exerceram na íntegra o privilégio de se corresponderem diretamente com a Coroa; desafiaram vice-reis e governadores autocráticos, que ignoravam a seu próprio risco esses grupos municipais de pressão. A composição e os deveres da *Câmara* no mundo português já foram descritos alhures e não precisam ser abordados aqui.[1]

As transformações econômicas e sociais, a diversidade das condições locais e as novas políticas nacionais contribuíram para tornar a tarefa do governo municipal no império português cada vez mais complexa. Houve duas repercussões importantes. Primeiramente, os *Senados* assumiram responsabilidades em áreas formalmente consideradas da prerrogativa de outras entidades administrativas. Em alguns casos, a Coroa reconheceu as novas responsabilidades assumidas, concedendo os privilégios e reconhecendo de fato a extensão da jurisdição municipal. Mas, na maioria das vezes, os membros do *Senado* aumentavam arbitrariamente sua esfera de influência, infringindo especialmente a jurisdição da Fazenda ou do Judiciário. Os resultados inevitáveis desse autoengrandecimento dos municípios foram os numerosos e crescentes conflitos com outros órgãos administrativos. Em segundo lugar, o fato de as Câmaras assumirem ou usurparem maiores responsabilidades engendrou o inevitável e paralelo aumento da burocracia ao nível local. É esse segundo aspecto que será analisado no decorrer deste artigo, isto é, o relacionamento entre o principal órgão da administração municipal – o *Senado da Câmara* – e os novos órgãos satélites da infraestrutura do governo local.

Antes de elaborar essa teoria, é essencial fazer a distinção entre os termos "estrutura" e "hierarquia", tal como iremos utilizá-los

1 Entre os estudos mais recentes sobre a diversidade cultural da Américas incluem-se os de Harris, *The Seigneurial System in Canada: A Geographical Study*; Lockhart, *Spanish Peru, 1532-1560*: A Colonial Society; Powell, *Puritan Village: The Formation of a New England Town*; Russel-Wood, *Fidalgos and Philanthropists: The Santa Casa da Misericordia of Bahia, 1550-1755*; o único estudo em português sobre o senado português é o de Boxer, *Portuguese Society in the Tropics*: *The Municipal Councils of Goa, Macao, Bahia and Luanda, 1510-1800*.

no contexto deste trabalho, definindo as características próprias de cada um. No mundo português, o governo da Coroa era fundamentalmente hierárquico, ao passo que o governo local era estrutural em sua própria natureza. As hierarquias administrativas da Coroa eram subimperialistas, permitindo oportunidades de promoção, carreira, cargos assalariados e uma escala ascendente de privilégios para os que fossem bem-sucedidos dentro de um sistema caracterizado por uma flexibilidade interna e um considerável grau de autonomia da Coroa em si. No império português e de certo modo também no espanhol, a Igreja, os militares, o Judiciário e a Fazenda constituíram-se em hierarquias desse tipo. Cada uma delas empregava seu próprio pessoal burocrático, delegava responsabilidades, internamente, sem consulta prévia e preservaram seu próprio conjunto de prioridades e aspirações. Todos tinham a propensão de se desdobrar, criando corpos administrativos dependentes, hierarquicamente subalternos. No caso do governo local, é mais apropriado referir-se a uma administração estrutural. Seus órgãos de infraestrutura e mesmo o Senado da Câmara eram mais estáticos e menos flexíveis que as hierarquias do governo real. Na estrutura municipal, estavam inteiramente ausentes as possibilidades de promoção e flexibilidade interna, que eram características das hierarquias governamentais. De sua parte, o governo local era constituído, de um lado, por indivíduos que ocupavam cargos assalariados sem possibilidade de promoção e, de outro, por pessoas que ocupavam cargos honorários não assalariados. Duas facetas próprias da hierarquia da Coroa, a promoção pessoal e as rivalidades internas, eram virtualmente inexistentes em nível local do município. Por outro lado, o funcionalismo da Coroa dava uma maior ênfase à carreira, de modo que era bastante excepcional um indivíduo ocupar simultaneamente cargos em diferentes hierarquias. Isso nos dá um contraste marcante com o governo local, onde um cidadão proeminente podia ser chamado a tomar parte ativa em diferentes esferas da administração, ocupando simultaneamente vários cargos.

A teoria da análise de estruturas convergentes tem como finalidade permitir um enquadramento conceitual para o estudo do governo local em uma dada região do império português. Algumas das premissas aventadas e algumas das conclusões a que tentei chegar podem ser igualmente aplicáveis a outros impérios coloniais com as devidas modificações. Outras ficam restritas à própria situação da administração portuguesa. As premissas básicas são as seguintes:

1. A criação do principal órgão administrativo do governo local – a Câmara municipal – representa uma resposta direta a uma realidade específica, composta por uma série de fatores sociais, econômicos, políticos, religiosos, militares e étnicos. Pode tomar um aspecto prescritivo, isto é, a Câmara pode eventualmente ser criada por um decreto real ou governamental, assim como pode ter um caráter espontâneo, ou seja, quando um grupo de habitantes locais formam uma entidade administrativa *ad hoc* e dirigem à Coroa uma petição no sentido de lhes ser concedido *status* municipal.
2. A nomeação do pessoal burocrático, sua qualidade e número e o grau de jurisdição *de fato* e *de jure* dado a esse órgão administrativo fundamental está diretamente relacionado à complexidade ou à variedade dessa realidade específica, que primeiro levou a criação desse órgão administrativo.
3. O conjunto de fatores arrolados acima (item 1) não é uma constante *per se*. Constitui, assim como suas demais partes componentes, uma variável. Cada fator está sujeito a modificações e transformações em sua própria composição e em sua relativa importância em face do principal órgão administrativo. Em qualquer tempo ou lugar, um fator isolado ou uma série de fatores podem predominar sobre todos os outros ou variar simplesmente em relação a um ou mais desses fatores. Ao contrário, um ou mais desses fatores podem se definir através de um inter-relacionamento especial, constituindo-se em uma única determinante de pressão, mais poderosa do que cada um tomado isoladamente ou que todos os demais fatores em seu conjunto. Dessa maneira, a composição, a jurisdição e as qualidades executivas do principal órgão administrativo podem estar sujeitas a modificações e transformações radicais ou a uma

reorientação drástica, como resultado da atuação dessas variáveis.

4. É fundamental para a teoria da análise de estruturas convergentes o fato de esse órgão principal se gerar a si próprio. As variações a que nos referimos acima agem como determinantes não só em relação às próprias transformações do órgão municipal, mas podem eventualmente criar novas situações que vão além das potencialidades administrativas do órgão municipal, em termos de pessoal e de capacidade, ultrapassando o âmbito de atividades desse órgão administrativo, considerado isoladamente ou no âmbito de referência de sua concepção original.
5. Essas situações novas terão duas repercussões de importância fundamental para o órgão administrativo principal. Em seu estágio inicial, os membros do Senado assumem funções adicionais, o que resulta em uma só pessoa acumular responsabilidades que ultrapassam os termos originais permitidos por sua jurisdição e que não são propriamente pertinentes a seu cargo. Nos estágios posteriores, com a evolução e maturação desse órgão administrativo principal, sempre em resposta às demandas impostas pelas circunstâncias externas, vai surgindo a necessidade de criar estruturas administrativas secundárias e dependentes da principal, isto é, de uma infraestrutura em nível local.
6. Os componentes dessa infraestrutura não são criados em um determinado momento, como uma unidade administrativa homogênea, mas surgem como e quando se fazem necessários. Criados para atender a solicitações bem específicas, tais componentes são especialmente sensíveis aos fatores mencionados no item "1". Dessa maneira, quando desaparece a necessidade, tais componentes infraestruturais podem ser dissolvidos ou passam a adquirir menor importância dentro do enquadramento administrativo geral.

O enquadramento dado pela análise de estruturas convergentes tem por finalidade facilitar a compreensão do relacionamento entre o órgão principal do governo local e os órgãos secundários da infraestrutura, assim como de estudar a eficiência destes últimos.

Em alguns casos, verificar-se-á que esse órgãos administrativos secundários mantêm com o órgão principal um relacionamento extraestrutural, isto é, o de satélites administrativos. Em outros casos, acabam por se tornar parte de uma infraestrutura cada vez mais complexa, tanto relacionada entre si como também com o órgão principal. A questão do grau em que esses órgãos secundários correspondem às demandas do órgão principal e o de sua autonomia ou dependência individual não parece tão importante nesse estudo do que o seria no caso de um estudo de padrões conflitivos.[2] O objetivo da análise de estruturas convergentes é o de verificar até que ponto a criação de uma infraestrutura administrativa do governo local foi eficiente; se resultou em jurisdições administrativas bem definidas, em pessoal competente e na intensificação do cumprimento dos deveres ou se resultou apenas numa fútil duplicação burocrática das funções e das jurisdições, assim como na delimitação ineficiente das responsabilidades e em uma anarquia administrativa.

A comunidade mineradora de Vila Rica foi escolhida como o objeto de estudo da infraestrutura do governo local no Brasil colônia. Essa escolha, se bem que parcialmente arbitrária, foi sugerida pelo fato de existir no arquivo público de Minas Gerais uma documentação quase completa para todo o período colonial e também por causa da natureza peculiar da penetração nessas zonas do interior.[3] O estabelecimento de cidades afastadas do cinto litorâneo

2 A tese de Frank, Goal Ambiguity and Conflicting Standars: An Approach to the Study of Organization (*Human Organization*, v.7, p.8-13), foi aplicada ao império espanhol por Phelan, Authority and Flexibility in the Spanish Imperial Bureaucracy, *Administrative Science Quarterly*, v.5, p.47-65.

3 O desbravamento do interior do Brasil no período colonial foi estudado por Abreu, *Caminhos antigos e povoamento do Brasil*; Magalhães, *Expansão geographica do Brasil colonial Contemporâneo*. O Arquivo Público Mineiro em Belo Horizonte é um manancial indispensável de documentos sobre o período colonial em Minas Gerais. Existe um esboço de catálogo da correspondência da Coroa e de atos oficiais da seção chamada "Secretariado Governo" publicado na *Revista do Archivo Publico Mineiro*, ano I, p.745-56. Existem catálogos manuscritos de atas das várias câmaras municipais, porém devem ser consultados com cautela. A *Revista* (v.I-25, 1896-1937) contém muitas transcrições de documentos, mas devem ser cotejadas com os originais. O Índice Geral da *Revista do Archivo Público Mineiro* (v.I-18,

fértil foi o resultado direto dos descobrimentos de ouro de aluvião nas capitanias de Minas Gerais, Mato Grosso, Goiás e Bahia. A consequente corrida ao ouro teve severas repercussões não só no desenvolvimento das regiões do interior, mas também na sociedade e na economia das áreas do litoral.[4] Em Minas Gerais, onde as primeiras descobertas datam de 1693 ou 1695, os primitivos arraiais dos bandeirantes paulistas e dos caçadores de fortunas de todas as partes do Brasil e de Portugal tinham se transformado em vilas mineradoras. Por volta de 1711, três dessas comunidades já tinham se consolidado suficientemente para serem elevadas à condição de vilas. A mais importante foi Vila Rica de Nossa Senhora do Pilar de Albuquerque (8 de junho de 1711), depois denominada Vila Rica de Nossa Senhora do Pilar do Ouro Preto. Em1823, Vila Rica, como era comumente chamada nos documentos da época, foi elevada ao *status* de cidade e recebeu o título de Cidade Imperial de Ouro Preto. No decorrer do período colonial, Vila Rica foi a capital administrativa da capitania de Minas Gerais e somente perdeu sua preeminência com a transferência da capital para a nova cidade de Belo Horizonte, em 1897.[5]

As circunstâncias históricas que estimularam o estabelecimento de municípios em Minas Gerais foram altamente complexas; compostas, de um lado, pela dura realidade da corrida

---

1896-1913) organizado por Theóphilo Feu de Carvalho, mostra o alcance da *Revista*, porém é de difícil acesso.

4 Cardozo, The Brazilian Gold Rush, *The Americas*, v.3, p.137-60; Boxer, *The Golden Age of Brazil 1695-1750: Growing Pains of a Colonial Society*, p.30-60. Sobre a repercussão no litoral, consultar Russel-Wood, *Fidalgos and Philanthropists*, p.67-8, 70, 78, III.

5 O estudo clássico sobre os bandeirantes é de Taunay, *História Geral das bandeiras paulistas* e *Relatos Sertanistas*. Veja também Morse (Org.), *The Bandeirantes: The Historical Role of Brazilian Pathfinders*. Sobre a mudança do nome, veja Boxer, *The Golden Age*, p.162; cf. Matoso, Colesam das noticias dos primeiros descobrimentos das Minas na America, que fez o Dr. Caetano da Costa Matoso, sendo Ouvidor Geral das do ouro preto de que tomou posse em Fevro. de 1749. Dom Pedro visitou Vila Rica em 22 de março de 1823, Arquivo Público Mineiro, Câmara Municipal de Ouro Preto (daqui por diante abreviado como APMCMOP), v.137, ff.334r, 394r. Sobre a mudança da capital, veja Siqueira, Mudança da capital de Minas: uma questão ideológica, *Revista Brasileira de Estudos Políticos* 33, p.89-101.

ao ouro e, de outro lado, pelos temores e ambições da Coroa portuguesa. Logo que as notícias dos primeiros descobrimentos chegaram às áreas costeiras e a Portugal, o Brasil foi tomado pela obsessão da corrida do ouro. Minas Gerais foi invadida por um súbito surto de população negra, branca, escrava e livre. A vida nos arraiais mineradores caracterizou-se pela violência, pelo relaxamento da moral, por uma turbulência crônica, pelo oportunismo financeiro e por um abastecimento inadequado. As tensões da *lebenskrieg* nas comunidades auríferas exacerbaram as diferenças nacionais, étnicas e econômicas. Desapareceram todas as aparências de lei e ordem. Brancos mineradores e lavradores foram continuamente ameaçados pelos ameríndios e pelos quilombos de escravos fugidos. O rei, que tanto tempo tinha esperado pela realização dos sonhos de um Potosí brasileiro, estava tomado por um pavor que beirava à paranoia, de que nações estrangeiras iriam invadir o Brasil. A defesa da mais valiosa joia da Coroa portuguesa tinha sido até então bem precária. O contrabando de ouro em pó, a evasão do pagamento do quinto e uma total indiferença pelos decretos reais e governamentais, que limitavam a importação de escravos e mercadorias, foram sempre endêmicos, e as tentativas feitas – aliás, sem grande empenho por parte da Coroa e do governador do Rio de Janeiro, de impor um melhor controle judicial, fiscal e administrativo – tinham sido até ali ineficazes.[6] Antônio de Albuquerque governador do Rio de Janeiro, viajou para as regiões mineradoras em 1709. Embora não fosse muito bem-sucedido em sua tentativa de impedir a continuação de novas lutas entre paulistas e emboabas, logrou despertar o respeito pela autoridade da Coroa, através de seu modo firme de tratar o chefe emboaba Manuel Nunes Viana. Em junho de 1710, Albuquerque foi juramentado no cargo de governador da nova entidade administrativa de "São Paulo das minas de ouro". Nos meses seguintes, despachou uma série de decretos, leis e editais, na

6 Sobre essa época, veja Matoso, Colesam, ff.44r-48r, 64r-66r; Boxer, *The Golden Age*, p.30-60; Calógeras, *As minas do Brasil e sua legislação*, p.44-75; Antonil, *Cultura e opulência do Brasil por suas drogas e minas*; Cardozo, The collection of the fifths in Brazil 1695-1709, *Hispanic American Historical Review*, n.3, p.359-79.

tentativa de conseguir certa estabilidade para a própria vila de São Paulo, e fez numerosas nomeações para cargos administrativos. Sua preocupação central foi a defesa, o estabelecimento da lei e da ordem, a imposição de controles fiscais e o abastecimento de gêneros alimentícios. Em 8 de agosto, Albuquerque, tendo nomeado um substituto para seu cargo, deixou São Paulo em direção às Minas Gerais.[7] Entre agosto de 1710 e 8 de abril de 1711, quando foi criado o primeiro município em Minas Gerais, Albuquerque viajou por toda parte e dialogou com paulistas e emboabas sobre a melhor forma de governo para a área de mineração. A legislação promulgada por ele e as nomeações que fez durante esse período de licença, não deixam dúvidas quanto aos motivos do estabelecimento dos municípios. Os decretos mais importantes diziam respeito às áreas mineradoras e à exploração de novos depósitos. Tendo consciência aguda da insistência da Coroa em promover novos descobrimentos de metais e pedras preciosas, Albuquerque encorajou a exploração, através da concessão de direitos exclusivos de exploração em determinadas áreas, e distribuiu títulos de *capitão* e *guarda-mor* aos mineradores de maior sucesso.[8] Encarregou Manuel Borba Gato de fazer novas explorações de depósitos de prata, e Garcia Rodrigues Velho foi nomeado capitão-mor dos novos descobrimentos de esmeraldas.[9] Multas pesadas e penas de expulsão das áreas mineradoras eram as penalidades impostas aos que não noticiavam os novos descobrimentos.[10] Tomou medidas contra a evasão do pagamento do quinto real. Encarregou da cobrança dos quintos oficiais locais do porto do Rio de Janeiro, Parati e Bahia e nas próprias áreas de mineração. Impôs um controle mais rígido do "caminho dos currais", a fim de impedir o tráfico ilícito, tanto de ouro em pó para a Bahia e Recife como

---

7 Cardozo, The Guerra dos Emboabas: Civil War in Minas Gerais 1708-1709, *Hispanic American Historical Review* 22, p.470-92; Boxer, *The Golden Age*, p.61-83; as medidas de Albuquerque em São Paulo estão indicadas no Arquivo Público Mineiro Secretaria do Governo (daqui por diante abreviado APMSG), v.7, ff.1r-32v.

8 APMSG, v.7, ff.42v-43r, 52v-53r.

9 Ibid., v.7, ff.58v-59r, 59v-60r.

10 Decreto de 22 jan. 1711. Ibid., v.7, ff.73v.

também a introdução clandestina de escravos, alimentos, cavalos, gado e mercadorias.[11]

Albuquerque enfrentou o grande problema de impor a ordem nas áreas mineradoras. No intuito de promover a criação de gado e o abastecimento da região de gêneros alimentícios, assim como de fixar populações até então notoriamente móveis, concedeu inúmeras sesmarias. Nomeou provedores e escrivãos para fazerem o registro das sesmarias, resolver litígios e distribuir novas doações de terras.[12] Esperava com essas medidas fornecer produtos alimentícios a preços mais baixos, evitar a atividade dos contrabandistas, colonizar as regiões limítrofes e as de beira das estradas, assim como eliminar a situação de fome permanente, que marcou os primeiros tempos da mineração.[13] O governador lutou por impor respeito à lei. A criação de companhias de milícias era essencial para o sucesso de tal missão. Apesar de a formação das milícias ter aparentemente fins militares, tais como a defesa, em caso de uma emergência, dos portos de Paraty, Santos e do Rio de Janeiro, na realidade sua função era a de reforçar o bom cumprimento da lei, escoltar o bulhão, impor os regulamentos fiscais e atacar os quilombos de escravos fugidos. Além das companhias de infantaria, foram criadas tropas de cavalaria das milícias.[14] Capitães do mato foram nomeados para a captura de escravos e para destruir os quilombos.[15] A proibição do porte de armas por escravos foi estendida a toda Minas Gerais e severas penalidades impostas sobre as pessoas que vendessem armas a escravos. Foram proibidas de comerciar nas vizinhanças das minas de ouro de aluvião as mulheres escravas que vendiam alimentos e cachaça, devido à má influência que teriam sobre os mineradores.[16]

11 Ibid., v.7, ff.33v-34v-, 38r, 40r-v, 110v, 114v.

12 Ibid., v.7, ff.35v, 38r-39r, 44r-v, 45r-v, *inter alia*. Algumas sesmarias foram reproduzidas na *Revista do Arquivo Público Mineiro*, ano 10, fasc. 3-4, p.899-979. Para essas nomeações, veja APMSG 7, ff.42r-v, 10v.

13 Veja Boxer; Antonil, op. cit., e Goulart, *Escravidão africana no Brasil*, p.134-6.

14 APMSG, v.7, ff.84r, 86v-76r, 104r, 115r-v, 116r, 118v-119r, 122r-v, 123v.

15 Ibid., ff.36v, 40v-41r, 67v, 73r-v, 75v, 83v, 101v.

16 Ibid., 37v. O edital que proibia o porte de armas era datado de São Paulo, 18 jul. 1710 e foi estendido para Minas Gerais em 1º dez. 1710, APMSG, ibid.,

Albuquerque fez inúmeras nomeações administrativas, principalmente relacionadas com a cobrança do quinto e a supervisão das áreas de mineração. Nomeou um superintendente para Serro Frio, com a incumbência especial de impor o pagamento dos quintos. Preencheu os cargos de tesoureiro do quinto e de escrivãos nas várias superintendências.[17] Devido à falta de candidatos aptos, essas nomeações em geral recaíam sobre os indivíduos mais importantes, que já ocupavam outros postos e que tinham sua jurisdição desdobrada. Manoel Borba Gato, um veterano das descobertas de depósitos de ouro e prata, serviu como superintendente dos quintos reais, como provedor dos mortos e ausentes e também como provedor responsável pelas doações de terras do distrito do Rio das Velhas.[18]

O levantamento das medidas administrativas feitas por Albuquerque no período imediatamente anterior ao estabelecimento das municipalidades nos permite entender os motivos da política de promoção dos primitivos arraiais ao *status* de vilas. Essa política representa uma resposta direta a uma situação concreta advinda de uma série de fatores inter-relacionados, de caráter social, étnico, econômico, político e militar. Três desses fatores predominaram sobre os outros: primeiro, o encorajamento de futuras descobertas de metais, a consolidação e proteção dos já existentes, assim como a formação de uma máquina burocrática para receber os quintos reais; segundo, a imposição da lei e ordem a essas regiões; terceiro, o apaziguamento das hostilidades entre paulistas e emboabas e o incentivo à fixação dos novos colonos. Súbitas pressões sociais, econômicas e políticas exigiam uma administração improvisada. Não houve oportunidade para uma maturação administrativa ou para medidas contemporizadoras na lenta procura das formas mais eficientes de governo municipal, que fossem particularmente adaptadas às condições locais. As nomeações

---

ff. 8r, 37v; para outros exemplos, veja *Revista do Arquivo Público Mineiro*, v.7, p.276-7 e APMSG, v.11, ff.268r, 279r-80r; Russel-Wood, Class, creed and colour in colonial Bahia: a study in prejudice, *Race*, v.9, n.2.

17 APMSG, v.7, ff.38r, 40v, 62r-v.

18 Ibid., ff.42r-v, 58v-59r, 137r-v; Matoso, Colesam, f.47r. Para dados biográficos, veja Franco, *Dicionário de bandeirantes e sertanistas do Brasil*, p.176.

para os cargos do Tesouro e do Judiciário eram feitas pelo rei e pelos governadores. Faltava, no entanto, um corpo administrativo coeso em nível local. Sob urgente pressão da Coroa, interessada em impor disciplina à região, a fim de melhor proteger seus interesses na mineração, que eram tão vitais para o Tesouro, Albuquerque criou, no curto espaço de alguns poucos meses, por decretos governamentais, uma série de câmaras municipais, que começaram imediatamente uma legislação intensiva.

As câmaras municipais eram instrumentos centrais da política da Coroa, de pacificação do interior e, psicologicamente, representaram uma providência arguta da parte de Albuquerque. Simbolizavam a estabilidade e a continuidade da administração; provocaram as aspirações de ascenção social dos paulistas muito conscientes de *status* e que passaram a concorrer para os cargos de vereadores; as câmaras tornaram-se veículos da opinião pública, constituindo-se como uma válvula de escape para a expressão de ressentimentos locais em relação às medidas fiscais da Coroa, ao mesmo tempo em que encorajavam o desenvolvimento de uma consciência municipal através da prestação de serviços públicos.[19]

Albuquerque permaneceu nas Minas Gerais tempo suficiente para conceder o *status* municipal aos principais arraiais de mineração. Os três primeiros municípios foram: Vila do Ribeirão de Nossa Senhora do Carmo de Albuquerque (8 de abril de 1711), Vila Rica de Nossa Senhora do Pilar de Albuquerque (8 de junho de 1711) e Vila Real de Nossa Senhora da Conceição de Sabará (17 de julho de 1711).[20] Em todos esses casos a criação dos municípios foi artificial, no sentido de resultar de pressões exercidas por Albuquerque cumprindo ordens da Coroa e não da iniciativa espontânea dos mineradores, em busca de um órgão administrativo unificador do governo local. O estabelecimento desses

19 Sobre a política da Coroa, consultar Prado Jr., *Evolução política do Brasil e outros estudos*, p.27-30; Russel-Wood, *Fidalgos*, p.244; Boxer, *The Golden Age*, p.147-8; Costa Matoso, Colesam, ff.37v, 48v-48r, 69r; Leme, *Informação sobre as minas de São Paulo*, p.152-3.

20 Histórias gerais dessas fundações são as obras de Lima Jr., *As primeiras vilas do ouro* e *A capitania das Minas Gerais* (Origem e formação).

municípios era parte de uma política premeditada da Coroa e não o resultado de um interesse local comunitário, o que fica demonstrado pelo fato de que algumas nomeações municipais foram feitas antes do estabelecimento dos municípios em si. O carcereiro da futura Sabará tinha sido nomeado em janeiro de 1711 e os cargos de carcereiros e de inspetor de pesos e balanças, assim como o de inspetor das medidas da futura Vila Rica, tinham sido preenchidos em junho, por provisão real.[21]

Em cada caso, o procedimento para as eleições dos membros do Senado da Câmara foi idêntico. Eram convocados os líderes de cada arraial minerador a fim de que propusessem os candidatos ao conselho eleitoral, o qual, por sua vez, nomeava os membros dos novos Senados. A única condição feita por Albuquerque, sob ordens da Coroa, era a de que paulistas e reinóis fossem igualmente representados nos Senados das Câmaras. A primeira cerimônia de escolha dos membros do Senado da Câmara teve lugar em 8 de junho, no arraial das minas de Ouro Preto, quando um conselho eleitoral composto por seis pessoas indicou os mais aptos a servirem de juízes da paz (dois), vereadores (três) e procurador do Senado. No dia seguinte, os novos membros prestaram juramento de fidelidade e, acompanhados do governador, atravessaram a capoeira a fim de levantarem o pelourinho, que era o símbolo da autoridade municipal.[22] Albuquerque acedeu ao pedido do povo, de que os morros da cidade fossem considerados como solo comum para fins de prospecção do ouro, em vez de serem divididos entre os mineradores.[23]

A composição do Senado permaneceu essencialmente a mesma durante todo o período colonial sem sofrer modificações. Tínhamos aventado a hipótese (supra), de que a qualidade e o número dos membros do Senado da Câmara e suas respectivas áreas de jurisdição estivessem diretamente relacionados com a

21 Ribeirão, APMSG, v.7, ff.74v-75r, 79r, 86r; Vila Rica, ff.101r-v, 121v, 122v-122r; Sabará, ff.52r, 59r, 59r-v, 66 Ar, 67r, 70v.

22 Ibid., ff.49r-v; o primeiro registro das atas da câmara (1711-5) foi publicado nos *Annaes da Biblioteca Nacional do Rio de Janeiro*, v.49 (1927), p.199-391, e o segundo (APMCMOP, v.4, 1716-1721), na *Revista do Arquivo Público Mineiro*, ano 25, 2 v., p.3-166.

23 Matoso, Colesam, f.49r-v.

situação histórica precisa que estimulou a criação dos municípios e de suas demais partes componentes, que já foram examinadas. Podemos agora passar a considerar a qualidade dos eleitos ao Senado de Vila Rica, assim como as atribuições de cada um. A aptidão e o grau de dedicação ao serviço público variavam de pessoa a pessoa; alguns tinham um passado militar importante, outros eram filhos das principais famílias de São Paulo e do Rio de Janeiro, e ainda outros eram prósperos mineradores.[24] Mas foram estas as únicas exceções diante da mediocridade geral que caracterizou os membros do Senado.

O princípio da Coroa da representação igual para paulistas e emboabas foi logo abandonado.[25] Nos primeiros anos, a mediocridade dos vereadores refletia o baixo padrão geral dos migrantes a Minas Gerais. Poucos homens de letras vieram para as áreas mineradoras e havia uma escassez crônica de candidatos adequados para os cargos municipais. Em certa ocasião, um ex-sapateiro serviu como juiz ordinário em Vila Rica.[26] A carência de colonos brancos significava que vistas grossas deveriam ser feitas na questão de mulatos servirem no Senado. Essa tolerância foi condenada por d. João V, que em 1725 ordenou que no futuro todos os candidatos a cargos municipais deveriam ser brancos e casados com mulheres brancas.[27] Nos anos seguintes, apesar do aumento da imigração, da prosperidade e maior estabilidade dos moradores, a qualidade do Senado não melhorou. A razão principal era que o serviço do Senado não era remunerado financeiramente

---

24 O capitão Felix de Gusman Mendonça e Bueno, "sendo da principal nobreza" do Rio de Janeiro, serviu como vereador em 1711, APMSG, v.7, f.35v; v.8, ff.2v-3v; *Annaes da Biblioteca Nacional*, v.49, p.203.

25 Matoso, Colesam, f.37v.

26 Em 1717 a Câmara recusou-se a permitir ao advogado dr. Antônio de Brito Lira deixar Vila Rica sob pena de suspensão. APMCMOP, v.4, ff.29v, 30r-v. Antônio Martins Leça, procurador em 1714 e juiz em 1722, obteve a reprovação do conde de Assumar "q'muito pouco tempo há foi captro nesta va e nalmte home de pouca capacidade", APMSG, v.23, ff.105v, 107r; *Anais da Biblioteca Nacional*, v.49, p.287; APMCMOP, v.13, f.35r.

27 Russel-Wood, Colonial Brazil. In: Greene; Cohen (Orgs.), *Neither Slave nor Free*: The Freedmen of American Descent in the Slave Societies of the New World, p.112.

e as propinas feitas aos vereadores para cobrir despesas eram inadequadas, a despeito da fraude em larga escala em sua distribuição. Além do mais, o rei se obstinava em não conceder privilégios, honras ou isenções a quem servisse no Senado de Vila Rica, apesar de repetidos apelos e da doação de concessões a outros Senados.[28] Não havia, portanto, incentivo para compensar a perda de renda decorrente da ausência nas minas ou plantações para servir no Senado. Isso deixou o caminho aberto para candidatos que prestavam serviço no Senado a fim de ocultar dívidas à municipalidade. Peculato, coerção, eleições fraudulentas, casos de antitruste eram lugar-comum.[29] Mesmo quando devidamente eleitos, os candidatos aptos recusavam-se a servir, obtinham cartas reais de isenção ou mudavam-se para fora da área urbana, de modo a não arriscar seus bons nomes servindo em um Senado de péssima reputação. Em 1734, a Câmara ainda podia escrever ao rei dizendo que os vereadores eram predominantemente mineradores; porém, com o declínio da produção de ouro (o resultado muito mais da falta de conhecimentos técnicos do que da exaustão das fontes) e uma crescente distribuição da riqueza na metade do século, mercadores, comerciantes e produtores agrícolas vieram a assumir postos na Câmara Municipal. Na última parte do século, a discriminação de classe e nacionalidade tornou-se mais aparente. Em 1762, o Senado alegou fraude eleitoral visando eliminar a candidatura dos cidadãos nativos do Brasil, advogados, homens de letras e pessoas de aptidões

28 Sobre gratificações, veja APMCMOP, v.13, ff.91v-92r, v.28, ff.23v-24r; APMSG, v.81, doc. 79 e os documentos que acompanham; v.32, ff.4r, 63v-64v; o juiz da Coroa, dr. Caetano da Costa Matoso, foi severamente advertido pelo rei em 1725 por distribuir gratificações dos fundos municipais para os vereadores e para si próprio, APMCMOP, v.63, ff.136v-137v. Os pedidos de privilégios estendiam-se da concessão daqueles de Lisboa e Porto, Rio de Janeiro e São Paulo, a títulos individuais para os vereadores e a elevação de Vila Rica ao *status* de cidade, APMCMOP, v.9, ff.24v-25r, 28r-v, 34r-35r, 46r-47r, 64r-v, 66v-67r; v.7, ff.26r-v; v.6, ff.133r-v; v.60, f.64r-v; v.54, ff.178v-179v; APMSG, v.35, doc. 100.

29 APMCMOP, v.6, f.10v-11r; v.4, ff.65r, 65v; v.28, ff.10v; v.43, ff.23r-25r; v.112, ff.43r-44r, *inter alia*. APMSG, v.5, ff.150r-151v; v.11, ff.229v-30r; v.35, doc. 100 e v.44, ff.136v-138v.

superiores ou posição social, referindo-se a uma "conspiração de estranhos e menos nobres".[30]

A jurisdição dos dois juízes ordinários era ampla, com ênfase especial em atribuições judiciais e fiscais. Totalmente desprovidos de experiência em assuntos legais, eles resolveram casos civis como juízes de primeira apelação. Apelações do *juízo de almotaçaria*, ou da Corte sobre as práticas de mercado, eram feitas aos juízes ordinários.[31] Eles faziam inquéritos judiciais, ou *devassas*, de assassinatos, atividades de mercado negro e estabelecimentos comerciais não autorizados nas áreas de mineração. Em 1719, a devassa da revolta de escravos em Vila Rica foi feita pelo juiz ordinário, auxiliado por um advogado experiente.[32] Eles procediam a inquéritos sobre mineração ilícita, contrabando de ouro e faltas para com o pagamento do quinto. Em 1770, uma ordem real encarregou o juiz ordinário de conduzir uma devassa bianual sobre o contrabando de diamantes, enviando os infratores presos para Lisboa. As denúncias, feitas em segredo ao juiz ordinário, representavam um papel de maior destaque nesses inquéritos. Na área fiscal, o juiz era responsável pela sondagem da posição financeira dos fiadores para o posto de carcereiro municipal e de decretar a fiança nos casos de prisão daqueles que deixavam de obter licença de comércio, ou naquelas ocasiões em que os casos judiciais ficavam suspensos, dependendo do apelo do governador. O juiz era responsável pelos contratadores municipais que falhassem no cumprimento de suas obrigações, devendo processá-los. Além do mais, a intervalos regulares, o juiz, acompanhado pelos vereadores, visitava todas as áreas da cidade e arredores imediatos decidindo sobre a disponibilidade de água, construções sem licença, estabelecimentos comerciais ilícitos, abusos fiscais por parte dos artesãos, e pelo reparo de estradas e de pontes. Na Câmara Municipal, o juiz ordinário era meramente *primus inter pares*, responsável em última instância por todos os aspectos do

30 APMCMOP, v.77, ff.228r-229v, "conspiração de estranhos e menos pobres"; cf. ibid., v.6, f.133r-v; v.9, ff.34r-35r, 46r-47r, 41v-42r, 64r-v.

31 APMSG, v.7, ff.120r-v; APMCMOP, v.4, ff.17v, 52v.

32 APMCMOP, v.28, ff.76v-77r; v.60, ff.60v-61r; APMSG, v.11, ff.126v-127r; cf. v.27, f.51r.

governo local, mas sem nenhum direito de veto sobre a determinação da política decidida pela maioria.

Os três vereadores exerciam um papel administrativo geral na formulação da política municipal e no cumprimento de decretos reais e governamentais. Frequentemente divididos entre si, eles serviam, no entanto, como um obstáculo às ambições pessoais de um juiz ordinário inescrupuloso, registrando protestos oficiais e negando responsabilidade pessoal por perdas financeiras incorridas pela municipalidade como resultado da negligência dos juízes ou do procurador. Os vereadores elegiam as pessoas indicadas para cargos municipais, mas (em teoria pelo menos) todas as despesas feitas com salários a partir dos cofres municipais tinham de ser autorizadas pela Coroa.[33]

O procurador servia como um *factotum* mas possuía somente uma autoridade limitada em sua própria competência. Estava intimamente envolvido em todas as facetas do governo local; entretanto, suas responsabilidades especiais eram o orçamento e as demandas legais da municipalidade. Um perscrutador de problemas em geral, seu papel era primariamente consultivo, colhendo informações e então incitando seus colegas a promulgar a legislação. Como resultado de seus esforços, vinham os editais sobre matérias que iam desde a proteção de florestas virgens à proibição de vendas ou comércio ilegal de gado, ao uso público de fontes de água e supressão de quilombos. Assegurava que os aluguéis de terra fossem coligidos, formulava causas para o processo de devedores municipais, fazia o registro de propriedades municipais, examinava edifícios públicos presumivelmente avariados, e executava tarefas menores tais como a organização dos músicos para tocar na procissão de Corpus Christi ou a supervisão da construção de guaritas na cadeia. No preenchimento dessa gama infindável de responsabilidades, o procurador deparava-se com duas dificuldades: primeiro, ele não possuía nenhuma experiência em leis; e segundo, ele não possuía conhecimento profissional de contabilidade. Essas dificuldades eram combinadas com o fato

33 APMCMOP, v.13, ff.43r-v, 50r; v.42, ff.110v-113r *inter alia*; sobre a aprovação real para salários, veja CMOP, v.28, ff.151-v, 169r-171r, 137-r-138r; v.36, f.8r-v; v.7, f.47v; APMSG, v.81, doc. 61.

de que só em 1769 foi mantido um registro de todos os decretos reais, governamentais e municipais referentes a assuntos econômicos.[34] Além do mais, a duração anual do cargo destruía a possibilidade de se adquirir um completo domínio da matéria.

Aqueles fatores que, em 1711, contribuíram para o estabelecimento das municipalidades na região mineradora persistiram ao longo do período colonial, mas variaram em seu grau de importância como determinantes de mudanças e reformas administrativas. Contudo, três fatores permaneceram constantes, sendo um político, outro social e outro econômico. Primeiro, a própria natureza de uma comunidade mineradora oferecia tremendas oportunidades para a aquisição de riqueza, não somente através das empresas mineradoras e extrativas, mas também no estabelecimento de gêneros alimentícios e mercadorias. Segundo, em nenhuma região do Brasil havia maior interesse e mais estreita vigilância por parte da Coroa, na medida em que esses poderiam afetar a coleta dos quintos reais. Terceiro, desde o início a área foi caracterizada por antagonismos sociais internos. Hostilidades precoces entre paulistas e emboabas nunca mais voltaram a irromper em guerra aberta, mas persistiram pela época imperial adentro. Mineiros e agricultores disputavam o uso da terra. As populações negras não alcançaram a homogeneidade; divididos entre livres e escravos, havia animosidade mútua de ambos os lados. Esta foi exacerbada pela existência de distinções tribais entre os africanos e pela discriminação de cor e preconceito dentro da comunidade negra.[35]

---

34 APMCMOP, v.39, f.74v-76r; v.90, ff.22v-23v.

35 Alden, *Royal Government in Colonial Brazil, With Special Reference to the administration of the Marquis of Lavradio, 1769-1779*, p.29-44, apoia a tese de que crescentes restrições são colocadas à autoridade dos vice-reis, nos séculos XVII e XVIII, em confronto com os governadores. Ao contrário, eu sugeriria que há uma extensão das responsabilidades aos governadores das capitanias com a penetração da hinterlândia. Em Minas Gerais isso não resultou em maior autonomia de ação. Advertências reais aos governadores por deixarem eventos correntes ao vice-rei eram lugar-comum. Além disso, d. João V, patologicamente sensível aos casos de usurpação de jurisdição, e o Conselho Ultramarino mantinham uma rigorosa investigação de cada passo administrativo tomado pelos governadores de Minas Gerais. Sobre a discriminação racial dentro da comunidade negra, veja Russel-Wood, Colonial Brazil, p.117-8, e Salles, *Associações religiosas no ciclo do ouro*.

O interesse crescente da Coroa afetou profundamente o governo local em Vila Rica. Centro de um distrito judicial, ou comarca, a cidade era a sede do ouvidor-geral e do provedor do Tesouro. Em 1721, tornou-se a capital da recentemente criada capitania de Minas Gerais e o local de residência dos governadores. Como centro para a administração dos quintos reais nas áreas mineradoras, Vila Rica ostentou uma casa de fundição e uma casa de cunhagem de moedas, em diferentes ocasiões, sempre dependendo da política real para a coleta dos quintos que estivesse em voga. Duas companhias de dragões foram aquarteladas lá e numerosas tropas de milícia foram criadas na cidade e áreas adjacentes. O interesse da Coroa em Vila Rica resultou em constantes investigações e em intervenções nos negócios locais por parte das autoridades da Coroa reais. Vila Rica cresceu no decurso do século XVIII. Um drástico aumento inicial e depois o declínio da população, escrava e livre, refletiu o fluxo e refluxo das fortunas nas áreas de mineração.[36] A cidade logo ultrapassou seus limites originais e novas paróquias foram estabelecidas. Igrejas, prédios públicos, caminhos e pontes estavam em constante construção, fornecendo emprego para um exército de artesãos de todas as especialidades. Embora cedendo à Vila do Ribeirão do Carmo a primazia por sua situação de única cidade (Mariana, 1745) de Minas Gerais e de sede de um bispado, Vila Rica foi o indiscutível centro cultural da área mineradora, ostentando representações teatrais e o brilho de uma intelectualidade local.[37]

---

36 Sobre a vida social e desenvolvimento, veja Boxer, *The Golden Age*, p.162-203; a afluência de escravos é descrita em Goulart, *Escravidão Africana*, p.139-71. Os estudos básicos da ascenção e queda da produção de ouro são ainda Calógeras, *As minas do Brasil*, v.1, p.5-263, e Simonsen, *História Econômica do Brasil (1500-1820)*, p.247-301; cf. Prado Jr., *The Colonial Background*, p.195-212, e *História Econômica do Brasil*, p.57-66. A produção de açúcar em Minas Gerais é descrita em Costa Filho, *A cana-de-açúcar em Minas Gerais*.

37 Mourão, *As igrejas setecentistas de Minas*; Carrato, *Igreja, iluminismo e escolas mineiras coloniais (Notas sobre a cultura de decadência mineira setecentista)*; Avila, *Resíduos seiscentistas em Minas: textos do século do ouro e as projeções do mundo barroco*; Frieiro, *O diabo na livraria do Cônego*; Burns, The Enlightenment in two Colonial Brazilian Libraries, *Journal of the History of Ideas*, v.25, n.3, p.430-8.

Os problemas de lei e ordem avultavam. Uma população branca cronicamente instável, um setor negro insurgente, clérigos mundanos, desertores das guarnições do Rio de Janeiro e de Salvador, ciganos e prisioneiros evadidos davam às autoridades razão para contínuo alarme. Em 1717, proclamações republicanas de "longa vida ao povo" nas ruas; em 1719, uma tentativa de revolta de negros e a revolta de 1720 contra o estabelecimento das casas de fundição deram o tom para um século de distúrbios contra a autoridade da Coroa e do município.[38] A mais séria ameaça à segurança foram os *calhombolas*, grupos de escravos fugitivos que se reuniam dentro da cidade ou juntavam-se aos quilombos, grupos maiores de escravos fugitivos no sertão. Apesar de expurgos maciços e de ataques militares organizados, esses grupos aterrorizavam os viajantes e os habitantes ao longo de todo o período colonial.

O comércio ilícito de gêneros alimentícios, escravos e mercadorias para a área mineradora e as atividades de mercado negro eram desenfreadas. Os registros ao longo das rotas de acesso a São Paulo, Rio de Janeiro e Bahia eram facilmente burlados, e azeite de oliva, sal e vinho eram importados ilicitamente dos portos e vendidos nas áreas de mineração. O gado em pé era trazido de Pernambuco e da Bahia, sendo abatido em matadouros ilegais nos arrabaldes de Vila Rica e a carne vendida na cidade. Essa prática era também aplicada aos porcos, trazidos para os arredores por especuladores para revender na cidade. O mercado negro de gêneros alimentícios caracterizou todas as cidades e vilas do Brasil colonial. Pelas manhãs, nos arredores de Vila Rica, escravos e homens livres esperavam pela chegada de produtos que eles traziam para revenda nas casas comissionárias ou por sua própria conta. Bananas, frutas, óleo de mamona e cereais eram os principais objetos desses atravessadores. Os proprietários de moinhos de milho exploravam ao máximo sua posição monopolística levando a cidade à beira da inanição.[39] Os males advindos da estocagem

38 AMPCMOP, v.4, ff.22r-v, 22v-23r; Lopes, *Os palácios*, p.127-8. Sobre a revolta de 1720, veja Veiga, *A revolta de 1720 em Vila Rica: discurso histórico-político*.

39 Ellis, Contribuição ao estudo do abastecimento das zonas mineradoras do Brasil no século XVIII, *Revista de História*, v.36, p.429-67; Zemella, O

também se aplicavam ao sal.[40] Aliada aos problemas gerais da fiscalização municipal estava a presença nas áreas de mineração de estabelecimentos comerciais não registrados de mascates. Estes vendiam alimentos e bebidas aos escravos mineiros, agiam como compradores de ouro e mercadorias roubadas, abasteciam os escravos fugitivos de armas de fogo e seus estabelecimentos serviam como casas de prostituição. Tais armazéns poderiam provocar uma reação em cadeia ao desviar os escravos de seu trabalho, encorajando-se a gastar o ouro em pó que eles tinham recolhido, inspirando-lhes medo diante da perspectiva de encontrarem seu senhor de mãos vazias e finalmente incitando-os a fugir para um quilombo. Um problema fiscal transformava-se em uma questão de segurança e de ordem.[41]

As condições sanitárias eram outra preocupação constante. Em Vila Rica, o crescimento repentino da população criou severos riscos de saúde. Os mineradores dedicaram pouca atenção a assuntos que a seu ver pareciam de segunda ordem, como a saúde pública e o saneamento. O dia a dia caracterizava-se por esgotos abertos, animais soltos nas ruas, enterros superficiais nos cemitérios e por uma variedade de doenças resultantes de desnutrição e de afecções pulmonares. As casas estendiam-se pelas encostas das colinas, seguindo o curso das águas que tinham funções múltiplas como latrina, esgoto, fonte de água e de ouro em pó. Fontes de água potável eram usadas para lavar roupas. Felizmente a altitude elevada da cidade (1.100 metros acima do nível do mar) reduzia a possibilidade de epidemias. A avareza e a cobiça dos homens agravavam os problemas. A carne dos porcos era oferecida para a venda na cidade dois dias após serem abatidos nos arrabaldes. Os escravos eram as principais vítimas das vendas de tais carnes deterioradas e de farinha de milho contendo pedaços de pedra da moenda.[42] Médicos sem experiência e sem a devida licença, parteiras, cirurgiões e "barbeiros" abundavam,

abastecimento da Capitania das Minas Gerais no século XVIII.

40 APMCMOP, v.28, ff.109v-110r; Ellis, *O monopólio do sal no Estado do Brasil, 1631-1801.*

41 Russel-Wood, *Colonial Brazil*, p.86-7.

42 APMCMOP, v.6, ff.42r-, 183v-190v; v.33, ff.5r-6r; APMSG, v.37, ff.36v-37r.

cobrando preços exorbitantes por "remédios caseiros" perigosos. O aumento da população criou problemas sociais. Enjeitados nas ruas eram o resultado direto da prostituição aberta, a embriaguez era comum entre os escravos, a educação primária era virtualmente inexistente e os serviços médicos eram desalentadoramente inadequados.

O clima, o terreno e o comércio crescente apresentavam problemas com referência à manutenção dos meios de comunicação já existentes e demandavam a construção de novas estradas e pontes. As pontes ruíam regularmente sob cargas pesadas ou em virtude de inundações repentinas. Os arbustos invadiam rapidamente os caminhos de acesso, a menos que houvesse uma capinagem constante. Na cidade, fontes, ruas e pontes tinham de ser construídas e mantidas no centro e em áreas distantes. A manutenção das ruas era frustrada por especuladores em busca de ouro, que chegavam ao ponto de escavar as ruas, retirando as pedras da pavimentação a fim de expor a terra que lavavam.[43]

O Senado era o responsável pelas medidas destinadas a fazer frente a esses problemas. Além do mais, o suprimento e a demanda normais de negócios e comércio exigiam supervisão. O Senado agia como uma *standards commission*, frequentemente chegando até a preencher muitas das funções de um moderno conselho de consumo, protegendo, advertindo, legislando. Ética profissional, práticas e comportamento de artesãos, médicos, parteiras, dentistas e sangradores tinham de ser rigidamente examinados e rigorosamente mantidos. As licenças só poderiam ser concedidas pelo Senado após o pretendente ter se submetido ao aprendizado ou ao treinamento prescritos, e os honorários eram fixados por decreto municipal. O Senado protegia as práticas legais de comércio, legislando sobre pesos e medidas a ser usados por diferentes mercadorias, a natureza e qualidade dos alimentos oferecidos para a venda e fixando os preços para tais mercadorias básicas como a carne e o pão.[44] Uma fiscalização severa era mantida nos abatedouros e fornecedores de carne, notórios por

43 Russel-Wood, *Colonial Brazil*, p.87.

44 APMCMOP, v.77, ff.6v-7r; v.4, ff.51r, 59r, 63v; v.13, f.112r-v.

sua relutância em vender carne em pequenas quantidades.[45] Inspeções de armazéns, açougues e oficinas de artesãos tinham de ser feitas frequentemente por funcionários municipais. Um outro aspecto dessa supervisão municipal era no campo médico: os estabelecimentos dos boticários e suas mercadorias eram regularmente inspecionados e os preços dos remédios eram fixados pelo Senado.[46]

Uma taxação local tinha de ser imposta a fim de prover as rendas municipais. Todos os artesãos, vendeiros e açougueiros deveriam registrar-se anualmente e retirar licenças para negociar. Os vendedores de rua e proprietários de armazéns, além das licenças gerais de comércio, tinham de atender à legislação local concernente à inspeção anual de pesos e medidas, com o pagamento de uma taxa. A falha no atendimento dessas exigências resultava em multas substanciais. Uma permissão tinha de ser obtida do Senado para construção ou reconstrução dentro da área urbana. A Coroa tinha concedido uma sesmaria à municipalidade, pretendendo que as rendas, ou *foros*, derivados do aluguel dessa terra garantissem uma fonte de rendimentos para o Senado.[47] O Senado expedia licenças para tais arrendatários poderem ocupar o terreno e construir, e essas licenças só eram concedidas perante o pagamento de taxas municipais específicas. Só em circunstâncias excepcionais havia taxação municipal direta, ou a cobrança de uma *finta*, e (em teoria pelo menos) isso só poderia ser feito com a aprovação da Coroa. Em Vila Rica, no período colonial, em diversas ocasiões foram impostas fintas para cobrir os custos do salário de um capitão do mato e para a construção de estradas fora da área urbana.[48]

O Senado também exercia um papel vital como representante dos interesses locais e protetor do bem-estar público. Peticionário constante junto à Coroa pelo aumento de seus privilégios e defensor decidido da jurisdição territorial contra as transgressões

45 APMCMOP, v.4, ff.54v, 43r-44v; v.28, ff.7r-v, 62v-63r; v.77, ff.7r-9r.

46 APMCMOP, v.4, ff.83r, 83v.

47 APMCMOP, v.35, doc.139; APMCMOP, v.7, ff.183r-187r; v.9, ff.32v-33r, 36v-37v.

48 APMCMOP, v.4, ff.110v-111r; v.77, ff.240v-242r.

de outros Senados, o Senado de Vila Rica, em 1717 e 1720, protestou lealdade a d. João V, afirmando que os elementos dissidentes representavam meramente grupos minoritários.[49] Nomeava representantes para participar das numerosas juntas convocadas para discutir a coleta dos quintos, acolhia gentilmente governadores e bispos visitantes em nome da cidade e registrava todas as cartas patentes expedidas pela Coroa.[50] Além disso, o Senado organizava todas as funções municipais de natureza cívica e religiosa, efetuando grandes celebrações por ocasião de um casamento ou nascimento real.[51] Sensíveis aos interesses locais, os vereadores escreviam diretamente ao rei sobre uma larga variedade de assuntos. Estes incluíam a proteção dos mineradores contra a execução de hipotecas por dívidas, prejuízos sofridos pelo setor comercial em virtude de a frota somente permanecer no Rio de Janeiro por dois meses, riscos de saúde ocasionados pela deterioração do fubá, taxas exorbitantes cobradas pelos padres de paróquia em troca de seus serviços, e pedidos de que certos funcionários da Coroa fossem impedidos de adotar medidas despóticas em detrimento da comunidade.[52]

Além de preencher essas obrigações municipais, o Senado aparecia frequentemente como parte integrante do próprio governo ultramarino da Coroa portuguesa, que se caracterizava por uma série de partes componentes com esferas de referência

49 APMCMOP, v.4, ff.22r-v, 22v-23r, 113v-114r, 114v, 123r, 125r-126v.

50 APMCMOP, v.4, ff.1r-v, 18v-19r, 25r-v, 43v-45r, 76v, 110r, 135v; v.28, ff.116r-v. Os comitês de boas-vindas e os preparativos elaborados para a chegada do conde de Assumar em 1717 não foram repetidos para o conde de Galvêas em 1732, APMCMOP, v.4, ff.28v-29r, 30r, 31v-32r; v.28, f.38r-v. Em 1734, pediu ao rei que ordenasse o governador a respeitar o privilégio municipal de registro de tais indicados, AMPCMOP, v.9, f.44r-v. O bispo do Rio de Janeiro visitou Vila Rica em 1726 e 1742 (CMOP, v.9, f.14v; v.42, ff.121v-122v); em 1745 o rei procurou a aprovação papal para a criação de bispados em São Paulo e na cidade de Mariana recentemente criada em Minas Gerais (APMSG, v.86, docs.13, 15).

51 Tais celebrações envolviam pesadas despesas, APMCMOP, v.9, f.14r-v; v.7, ff.46v-47r; v.4, 56v-57r-v, 124r-v; v.28, ff.166v-7r; v.56, ff.86r-91r; 112v-114r, 134v-135-r, 137v-138r, 140v-141r.

52 APMCMOP, v.9, ff.1v, 5v-6v, 4v; v.63, ff.128r-129r; APMSG, v.5, doc.133. APMCMOP, v.9, ff.16v-17r, 51v-52v; v.63, f.34r-v.

convergentes, isto é, desempenhando funções em conjunção e concorrentemente com hierarquias e funcionários extramunicipais. Além disso, muitas vezes o Senado executava tarefas de natureza extramunicipal e por direito da competência de órgãos hierárquicos da Coroa. No caso dos fatores sociopolíticos e econômicos descritos anteriormente, nunca é demais enfatizar que variava drasticamente de ano em ano o grau de intensidade de pressão da Coroa sobre o Senado, assim como o grau de envolvimento do Senado com o governo da Coroa. Consideremos a primeira categoria. Na esfera da lei, da ordem, e da fiscalização, a jurisdição do Senado frequentemente se justapunha à do governador, resultando na duplicação das ordens e das medidas. A proibição das vendas de gêneros alimentícios, assim como de construção nas áreas de mineração, as medidas para restringir o contrabando de ouro e a organização de forças para eliminar os quilombos são exemplos oportunos, envolvendo simultaneamente a participação municipal e do governador.[53] O papel diversificado do ouvidor-geral, envolvendo assuntos fiscais, judiciais e de funcionários da Coroa também resultou na convergência de responsabilidade com o Senado, no que se referia aos negócios municipais.[54]

Na segunda categoria vinha uma larga série de obrigações impingidas pela Coroa à Câmara, mas na verdade da responsabilidade do governador ou das autoridades do Tesouro. O exemplo mais saliente desse procedimento evidenciou-se durante os anos em que os quintos reais foram substituídos por uma soma anual fixa a ser recolhida pelas Câmaras Municipais de Minas Gerais.[55] Da mesma forma, o Senado foi pressionado a colaborar com uma larga parte dos custos de construção da casa de fundição, finalmente estabelecida em 1725, com o salário de seus funcionários,[56]

53 APMSG, v.27, f.42r-v; APMCMOP, v.4, ff.115v-116r, 51r, 71v-2r, 15r-v, 115v-117r, 120v-122r; v.112, f.70r-v; v.137, ff.8v, etc.

54 Disputas entre o Senado e o juiz da Coroa a respeito da jurisdição do último sobre os assuntos municipais eram acerbas e frequentes, APMSG, v.44, ff.9r-11r, 13r-v; v.6, ff.19r-20v; v.8, ff.8r-9r; Matoso, Colesam, ff.38r-39r.

55 Boxer, *The Golden Age*, p.191-2; Matoso, Colesam, ff.49v-50v.

56 APMCMOP, v.4, ff.136r-v, 141v-42r, 143r; v.13, ff.8r-v, 20r-v.

com a construção dos quartéis para os dragões,[57] e em 1751, a contribuir com os custos de estabelecimento de uma Alta Corte no Rio de Janeiro;[58] para não falar nos casos de "donativos" para casamentos reais ou para a reconstrução de Lisboa, após o terremoto.[59]

Da descrição que fizemos de Vila Rica, dois aspectos tornam-se bem óbvios. O primeiro é que a cidade foi se desenvolvendo a partir de uma pequena comunidade mineradora para transformar-se em um grande centro político-administrativo, de vital interesse para a Coroa portuguesa. Em segundo lugar, as limitadas responsabilidades que os seis membros do Senado eram perfeitamente capazes de cumprir em 1711 tinham crescido drasticamente no curso do século, a ponto de chegarem a constituir uma ameaça à forma mais sistemática e bem organizada de governo local (dois atributos aliás ausentes no império português). O Senado reagiu a essa ameaça de duas maneiras: primeiro, os indivíduos membros do Senado assumiram funções adicionais e procedeu-se à reforma das áreas individuais de jurisdição; segundo, criou-se uma infraestrutura burocrática.

A breve descrição que fizemos dos encargos individuais dos juízes ordinários, dos vereadores e do procurador demonstrou que as esferas de responsabilidades não eram claramente definidas, mas estavam interligadas: por exemplo, um juiz poderia deliberar sobre um apelo do juízo de almotaçaria quanto ao atraso de expedir uma licença. Essas atribuições do juiz indicavam jurisdição na esfera fiscal (perdas de contribuições para a municipalidade), criminal (proibição de comércio nas áreas mineradoras) e civil (comércio sem licença). Esse sistema redundava em diversos inconvenientes: primeiro, uma convergência de jurisdições, ou seja, o fato de cada membro do Senado assumir as funções de seus colegas; segundo, em uma convergência de pessoal, pela qual o encarregado de um cargo poderia eventualmente assumir um outro; terceiro, uma convergência de competência executiva, especialmente no caso

57 APMCMOP, v.39, ff.38r-v, 97r-98r, 100v-101r; v.7, ff.89r-90r; v.28, 52r-v; v.32, ff.219v-220r; APMSG, v.32, f.4r.

58 APMCMOP, v.28, ff.47r-48r, 49r-v; v.60, ff.45r-v, 49r-v, 61r-v.

59 APMCMOP, v.28, ff.54r-55v; APMSG, v.29, doc. 55; APMCMOP, v.65, ff.283v-288v; v.9, f.28r-v.

dos juízes e do procurador. O juiz deveria efetivar o cumprimento de decretos, passando por sobre a jurisdição individual de outros funcionários encarregados de assuntos legais, administrativos, executivos e fiscais. O procurador, inicialmente um funcionário encarregado apenas do orçamento, passou a operar em todos os níveis do governo local e, em 1747, recebeu plena autoridade para incumbir qualquer morador da cidade a tomar as providências que ele promotor achasse conveniente a fim de reparar um abuso público.[60] Uma prova evidente da crescente série de responsabilidades assumidas pelo procurador (e sintoma inevitável do aspecto convergente de suas funções) foi o fato de ele acumular, entre 1793 e 1798, as funções de tesoureiro municipal.[61]

Áreas individuais de jurisdição tinham de ser reformadas à luz do vertiginoso desenvolvimento econômico das áreas de mineração. Disputas sobre posse de terras, de propriedades, direitos de mineração na cidade e de uso de nascentes de água multiplicavam-se, somando-se às crescentes demandas junto ao juiz ordinário de casos civis e criminais de menor importância. A mais drástica ameaça aos privilégios do Senado e seus funcionários dizia respeito aos juízes ordinários. Tornou-se logo notório que sua carência de experiência em assuntos legais constituía um sério obstáculo à efetiva legislação da justiça em nível local, o que levava a inúmeras reclamações. Infelizmente as consequências desse fato se faziam sentir em um círculo ainda mais amplo. Em virtude de um decreto real de 2 de julho de 1712, o juiz ordinário de qualquer cidade que fosse sede de comarca, onde não houvesse um juiz de fora, deveria servir de substituto ao ouvidor-geral quando este se ausentasse.[62] Tal medida foi aceita em Minas Gerais, mas foi posta em prova em 1721, quando o ouvidor-geral eleito de Ouro Preto morreu antes de assumir o cargo. O juiz ordinário eleito para a magistratura de 1722, um ex-sapateiro, serviu

---

60 APMCMOP, v.52, ff.81v-82r.

61 APMCMOP, v.120, ff.22v-23r, 61v-62r, 101r, 154v-155r, 190r-v; v.124, ff.41v-42r. O procurador-tesoureiro durante esses anos não teve de apresentar garantias, pois tratava-se de um cargo não remunerado, CMOP, v.124, ff.7r-8v.

62 APMCMOP, v.7, f.6r-v.

como ouvidor-geral interino e tomou resoluções tão ultrajantes que provocou a indignação geral e muitos apelos foram dirigidos ao governador. Dom Lourenço de Almeida nomeou o provedor do Tesouro, dr. Antônio Berquo del Rio, para desempenhar as funções de ouvidor, o que ele fez satisfatoriamente.[63] D. João V, no entanto, censurou severamente o governador por ter se excedido à sua jurisdição e ordenou o retorno à situação anterior.[64] Embora o monarca fosse um defensor dos privilégios municipais, ordenou em 1750 que, na ausência do ouvidor-geral (e naquelas áreas onde não houvesse juiz de fora), suas responsabilidades fossem preenchidas pelos superintendentes da taxa de capitação que tivessem alguma prática de assuntos legais.[65]

A espera de jurisdição do juiz ordinário também foi severamente restringida por reformas impostas pela Coroa. Os primeiros vinte anos de experiência municipal em Minas Gerais não corresponderam às expectativas. As qualidades dos juízes *per se* e do Senado *in corpore* não encorajavam a Coroa ou o governador a permitir uma jurisdição ilimitada e não supervisionada sobre os negócios locais. A demanda por medidas legais mais eficientes e uma melhor administração das finanças públicas forneceu à Coroa o pretexto para uma intervenção real mais direta nos assuntos municipais.

O instrumento escolhido por d. João V para assegurar um maior controle do governo local foi o juiz de fora, que era um advogado experiente indicado diretamente pelo rei. Considerações legais e fiscais devem ter levado o rei a criar esse novo posto nas áreas de mineração, a fim de evitar ulteriores reclamações acerca da qualidade da justiça proporcionada pelos inexperientes juízes ordinários. Na ausência do ouvidor-geral, suas funções deveriam ser assumidas pelo juiz de fora. Além disso, somente em 1751 foi criada a Relação (alta corte) do Rio de Janeiro. Antes dessa data,

---

63 APMCMOP, v.4, f.114r; v.6, ff.29r-30r; APMSG, v.21, ff.68r-69r; v.23, ff.105v-107r.

64 Cartas Reais de 1º fev. 1726 e 29 abr. 1727, APMSG, v.5, ff.117v, 123r-v; APMCMOP, v.9, f.4r.

65 Resolução Real com o Conselho Ultramarino de 10 dez. 1748, comunicada a Gomes Freire de Andrada a 5 dez. 1750, APMSG, v.19, doc.2.

os ouvidores nas áreas da mineração eram tão arbitrários quanto opressivos, pois confiavam no fato conhecido de que poucos contendores teriam tempo ou dinheiro para recorrer à Relação da Bahia.[66] O juiz de fora viria coibir tais abusos.[67] As Câmaras Municipais de Minas Gerais eram notórias pela má administração do dinheiro público e pelas práticas eleitorais duvidosas. Servindo como presidente do Senado, o juiz de fora também deveria frear tais abusos, apresentando-se como um lembrete da vontade da Coroa junto aos Senados oligárquicos e autoritários.

Em 1726, d. Lourenço de Almeida propôs inicialmente ao rei a criação de dois juízes de fora, um em Vila Rica e outro na Vila do Carmo, para corrigir essas infrações. Em 1730, um juiz de fora foi indicado para Vila do Carmo, mas d. João V alegou que a situação em Vila Rica não merecia outra indicação.[68] De início oposto a tal indicação, o Senado de Vila Rica fez então uma volta-face. Os males de um juiz da Coroa presidindo o Senado e a diminuição na jurisdição dos juízes ordinários passaram para o segundo lugar na mente dos vereadores, quando repentinamente se deram conta de que, obtendo tal cargo, a Vila do Carmo estava firmando uma posição privilegiada de supremacia sobre Vila Rica. Entretanto, a Coroa recusou-se decididamente a atender ao pedido de um juiz de fora para Vila Rica.[69] De fato, os temores dos vereadores de Vila Rica eram infundados. O juiz de fora de Vila do Carmo raramente interveio nos negócios municipais de Vila Rica, embora ele presidisse às reuniões do Senado. Seria em sua qualidade de ouvidor substituto que a fricção poderia surgir. Em 1745, ele suspendeu as providências que os inspetores de pesos e medidas de Vila Rica

66 Já cedo, em 1723, o Senado de Vila Rica informou o rei dos benefícios para Minas Gerais de uma Alta Corte no Rio de Janeiro, APMCMOP, v.9, ff.9v-10v; os Senados das vilas maiores retomaram o assunto novamente na década de 1730; veja a nota 60 à qual deve ser acrescentado APMSG, v.32, ff.78v-79v; v.5, ff.169v-170r; v.35 docs. 99, 153; APMCMOP, v.6, ff.145r-146v; v.9, ff.49v-50r; v.60, ff.61v-62r.

67 Para a situação na Bahia e Luanda, veja Boxer, *Portuguese Society*, p.74-5, 113.

68 Matoso, Colesam, ff.70r, 146r; APMSG, v.29, docs.34, 73 e os documentos que acompanham, 89, 96, 132; v.32, ff.3v, 62v-63r.

69 APMSG, v.29, doc.133; v.32, ff.10v-11r; AMPCMOP, v.7, ff.90r-v; v.9, ff.23v-24r, 24r-v.

pretendiam fazer.[70] Em 1749 ele insistiu, em sua qualidade de ouvidor interino, em que ele deveria presidir a cerimônia da tomada de juramento do ouvidor eleito. O Senado alegou tratar-se de uma cerimônia municipal a que o juiz ordinário deveria presidir.[71] A criação do posto de juiz de fora é um bom exemplo das modificações da jurisdição do Senado, motivadas pelas transformações das condições locais e por pressões externas.[72]

Uma modificação ulterior na jurisdição dos juízes ordinários foi também o resultado do crescimento da população e de problemas administrativos cada vez mais complexos. Foi o caso do cargo de juiz dos órfãos, tradicional e legalmente anexo ao de juiz ordinário, provendo uma modesta fonte de renda e garantindo certos privilégios. Mais uma vez, a reforma foi imposta pela falta de experiência em assuntos legais dos juízes ordinários e alegações de apropriação indébita de fundos pertencentes aos órfãos. Em 1718, tais acusações levaram o conde de Assumar a indicar um advogado, dr. Joseph Peixoto da Silva, para esse posto.[73] Um apelo do Senado ao rei, alegando violação do privilégio municipal, foi deferido. Mais tarde houve uma evidente mudança na política da Coroa. Não pode ter sido mera coincidência o fato de ter ocorrido juntamente com a afirmação da autoridade real, representada pela criação do juiz de fora. O rei ordenou que o posto de juiz dos órfãos fosse criado separadamente daquele de juiz ordinário e que ele fosse assistido por um secretário e por um tesoureiro.[74] Apesar das táticas vexatórias do Senado, ainda sofrendo sob as recusas da Coroa aos seus pedidos por maiores privilégios e um juiz de fora, o mestre de campo Antônio Ramos dos Reis foi finalmente

70 APMCMOP, v.52, ff.3v-4r.

71 APMCMOP, v.54, ff.179v-180r.

72 O porto de juiz de fora da Vila do Ribeirão foi anexado ao de juiz dos órfãos e de provedor dos Mortos e Ausentes, tendo o salário estabelecido em 400$00 anualmente do tesouro real e 80$00 do Senado da Câmara para alojamento (Matoso, Colesam, f.71r).

73 APMCMOP, v.4, f.62r-v.

74 APMCMOP, v.9, f.2v; v.4, f.85r. Em 1725 o rei manteve a prerrogativa do Senado (APMSG, v.29, doc.1), mais tarde revertendo essa decisão (APMCMOP, v.28, ff.44v-45v).

juramentado como juiz dos órfãos em 13 de outubro de 1732.[75] A partir de então, o juiz dos órfãos passou a ser eleito por períodos trienais e deveria apresentar fiadores adequados antes de tomar posse.

Os recursos legislativos de que dispunha o Senado para dar conta dessas responsabilidades eram limitados. Expediam-se editais, ou decretos municipais, cobrindo cada aspecto do governo local, desde a proibição de venda de gêneros alimentícios e de construções na área de mineração, porte de armas de fogo por negros, lavagens em fontes, deixar cachorros e porcos soltos nas ruas, devastação de matas virgens, até as solicitações de licenças de comércio, a fiscalização bianual de pesos, a obtenção de licença de construção e ao respeito ao toque de recolher.[76]

As penalidades aos infratores eram severas, consistindo de pesadas multas, açoitamento ou exílio da capitania.[77] Mas o fato de que editais quase idênticos fossem publicados por cada novo Senado, e frequentemente repetidos durante o ano, é indicação suficiente da ineficácia de tais medidas. O Senado editava regimentos, ou estatutos, para cada ofício de artesão e para vendeiros, estabelecendo padrões de conduta profissional e fixando preços para serviços e gêneros alimentícios. Esses estatutos estavam sujeitos à revisão dependendo das condições econômicas do momento.[78] Além do mais, o Senado expedia licenças para todos os mercadores, artesãos, vendeiros e construtores. Uma ou duas vezes por ano os vereadores faziam visitas de correição na cidade e nos arredores, verificando reclamações, publicando avisos, cobrando multas e ordenando a demolição de construções não autorizadas, reparação de encanamentos rompidos, limpeza de cursos de água obstruídos, construção de novas ruas e fazendo cumprir os editais fiscais e legais do município.

75 APMCMOP, v.28, ff.43r-48r; v.6, ff.138v-140r, 141r-144v; APMSG, v.10, f.5r; v.18, f.32r; v.35, doc.136.

76 APMCMOP, v.4, ff.104r, 118v; v.32, ff.83v-84v, v.52, ff.204r-206v, etc.

77 APMCMOP, v.77, 7r-9r para uma série compreensiva de normas e punições.

78 APMCMOP, v.28, ff.126v-127r, 128r, 181v-182r; v.36, ff.50r-51v; todos os estatutos para os ofícios de artesão foram modificados em 1735 em virtude do aumento no preço do ouro de 1$200 para 1$500 por oitava; v.52, ff.58r-59r, 81v-82r, 83v-84v.

Vimos como os Senados foram criados em Minas Gerais como resposta direta a uma situação concreta composta de fatores políticos, sociais e econômicos. Modificações na importância respectiva desses fatores individuais e circunstâncias novas trouxeram mudanças na jurisdição e nas esferas de referência, não somente dos membros individuais do Senado, mas do próprio Senado como personificação da autoridade municipal. A administração de uma área em fase de expansão geográfica, econômica, social e política demandava um pessoal mais numeroso, um maior conhecimento técnico e uma administração mais eficiente do que os seis membros do Senado eram capazes de proporcionar. Tornou-se essencial delegar responsabilidade, a fim de atender às demandas de melhoria do governo local. A relação dos delegados de responsabilidade municipal com o próprio Senado também variou. Alguns incorporaram a autoridade municipal, enquanto outros mantiveram um papel extramunicipal em uma relação satélite com o Senado. Alguns eram contratados ou eleitos, enquanto outros eram assalariados ou honorários. Nas áreas mais importantes, tais indivíduos por sua vez indicados ou nomeados tinham o privilégio de nomear seus próprios subordinados, os quais eram responsáveis diretamente para com seus superiores e não para com o Senado. Assim, foi gradualmente criada uma infraestrutura burocrática, cuja complexidade e importância era uma resposta direta a uma situação específica, e parte da qual poderia ser reforçada, enfraquecida ou dissolvida dependendo das exigências imediatas. Tendo em vista as dificuldades criadas pela convergência de pessoal e jurisdição das diferentes partes dessa infraestrutura, vou tratar desses componentes em termos de sua relação com o principal órgão do governo local, que era o Senado.

Os mais importantes delegados da autoridade municipal eram os arrendatários dos quatro maiores contratos. Esses eram o "contrato de pesos e medidas" (*renda de aferição*), "contrato de inspeção" (*renda do ver*), "contrato das meias patacas" (*renda das meias patacas*) e o "contrato das taxas da cadeia" (*renda da carceragem*). Os três primeiros eram basicamente fiscais, envolvendo a inspeção de pesos e medidas, inspeções de mercado e cobrança de direitos sobre o gado que entrasse na área municipal, enquanto o quarto transferia a responsabilidade pela manutenção da cadeia e da coleta das taxas de prisão para o contratador. A teoria atrás desses contratos era dupla: primeiro, aliviava o Senado da responsabilidade e despesa de indicar funcionários assalariados para desempenhar essas funções; segundo, acreditava-se, frequentemente de forma errada, que o compromisso financeiro pessoal resultaria em um maior rigor na cobrança das contribuições em dinheiro. A própria natureza das obrigações permanecia constante e tais contratos não estavam sujeitos a variações como resultado de fatores externos. Esses contratos eram leiloados anualmente ao licitante que fizesse a mais alta oferta, o qual deveria apresentar fiadores, concordar em fazer pagamentos trimestrais até perfazer o preço do contrato e concordar com taxas, métodos de desempenho de suas funções e conduta geral conforme estipulados pelo Senado. As rendas derivadas desses contratos perfaziam a maior e única fonte de rendimento do município.

Esses quatro contratos constituíam um importante componente na infraestrutura convergente do governo local em Vila Rica e merecem uma descrição suplementar. O *contratador de pesos e medidas* tomava a si a responsabilidade de assegurar que todos os mercadores, vendedores de rua e artesãos usassem pesos e medidas em conformidade com o padrão oficial. Os termos do contrato negociado em 1724 indicam seus deveres: todo artesão, vendeiro e comerciante na cidade ou arredores deveria submeter seus pesos e medidas à inspeção duas vezes por ano; o uso de pesos de pedra era proibido; todos os pesos e medidas eram considerados ilegais a menos que fossem marcados pelo contratador; todos os comerciantes ambulantes deveriam vender peixes e queijo em quantidades estipuladas e submeter seus pesos e medidas à inspeção dentro de oito dias após sua chegada a Vila Rica.[79] As regulamentações variavam para pesos que deveriam ser usados na venda de diferentes produtos e no que concerne àqueles pesos e medidas considerados necessários para artesãos em suas oficinas e para mercadores ambulantes, frequentemente resultando em descontinuidade e incoerência na política fiscal

79 APMCMOP, v.14, ff.51v-52r; para outros termos, veja ibid., ff.26v-28v; v.13, ff.90v-91r; v.32, ff.226v-227r; v.14, ff.5r-6r; v.28, ff.120v-121v.

do município.[80] O contratador cobrava multas ele próprio ou poderia remeter os infratores ao Senado, que examinaria o caso *de correição*, absolvendo ou condenando. Em seu serviço, o contratador era auxiliado por um caixa que ele mesmo indicava e remunerava. O contratador cobria o custo do contrato com essas multas, com taxas cobradas pela inspeção de pesos e medidas ou para a confecção de novos pesos e medidas, e com a terça parte das transações derivadas da venda de produtos apreendidos de armazéns ilícitos, que ele tivesse denunciado.[81] Embora o preço desse contrato tivesse se mantido bem, durante todo o período colonial, os contratadores em si eram alvos da desconfiança popular e sujeitos a numerosas reclamações ao Senado, onde se alegava extorsão.[82]

O *contratador da inspeção* era basicamente responsável por fazer cumprir os decretos municipais sobre saúde pública e pelos aspectos mais físicos do comércio, por exemplo, realizar acusações legais contra negociantes de gado por não providenciarem água ou gamelas de alimentos em seus currais; contra produtores agrícolas que ofereciam milho verde para venda pública; contra as pessoas da cidade por permitirem a seus porcos andarem livremente pelas ruas; também era sua atribuição expedir uma ordem legal para o conserto obrigatório de um cano de água prejudicial à segurança pública.[83] As funções do contratador estendiam-se para além da própria cidade, envolvendo despesas com cavalos e suprimentos a fim de verificar acusações contra moinho produzindo farinha de milho sem licença, vendas clandestinas operando nas áreas mineradoras, ou para restringir atividades de

80 APMCMOP, v.28, ff.15r-v; v.32, ff.197r-198r, 213v-217r, 226v-227r; ff.90v--91r; v.42, ff.21v-22r; v.63, ff.111v-112r; v.77, ff.9r-10v.

81 APMCMOP, v.4, ff.144v-145v; v.13, ff.90v-91r; v.14, f.40r-v; v.28, f.12r-v.

82 APMCMOP, v.4, f.114r-v; v.32, ff.197r-198r, 213v-217r; v.50, ff.77r-78r; APMSG, v.63, doc.109; v.62, ff.109v-110r. Pretensos abusos praticados pelos contratadores foram relacionados na petição feita ao conde de Assumar pelos habitantes de Vila Rica em seguida à revolta de 1720 (Matoso, Colesam, f.157r-v).

83 APMCMOP, v.52, ff.97r-98v; v.69, ff.45v-46v, 195v-198v; v.99, ff.105v--106r; v.71.

mercado negro e a estocagem de produtos pelos fazendeiros.[84] O contratador recebia a terceira parte das transações de produtos confiscados nos casos em que sua denúncia resultava em condenação.[85] Apesar de as reclamações de perseguição por parte do *contratador de inspeção* terem levado o governador Gomes Freire de Andrade a ordenar em 1735 a abolição desse contrato, o Senado continuou a operá-lo, embora sob uma forma modificada, como veremos adiante.[86] As pesadas tarefas envolvidas, e a falta de um lucro seguro, fizeram deste o menos disputado de todos os contratos municipais e frequentemente o Senado foi obrigado a administrar o contrato de inspeção ele próprio ou cedê-lo por uma ninharia.[87]

O *contrato das meias patacas* era para a coleta da moedas de prata (160 reais) cobradas sobre cada cabeça de gado abatido na cidade ou nas vizinhanças (*termo*) para venda de carne fresca ou seca. Já em 1718 havia oito açougueiros licenciados na cidade e nos arredores.[88] Os termos do contrato, elaborado em 1741, estipulavam que todos que trouxessem bois para dentro da cidade para abater deveriam registrar o número de cabeças que entrassem; a resistência a esse procedimento resultava no confisco do gado. O abate de gado sem licença municipal resultava em pesada multa. O contratador recebia dois terços de todas as multas e das negociações derivadas da venda de gado confiscado. Essas regulamentações não se aplicavam a vacas leiteiras, bois de

84 APMCMOP, v.4, f.179v; v.6, ff.170v-172r; v.42, ff.55v-56r.

85 APMCMOP, v.4, ff.179v (folhas soltas no começo do volume), 15r-v; v.39, ff.88r-89r.

86 APMCMOP, v.36, ff.17r-18r.

87 Por vários anos o contrato de inspeção e o contrato de pesos e medidas estiveram fundidos, alertando o valor do primeiro. Uma indicação de sua importância decrescente pode ser vista pelas ofertas que o arremataram naqueles anos em que ele esteve autônomo, por exemplo – 1734: 255$000 (APMCMOP, v.28, ff.105v-106r); 1742: 100 oitavas (v.42, ff.75v-76r); 1796: 10$150 (v.120, ff.159v-160r). Em comparação, em 1796 o contrato de pesos e medidas foi para 2.811$000 e o das meias patacas sobre o gado para 1.500$000 (ibid., ff.158v, 160r).

88 APMCMOP, v.4, ff.43v-44v.

tração ou bezerros.[89] Em 1795 a taxa sobre cada boi que entrasse na cidade para ser abatido foi elevada para uma pataca inteira.[90]

Se a fiscalização do comércio e a cobrança das taxas constituíam um polo da administração municipal, o outro era a lei e a ordem. Embora aparentemente o *contratador das taxas da cadeia* fosse responsável meramente por assegurar o pagamento das multas e dos custos de alimentação dos escravos capturados por seus senhores, de fato foi somente através de seu empenho que a segurança foi incrementada e um cirurgião finalmente providenciado pelo Senado, em 1734, para cuidar dos prisioneiros.[91] Uma taxa fixa era cobrada de cada indivíduo preso. Além do mais, exigia-se dos proprietários que cobrissem os custos havidos com o sustento de seus escravos, que consistia de milho e feijões temperados com sal, que o contratador era obrigado a fornecer. Ademais, ele deveria manter a cadeia limpa, provê-la de lenha, candeias e água, proibir transações comerciais no recinto dos cárceres e jurar que não forneceria negros aprisionados a outros indivíduos para trabalho fora da prisão. A libertação de prisioneiros sem a devida autorização tornava o contratador sujeito a processo. Enquanto que, no caso dos três contratos anteriores, o próprio contratador se propunha a fazer cumprir os termos do acordo, aqui era costume o contratador indicar um carcereiro de sua própria escolha, sujeito à aprovação do Senado.[92] Uma superlotação crônica e a segurança inadequada (por muitos anos a cadeia foi feita de bambu recoberto por uma camada ordinária de taipa, de forma que os prisioneiros só tinham o trabalho de recortar sua saída) resultavam em arrombamentos regulares da cadeia. Era menos fácil de se encontrar fiadores para esse contrato. A despeito da pressão governamental, sucessivos Senados fizeram vistas grossas para as qualidades duvidosas dos fiadores, do contratador e do carcereiro por ele

89 APMCMOP, v.49, ff.18r-19r; para outros termos, veja o v.32, ff.95r-97v, 99r-v.

90 APMCMOP, v.120, ff.148v-149r.

91 APMCMOP, v.7, ff.85v-86r; v.28, ff.22r-23r, 137r-138r; Lopes, *Os palácios*, p.111-3.

92 As condições desse contrato estão em APMCMOP, v.14, ff.22r-23v; v.32, ff.11r-14r, 227v-228r; v.33, ff.49v-50r, 69v-70v; v.39, ff.37v-38r, 45r-46r; v.42, ff.110r-v.

indicado. Processos de fiadores por falta de pagamento, prisão de contratadores e exoneração ou fuga de carcereiros nomeados eram fatos endêmicos.[93]

Com o encarecimento das obrigações municipais, foram estabelecidos novos contratos em resposta às circunstâncias em transformação. A inflação dos custos de serviços e materiais levaram o Senado a convidar contratadores, pagando de preferência salários individuais. Os custos da música propiciada para as quatro maiores festas municipais de cada ano elevaram-se e em 1760 o Senado inaugurou a prática de contratar para essa tarefa o indivíduo que fizesse a oferta mais baixa, o qual reuniria músicos pagos por ele mesmo.[94] Os consertos e a manutenção das estradas, pontes e fontes da mesma forma tornaram-se um peso crescente para o município, e o Senado achou menos dispendioso contratar um indivíduo que se responsabilizasse por todos esses serviços públicos do que empregar numerosos carpinteiros, construtores e pedreiros, cujo pagamento envolveria uma contabilidade complicada e consumidora de tempo e uma supervisão e inspeção constantes.[95] Situações específicas requeriam soluções específicas. Por volta da década de 1730, o crescimento urbano descontrolado e o registro deficiente dos arrendatários das terras municipais tornou a coleta das rendas quase impossível. Em 1736 e 1737 essa função foi colocada sob contrato. Em 1738 a ordem foi restabelecida, e a recompilação de um novo registro das terras e arrendatários, relacionados à municipalidade, capacitou o Senado a reassumir ele mesmo essa função.[96] Em 1733, o Senado tomou posse das casas e minas de ouro pertencentes ao legado do filantropo Henrique Lopes de Araujo, cujos rendimentos deveriam ser aplicados na manutenção de um hospital quando, e se, este viesse a ser estabelecido. O Senado contratou a operação das minas até que a Misericórdia fosse fundada em 1738, quando essa irmandade de

---

93 APMCMOP, v.13, ff.70v-71r; v.4, ff.144rv; v.42, ff.131r-v; v.43, ff.19r-v, 30v, 31v; v.52, ff.19r-20r; v.69, ff.118r-119v; APMSG, v.55, ff.188r-189r; v.67, ff.141v-142r.

94 APMCMOP, v.69, ff.139v-140v, 181r-182v.

95 APMCMOP, v.28, ff.74v, 148v-149v; v.65, ff.195v-195r.

96 APMCMOP, v.32, ff.25v-82r, 132r-v, 173v-174r; v.36, ff.44v-45r.

caridade assumiu a administração do legado.[97] Juntamente com esses contratos, o Senado contratou serviços públicos específicos de artesãos individuais, como por exemplo a construção de uma ponte, uma estrada, a cadeia da cidade e escritórios municipais. A relação do artesão com o Senado era mais pessoal, comumente somas menores estavam envolvidas, e as condições para a finalização eram menos rigorosamente impostas do que para os contratos maiores. Além do mais, aqui não havia delegação de autoridade nem qualquer probabilidade de convergência de responsabilidades ou jurisdição.[98]

O Senado também empregava funcionários assalariados, indicados para agir em situações específicas assim que elas ocorressem e que devessem ser demitidos uma vez que a necessidade houvesse sido satisfeita. Em geral o corpo de assalariados se enquadrava em dois setores: primeiro, casos legais cada vez mais complexos envolviam o Senado e requeriam advogados experientes; segundo, problemas de urbanização crescente impunham a contratação de um pessoal médico profissional. Um síndico, advogado, requerente ou procurador era contratado conforme demandava a pressão na área de assuntos legais e depois demitido, assim que esta tivesse cessado, ou caso a disponibilidade de fundos fosse insuficiente para cobrir os custos dos salários, ou se uma nova política fosse estabelecida por um Senado renovado. Um advogado considerado indispensável em determinado ano poderia ser demitido no seguinte como supérfluo, o que resultava em uma descontinuidade crônica na gestão dos negócios legais do Senado.[99] Em 1727, os vereadores usaram uma lacuna nas *Ordenações do Reino* para contornar a oposição da Coroa e indicar em Lisboa um procurador assalariado para promover os

97 *Revista do Arquivo Público Mineiro*, ano XX, p.339-52. APMCMOP, v.28, ff.77r-78r, 91r-96r, 118r-v, 172v-173r; v.36, ff.40r-v, 86r-v; v.9, ff 47r-48r, 66r-67r; v.32, ff.111v-112r, 154r-158v, 161v-162v, 167r, 172v-173v, 176r-v.

98 Para detalhes de tais contratos, veja Lopes, *Os palácios*, e Vasconcellos, *Vila Rica*.

99 Um exemplo disso foi a indicação do dr. Joseph Peixoto da Silva como advogado em 17 out. 1718, sendo demitido em 18 fev. 1719 como supérfluo; em 2 dez. 1719 um outro advogado foi nomeado e da mesma forma declarado desnecessário em 10 fev. 1720 (APMCMOP, v.4, ff.61v-62r, 77r, 96v, 105r).

interesses legais e financeiros do município na Corte.[100] Ao longo do período colonial, o Senado empregou um médico para atender os prisioneiros pobres da cadeia, supervisionar a aplicação da tortura judicial e fornecer remédios e auxílio gratuito aos pobres.[101] Em 1812, o Senado propôs que se conseguisse fundos para cumprir a ordem do governador de inaugurar uma força policial, a fim de abolir esse posto, e, em 1819, o Senado nomeou, como médico municipal, o dr. Luís José de Godoy Torres, já indicado pela Coroa para médico do regimento.[102] Só em 1734, sob a pressão do governador e em resposta aos problemas médicos de uma prisão cronicamente superlotada, foi indicado um cirurgião municipal, com funções similares às do médico. Embora os vereadores tivessem economizado com a nomeação de um indivíduo já indicado pela Coroa, na pessoa do dr. Torres, em 1800, foi decidido que o cirurgião municipal não poderia desincumbir-se de suas funções municipais e daquelas de cirurgião da guarnição assalariada e assim foi demitido, sendo substituído por um cirurgião com funções exclusivamente civis.[103]

No decorrer do século XVIII, a dotação de serviços sociais tornou-se cada vez mais premente. Por lei, o Senado deveria cuidar dos enjeitados até a idade dos 7 anos e empregar amas de leite, geralmente negras livres ou mulatas, para tratar das crianças. A relação entre o Senado e as amas de leite era de desconfiança mútua. Por um lado, os pagamentos mensais de subsistência eram feitos com atraso, e por outro lado o Senado suspeitava de crueldade, negligência e fraude por parte das amas de leite.[104] Em 1721, d. João V fez um comentário sobre o grande número de meninos ilegítimos na cidade sem receber nenhuma educação. Ordenou-se

100 APMCMOP, v.7, ff.34r-v, 47v; v.9, ff.17r-v, 34r-35r, 38r-v; v.28, ff.118r-v; APMSG, v.81, doc.61.

101 APMCMOP, v.4, f.73r; v.63, ff.64r-66v; v.69, ff.242r-v.

102 APMCMOP, v.137, ff.257v-258r, 268r-v.

103 O primeiro indivíduo indicado para este cargo foi o francês Ldo. Antônio Labedrene, um dos poucos estrangeiros admitidos na região das minas, APMCMOP, v.28, ff.137r-138r; v.33, ff.53v-54v; v.32, ff.179r-v; v.107, ff.257v-8v, 263v-265r.

104 Lopes, *Os palácios*, p.187-90; Russel-Wood, *A Craftsman of the Golden Age of Brazil*: Manuel Francisco Lisboa, p.29-35.

a cada Senado que nomeasse um mestre para lhes ensinar leitura e escrita e outro para ensinar latim. O Senado de Vila Rica não cumpriu essa ordem e somente concedeu sanção oficial aos indivíduos que quisessem abrir escolas particulares.[105]

Outros empregados municipais assalariados incluíam um capelão para atender às necessidades espirituais dos prisioneiros e um porteiro que anunciava decretos municipais nas ruas.[106] Em 1812, o Senado formou uma força policial para a área urbana, compreendendo dezoito homens e dois oficiais, em uma despesa total de 87$840. Esse é um bom exemplo da mudança de prioridades, pois implicou a supressão do posto de médico, a redução pela metade do salário do cirurgião e a abolição do posto de síndico.[107] No caso de empregados assalariados, os próprios termos de seu emprego raramente demandavam a interação com outros agentes municipais, evitando desse modo a probabilidade de jurisdições convergentes.

Uma terceira categoria de funcionários municipais era constituída por aqueles cuja fonte primordial de renda era derivada de emolumentos. Tais emolumentos poderiam ser consideráveis; um serviço satisfatório em nível municipal poderia servir de recomendação para um cargo assalariado e prestigioso da Coroa, em uma data ulterior. O secretário de Senado era indicado pela Coroa e recebia gratificações pela redação de licenças, estatutos, contratos e arrendamentos, registro de cartas patentes e assinatura de testemunha em contratos. Seu pagamento era calculado sobre o número de decretos e outros documentos municipais que completasse, e ele recebia honorários por serviços de escrituração extramunicipais, tais como a compilação de listas para a coleta dos quintos reais ou doações.[108] Da mesma forma, o posto de tesoureiro municipal não era assalariado, sendo suprido anualmente

105 APMCMOP, v.50, ff.185v-186r, v.69, ff.283v-284v, 393r-v; v.78, f.63v; APMSG, v.23, ff.6r-v, 101r-v. Carvalho, Instrução pública. Primeiras aulas e escolas de Minas Gerais, 1721-1860, *Revista do Arquivo Público Mineiro* 24, v.1, p.345-91; Carrato, *Igreja*, p.96-102.

106 APMCMOP, v.28, ff.4r-v, 15v-16v; v.13, ff.3r-4r.

107 APMCMOP, v.137, ff.113v-114v.

108 APMCMOP, v.7, ff.130v-1r, 133v-138v; APMSG, v.55, ff.94v-95v; APMCMOP, v.13, ff.6v-7r, 51r, 51r-v.

por uma indicação municipal. Era o responsável pelo recebimento de todo dinheiro devido à municipalidade e pelos quintos reais ou doações quando essas eram coletadas pelo Senado.[109] Em ambos os casos esses funcionários recebiam propinas destinadas a cobrir as despesas.[110] O alcaide e seu escrevente retiravam suas rendas de emolumentos, propinas e processos de mercadorias confiscadas. O posto de alcaide era completo e sua jurisdição bastante ampla. Era nominalmente um oficial de justiça, sendo basicamente responsável por impor o cumprimento da lei em nível local, mas suas funções frequentemente levavam-no ao campo fiscal. Sob a ameaça de suspensão, ele deveria comparecer a todas as reuniões do Senado e zelar pela execução dos decretos municipais. Ele mantinha o registro dos grilhões da prisão, servia como carcereiro em algumas ocasiões e acompanhava prisioneiros ao Rio de Janeiro.[111] Ele ordenava às pessoas que evacuassem as terras municipais, limpassem a ruas antes do Corpus Christi, pagassem as taxas municipais e respeitassem o horário do toque de recolher; possuía a autoridade legal para prender indivíduos envolvidos com o mercado negro, escravos fugitivos e infratores dos editais municipais. Como veremos a seguir, essas funções convergiam com as dos funcionários encarregados da execução de medidas legais e fiscais.[112]

Os dois almotacés, inspetores de pesos e medidas, eram eleitos pelo Senado para um período de dois meses. Enquanto em Salvador o *status* do almotacé foi sempre humilde, em Vila Rica o calibre dos titulares era mais elevado e os membros do Senado cujo período se extinguira serviam nesse posto pelos primeiros meses do ano seguinte. As funções e a jurisdição dos almotacés eram basicamente fiscais, mas de larga abrangência. Eles acompanhavam os vereadores de correição, presidiam a uma corte fiscal (juízo de almotaçaria) para examinar e condenar os infratores dos

109 APMCMOP, v.4, ff.34v-5r, 43r-v, 1v-2r.

110 APMCMOP, v.13, ff.91v-92r.

111 APMCMOP, v.13, f.14v; v.28, ff.110v-111r; v.39, ff.34v-35r, 37v-38r, 45r-46r, 71r-72v; 13, f.9r; ff.83r-v, 108r-v; v.39, ff.77r-78r; 42, ff.103r-v.

112 APMCMOP, v.4, ff.171v-72v; 13, f.9r; 28, ff.83r-v, 108r-v; v.39, ff.77r-78r; 42, ff.103r-v.

editais municipais relativos ao comércio e atividades de mercado, e faziam constantes inspeções das licenças.[113] Os vendeiros, a cada dois anos, eram obrigados a registrar com os almotacés o tipo e a quantidade de produtos vendidos em seus armazéns. Auxiliados por um escrivão, os almotacés garantiam que as ruas fossem reparadas, os arbustos arrancados e o lixo eliminado da cidade. A cada mês eles faziam uma investigação legal dos açougues, examinando os preços, as licenças e a limpeza; ouviam testemunhas verbais e denúncias de atividades de mercado negro, armazéns não licenciados, venda ilegal de farinha de milho, indivíduos que abrigavam escravos evadidos, vendas proibidas de armas de fogo aos escravos, e infrações aos Regimentos de preços de alimentos e salários. Em 1732, eles desempenharam um papel da maior importância, distribuindo cartões de racionamento para a compra de sal, que estava sendo sonegado.[114] Essas funções impunham viagens através da cidade e vizinhanças de correição. Uma contribuição para despesas de viagem era feita pelo Senado, mas na maior parte das vezes os almotacés se fiavam em uma parte do processo de confiscação de produtos, ou multas derivadas de condenações para compensar as inconveniências e os custos de tais correições.

Com a criação de paróquias distantes, tornou-se necessária a presença de representantes da autoridade municipal em nível paroquial. Já em 1716, os habitantes de Padre Faria tinham sido convidados a eleger dois juízes de vintena, para manter a ordem, investigar mortes súbitas e prender criminosos.[115] Como resposta a reclamações contra a falta de tabeliões públicos nas áreas rurais (o que resultava no fato de pessoas morrerem sem testemunhas em seus testamentos) e devido à recusa dos oficiais fiscais de viajarem para áreas distantes, a fim de fazerem cumprir as leis, sem receberem em troca uma remuneração substancial, em 1736, o Senado indicou um juiz de vintena e um escrivão para as paróquias a mais de uma légua da Vila Rica. Além de fazer testamentos, tinham autoridade para julgar casos cíveis menores, cobrar multas e

113 Russel-Wood, *Fidalgos*, p.166-7.

114 APMCMOP, v.4, f.72v; 32, ff.195r-v, 202v-203r; v.42, ff.30v-31v, 129v-130r; v.49, ff.18r-19r; 56v-57r; v.54, f.3r-v; veja a nota 42 e o v.6 ff.134r-136r.

115 APMCMOP, v.4, ff.2v-3r.

prender criminosos.[116] Eram os responsáveis por todos os aspectos do governo paroquial, desde a verificação do cumprimento dos editais municipais, manutenção de estradas e pontes, compilação de listas de artesãos e expulsão de ciganos até a inspeção de pastagens, e a provisão dos touros e da forragem para os cavalos, por ocasião das festas municipais que celebravam o nascimento do príncipe da Beira, em 1762.[117] Não se sabe com precisão se esses juízes e escrivãos recebiam uma parcela dos gêneros confiscados, mas é certo que recebiam gratificações ao redigir e testemunhar documentos. Por essas nomeações, o Senado não só economizava despesas de viagens, mas mantinha também um controle mais eficiente dos assuntos paroquiais.

Resposta direta a uma situação singular foram as nomeações dos capitães do mato, cujo relacionamento com o Senado variou em diferentes períodos. Em geral, quando os quilombos atingiam um nível de saturação em qualquer área, a população local contratava um desses capitães. Em 1722, d. Lourenço havia fixado as gratificações para a captura de escravos fugidos, segundo a distância que o capitão percorria de sua casa até o local das operações. Em 1722, o Senado decidiu que devia haver um capitão em cada paróquia, impondo uma finta a escravos, lojas e aos proventos e ateliês de artesãos, com o intuito de contratar um capitão e seus soldados a um salário fixo. O rei determinou em 1738 que esse imposto fosse considerado ilegal e durante o resto do período colonial os capitães receberam pagamentos sob a forma de gratificações, subvenções municipais e contribuições individuais.[118] Suas obrigações não eram limitadas à captura de escravos fugidos e sua devolução à cadeia municipal. Eles faziam respeitar a hora de recolher, verificavam se os escravos possuíam autorização escrita de seus senhores para estarem em um determinado lugar com um propósito específico e denunciavam os proprietários que não registravam seus escravos para o imposto da capitação. Acontecia com frequência o caso de "se recorrer a um ladrão para pegar um

116 APMCMOP, v.32, ff.47r-v; v.36, ff.46v-47r; v.7, ff.167r-168r.

117 APMCMOP, v.49, ff.12v-13r, 34r-v; 56, ff.114v-115r; 77, ff.137v-139r, *inter alia*.

118 APMCMOP, v.6, ff.60v-62r; 28, f.73r-v; APMSG, v.62, f.108v; v.63, doc.40.

ladrão"; esses capitães e seus variados bandos de soldados eram fonte de numerosos abusos. Além disso, sua eficiência era limitada pela falta de segurança e descontinuidade em seu trabalho: ainda que um capitão pudesse exterminar os quilombos de uma certa área, em um determinado ano, seu próprio sucesso acarretava o fim de seu emprego e, consequentemente, o retorno de escravos fugidos para essa área no ano seguinte.

Os juízes dos grêmios formavam uma categoria por si próprios. Embora representando a autoridade municipal, eram eleitos anualmente por membros das respectivas profissões. Em 1716, um juiz foi eleito para representar cada quatro ofícios, porém em 1749 sete ofícios eram representados por dois juízes e um escrivão. Os juízes examinavam todos os aprendizes na teoria e prática de suas habilidades e faziam recomendações ao Senado para a concessão de licenças aos qualificados. O Senado consultava os juízes antes de redigir os regimentos dos salários de cada ofício. Os juízes e seus escrivãos recebiam gratificações por ocasião dos exames e também quando atuavam como avaliadores oficiais e auxiliares do Senado.[119] Em nenhum momento eles representavam a opinião popular, como aconteceu com o juiz do povo em Salvador.[120] Responsáveis pelo nível profissional, os juízes permaneciam à margem da administração municipal, exceto nas festas de Corpus Christi e nas celebrações reais, quando eram obrigados pelas respectivas associações a organizarem as danças.[121] Deve ser ressaltado aqui que o cargo de juiz dos ourives, criado em 1736, não pode ser confundido com o cargo de contraste, criado no mesmo ano, com o intuito de fiscalizar os trabalhos de arte, feitos em ouro e prata.[122]

Chegamos por fim aos setores da população da cidade, cuja relação com o Senado era puramente honorária. Estes eram os *homens bons*, cidadãos de importância financeira e social, que serviam no Senado e que em 1745 em Minas Gerais foram chamados a atuar como um conselho consultivo em assuntos tais

---

119 APMSG, v.7, ff.40v-41r; APMCMOP, v.39, ff.129v-130r.

120 Boxer, *Portuguese Society*, p.76-7, 179, 181.

121 Lange, As danças coletivas públicas no período colonial brasileiro e as danças das corporações de ofícios em Minas Gerais, *Barroco*, v.1, p.15-62.

122 APMCMOP, v.32, ff.42r-v, 44r-v, 45r-v.

como disputas eleitorais com o ouvidor, fixar o salário do cirurgião municipal, tomar medidas contra escravos fugidos, prever as necessidades de cunhagem municipal, assim como cuidar de assuntos que envolviam gastos de fundos públicos ou as autoridades municipais.[123] Era para o espírito cívico desses senhores que o Senado se voltava quando as nomeações para postos de milícia tinham de ser feitas, quando tinham de ser indicados provedores para a coleta dos quintos reais ou "doações", ou quando se fazia necessário uma melhor supervisão das atividades dos juízes de vintena.[124] Organizavam voluntariamente a reconstrução de pontes e estradas, forneciam escravos para ataque aos quilombos ou prendiam criminosos, tendo como única recompensa o serem convidados para a procissão de Corpus Christi ou ocuparem um lugar de honra por ocasião de festividades cívicas. Em uma categoria inferior vinham os grupos de vigilantes eleitos pelos habitantes das três paróquias centrais de Ouro Preto, Antônio Dias e Padre Faria, que em 1720 se desempenhavam de suas obrigações sem remuneração.[125]

Se o relacionamento do Senado com esses diversos delegados da autoridade municipal variava, ainda mais nebulosa era sua atribuição de fazer nomeações. O Senado era convidado a fazer três nomeações para o cargo de tesoureiro da Casa da Moeda e da Casa de Fundição, sendo que na seleção final a prerrogativa ficava para o governo.[126] Além disso, quando vagavam postos da milícia local, era o Senado que submetia à aprovação do governador os nomes de três candidatos aptos.[127] Essa função permitia ao Senado exercer um considerável poder político e ter um representante nas hierarquias da Coroa. Não era por mera coincidência que as pessoas que atuavam como vereadores e juízes tinham altos postos na milícia, funcionavam como tesoureiros da Casa da Moeda e da Fundição e estavam encarregados

123 APMCMOP, v.4, ff.113v-114r, 116v-117v; v.50, ff.170v-172r, 172v-174v.

124 APMCMOP, v.4, ff.20v-22r, 45v-47r; v.6, f.63r-v; v.49, f.73r-v.

125 APMCMOP, v.4, ff.119r-120r.

126 APMCMOP, v.13, ff.33r-24r, 38r-v, 39r-v; v.60, ff.85r-v, 123r-4v; v.63, ff.1r--2r, 90r-91r; v.77, ff.266v-270r; v.120, 69r-v.

127 APMCMOP, v.69, ff.331r-332v; v.77, ff.94v-96v, 130v-131r, 284r-v, 286r-v, 288r, 295r-v.

da coleta de contribuições em suas respectivas paróquias. A incumbência de um cargo abria caminho para outros, criando assim uma pequena oligarquia dirigente.

Essa era a natureza da vasta infraestrutura do governo local, que fora criada em resposta a circunstâncias locais em mudança. Por meio da delegação de responsabilidades, os vereadores isentavam-se da necessidade de se desdobrar no cumprimento de suas obrigações, não deixando por isso de ser capazes de fazer respeitar os decretos municipais em um nível adequado. A natureza de seu relacionamento com os arrematadores de contrato variava. Fortunas em mudança ou a imposição de novos impostos afetavam radicalmente os contratos. Em 1777, as ofertas para as rendas de aferição e de inspeção foram tão baixas que o Senado indicou um administrador assalariado. Em 1814, também aconteceu de um administrador ser nomeado, sendo concedido a ele 8% de todos os direitos que coletasse.[128] Em 1789, também por motivos de ordem financeira, o Senado foi levado a nomear um carcereiro assalariado. Em 1790, foi nomeado um outro carcereiro com o acordo de que poderia ficar com dois terços de todas as propinas recebidas.[129] Em 1734, o Senado propôs que o posto de alcaide passasse a ser assalariado, sem entretanto obter a aprovação da Coroa.[130] Vimos como as condições de emprego dos capitães-do-mato variavam conforme os contratos, salários ou gratificações.

Essa infraestrutura burocrática resultava em considerável convergência ou justaposição de nomeações, jurisdições e esferas de autoridade. Foi também visto como nas atribuições fiscais e policiais, governadores e Senados operavam juntos para os mesmos fins. Algumas determinações legais e fiscais em nível local eram feitas pela Coroa. Em 1720, a responsabilidade pela nomeação do alcaide foi ardentemente disputada na Coroa pelos vereadores, e um compromisso foi finalmente estabelecido, pelo qual o Senado mantinha seus privilégios de nomeação do alcaide, passando a ser nomeado pela Coroa o cargo de escrivão

128 APMSG, v.107, ff.92v-93r; v.137, ff.154v-155r.

129 APMCMOP, v.114, ff.54v-55r, 73r-v.

130 APMCMOP, v.28, f.133r-v; v.9, ff.65v-66r; v.32, ff.241v-242r.

da almotaçaria.[131] Da mesma forma, se bem que os almotacés fossem eleitos pelo Senado bimestralmente, o escrivão e o meirinho da almotaçaria também seriam nomeados pela Coroa.[132] Além disso, o secretário do Senado também seria indicado pela Coroa, exercendo seu cargo normalmente pelo prazo de três anos. Essas condições continuaram por todo o período colonial, apesar dos esforços feitos pelos vereadores, no sentido de obterem o controle desse cargo.[133] Todos os indivíduos nomeados pela Coroa tinham de obedecer ao decreto real de 1722, devendo providenciar fiadores para a terça parte de sua renda, que cabia ao tesouro real.[134] Portanto, é óbvio que indivíduos indicados pela Coroa e nomeados pelo município trabalhavam lado a lado em certos ramos do governo local.

Por um lado, havia convergência de jurisdições em uma única área nas pessoas de diversos indivíduos e, de outro, havia convergência de responsabilidades em um só indivíduo em diversos ramos de governo local. Se agruparmos esses delegados de autoridade municipal por assunto, de acordo com suas esferas de responsabilidade, constaremos que a estrutura fiscal abarca o contratador de pesos e medidas, o encarregado de inspeção e seus respectivos assistentes, o contratador das meias patacas, os almotacés e seus escrivãos, os juízes de vintena e seus escrivãos, o encarregado dos aluguéis, o contraste de ouro e prata, avaliadores nomeados de tempos em tempos pelo Senado e os provedores e tesoureiros nomeados para a compilação de listas e coleta dos quintos reais, do subsídio literário e das doações.[135]

Os funcionários encarregados de impor a lei compreendiam os capitães do mato e seus soldados, o alcaide, o encarregado da

131 APMCMOP, v.43, ff.86v-87v; v.9, f.43r-v; APMSG, v.5, ff.15v, 102v, 120r-v; v.20, doc.147. Outros Senados também disputavam intervenções reais nas eleições, APMSG, v.28, ff.63v-64r; v.66, f.189r-v; v.67, f.142r.

132 APMCMOP, v.49, f.32r-v.

133 APMCMOP, v.9, ff.31r-32v, 38v-40r, 45r-v.

134 Decreto de 18 maio 1722, APMCMOP, v.7, ff.22v-23r; v.5, f.38r-v.

135 Embora as rifas tivessem sido proibidas pelo rei (APMCMOP, v.9, f.16r) em 1784, foi criada uma loteria em Vila Rica para pagar as despesas de reconstrução do prédio da Câmara e da prisão (APMCMOP, v.112, ff.76r-v, 77r-79r, 104r-v).

renda de carceragem, o grupo dos vigilantes, a polícia, os juízes de vintena, síndicos e advogados profissionais, assalariados e os oficiais fiscais citados anteriormente (na medida em que houvesse suspeita de atividades criminosas), assim como as forças militares. A saúde pública e sanitária competia aos médicos assalariados, cirurgiões e amas de leite, almotacés e contratadores de inspeção. A responsabilidade pela manutenção dos edifícios públicos pelos serviços públicos ficavam com os almotacés, o contratador de inspeção, os juízes de vintena, os contratadores individuais, artesãos e o contratador da conservação de pontes, estradas e fontes.

É evidente, na listagem citada, baseada somente nas principais responsabilidades desses representantes da autoridade municipal, que a infraestrutura do governo local em Vila Rica se caracterizava pela convergência de jurisdição e de atribuições executivas. Dentro de cada unidade havia um alto grau de cooperação entre suas partes componentes; as condições de referência do contratador de pesos e medidas convergiam, em muitos casos, com as do contratador de inspeção, e ambos agiam em comum acordo ao fazer com que os decretos municipais fossem respeitados. Na verdade, durante muitos anos esses contratos eram reunidos e administrados por uma mesma pessoa.[136] Depois de 1800, considerações de ordem financeira levaram a dificuldades crescentes para se encontrar candidatos diferentes para os três contratos fiscais, de modo que a mesma pessoa era contratador de pesos e medidas, contratador de inspeção e contratador de meias patacas.[137] O almotacé colaborava com ambos os contratadores no cumprimento dos editais e seu Regimento de 1733 lhe conferia

136 Nos anos seguintes foram reunidos os contratos que pude documentar: 1737 (CMOP, v.32, ff.120r-122r), 1743-1747 (v.50, ff.60r-v, 68v, 134r-v; v.52, f.14r-v), 1749 (v.52, f.232r-v), 1759-1761 (v.69, ff.9 95v-97v, 179v, 81r, 249-r515), 1763-1765 (v.69, ff.357r-9r; v.81, ff.47r-v, 155r-7r), 1769 (Idib., f.389r-v), 1774-1775 (v.99, ff.78r-v, 226v), 1778-1789 (v.107, ff.162v-3r, 270v-8r, 254r-v, 368v-9r; v.112, ff.12v-13r, 64v; v.114, ff.23v-4r), nota 144.

137 Foi o que aconteceu de 1794-1795 (v.120, ff.71r-72r, 111r-112r) e em 1798-1802 (v.124, ff.51r, 107v, 163v-164r, 221r-222r, 262r-ev), em 1816, 1818, 1822 (v.137, ff.181r-v, 226r-v, 323v-324v). Nos primeiros anos do século XIX, a Câmara resolveu conceder uma porcentagem do produto das multas coletadas para o administrador.

expressamente autoridade jurídica em ambas as áreas.[138] Ambos os contratadores e os almotacés podiam requerer ao Senado uma visita de correição à cidade, sendo nessas ocasiões acompanhados pelos vereadores. Alcaides e capitães do mato trabalhavam em conjunto para impor a lei, obrigando as pessoas a respeitar a hora de recolher e certificando-se de que escravos fugidos não estavam sendo obrigados por donos de lojas.[139] Nas ocasiões em que o contratador das fianças de carceragem era negligente ou quando nenhum outro candidato se apresentava, era o alcaide que atuava como carcereiro.[140] Os capitães do mato e os oficiais de milícia e seus companheiros cooperavam no ataque aos quilombos. Nas paróquias, os juízes de vintena recebiam auxílio dos oficiais de milícia na execução de seus deveres. No acabamento de obras públicas, os contratadores também cooperavam entre si.

Essa colaboração dos indivíduos incluídos na mesma estrutura administrativa não deve ser motivo de surpresa, e uma observação mais atenta revela que alguns delegados de responsabilidades municipais também penetravam em estruturas totalmente diversas. Pessoas com grandes responsabilidades policiais ou fiscais também acumulavam jurisdição em outras áreas. O cargo de alcaide é um bom exemplo a ser citado; esse oficial era primordialmente encarregado do cumprimento da lei, porém acontecia ter de auxiliar o contratador de pesos e medidas no lançamento de multas contra os que construíam cercas e aterros sem autorização, contra os responsáveis pelos porcos que andavam soltos nas ruas e contra os donos de lojas sem licença, nas áreas de mineração.[141] O alcaide e seu escrivão eram também os responsáveis pela *renda do ver*, entre 1715 e 1733, e posteriormente, em anos especiais, quando os lances para arremate dos contratos eram insuficientes, recebiam um terço dos confiscos e das multas resultantes de sua vigilância.[142] Nos anos em que esse contrato estava vigente, o

138 APMCMOP, v.6, ff.170v-172r.

139 APMCMOP, v.32, ff.153r-v, 169v-170v; v.71.

140 APMCMOP, v.39, ff.34v-35r, 37v-38v, 45r-46r.

141 APMCMOP, v.28, ff.22r-23r; v.32, ff.83v-84v, 85r, 125r-v; v.35, f.72r-v.

142 APMCMOP, v.33, ff.70v-72v, 76v-77v; v.52, ff.97r-98v; v.63, ff.104r-105r, 152r-v; v.77, ff.5v-6r; v.99, ff.105v-106r.

alcaide e o contratador faziam respeitar os editais do município, fixavam os preços de farinha, milho e feijão, proibiam aos que fabricavam sabão o corte de madeira, em um raio de meia légua da cidade, prendiam comerciantes de mercado negro ou especuladores que destruíam o pavimento das ruas. O alcaide também coletava o donativo real e os aluguéis das terras municipais. Às vezes, eles e os capitães do mato eram mesmo incumbidos de escoltar presos ao Rio de Janeiro, o que era essencialmente uma responsabilidade da Coroa, embora as despesas de sustento dos presos fossem fornecidas pelos senados das vilas. Da mesma forma, os capitães do mato eram também empregados em atividades fiscais, encarregados de prender vendedores ambulantes de alimentos, de matar porcos que encontrassem soltos pela cidade e de informar o Senado sobre os proprietários que não registrassem seus escravos para o pagamento dos quintos reais.[143] Na lista que fizemos das partes componentes das diferentes estruturas administrativas, verificamos que há considerável convergência e coincidência nas atribuições dos almotacés e dos juízes de vintena e seus escrivãos, fato este que ocorre repetidas vezes nas esferas de atividades policiais, fiscais, de serviço público e sanitário.

É chegado o momento de considerar as vantagens e desvantagens dessa evidente convergência de jurisdição de pessoal e de atribuições policiais nas áreas do governo local. O fato de o Senado não ser inteiramente autônomo era ao mesmo tempo uma vantagem e uma desgraça. Todos os gastos extraordinários, as novas nomeações e a imposição de novas formas de taxação municipal tinham de receber a aprovação real, antes de serem postos em execução. Além disso, o ouvidor-geral atuava como um cão de guarda do rei no tocante aos assuntos municipais, lutando pela probidez das eleições e por uma menor corrupção na administração dos negócios locais. Tinha em suas mãos autoridade para uma série de medidas municipais, desde a distribuição dos emolumentos até a aprovação de contratos,[144] o que até certo

---

143 APMCMOP, v.4, ff.171v (solto), 110v-111r; v.28, ff.26v-27r sobre o alcaide; v.69, ff.345r-346r; APMSG, v.7, 40v-41r, 75v, 83v; v.50, ff.90r-96v.

144 APMCMOP, v.4, ff.138r-v; v.7, f.8r-v; v.13, f.65v; v.42, ff.103v-105v; APMSG, v.81, doc.79.

ponto freava as ambições pessoais e os interesses particulares dos membros do Senado. Sendo provada ação criminosa por parte de algum dos membros do Senado, podia instaurar inquérito, demiti-lo e mover contra este uma ação legal. De outra parte, porém, isso acarretava crônicas demoras e a incapacidade do Senado de fazer certas nomeações, como a do cirurgião com despacho.

No âmbito do próprio Senado, as vantagens advindas da convergência de jurisdições eram ambíguas. No tocante à ação supervisora, assim como o ouvidor-geral, não há dúvida de que os próprios vereadores, juízes e procuradores atuavam às vezes como freio às ambições pessoais de algum membro individual do Senado. Entretanto, mais frequentemente do que o contrário, essa justaposição de responsabilidades tinha um efeito nocivo ao governo municipal. A jurisdição ampla dos juízes e do procurador em especial parece ter constituído um ponto de conflito, levando os três vereadores a se unirem contra os que desempenhavam essas funções, o que os levava a rejeitar por mera atitude de ressentimento qualquer sugestão que pudessem fazer. Protestos públicos individuais de isenção de responsabilidade financeira concernente a decisões tomadas em consenso comum suscitavam animosidades pessoais e dificultavam consideravelmente o andamento do processo legislativo, dividindo o Senado em facções opostas. A aparente vantagem de ter vários vereadores avaliando independentemente um mesmo projeto, ou proposta, acabava na maior parte dos casos por revelar-se prejudicial. Na verdade, a ineficiência dessa forma de verificação já fora comprovada em várias ocasiões, quando uma maioria controlava o Senado, como uma facção única e coesa, que causava grandes desfalques e exercia uma péssima administração, sem medo de ataque de seus colegas, intimidados pela ameaça de represálias.

Também na infraestrutura, a convergência de pessoal, jurisdição e capacidade executiva de membros de diferentes unidades administrativas era um benefício duvidoso. Por um lado, era sem dúvida um fator positivo, pois dava margem a uma série de controles sobre membros individuais componentes da infraestrutura. A presença de delegados da Coroa agia como freio à excessiva exuberância de alguns funcionários do município. O juiz de fora era um bom exemplo dessa intervenção real em assuntos da municipalidade; em um nível mais baixo, papel parecido era desempenhado pelos escrivãos do alcaide, da almotaçaria e pelo secretário de Senado. Dentro da própria infraestrutura, a convergência levava a uma série de controles, principalmente dos negócios fiscais. Os almotacés eram os responsáveis pelas visitas de correição às paróquias distantes, certificando-se de que os juízes de vitena e seus escrivãos tinham cumprido com seus deveres. Porém, o fato de essas visitas não serem constantes contribuía para a negligência dos funcionários paroquiais, de modo que, em 1720, o Senado votou decreto para que em cada paróquia se elegesse um indivíduo encarregado de vigiar discretamente os juízes.[145] O contratador de correição atuava como fiscal do contratador de aferição. Em 1736, Alexandre Pinto de Miranda, contratador de correição, examinou os pesos e as balanças reguladas pelo contratador dos pesos e medidas e descobriu que em 56 casos este havia regulado as balanças a seu próprio favor. Seu relatório levou à condenação do contratador de pesos e medidas pelos almotacés. Esses mesmos inquéritos também revelaram que o contratador de pesos e medidas (ou de aferição) ultrapassava os emolumentos estipulados em seu Regimento, compelindo vendedores a ter em sua posse mais pesos do que o que lhes era exigido pelos estatutos, deste modo ganhando gratificações adicionais pelo suprimento de novos pesos. Deslizes semelhantes também foram descobertos em 1737.[146] O desejo por parte dos contratadores de ficar com a recompensa que lhes era devida poderia redundar em benefício da população da cidade. Em 1737, o escrivão da almotaçaria coletou gratificações de duas visitas de correição que fez, uma na cidade e outra em seus arredores. Tais propinas eram inteiramente proibidas e o contratador de aferição reclamou para o governador, alegando prejuízos financeiros pessoais, advindos da ação do escrivão. Procedeu-se a um inquérito e o escrivão foi proibido de reclamar propinas no futuro, tendo de indenizar o contratador no equivalente ao total de seus prejuízos.[147] No que diz respeito

145 O acordo de 8 jul. 1750, que repete uma medida semelhante de 1747 (APMCMOP, v.54, ff.1v-2v; v.55, ff.80v-82r).

146 APMCMOP, v.32, ff.80v-82r.

147 AMPCMOP, v.32, f.153r-v.

às atividades policiais, eram nomeados capitães de entradas com jurisdição sobre cada um dos capitães do mato. Os oficiais de milícia também eram encarregados de denunciar falhas no cumprimento do dever por parte desses capitães, em geral de sangue misto ou de origem ameríndia.

As desvantagens da convergência de jurisdições na infraestrutura eram consideráveis e normalmente prejudiciais para o morador da vila. A falta de clareza na definição de responsabilidades poderia levar a que certos funcionários assumissem responsabilidades em áreas nas quais não tinham jurisdição. Em 1734, o Senado viu-se forçado a repreender o condestável e seu assistente, que tinham claramente excedido os limites de suas atribuições ao visitarem lojas e ateliês de artesãos, intimando-os a mostrar suas licenças e estatutos. Com tais inspeções inteiramente desautorizadas, os funcionários extorquiam emolumentos e prendiam supostos infratores dos editais municipais. O Senado decidiu que nenhum habitante da vila estava obrigado a apresentar certificados e documentos que dissessem respeito ao seu ofício a nenhum alcaide em inspeção, a não ser que se tratasse de uma visita de correição, estando o alcaide acompanhado pelos almotacés ou pelo menos pelo contratador de inspeção.[148] Em 1741, um almotacé foi preso e acusando de ter excedido a esfera de sua autoridade, ao ordenar que fosse libertado da cadeia onde se achava preso um vendedor condenado pelo Senado, pelo fato de não ter cumprido as tabelas de preço de venda de gêneros alimentícios.[149] Já em 1732, na Vila do Ribeirão do Carmo a libertação pelo juiz de fora de uma pessoa presa pelo almotacé lançou uma faísca, causando uma grande mudança concernente ao privilégio que tinham os almotacés de prender e soltar pessoas por conta própria.[150] Na esfera das atribuições policiais, não era permitido aos carcereiros receberem diretamente do capitão do mato nenhum mascate

148 APMCMOP, v.33, ff.11v-12v; repetida em 1738, APMCMOP, v.32, f.163r-v. Os juízes da Coroa foram acusados de coletar gratificações extorsivas sem autorização e de agir contra os membros do Senado na alocação das rendas, APMCMOP, v.7, ff.127r-8v; v.60, ff.46v-47r; APMSG, v.32, ff.4r, 63v-64v.

149 APMCMOP, v.43, ff.110v-112r.

150 APMSG, v.18, f.27r.

que o último tivesse prendido por vendas ilícitas; o capitão teria antes de levar o infrator ao condestável, o qual, por sua vez, o entregaria devidamente ao carcereiro.[151] Alegava o alcaide da Vila do Carmo que vinha sofrendo consideráveis prejuízos depois da nomeação dos juízes de vintena, pois estes eram indenizados por suas despesas quando viajavam além dos limites da paróquia de sua atribuição e coletavam gratificações que de direito lhe pertenciam, sem terem a obrigação, como era o seu caso, de pagarem as taxas de doação e a terça parte de sua renda.[152] Disputas desse gênero também teriam lugar entre o contratador de aferição de almotaçaria em Vila Rica, que teria coletado emolumentos não autorizados sobre as inspeções fiscais feitas pelo contratador.[153]

Uma das consequências dessa confusão de jurisdições era levantar polêmicas sobre a coleta de emolumentos e multas, resultando frequentemente em considerável prejuízo da população das vilas. Quando o Senado, almotacés e os contratadores vinham em visita de correição à cidade e aos seus arredores, traziam ordens contra os infratores que não podiam pagar suas multas de imediato. Essas ordens eram depois encaminhadas ao condestável e seus oficiais que deviam executá-las, o que faziam com zelo digno de nota, coletando não só a quantia específica da multa, que frequentemente roubavam, como também exigindo propinas extras para cobrir suas despesas. O Senado ordenou que todas as fianças ou multas deveriam ser, se possível, coletadas por ocasião do delito ou, se não, deveriam então ser entregues ao escrivão da almotaçaria antes que pudesse ocorrer qualquer distribuição de dinheiro entre os funcionários encarregados de prisões.[154] Disputas da mesma ordem também ocorriam entre os almotacés e o alcaide sobre as coletas das gratificações, que lhe seriam devidas da *renda do ver*, nos anos em que não se conseguia lances adequados para que o contrato fosse arrematado.[155]

---

151 APMCMOP, v.4, f.104v.

152 APMSG, v.81, doc.58.

153 APMCMOP, v.32, ff.153r-v.

154 Acordo de 31 out. 1733, APMCMOP, v.28, ff.88v-90r.

155 APMCMOP, v.39, ff.96v-97r.

Provavelmente os maiores males acarretados por essa convergência de atribuições burocráticas surgia quando um grupo de funcionários agia em conluio em vez de servir de fiscais uns dos outros, podendo então resultar em grandes abusos de autoridade, extorsão e desfalque, com poucos riscos de ser descobertos por algum funcionário de fora. Em 1735, o juiz ordinário Domingos de Abreu Lisboa, já notório por tentativas ilícitas de coleta dos quintos reais, subornou o contratador de aferição e seus almotacés, a fim de que ocultassem o fato de seus escravos venderem abertamente em áreas proibidas de mineração gêneros alimentícios.[156] Em 1742, o contratador de inspeção fazia vistas grossas, permitindo que comerciantes abrigassem escravos fugidos, motivo pelo qual acabou sendo multado, por essa negligência de ofício.[157] Se bem que o Senado acreditasse que estava realizando um serviço público ao arrematar a renda de aferição e a *renda do ver* para uma mesma pessoa, a experiência demonstrou que tal atitude destruía a possibilidade de um contratador servir de fiscal do outro, daí resultando que cobrasse impunemente rendas excessivas por seus serviços.[158] Uma vez, dois funcionários do juízo da almotaçaria e o contratador de inspeção combinaram forçar a entrada em uma casa e se apoderaram de uma quantia de tabaco, supostamente clandestina, prendendo o infeliz dono. Apesar de o proprietário da casa protestar que o fumo era para seu uso particular, foi preso e os almotacés se recusaram a atender às suas súplicas no sentido de ser libertado. Os inquérito mostrou que ele estava dentro dos limites legais, porém os funcionários quiseram mantê-lo preso a fim de que pagasse um suborno para ser solto.[159]

Ao longo deste trabalho procuramos estudar o modo como os portugueses reagiram diante de uma conjuntura específica ao estabelecerem governos locais nas áreas mineradoras do Brasil. As partes constituintes dessa realidade concreta variaram conforme as diferentes épocas e as diferentes regiões, assim como variaram as composições de cada Senado. Mas em um sentido mais amplo,

---

156 APMSG, v.44, ff.136v-138v.

157 APMCMOP, v.42, ff.80v-81v; v.49, f.14v.

158 APMCMOP, v.32, ff.120r-122r.

159 APMCMOP, v.32, ff.160r-161v.

a composição dos Senados e a criação de uma infraestrutura de governo local foram comuns às cidades e vilas do Brasil colonial. As atitudes e prioridades do morador das Minas não eram as mesmas de um lavrador de cana-de-açúcar, mas ambos resolviam os problemas de governo local de um modo excepcionalmente parecido.[160] Na verdade, os elementos que estimulavam a fundação de vilas no período colonial e os problemas que ocupavam então os Senados continuam a existir hoje em dia. A penetração recente da selva amazônica criou problemas de ataques de índios, de comunicação, acesso, abastecimento de gêneros alimentícios, de polícia e ordem tão reais para os planejadores do Brasil de hoje como o foram para seus precursores do Brasil colonial.

O estudo do governo local no Brasil colônia sugere comparações com as duas outras maiores civilizações do Novo Mundo, a dos ingleses e espanhóis. Os monarcas de Portugal, Espanha e Inglaterra enfrentaram problemas semelhantes de sociedades transplantadas. No caso de Portugal e da Inglaterra, ambas as Coroas evidenciaram grande relutância em usar as finanças públicas no fomento de empreendimentos de resultado incerto e optaram pela alternativa de encorajar indivíduos ou corporações particulares a tomarem a iniciativa, desbravando territórios virgens com capital privado, até que a viabilidade do empreendimento ficasse comprovado. As cartas de descobrimentos ingleses, moldadas na instituição do feudo e doadas a John Cabot ou a Richard Warde, tinham muito em comum com as doações e os forais feitos a Duarte Coelho e a Martim Afonso de Sousa, por d. João III.[161] Na América espanhola houve desde o início um controle da Coroa maior e mais direto. Enquanto as *proprietary provindes* da América inglesa tendiam a relegar o governo local (porém, não a representação local) a um plano secundário, no

160 Os estudos básicos sobre a câmara municipal de Salvador são de Rui, *História política e administrativa da cidade de Salvador* e *História da Câmara municipal da cidade do Salvador*; veja também Boxer, *Portuguese Society*.

161 Johnson Jr., The Donatary Captaincy in Perspective: Portuguese Backgrounds to the Settlement of Brazil, *Hispanic American Historical Review* 52, n.2, p.203-14; Beeman, Labor Forces and Labor Relations: A Comparative View of the Colonization of Brazil and Virginia, *Political Science Quarterly*, v.86, n.4, p.609-36 e as fontes ali indicadas.

império espanhol assim como no português o governo local muitas vezes constituiu o primeiro passo no sentido de impor a lei da Coroa a uma vasta extensão de terras. Cortez, Pizarro e outros *adelantados* menores criaram por decretos governamentais a instituição do *Cabildo* na América espanhola, da mesma forma como Albuquerque fundou no Brasil o *Senado da Câmara*.[162]

Apesar de certas diferenças intrínsecas que possam ter havido, todas as formas de governo local no Novo Mundo compartilharam uma herança europeia comum. O *Senado* e o *Cabildo* eram muito semelhantes a seus equivalentes ibéricos. O *town meeting* e o *Board of Selectmen* refletiam fielmente as instituições paroquiais da metrópole. Os três tipos de governo local partilharam vicissitudes e destinos comuns de apogeu e decadência. No século XVII, os *cabildos* da América espanhola perderam a autonomia e o entusiasmo pelas reformas que os caracterizaram nos primeiros anos. Em 1720, à aprovação real para um decreto permitindo a venda do cargo de *regidor*, a falta de recursos financeiros e uma representação popular inadequada reduziram os *cabildos* a algumas oligarquias de fortuna que se perpetuavam no poder. Somente perto do fim do período colonial é que os *cabildos* do Peru e do vice-reinado do Prata readquiriram um pouco de seu prestígio anterior.[163] Nas colônias da Inglaterra, perto do fim do século XVII, também se restringiria o papel ativo dos *Selectmen*, e o século seguinte assistiria ao surgimento do *town meeting*

162 Bertram; Lee (Orgs.), *Libros de cabildos de Lima* (v.1-20, Lima, 1935, v.1, p.3-19); Parry, *The Spanish Seaborne Empire*, p.101-2 e fontes citadas. Um bom exemplo do processo administrativo na Nova Espanha, que tem muitas semelhanças com o de Vila Rica, vem descrito por Powell, Presidios and towns on the silver frontier of New Spain, 1550-1580, *Hispanic American Historical Review* 24, n.2, p.179-200.

163 Webb, *English Local Government From the Revolution to the municipal Corporation Act: The Parish and the Country*; Haskins, *Law and Authority in Early Massachussets: a study in Tradition and Design*; Lynch, Intendants and Cabildos in the viceroyalty of La Plata, 1782-1810, *Hispanic American Historical Review* 35, n.3, p.337-62; Cunningham, The Institutional Background of Spanish American History, ibid., v.1, p.24-39; Fisher, The Intendant System and the Cabildo of Peru, 1784-1810, ibid., v.49, n.3, p.430-53; Klein, *Slavery in the Americas*: A Comparative Study of Virginia and Cuba, p.1-22; Prado Jr., *The Colonial Background*, p.365-74.

como principal forma do governo local. Na América portuguesa, durante todo o período colonial, os *Senados da Câmara* se mantiveram extremamente ativos. Não há dúvida de que isso se deve aos diferentes rumos que tomaram a colonização portuguesa e a espanhola em seus respectivos impérios. Na América espanhola, logo foram criadas as *Audiências* com jurisdição geral supervisora dos governos municipais, ao passo que na América portuguesa, durante os primeiros duzentos anos de governo da Coroa, a única corte de apelação existente era a Relação em Salvador. Autoridades locais como os ouvidores gerais, embora possuíssem poderes judiciários, legislativos e administrativos, eram sujeitos a severas reprimendas da Coroa por intervirem desnecessariamente em assuntos municipais, de modo que os Senados atuavam de forma mais autônoma que seus semelhantes espanhóis sem medo de represálias judiciais. Apesar de notórias diferenças, as semelhanças existentes entre os Senados, os *Cabildos* e os *Board of Selectmen* estimularam historiadores ingleses, americanos e portugueses a trilharem um terreno analítico comum na tentativa de determinar até que ponto essas formas de governo local eram apenas oligarquias que se perpetuavam no poder ou formas democráticas de representação popular.[164]

Uma característica comum aos três impérios não pode deixar de chamar a atenção do historiador. Trata-se da jurisdição incrivelmente ampla atribuída aos representantes individuais do governo local. A convergência de jurisdição no Senado português era bastante semelhante à autoridade dada aos *cabildos* na América espanhola, onde os alcaides ordinários assim como os juízes ordinários funcionavam como juízes de casos cíveis e criminais de primeira instância. Além disso, como uma entidade corporativa,

164 Zuckerman, The Social Contexto of Democracy in Massachussets, *The William and Mary Quarterly* 25, n.4, p.523-44; Cook Jr., Social Behavior and Changing Values in Dedha Massachussets, 1700-75, ibid., v.27, n.4, p.546-90; Rainbolt, The Alteration in the Relationship Between Leadership and Constituents in Virginia, 1660-1720, ibid., v.27, n.3, p.411-34; Cook Jr., Local Leadership and the Typology of New England Towns, 1700-85, *Political Science Quarterly* 86, n.4, p.586-608 e fontes citadas; Parry, *The Spanish Seaborne Empire*, p.108; Boxer, *Portuguese Society*, p.77 e *The Portuguese Seaborne Empire*, esp. p.284-5.

o *Cabildo* era responsável pela lei e pela ordem, pela provisão dos serviços sociais, comunicações, pela saúde pública, abastecimento dos gêneros alimentícios, obras públicas, fixação de preços e pela distribuição de licenças para lojistas, comerciantes e construtores, ainda devendo verificar as credenciais dos indivíduos nomeados pela Coroa, representar a municipalidade em atividades cívicas e exercer ainda a prerrogativa da nomeação dos procuradores que deviam zelar pelos interesses locais junto à Coroa, mais o direito que tinham de reclamar diretamente ao monarca. Como aconteceu na América portuguesa, o *cabildo* também veio frequentemente a desempenhar funções estritamente não municipais, como a coleta da *alcabala* e outras taxas de venda em diferentes períodos; cooperava com vice-reis e com as audiências em tempos de crise como o das epidemias, fomes e inundações, que atingiram o México nos séculos XVII e XVIII.[165]

Entretanto, variaram nos dois impérios as soluções aventadas para problemas comuns. Na Nova Espanha o *cabildo* da cidade do México optou por assumir o contrato e a responsabilidade por todos os aspectos do abate e do abastecimento da carne para a cidade; em Minas Gerais, a Coroa proibiu as tentativas de estabelecer um monopólio semelhante, e a jurisdição desse assunto continuou a ser dividida entre o Senado (licenciando e fixando preços) e o contratador das meias patacas (abastecimento), os almotacés e contratadores de inspeção (saúde pública).[166] Os *cabildos* espanhóis combateram os especuladores e os atravessa-

165 Smith, Sales taxes in New Spain, 1575-1770, *Hispanic American Historical Review* 28, n.1, p.2-37; Longhurst, Early Prices Lists in Lima and a Petition for Redress, ibid., v.31, n.1, p.141-5; Aiton, Early American Prices Fixing Legislation, *Michigan Law Review* 25, p.15-23; Pierson Jr., Some reflections on the Cabildo as an Institution, *Hispanic American Historical Review* 5, n.4, p.573-96.

166 Os Senados de Sabará e São João del-Rei foram proibidos de arrematar contratos de carne após 1720 por ordem de d. Lourenço de Almeida, APMSG, v.5, f.104r-v; tentativas posteriores por São João del-Rei e Vila do Príncipe de leiloar o contrato de carne e aguardente de cana também foram proibidas oficialmente, APMSG, v.27, ff.46v-48r; v.17, ff.93v-4r, 13, 131v-132r; v.13, ff.2v-3v; Dusenberry, The Regulation of Meat Supply in Sixteenth Century Mexico City, *Hispanic American Historical Review* 28, n.1, p.38-52.

dores através da instituição de um mercado público municipal de cereais e farinha, a *allóndiga*, que não chegou a ter correspondente no Brasil. Todos os fazendeiros eram solicitados a entregar no mercado, imediatamente após chegarem a uma vila, todos os cereais que trouxessem, provando ser os próprios produtores ou no caso de ser intermediários exibindo evidência de preço de compra e lugar de partida. Nem os portugueses adotaram tão prontamente quanto os espanhóis o expediente do *posito* ou celeiro público municipal.[167]

Em outras partes, problemas iguais encontravam as mesmas soluções. Os dois *regidores* que se alternavam mensalmente no mercado, onde ouviam e sentenciavam casos que diziam respeito à violação dos requerimentos, eram comparáveis ao juízo de almotaçaria e aos almotacés dos portugueses. Era permitido recorrer aos alcaides.[168] Como acontecia no Brasil, havia dois setores de funcionários municipais. Os responsáveis pelo *cabildo* constituíam o órgão administrativo principal do governo local, como entre os portugueses o Senado, mas em ambos os casos (se bem que em níveis diferentes), no dia a dia, os negócios do município eram dirigidos por um corpo de indivíduos assalariados, contratadores ou coletores de tributos. Os problemas de medição eram menos comuns entre os portugueses do que o eram para os espanhóis. O contratador dos pesos e medidas, o contratador de inspeção e os almotacés, que constituíam a infraestrutura fiscal do governo local no mundo português, tinham seus equivalentes entre as municipalidades da América espanhola. Por volta de 1530, a cidade do México se orgulhava de ter um ou mais aferidores de pesos e medidas (*fiel marcador*), um inspetor de pesos e medidas (*contraste*), um inspetor de balanças de açougue, um ajustador de pesos e de balanças de farinha.[169] Na América espanhola e portuguesa, *cabildos* e Senados podiam convocar um conselho de anciãos, chamado

167 Lee, Grain Legislation in Colonial Mexico, 1575-1585, ibid., v.27, n.4, p.647-60; um celeiro público foi estabelecido em Salvador somente em 1785, Rui, *História Política e administrativa da cidade de Salvador*.

168 Lee, Grain Legislation, p.656.

169 Stampa, The Evolution of Weights and Measures in New Spain, *Hispanic American Historical Review* 29, n.1, p.2-24.

cabildo abierto ou respectivamente de convocação de "homens bons", a fim de resolver assuntos que transcendiam à legislação do dia a dia municipal.

O problema da justaposição de responsabilidade ou de jurisdição não se limitou às colônias ibero-americanas. Até as últimas décadas do século XVII, na Nova Inglaterra a principal autoridade executiva municipal era o *Board of Selectmen*. Concentrava uma ampla jurisdição, havendo poucas áreas do governo local sobre as quais não exerciam sua influência. Protetores do bem comum, concediam terras, eram responsáveis pela manutenção dos prédios públicos, concertavam e mantinham as estradas e pontes, calculavam e punham em execução a cobrança dos impostos, resolviam disputas sobre propriedades e direitos de água, davam assistência social aos pobres e vadios, inspecionavam as escolas, vistoriavam a contabilidade do município e chegavam a expulsar indesejáveis da comunidade. Eram eles que faziam as nomeações dos oficiais do fisco como os *tithingmen* [dez proprietários vizinhos encarregados da cobrança da dízima], assim como inspetores das cercas, aferidores de pesos e medidas e outros delegados da autoridade municipal. Com a mudança gradual de influência do *Board of Selectmen* para o *Town Council*, se transferiram para os membros deste último conselho os poderes executivos anteriormente exercidos pelos primeiros, que passaram a nomear os delegados de autoridades municipais como os guias, inspetores de estradas, oficiais de polícia e outros oficiais anteriormente indicados pelos *Selectmen*. No começo do século XVIII, os *town meeting* resolviam os problemas de demanda excessiva de trabalho, como o faziam os Senados e *Cabildos*, criando instituições de segundo plano feitas de comitês *ad hoc*, que eram indicados para um fim específico e dissolvidos assim que o fim proposto fosse atendido. Além disso, foram criadas subdivisões legais dentro das municipalidades, com o *town meeting* delegando autoridade administrativa municipal para oficiais, assessores, oficiais da milícia e eclesiásticos, dentro de seus precintos. Na época de sua supremacia, os *Selectmen* da Nova Inglaterra parecem ter demonstrado uma maior consciência corporativa do que seus congêneres da América portuguesa e espanhola. Alguns padrões administrativos sempre existiram, mas na maioria das vezes (e especialmente na América espanhola depois de 1620 quando o ofício de *regidor* passou a ser negociado) os membros dos Senados e *Cabildos* em geral colocavam os interesses de lucro particular acima do interesse público.[170]

O Senado português, assim como o *Cabildo* espanhol e o *Board Selectmen* ou o *town meeting* dos ingleses, eram as formas de governo associadas pelos poderes soberanos dos respectivos impérios para administração local nas colônias americanas. Os grandes impérios marítimos da Inglaterra, Espanha e Portugal dependiam para sua própria sobrevivência de burocracias administrativas incrivelmente complexas. Um estudo da relativa importância da Coroa, dos militares da Igreja, do Tesouro e do Judiciário em diferentes períodos históricos, assim como da interação, autonomia ou dependência dessas grandes forças administrativas é fundamental para a compreensão do poder imperial. Entretanto, nem por isso deve o historiador perder de vista o tema igualmente profícuo de estudar essas instituições de governo local como produtos que foram, em maior ou menor grau, do condicionamento social, político, econômico, religioso e geográfico dos continentes de adoção. Esperamos que a teoria que procuramos elaborar neste trabalho possa servir de guia de trabalho para estudos desse tipo e que possa estimular outros historiadores a aprofundar sua diversidade e a vencer a divisão pseudointelectual existente entre os estudos norte e os sul-americanos (geralmente identificada com o Rio Grande), para se engajarem e cooperarem nos estudos comparativos da história e da cultura do Atlântico.

170 Lockridge; Kreider, The Evolution of Massachussets Town Government, 1640-1740, *The William and Mary Quarterly* 23, n.4, p.549-74 e fontes citadas; o estudo clássico da América espanhola é o livro de Parry, *The Sale of Public Office in the Spanish Indies Under the Habsburgs*, esp. p.33-47; Boxer, *Portuguese Society*, p.78-149.

REFERÊNCIAS BIBLIOGRÁFICAS

Introdução

BAILYN, B. *Atlantic History:* Concept and Contours. Cambridge, Massachussetts: Harvard University Press, 2005.

BENJAMIN, T. *The Atlantic World Europeans, Africans and Indians and their Shared History, 1400-1900.* Cambridge: Cambridge University Press, 2009.

BOXER, C. *O império marítimo português*: 1415-1825. São Paulo: Companhia das Letras, 2002.

______. *Portuguese Society in the Tropics:* The Municipal Concils of Goa, Macau, Bahia and Luanda, 1580-1800. Madison e Milwaukee: The University of Wisconsin Press, 1965.

CANIZARES-ESGUERA, J. Entangled Histories: Borderland Historiographies in New Clothes? *American Historical Review*, v.112, n.3, 2007.

CANNY, N.; PAGDEN, A. (Orgs.). *Colonial Identity in the Atlantic World 1500-1800.* Princeton: Princeton University Press, 1987.

CANNY, N. Atlantic History: What and Why? *European Review*, v.9, n.4, 2001.

CROSBY JR., A.W. *The Columbian Exchange:* Biological and Cultural Consequences of 1492. Ed. 30º aniversário. Westport e Londres: Praeger Publishers, 2003.

CUNHA, M.S. da; MONTEIRO, N.G. (Orgs.). Governadores e capitães-mores do império atlântico português nos séculos XVII e XVIII. In: CARDIM, P.; CUNHA, M.S. da; MONTEIRO, N.G. *Optima Pars*: elites ibero-americanas do Antigo Regime. Lisboa: Imprensa de Ciências Sociais, 2005.

DOMINGUES, A. *Desde Piso e Marcgrave que ninguém com curiosidade tolerável descreveu a natureza brasileira*: os relatos de Cook, Banks e Parkinson e a construção de imagens do Brasil colonial. *Almanack Braziliense*, 01, 2011. Disponível em: http://www.almanack.unifesp.br/index.php/almanack/issue/view/12/showToc. Acesso em: 18 jul. 2012.

ELLIOT, J.H. *Empires of the Atlantic World:* Britain and Spain in America, 1492-1830. New Haven e Londres: Yale University Press, 2007.

FRAGOSO, J.; GOUVÊA, F.S. Monarquia pluricontinental e repúblicas: algumas reflexões sobre a América lusa nos séculos XVI-XVIII. *Tempo*, v.27.

FRAGOSO, J.; SAMPAIO, A.C.J. *Monarquia pluricontinental e a governança da terra no ultramar atlântico luso, séculos XVI-XVIII*. Rio de Janeiro: Mauad X, 2012.

FRAGOSO, J.; BICALHO, M.F.; GOUVÊA, M. de F. *O antigo regime nos trópicos*: a dinâmica imperial portuguesa (séculos XVI-XVIII). Rio de Janeiro: Civilização Brasileira, 2001.

GAMES, A. Atlantic History: Definitions, Challenges and Opportunities. *The American Historical Review*, jun. 2006.

GOLD, E.H. Entangled Atlantic Histories: A Response from the Anglo--American Periphery. *The American Historical Review*, v.112, 2007.

______. Entangled Worlds: The English-Speaking Atlantic as a Spanish Periphery. *The American Historical Review*, v.112, n.3, 2007a.

HARVEY, D.A. Living Antiquity: Lafitau's *Moeurs des Sauvages Amériquains* and the Religious Roots of the Enlightenment Science of Man. *Proceedings of the Western Society for French History*, v.36, 2008. Disponível em: http://quod.lib.umich.edu/cgi/p/pod/dod-idx?c=wsfh;idno=0642292.0036.007. Acesso em: 18 jul. 2012.

MORGAN, P. D.; GREEN, J. P. Introduction: The Present State of Atlantic History. In: ______ (Orgs.). *Atlantic History:* A Critical Appraisal. Nova York: Oxford University Press, 2009.

PIMENTEL, J. *Testigos del mundo:* ciencia, literatura y viajes en la Ilustración. Madrid: Marcial Pons Historia Estudios, 2003.

PRADO JR., C. *Formação do Brasil contemporâneo*. São Paulo: Editora Nacional, 1942.

REYNOLDS, S. Empires: A Problem of Comparative History. *Historical Research*, v.79, n.204, 2006.

______. *A World on a Move: the Portuguese Empire in Africa, Asia and America, 1415-1808*. Baltimore: The Johns Hopkins University Press, 1998.

RUSSELL-WOOD, A.J.R. *Fidalgos and Philantropists:* The Santa Casa da Misericórdia of Bahia, 1550-1755. Berkeley: University of California Press, 1968.

______. *Um mundo em movimento*: os portugueses na África, Ásia e América (1415-1808). Lisboa: Difel, 1998.

______. Charles Boxer (1904-2000). *Hispanic American Historical Review*, v.80, n.4, 2001.

______. Sulcando os mares: um historiador do império português enfrenta a "Atlantic History". *História*, São Paulo, v.28, n.1, 2009.

______. *Local Government in European Overseas Empires, 1450-1800*. Grã-Bretanha/Estados Unidos: Ashgate, 1999. 2v.

______. *Government and Governance of European Empires, 1450-1800*. Grã-Bretanha/Estados Unidos: Ashgate, 2000. 2v.

______. Governantes e agentes. In: BETHENCOURT, F.; CHAUDHURI, K. *História da expansão portuguesa*. Lisboa: Círculo de Leitores, 1998. 3v.

SAFIER, N. Atlantic Soundings: A Conversation with Bernard Bailyn. *Atlantic Studies*, v.7, n.4, dez. 2010.

STEINBERG, P.E. Of the Oversears: Metaphors and Materialities in Maritime Regions. *Atlantic Studies*, Londres, v.10, n.2, 29 abr. 2013.

STRATH, B. Introduction. Europe as a discourse. In: ______ (Org.). *Europe and the Other and Europe as the Other*. 4.ed. Bruxelas: Peter Lang, 2010.

THOMAZ, L.F.F.R. *De Ceuta a Timor*. 2.ed. Lisboa: Difel, 1998.

WILLIAMS, C.A. Introduction: Bridging the Early Modern Atlantic World. In: ______ (Org.). *Bridging the Early Modern Atlantic World:* People, Products and Practices on the Move. Ashgate: Aldershot and Brookfield, 2009.

Antes de Colombo: o prelúdio africano de Portugal à Passagem Atlântica e sua contribuição à discussão sobre raça e escravidão

ALMEIDA, F. de. *História de Portugal*. Coimbra: Atlântida, 1922-1929. 6v.

AZEVEDO, J. L. de. *Épocas de Portugal econômico*: esboços de história. Lisboa: Livraria Clássica Editora, 1929.

BALANDIER, G. *Daily Life in the Kingdom of the Kongo from the Sixteenth to the Eighteenth Century*. Trad. Helen Weaver. Nova York: Pantheon Books, 1958.

BARROS, J. de. *Ásia*. Comentários de Hernani Cidade. 6.ed. Lisboa: Agência Geral das Colónias, 1945-1946. 4v.

BEACHEY, R.W. *The Slave Trade of Eastern Africa*. Londres: RexCollings, 1976.

BEAZLEY, C.R. Prince Henry of Portugal and the African Crusade of the Fifteenth Century. *American Historical Review*, v.16, 1911.

BEAZLEY, C.R.; PRESTAGE, E. *The Chronicle of the Discovery and Conquest of Guinea*. Londres: Hakluyt Society, 1896-9. 2v.

Biblos: Enciclopédia Verbo das literaturas de língua portuguesa. Lisboa e São Paulo: Editorial Verbo, 1995-2005. 5v.

BIRMINGHAM, D. *Trade and Conflict in Angola:* the Mbunda and their Neighbours under the Influence of the Portuguese, 1483-1790. Oxford: Clarendon Press, 1966.

BLAKE, J.W. *European Beginnings in Africa, 1454-1578*. Nova York: Longman, Green, 1937. Reimpr. Westport: Greenwood Press, 1969.

______. *Europeans in West Africa (1450-1560)*. Londres: Hakluyt Society, 1942. 2v.

BOURDON, L. *Chronique de Guineé*. Ifan-Dakar: Memoires de l'Institut Francais de l'Afrique Noire, n.60, 1960.

BOXER, C.R. *The Portuguese Seaborne Empire, 1415-1825*. Londres: Hutchinson, 1969.

______. (Ed. e trad.). *Commentaries of Ruy Freyre de Andrada*. Londres: Routledge; Nova York: R. M. McBride, 1930.

BUGNER, L. *The Image of the Black Western Art*. Nova York: William Morrow, 1976. 4v.

BURNS, B. *A History of Brazil*. Nova York: Columbia UniversiyPress, 1970.

BRITO, B.G. de. *The Tragic History of the Sea, 1589-1622*. Ed. e trad. C. R. Boxer. Cambridge: Cambridge University Press, 1959.

BROOKS, W.G. (Ed. e trad.). *This Voyage of Pedro Álvares Cabral to Brazil and India*. Londres: Hakluyt Society, 1938.

CARVALHO, J.B. de. *A la recherche de la spécifité de la renaissance portugaise*. Paris: Calouste Gulbenkian Foundation. 2v.

CIDADE, H. *A literatura portuguesa e a expansão portuguesa ultramarina*. v.1: *Séculos XV* e *XVI*. 2.ed. Coimbra: Editor Sucessor, 1968.

COELHO, J. do P. (Org.). *Dicionário de literatura:* literatura portuguesa, literatura brasileira, literatura galega, estilística literária. 4.ed. Porto, Portugal: Mário Figueirinhas Editora, 1997. 5v.

CONRAD, R.E. *World of Sorrow:* The African Slave Trade to Brazil. Baton Rouge: Louisiana State University Press, 1986.

CURTIN, P.D. *The Atlantic Slave Trade:* A Census. University of Wisconsin Press: Madison, 1969.

______. *The Rise and Fall of the Plantation Complex:* Essays in Atlantic History. Cambridge: Cambridge University Press, 1990.

DAVENPORT, F.G. *European Treaties Bearing on the History of the United Statesand Its Dependencies*. Washington D.C., 1917-1934. 3v.

DICIONÁRIO cronológico de autores portugueses. Mem Martins, Portugal: Publicações Europa-América, 1985-2001. 6v.

DIFFIE, B.W.; WINIUS, G.D. *Foundations of the Portuguese Empire, 1415-1580*. Minneapolis: University of Minnesota Press, 1977.

ELBL, M. *Portuguese Trade with West Africa 1440-1520*. Tese (Doutorado) – University of Toronto. Toronto, Ontario, 1986.

EVANS, W.M. From the Land of Canaan to the Land of the Guinea: The Strange Odyssey of the "Sons of Ham". *American Historical Review*, v.85, n.1, 1980.

FERNANDEZ-ARMESTO, F. *Before Columbus:* Exploration and Colonization from the Mediterranean to the Atlantic, 1229-1492. Filadélfia: University of Pennsylvania Press, 1987.

GIOFFRÈ, D. *Il mercato degli schiavi a Genova nel secolo XV*. Genova: Fratelli Bozzi, 1971.

GODINHO, M. *Intrepid Itinerant:* Manuel Godinho and His Journey from India to Portugal in 1663. Bombaim: Oxford University Press, 1990.

______. *Os descobrimentos e a economia mundial*. Lisboa: Arcádia, 1963-1965. 2v.

GONZÁLEZ ECHEVARRIA, R.; PUPO-WALKER, E. (Orgs.). *The Cambridge History of Latin American Literature*. v.3: *Brazilian Literature: Bibliographies*. Cambridge: Cambridge University Press, 1996.

GOULART, M. *Escravidão africana no Brasil*. São Paulo: Livraria Martins Editora, 1949.

HARRIS, J.E. *The African Presence in Asia:* Consequences of the East African Slave Trade. Evanston: University of Illinois Press, 1971.

HELENO, M. *Os escravos em Portugal*. V.I. Lisboa: Emprêsa do Anuário Comercial, 1933.

KAPPLER, C. *Monstres, demons, et merveilles à la fin du Moyen Age*. Paris: Payot, 1980.

LAWRENCE, A.W. *Trade Castles and Forts of West Africa*. Londres: Jonathan Cape, 1963.

LIVERMORE, H.V. On the Conquest of Ceuta. *Luso-Brazilian Review*, v.2, n.1, 1965.

LOBO, A. de S.S.C. *História da sociedade em Portugal no século XV*. Lisboa: Imprensa Nacional, 1903.

LOBO, J. *The Itinerário of Jerónimo Lobo*. Trad. Donald M. Lockhart. Londres: Hakluyt Society,1984.

LOVEJOY, P. *Transformations in Slavery:* A History of Slavery in Africa. Cambridge: Cambridge University Press, 1983.

MARCHANT, A. *From Barter to Slavery:* The Economic Relations of Portuguese and Indians in the Settlement of Brazil, 1500-1580. Baltimore: Johns Hopkins University Press, 1942.

MENDES PINTO, F. *The Travels of Mendes Pinto*. Ed. e trad. Rebecca D. Catz. Chicago: University of Chicago Press, 1989.

MENESES, A. de F. de. A expansão ultramarina até a época de D. João II: causas e vertentes. In: *A viagem de Bartolomeu Dias e a problemática dos descobrimentos*. Universidade dos Açores/Centro de Estudos Gaspar Frutuoso, 1989.

MIERS, S.; KOPYTOFF, I. African "Slavery" as an Institution of Marginality. In: ______ (Orgs.). *Slavery in África:* Historical and Anthropological Perspectives. Madison: University of Wisconsin Press, 1977.

MOTA, A.T. da. Alguns aspectos da colonização e do comércio marítimo dos portugueses na África ocidental nos séculos XV e XVI. *Anais do Clube Militar Naval*, p.101, 1976.

OLIVEIRA MARQUES, A.H. de. *Daily Life in Portugal in the Late Middle Ages*. Trad. S. S. Wyatt. Madison: University of Wisconsin Press, 1971.

______. *Os Açores e o Atlântico, séculos XIV-XVIII*. Angra do Heroísmo: Instituto Histórico da Ilha Terceira, 1984.

PEREIRA, D.P. *Esmeraldo de Situ Orbis:* Book of Cosmography and Navigation. Escrito ca. 1505-8. Org. e trad. George H. T. Kimble. Londres: Hakluyt Society, 1937.

PEREIRA, I. da R. Dois compromissos de irmandades de homens pretos. *Arqueologia e história*, v.9, n.4, 1972.

PERES, D. *Regimento das cazas das Indias e Mina*. Coimbra: Imprensa da Universidade, 1947.

PERRONE-MOISÉS, B. A guerra justa em Portugal no século XVI. *Revista da Sociedade Brasileira de Pesquisa Histórica*, v.5, 1989-1990.

PFANDL, L. (Org.). Itinerarium Hispanicum Hieronymi Monetarii, 1491-1495. *Revue Hispanique*, v.48, n.113, 1920.

PHILIPS JR., W.D. *Slavery from Roman Times to the Early Atlantic Trade*. Minneapolis: University of Minnesota Press, 1985.

PINA, R. de. *Crónica de el-rei D. João II*. Pref. e notas Alberto Martins de Carvalho. Coimbra: Atlântida, 1950.

PIRES, T. *The Suma Oriental of Tomé Pires, an Account of the East from the Red Sea to Japan*. Org. e trad. Armando Cortesão. Londres: Hakluyt Society, 1944. 2v.

RANDLES, W.G.L. *L'ancien royanine du Congo des origines à la fin du XIXe siècle*. Paris, The Hague: Mouton, 1968.

RAVENSTEIN, E.G. (Ed. e trad.) *A Journal of the First Voyage of Vasco da Gama, 1497-1499*. Londres: Hakluyt Society, 1898.

REIS, C. (Coord.). *História crítica da literatura portuguesa*. Lisboa e São Paulo: Editorial Verbo, 1993-5. 9v.

RESENDE, G. de. *Chronica Del Rei dom João II*. [S.l.: s.n.], 1545.

RICARD, R. *Etudes sur l'histoire des Portugais au Maroc*. Coimbra: Acta Universitatis Conimbrigensis, 1955.

ROGERS, F.M. *The Quest for Eastern Christians*. Minneapolis: University of Minnesota Press, 1962.

RUSSELL, P. Fontes documentais castelhanas para a história da expansão portuguesa na Guiné nos últimos anos de D. Afonso V. *Do tempo e da história*, v.4, Lisboa.

RUSSELL-WOOD, A.J.R. Iberian Expansion and the Issue of Black Slavery: Changing Portuguese Attitudes, 1440-1770. *American Historical* Review, v.83, n.1, 1978.

______. *The Black Man in Slavery and Freedom in Colonial Brazil*. Londres: MacMillan, 1982 (1993).

______. A Cause Célèbre of Colonial Brazil: António Fernandes' Personal Struggle for Justice. *Revista da Sociedade Brasileira de Pesquisa Histórica*, v.4. Reimp.: ______. *Society and Government in Colonial Brazil, 1500-1822*. Variorum: Aldershot, 1987-1988 (1992).

______. Prestige, Power, and Piety in Colonial Brazil: The Third Orders of Salvador. *Hispanic American Historical Review*, v.69, n.1.

______. A *World on the Move:* The Portuguese in Africa, Asia and America, 1451-1808. Manchester: Carcamet Press; Nova York: St. Martin's Press, 1992.

______. *The Portuguese Empire, 1415-1808*. Baltimore: Johns Hopkins University Press, 1998.

RYDER, A.F.C. *Benin and the Europeans, 1485-1897*. Nova York: Humanities Press, 1969.

SARAIVA, A.J. *História da cultura em Portugal*. Lisboa: Jornal do Foro, 1950. 3v.

SARAIVA, J.A.; LOPES, O. *História da literatura portuguesa*. 7.ed. Santos, Portugal: Livraria Martins Fontes, 1973.

SAUNDERS, A.C. de C.M. *A Social History of Black Slaves and Freedmen in Portugal, 1441-1555*. Cambridge: Cambridge University Press, 1982.

SCAMMELL, G.V. *The World Encompassed:* The First European Maritime Empires, c. 800-1650. Berkeley: University of California Press, 1981.

SCHWARTZ, S.B. Indian Labor and New World Plantations: European Demands and Indian Response in North eastern Brazil. *American Historical Review*, *v.*83, n.1, 1978.

SERRÃO, J.V. *História de Portugal*. v.2, 3.ed. rev. Lisboa: Editorial Verbo, 1977.

SILVA HORTA, J. da. A representação do africano na literatura de viagens do Senegal à Serra Leoa (1453-1508). *Mare Liberum*, v.2, 1991.

______. *The Travels of Leo of Rozmital through Germany, Flanders, England, France, Spain, Portugal and Italy, 1465-1467*. Org. e trad. Malcolm Letts. Cambridge: Hakluyt Society, 1957.

THORNTON, J. *Africa and Africans in the Making of the Atlantic World, 1400-1680*. Cambridge: Cambridge University Press, 1992.

TINHORÃO, J.R. *Os negros em Portugal:* uma presença silenciosa. Lisboa: Editorial Caminho, 1988.

VAN SERTIMA, I. *They Came Before Columbus*. Nova York: Random House, 1976.

VERLINDEN, C. *L'esclavage dans l'Europe médiévale*. Bruges: [s.n], 1955. 2v.

VIEIRA, A. *O comércio inter-insular nos séculos XV e XVI*: Madeira, Açores e canárias. Coimbra: Secretaria Regional do Turismo e Cultura. Região autônoma da Madeira, Centro de Estudos de História do Atlântico, 1987.

VILAVERDE, D. (Coord.). *Dicionário da literatura galega*. v.1: Autores. Pontevedra, Espanha: Editorial Galaxia, 1995.

VOGT, J.L. The Lisbon Slave House and African Trade, 1486-1521. *Proceedings of the American Philosophical Society*, v.1179, n.1, 1973.

WRIGHT, J.K. *The Geographical Lore of the Time of the Crusades*. Nova York: American Geographical Society, 1925.

ZURARA, G.E. de. *The Chronicle of the Discovery and Conquest of Guinea*. Org. e trad. Charles Raymond Beazley; Edgar Prestage. Londres: Hakluyt Society, 1896-9. 2v.

______. *Crónica dos feitos de Guiné*. Escrito ca. 1453-60. Org. e trad. León Bourdon. Ifan-Dakar: Mémoires de l' Institut Français de l'Afrique Noire, n.60, 1960.

O Atlântico português, 1415-1808

ALBUQUERQUE, L. de; SANTOS, M.E.M. *História geral de Cabo Verde*. v.I. Lisboa e Praia: Instituto de Investigação Científica Tropical e Direcção Geral do Património Cultural de Cabo Verde, 1991.

ALDEN, D. *The Making of an Enterprise:* The Society of Jesus in Portugal, Its Empire, and Beyond, 1540-1750. Stanford: Stanford University Press, 1996.

______. *Royal Government in Colonial Brazil:* With Special Reference to the Administration of the Marquis of Lavradio, Viceroy, 1769-1779. Berkeley e Los Angeles: University of California Press, 1968.

ARAÚJO, J. de S. *Perfil do leitor colonial*. Salvador e Ilhéus: Editus, 1999.

BARICKMAN, B.J. *A Bahian Counterpoint:* Sugar, Tobacco, Cassava and Slavery in the Recôncavo, 1780-1860. Stanford: Stanford University Press, 1998.

BARMAN, R. *Brazil:* The Forging of a Nation, 1798-1852. Stanford: Stanford University Press, 1988.

BERNARDINI, P.; FIERING, N. (Orgs.). *The Jews and the Expansion of Europe to the West, 1450-1800*. Nova York: Berghahn Books, 2001.

BETHENCOURT, F.; CHAUDHURI, K. (Orgs.). *História da expansão portuguesa*. Lisboa: Círculo de Leitores, 1998. v.1, 2 e 3.

BETHENCOURT, F.; CURTO, D.R. (Orgs.). *Portuguese Overseas Expansion, 1400-1800*. Cambridge: Cambridge University Press, 2007.

BIRMINGHAM, D. *The Portuguese Conquest of Angola*. Londres: Oxford University Press, 1965.

______. *Trade and Conflict in Angola:* The Mbunda and Their Neighbours Under the Influence of the Portuguese, 1483-1790. Oxford: Clarendon Press, 1966.

BOXER, C.R. *The Portuguese Seaborne Empire, 1415-1825*. Londres: Hutchinson, 1969.

______. *The Church Militant and Iberian Expansion, 1440-1770*. Baltimore: Johns Hopkins University Press, 1978.

______. *The Golden Age of Brazil, 1695-1750*. Berkeley e Los Angeles: University of California Press, 1962-9.

______. *Salvador de Sá and the Struggle for Brazil and Angola, 1602-1686*. Londres: Athlone Press, 1952.

______. *The Dutch in Brazil, 1624-1654*. Oxford: Clarendon Press, 1957.

______. *Portuguese Society in the Tropics:* The Municipal Councils of Goa, Macao, Bahia and Luanda, 1510-1800. Madison e Milwaukee: University of Wisconsin Press, 1965.

BROOKS, G.E. *Euroafricans in Western Africa:* Commerce, Social Status, Gender, and Religious Observance from the Sixteenth to the Eighteenth Century. Athens: Ohio State University Press; Oxford: James Currey, 2003.

BURNS, E. B. The Enlightenment in Two Brazilian Libraries. *Journal of the History of Ideas*, v.25, n.3, jul./set. 1964.

CADORNEGA, A. de O. *História geral das guerras angolanas, 1680*. Org. José Matias Delgado. Lisboa: Agência Geral das Colônias, 1972. 3v.

CARREIRA, A. *The People of the Cape Verde Islands:* Exploitation and Emigration. Org. e trad. Christopher Fyfe. Londres: C. Hurst; Hamden, CT: Archon Books, 1982.

CONRAD, R.E. *World of Sorrow:* The African Slave Trade to Brazil. Baton Rouge: Louisiana State University Press, 1986.

CORNELL, V.J. Socioeconomic Dimensions of Reconquista and Jihad in Morocco: Portuguese Dukkala and the Sa'Did Sus, 1450-1557. *International Journal of Middle East* Studies, v.22, 1990.

CURTIN, P.D. *The Rise and Fall of the Plantation Complex:* Essays in Atlantic History. Cambridge: Cambridge University Press, 1990.

CURTO, J.C. *Enslaving Spirits:* The Portuguese-Brazilian Alcohol Trade at Luanda and Its Hinterland, c. 1550-1830. Leiden e Boston: Brill, 2004.

DIFFIE, B.W.; WINIUS, G.D. *Foundations of the Portuguese Empire, 1415-1580*. Minneapolis: University of Minnesota Press, 1977.

DUNCAN, T.B. *Atlantic Islands:* Madeira, the Azores and the Cape Verdes in Seventeenth Century Commerce and Navigation. Chicago: University of Chicago Press, 1972.

DUTRA, F. Centralization vs. Donatorial Privilege: Pernambuco, 1602-1630. In: ALDEN, D. (Org.). *Colonial Roots of Modern Brazil*. Berkeley e Los Angeles: University of California Press, 1973.

FARINHA, A.D. *Portugal e Marrocos no século XV*. Lisboa: Imprensa Nacional, 1977. 2v.

GARFIELD, R. *A History of São Tomé Island, 1470-1655:* The Key to Guinea. São Francisco: Mellen Research University Press, 1992.

GODINHO, V.M. *Os descobrimentos e a economia mundial*. Lisboa: Editorial Arcadia, 1963. 4v.

GOMES, T. *Portuguese Ships:* 14th-19th Century. Lisboa: Edições Inapa, 1995.

HANSON, C. The European "Renovation" and the Luso-Atlantic Economy, 1560-1715. *Luso-Brazilian Review*, v.6, n.4, 1983.

HEMMING, J. *Red Gold:* The Conquest of the Brazilian Indians, 1500-1760. Cambridge, MA: Harvard University Press, 1978.

HEYWOOD, L.M. (Org.). *Central Africans and Cultural Transformations in the American Diaspora*. Cambridge e Nova York: Cambridge University Press, 2002.

HILTON, A. *The Kingdom of Kongo*. Oxford: Clarendon Press, 1985.

HODGES, T.; NEWITT, M. *São Tomé and Príncipe:* From Plantantion Colony to Microstate. Boulder, CO: Westview Press, 1988.

JOHNSON, H.B. Portuguese Settlement, 1500-1580. In: BETHEL, Leslie (Org.). *Colonial Brazil*. Cambridge: Cambridge University Press, 1987.

KARASCH, M.C. *Slave Life in Rio de Janeiro, 1808-1850*. Princeton: Princeton University Press, 1987.

KLEIN, H.K. *The Middle Passage:* Comparative Studies in the Atlantic Slave Trade. Princeton: Princeton University Press, 1978.

LANGFUR, H. *The Forbidden Lands:* Colonial Identity, Frontier Violence, and the Persistence of Brazil's Eastern Indians, 1750-1830. Stanford: Stanford University Press, 2006.

LOCKHART, J.; SCHWARTZ, S.B. *Early Latin America:* A History of Colonial Spanish America and Brazil. Cambridge: Cambridge University Press, 1983.

LOWE, K. Representing Africa: Ambassadors and Princes from Christian Africa to Renaissance Italy and Portugal, 1402-1608. *Transactions of the Royal Historical Society*,v.17, 2007.

MANN, K.; BAY, E.G. (Orgs.). *Rethinking the African Diaspora:* The Making of a Black Atlantic World in the Bight of Benin and Brazil. Londres: Frank Cass, 2001.

MANNING, Patrick. Africa and the African Diaspora: New Directions of Study. *Journal of African History*, v.44, n.3, 2003.

MARK, P. The Evolution of "Portuguese Identity": Luso-African in the Upper Guinea Coast from the Sixteenth to the Early Nineteenth Century. *Journal of African History*, v.40, n.2, 1999.

______. *"Portuguese" Style and Luso-African Identity:* Precolonial Senegambia, Sixteenth-Nineteenth Centuries. Bloomington: Indiana University Press, 2002.

MATTOSO, K.M.Q. *To Be a Slave in Brazil, 1550-1888*. New Brunswick: Rutgers University Press, 1986.

MAURO, F. *Le Portugal et l'Atlantique au XVIIe siècle (1570-1670):* Étude économique. Paris: S.E.V.P.E.N, 1960.

MAXWELL, K. The Atlantic in the Eighteenth Century: A Southern Perspective on the Need to Return to the "Big Picture". *Transactions of the Royal Historical Society*, v.6, n.3, 1993.

MELLO E SOUZA, L. de. *O sol e a sombra:* política e administração na América portuguesa do século XVIII. São Paulo: Companhia das Letras, 2006

MILLER, J.C. *Way of Death:* Merchant Capitalism and the Angolan Slave Trade, 1730-1830. Madison: University of Wisconsin Press, 1988.

NARDI, J.B. *O fumo brasileiro no período colonial:* Lavoura, comércio e administração. São Paulo: Brasiliense, 1996.

NEWITT, M.D.D. A *History of Portuguese Overseas Expansion, 1400-1668*. Londres: Routledge, 2005.

RODNEY, W. *The History of the Upper Guinea Coast, 1545-1800*. Oxford: Clarendon Press, 1970.

RUSSELL, P. *Portugal, Spain and the African Atlantic, 1343-1490*. Aldershot, U.K. e Brookfield, VT: Ashgate Publishing, 1995.

______. *Prince Henry "the Navigator"*: A Life. New Haven: Yale University Press, 2000.

______. Atlantic Bridge and Atlantic Divide: Africans and Creoles in Late Colonial Brazil. In: HAVIK, P.; NEWITT, M. (Orgs.). *Creole Societies in the Portuguese Colonial Empire*. Bristol: University of Bristol, 2007.

______. *The Portuguese Empire*: 1415-1808. A World on the Move. Baltimore: Johns Hopkins University Press, 1998.

______. *Fidalgos and Philanthropists*: The Santa Casa da Misericórdia of Bahia, 1550-1755. Berkeley e Los Angeles: University of California Press, 1968.

______. A projeção da Bahia no império ultramarino português. *Anais do IV Congresso da História da Bahia*. Salvador: Instituto Geográfico e Histórico da Bahia e Fundação Gregório de Matos, 2001. v.1.

SÁ, I. dos G. *Quando o rico se fez pobre*: misericórdias, caridade e poder no império português, 1500-1800. Lisboa: CNCDP, 1997.

SCHWARTZ, S.B. *Sugar Plantations in the Formation of Brazilian Society*: Bahia, 1550-1835. Cambridge: Cambridge University Press, 1985.

______. (Org.). *Tropical Babylons*: Sugar and the Making of the Atlantic World, 1450-1680. Chapel Hill: University of North Carolina Press, 2004.

STUDNICKI-GIZBERT, D. *A Nation Upon the Ocean Sea*: Portugal's Atlantic Diaspora and the Crisis of the Spanish Empire, 1492-1640. Oxford: Oxford University Press, 2007.

SWEET, J.H. *Recreating Africa*: Culture, Kinship, and Religion in the African-Portuguese World, 1441-1770. Chapelhill: University of North Carolina Press, 2003.

TEIXEIRA, A.P.D. *A ilha de São Nicolau de Cabo Verde nos séculos XV e XVIII*. Lisboa: Centro de História de Além-mar, Universidade Nova de Lisboa, 2004.

THORNTON, J.K. Early Kongo-Portuguese Relations, 1483-1575: A New Interpretation. *History in África*, v.8, 1981.

______. *The Kingdom of Kongo*: Civil War and Transition, 1641-1718. Madison: University of Wisconsin Press, 1983.

______. *Africa and Africans in the Making of theAtlantic World, 1400-1800*. 2.ed. Cambridge: Cambridge University Press, 1998.

VENÂNCIO, J.C. *A economia de Luanda e hinterland no século XVIII*: um estudo de sociologia histórica. Lisboa: Editorial Estampa, 1996.

VERGER, P. *Bahia and the West Coast Trade (1549-1851)*. Ibadan: Ibadan University Press, 1964.

______. *Trade Relations Between the Bight of Benin and Bahia, from the 17th to 19th Century*. Trad. Evelyn Crawford. Ibadan: Ibadan University Press, 1976.

VIEIRA, A. *Portugal y las islas del Atlántico*. Madri: Editorial Mapfre, 1992.

WADSWORTH, J.E. *Agents of Orthodozy:* Honor, Status, and the Inquisition in Colonial Pernambuco, Brazil. Lanham, MD: Rowman and Littlefield, 2007.

Portos do Brasil colonial

ALDEN, D. *Royal Government in Colonial Brazil*. Berkeley: University of California Press, 1968.

______. Vicissitudes of Trade in the Portuguese Atlantic Empire During the First Half of the Eighteenth Century: A Review Article. *The Americas*, v.32, n.2, 1975.

ALMEIDA, E. de C. *Inventário dos documentos relativos ao Brasil existentes no Archivo de Marinha e Ultramar*. Rio de Janeiro: 1913-36. 8v. Reimp. *Anais da Biblioteca Nacional* 31, 32, 34, 36, 37, 39, 46 e 50, v.2, *Bahia*, 1763-86 (1713), n.8789 e 8790.

ANDREWS, K.R. *Elizabethan Privateering:* English Privateering During the Spanish War, 1585-1603. Cambridge: Cambridge University Press, 1964.

ANTONIL, A.J. *Cultura e opulência no Brasil*. Ed. crítica Andrée Mansuy. Paris: Institut des hautes études de l'Amerique latine, 1968.

ARRUDA, J.J. de A. *O Brasil no comércio colonial*. São Paulo: Ática, 1980.

AZEVEDO, T. de. *Povoamento da cidade do Salvador*. 2.ed. São Paulo: Companhia Editora Nacional, 1955.

BORAH, W. Trends in Recent Studies of Colonial Latin American Cities. *Hispanic American Historical Review*, v.64, n.3, 1984.

BOXER, C.R. English Shipping in the Brazil Trade, 1640-1665. *The Mariner's Mirror*, v.37, 1951.

______. Padre António Vieira, S.J., and the Institution of the Brazil Company in 1649, *Hispanic American Historical Review*, v.29, n.4, 1949.

______. Blake and the Brazil Fleets in 1650. *The Mariner's Mirror*, v.36, 1950.

______. *Further Selections from "The Tragic History of the Sea, 1559-1565"*. Cambridge: Hakluyt Society, 1968.

______. *The Portuguese Seaborne Empire, 1415-1825*. Londres: Hutchinson, 1969.

______. The Principal Ports of Call in the Carreira da India. *Luso-Brazilian Review*, v.8, n.1, 1971.

______. (Org.). *The Tragic History of the Sea, 1589-1622*. Cambridge: Hakluyt Society, 1959.

BRITO, J. G. de L. *Pontos de partida para a história econômica do Brasil*. 3.ed. São Paulo: Companhia Editora Nacional, 1980.

CALMON, P. *História da fundação da Bahia*. Bahia: Publicações de Museu do Estado, 1949.

CAMARA, Almirante A.A. *Ensaio sobre as construções navais indígenas do Brasil*. São Paulo: [s.n.], 1937.

CARDIM, F. *Tratados da terra e gente do Brasil*. Rio de Janeiro: J. Leite e Cia., 1925.

CARREIRA, A. *As companhias pombalinas de navegação, comércio e tráfico de escravos entre a costa africana e o nordeste brasileiro*. Porto: Imprensa Portuguesa, 1969.

COSTA, L.M. da *Construções navais da Bahia no século XVII*: O galeão "Nossa Senhora do Pópulo". Salvador: [s.n.], 1952.

______. *Na Bahia colonial*: apontamentos para história militar da Cidade de Salvador. Bahia: Progresso, 1958.

______. *Certidões do nascimento da fortaleza de Nossa Senhora do Pópulo*. Bahia: Progresso, 1954.

COURACY, V. *O Rio de Janeiro no século dezessete*. Rio de Janeiro: Livraria José Olympio Editora, 1965.

CURTIN, P.D. Epidemiology and the Slave Trade. *Political Science Quarterly*, v.83, n.2, 1968.

______. *The Atlantic Slave Trade*: A Census. Madison: University of Wisconsin Press, 1969.

DAMPIER, W. *A Voyage to New Holland c. in the Year 1699. Wherein are Described the Canary-Islands, the Isles of Mayo and St. Jago, the Bay of All Saints, with the Forts and Town of Bahia in Brazil*. Londres: [s.n.], 1703.

DAVIDSON, D.M. How the Brasilian West Was Won: Freelance and State on the Mato Grosso Frontier, 1737-1752. In: ALDEN, D. (Org.). *Colonial Roots of Modern Brazil*. Berkeley: University of California Press, 1973.

DELSON, R.M. Planners and Reformers: Urban Achitects of Late Eighteenth-Century Brazil. *Eighteenth Century Studies*, v.10, 1976.

______. Land and Urban Planning: Aspects of Modernization in Early Nineteenth-Century Brazil. *Luso-Brazilian Review*, v.16, 1979.

______. *New Towns for Colonial Brazil*. Ann Arbor: University Microfilms International, 1979

DELSON, R.M.; DICKENSON, J.P. Perspectives on Landscape Change in Brazil. *Journal of Latin American Studies*, v.16, n.I, 1984.

ESPARDEIRO, A.M. A higiene nas náus de viagem em meados do século XVIII. *Boletim da Sociedade de Geografia de Lisboa*, out./dez. 1958.

FLORY, R. *Bahian Society in the Mid-Colonial Period*: The Sugar Planters, Tobacco Growers, Merchants, and Artisans of Salvador and the Recôncavo. Tese (Doutorado) – University of Texas at Austin. Texas, Austin, 1978.

FLORY, R.; SMITH, D.G. Bahian Merchants and Planters in the Seventeenth and Early Eighteenth Centuries. *Hispanic American Historical Review*, v.58, n.4, 1978.

FRÉZIER, A.F. *Relation du Voyage de la mer du Sud aux côtes du Chily et du Pérou, fait éndant les années 1712, 1713, & 1714*. Paris: [s.n.], 1716. [Nova ed.: Caracas: Biblioteca Ayachuco, 1982].

GALLAGHER, R.E. (Org.). *Byron's Journal of his Circumnavigation, 1764-1766*. Cambridge: Hakluyt Society, 1964.

GREENHALGH, J. *O arsenal da marinha do Rio de Janeiro na história (1763-1822)*. Rio de Janeiro: [s.n.], 1951.

GODINHO, V.M. Le Portugal, les flottes du sucre et flottes de l'or (1670-1770). *Annales, économies, sociétés, civilisations*, v.5, n.2, abr./jun. 1950.

______. *L'économie de l'empire portugaise aux XVe et XVIe siècles*. Paris: [s.n.], 1969.

GOULART, M. A *escravidão africana no Brasil das origens à extinção do tráfico*. 3.ed. São Paulo: Alfa, 1975.

HOLANDA, S.B. de. *Monções*. Rio de Janeiro: Casa do Estudante do Brasil, 1945.

______. *Caminhos e fronteiras*. Rio de Janeiro: Livraria José Olympio Editora, 1957.

KARASCH, M. Supplies, Sellers, Servants, and Slaves. In: HOBERMAN, L.S.; SOCOLOW, S.M. (Orgs.). *Cities and Society in Colonial Latin America*. Albuquerque: University of New Mexico Press, 1986.

______. From Porterage to Proprietorship: African Occupations in Rio de Janeiro, 1808-1850. In: ENGERMAN, S.L.; GENOVESE, E. (Orgs.). *Race and Slavery in the Western Hemisphere:* Quantitative Studies. Princeton: Princeton University Press, 1975.

KENNEDY, J.N. Bahian Elites, 1750-1822. *Hispanic American Historical Review*, v.53, n.3, 1973.

KIERNAN, James P. *The Manumission of Slaves in Colonial Brazil*: Paraty, 1789-1822. Tese (Doutorado) – New York University. Nova York, 1976.

KLEIN, H.S. *The Middle Passage:* Comparative Studies in the Atlantic Slave Trade. Princeton: Princeton University Press, 1978.

LAPA, J.R. do A. *A Bahia e a carreira da Índia*. São Paulo: Nacional, 1968.

______. O Brasil e as drogas do Oriente. *Studia*, v.18, 1966.

LIMA, H. F. *História político-econômica e industrial do Brasil*. São Paulo: Nacional, 1976.

LOBO, E. M. L. *Aspectos da influência dos homens de negócio na política comercial ibero-americana*. Rio de Janeiro: [s.n.], 1962.

LUGAR, C. *The Merchant Community of Salvador, Bahia, 1780-1830*. Tese (Doutorado) – State University of New York em Stony Brook. Stony Brook, Nova York, 1980.

MARCHANT, A. Colonial Brazil as a Waystation for the Portuguese India Fleets. *Geographical Review*, v.31, 1941.

MATTOSO, K.M. de Q. *Être esclave au Brésil, XVIe-XIXe siècle*. Paris: Hachette, 1979.

______. *Bahia*: a cidade do Salvador e seu mercado no século XIX. São Paulo e Salvador: Hucitec/Prefeitura Municipal de Salvador, 1978.

MAURO, F. *Le Portugal et l'Atlantique au XVIIe siècle (1570-1670)*: Étude économique. Paris: SEVPEN, 1960.

______. *Le Brésil au XVIIe siècle:* documents inédits relatifs à l'Atlantique portugais. Coimbra: [s.n], 1961.

MESGRAVIS, L. A *Santa Casa da Misericórdia de São Paulo (1599?-1884)*. São Paulo: Conselho Estadual de Cultura, 1977.

MILLER, J. C. *Way of Death:* Merchant Capitalism and the Angolan Slave Trade, 1730-1830. Madison: University of Wisconsin Press, 1988.

MORSE, R. M. Recent Research on Latin American Urbanization: A Select Survey with Commentary. *Latin American Research Review*, v.1, n.1, 1965.

______. Trends and Patterns of Latin American Urbanization, 1750-1930. *Comparative Studies in Society and History*, v.16, n.4, 1974.

______. Some Characteristics of Latin American Urban History. *American Historical Review*, v.67, n.2, 1962.

______. Recent Research: Trends and Issues in Latin American Urban Research, 1965-1970. *Latin American Research Review*, v.6, n.1, 1971; v.6, n.2, 1971.

______. A Prolegomenon to Latin American Urban History. *Hispanic American Historical Review*, v.52, n.3, 1972.

______. Brazil's Urban Development: Colony and Empire. In: RUSSELL-WOOD, A.J.R. *From Colony to Nation:* Essays on the Independence of Brazil. Baltimore: Johns Hopkins University Press, 1975.

______. The Urban Development of Colonial Spanish America. *The Cambridge History of Latin America*. Cambridge: Cambridge University Press, 1984.

NOVAIS, A. *Portugal e Brasil na crise do antigo sistema colonial (1777-1808)*. 2.ed. São Paulo: Hucitec, 1981.

NUNES, A.D. Almanaque histórico da Cidade de S. Sebastião do Rio de Janeiro para o ano de 1799. *Revista do Instituto Histórico e Geográfico Brasileiro*, v.21, 1858.

NUNES, J.M. de S. *Real forte príncipe da Beira*. Rio de Janeiro: Spala Editora, 1985.

OTT, C.B. *Formação e evolução étnica da Cidade do Salvador*. Salvador: Manú, 1955-7. 2v.

PETERSEN, D.E. Sweet Success: Some Notes on the Founding of a Brazilian Sugar Dynasty, the Pais Barreto Family of Pernambuco. *The Americas*, v.40, n.3, 1984.

PINTO, V.N. *O ouro brasileiro e o comércio anglo-português*. 2.ed. São Paulo: Nacional, 1979.

PITTA, R. *História da América Portugueza*. Lisboa: Officina Joseph Antônio da Silva, 1730.

PRADO, J.F. de A. *A Bahia e as capitanias do centro do Brasil (1530-1626)*. São Paulo: Nacional, 1945-50. 3v.

RODRIGUES, J.H.; RIBEIRO, J. *Civilização holandesa no Brasil*. São Paulo: Nacional, 1940.

RUSSELL-WOOD, A.J.R. *Fidalgos and Philanthropists:* The Santa Casa da Misericórdia of Bahia, 1550-1755. Berkeley: University of California Press, 1968.

______. Colonial Brazil: The Gold Cycle, ca. 1690-1750. In: BETHELL, L. (Org.). *Cambridge History of Latin America*. Cambridge: Cambridge University Press, 1984.

______. As frotas de ouro do Brasil, 1710-50. *Estudos Económicos*, v.13, 1983.

______. Mobilidade social na Bahia colonial. *Revista Brasileira de estudos Políticos*, v.27, 1969.

SAMPAIO, T. de. *História da fundação da Cidade do Salvador*. Bahia: Tip. Beneditina Ltda., 1949.

SCHWARTZ, S.B. Cities of Empire: Mexico and Bahia in the Sixteenth Century. *Journal of Inter-American Studies and World Affairs*, v.2, 1969.

______. *Sugar Plantations in the Formation of Brazilian Society*: Bahia, 1550-1835. Cambridge: Cambridge University Press, 1985.

SIMONSEN, R.C. *História econômica do Brasil, 1500-1820*. 4.ed. São Paulo: Nacional, 1962.

SMITH, D.G. *The Merchant Class of Portugal and Brazil in the Seventeenth Century*: A Socio-Economic Study of the Merchants of Lisbon and Bahia, 1620-90. Tese (Doutorado) – University of Texas at Austin. Texas, Austin, 1975.

SOUSA, G.S. de. *Notícia do Brasil*. 8.ed. São Paulo: Nacional, 1949. 2v.

______. *The Voyage of François Pyrard de Laval to the East Indies, the Maldives, the Moluccas, and Brazil*. Trad. Albert Gray. 2v. Londres: [s.n.], 1887-90.

______. *Tratado descritivo do Brasil em 1587*. São Paulo: Nacional, 1938.

SUSAN, M.S.; JOHNSON, L.L. Urbanization in Colonial Latin America. *Journal of Urban History*, v.8, n.1, 1981.

VERGER, P. *Note sur le culte des Orisha et Vodoun à Bahia, la Baie de tous les saints au Brésil et l'ancienne Côte des Esclaves em Afrique*. Amsterdã: Swets and Zeitlinger, 1970

______. *Flux et reflux de la traite des nègres entre le golfe de Bénin et Bahia de Todos os Santos du dixseptième au dix-neuvième siècle*. Paris: Mouton and Co., 1968.

______. *Bahia and the West Coast Trade, 1549-1851*. Ibadan: Ibadan University Press, 1964.

______. Role joué par le tabac de Bahia dans la traite des esclaves au Golfe de Bénin. *Cahiers d'Études Africaines*, v.4, n.15, 1964.

VILHENA, L. dos S. *Recopilação de notícias soteropolitanas*. Bahia: Imprensa Oficial, 1922. 2v.

VITERBO, S. *Trabalhos náuticos dos portugueses nos séculos XVI e XVII*. Parte 2: Construtores navaes. Lisboa, [s.n.], 1898-1900. 2v.

Uma presença asiática no negócio de transporte de metais preciosos, 1710-50

ALDEN, D. *Royal Government in Colonial Brazil*. Berkeley e Los Angeles: University of California Press, 1968.

BOXER, C.R. *The Portuguese Seaborne Empire, 1415-1825*. Londres: Hutchinson, 1969.

______. *From Lisbon to Goa, 1500-1750:* Studies in Portuguese Maritime Enterprise. Aldershot and Brookfield: Ashgate, 1984.

______. The Principal Ports of Call of the "Carreira da Índia". In: *Les grandes escales 2ème partie: Les temps modernes*. Recueils de la Société Jean Bodin pour l'histoire comparative des institutions, XXXIII. Bruxelas: Editions de la Librairie Encyclopédique, 1972.

______. *The Golden Age of Brazil, 1695-1750*. Berkeley e Los Angeles: University of California Press, 1962.

______. *Race Relations in the Portuguese Colonial Empire, 1415-1825*. Oxford: Clarendon, 1963.

______. As frotas de ouro do Brasil, 1710-1750. *Estudos Econômicos*, v.XIII, 1983.

CARREIRA, E. Os últimos anos da carreira da Índia. In: *A carreira da Índia e as rotas dos estreitos*. Actas do VIII Seminário Internacional de História Indo-portuguesa. Angra do Heroísmo, 1998.

______. Les Kamat et le commerce français en Inde, 1778-1819. *Moyen Orient & Océan Indien*, v.7, 1990.

CURTO, D.R. As práticas de escrita. In: BETHENCOURT, F.; CHAUDHURI, K. (Orgs.). *História da expansão portuguesa*. Lisboa: Círculo de Leitores, 1998. 5v.

HANSON, C.A. Monopoly and Contraband in the Portuguese Tobacco Trade, 1624-1702. *Luso-Brazilian Review*, v.19, 1982.

MAURO, F. *Le Portugal et l'Atlantique au XVIIe siècle, 1570-1670:* Etude économique. Paris: SEVPEN, 1960.

MORINEAU, M. *Incroyables metaux:* Les retours des trésors américaines d'aprés les gazettes hollandaises, XVIe-XVIIIe siècles. Cambridge: Cambridge University Press, 1985.

PAES LEME, M.O.R. O Arquivo da Casa da Moeda de Lisboa: seu interesse para a história do Brasil colonial, 1686-1822. *Acervo*: Revista do Arquivo Nacional, X, 1997.

PEARSON, M.N. Indigenous Dominance in a Colonial Economy: The Goa Rendas, 1600-1670. *Mare Luso-Indicum*, v.2, 1973.

PINTO, C. *Trade and Finance in Portuguese India:* A Study of the Portuguese Country Trade, 1770-1840. Nova Délhi: Concept, 1994.

PINTO, V.N. *O ouro brasileiro e o comércio anglo-português*. São Paulo: Companhia Editora Nacional/MEC.

PRAKASH, O. The Portuguese and the Dutch in Asian Maritime Trade: A Comparative Analysis. In: CHAUDHURY, S.; MORINEAU, M. (Orgs.). *Merchants, Companies and Trade:* Europe and Asia in the Early Modern Era. Cambridge: Cambridge University Press, 1999.

ROSÁRIO, A. do. *Frutas do Brasil numa nova, e ascetica Monarchial*. Lisboa: António Pedroso Galram, 1702.

RUSSELL-WOOD, A.J.R. *Portugal and the Sea*: A World Embraced. Lisboa: Assírio & Alvim, 1998.

______. For God, King, and Mammon: The Portuguese Outside of Empire, 1480-1580. In: DISNEY, A.; BOOTH, E. (Orgs.). *Vasco da Gama and the Linking of Europe and Asia*. Nova Délhi: Oxford University Press, 2000.

SOUZA, T.R. de. French Slave-Trading in Portuguese Goa (1773-1791). In: ______. (Org.). *Essays in Goan History*. Nova Délhi: Concept, 1989.

______. Mhamai House Records, Indigenous Sources for Indo-Portuguese Historiography. *Separata*. Actas do II Seminário Internacional de História Indo-portuguesa. Coord. Luís de Albuquerque e Inácio Guerreiro. Lisboa: Instituto de Investigação Científica e Tropical. Centro de Estudos de História e Cartografia Antiga, 1985.

A dinâmica da presença brasileira no Índico e no Oriente. Séculos XVI-XIX

ALMEIDA, E. de C. e (Org.). *Inventário dos documentos relativos ao Brasil existentes no Archivo de Marinha e Ultramar de Lisboa*. v.2: Bahia, 1763-1786. Rio de Janeiro: Biblioteca Nacional, 1914.

ALPERS, E.A. *Ivory and Slaves*: Changing Pattern of International Trade in East Central África to the Later Nineteenth Century. Berkeley e Los Angeles: University of California Press, 1975.

ANTHONY, P. Colonial Brazil and Goa: Visible and Invisible Links. *Purabhilekh-Puratatva*, v.8, n.1, jan./jun. 1990.

ANTONIL, A.J. *Cultura e opulência do Brasil por suas drogas e minas*. Paris: Institut des Hautes Etudes de l'Amérique Latine, 1968.

ARRUDA, J.J.de A. *O Brasil no comércio colonial*. São Paulo: Ática, 1980.

AUGEL, M.P. *Visitantes estrangeiros na Bahia oitocentista*. São Paulo: Cultrix, 1980.

BARROS, F.B. *Novos documentos para a história colonial*. Salvador: [s.n.], 1931.

BETHEL, L. *The Abolition of the Brazilian Slave Trade*: Britain, Brazil, and the Slave Trade Question, 1807-1869. Cambridge: Cambridge University Press, 1970.

BOYAJIAN, J.C. *Portuguese Trade in Asia Under the Habsburgs, 1580-1640*. Baltimore: The Johns Hopkins University Press, 1993.

BOXER, C.R. *The Portuguese Seaborne Empire, 1415-1825*. Londres: Hutchinson, 1969.

______. The Principal Ports of Call in the "Carreira da Índia". *Recueils de la Société Jean Bodin pour l'histoire comparative des institutions*, v.XXXIII. Les grandes escales (Les temps moderns). Bruxelas: Editions de la Librairie Encyclopédique, 1972.

______. Moçambique Island and the "Carreira da Índia". *Studies*, v.8, jul. 1961.

______. *Salvador de Sá and the Struggle for Brazil and Angola, 1602-1686*. Londres: The Athlone Press, 1952.

BRANCANTE, E. da F. *O Brasil e as louças da Índia*. São Paulo: Tip. Elvino Pocai, 1950.

CALDAS, J.A. *Notícia geral de toda esta Capitania da Bahia desde o seu descobrimento até o presente anno de 1759*. Edição fac-símile. Salvador: Tip. Beneditina, 1951.

CAPELA, J. *O escravismo colonial em Moçambique*. Porto: Edições Afrontamento, 1993.

______. *Escravatura:* a empresa de saque. O abolicionismo, 1810-1875. Porto: Edições Afrontamento, 1974.

______. *Donas, senhores, e escravos na Zambésia*. Porto: Edições Frontamento, 1996.

CARREIRA, E. Os últimos anos da Carreira da Índia. Separata do *Carreira da Índia e as rotas dos Estreitos*. Actas do VIII Seminário Internacional de História Indo-Portuguesa. Angra do Heroísmo, 1998.

CHAUDHURY, S.; MORINEAU, M. (Org.). *Merchants, Companies and Trade:* Europe and Asia in the Early Modern Era. Cambridge: Cambridge University Press, 1999.

COATES, T.J. *Degradados e órfãs:* colonização dirigida pela Coroa no império português, 1550-1755. Lisboa: Comissão Nacional para as Comemorações dos Descobrimentos Portugueses, 1998.

COUTINHO, J.J. da C. de A. *Ensaio econômico sobre o comércio de Portugal e suas colônias*. 3.ed. Lisboa: Academia Real das Ciências, 1828.

CUNHA, D. L. da. *Instruções inéditas de D. Luís da Cunha a Marco António de Azevedo Coutinho*. Ed. Pedro de Azevedo e António Baião. Lisboa: Academia de Ciências de Lisboa, 1930.

CURTO, D.R. As práticas de escrita. In: BETHENCOURT, F.; CHAUDHURI, K. (Orgs.). *História da expansão portuguesa*. Lisboa: Círculo de Leitores, 1998.

DIAS, B. Impact of Tabacco on Goa (1620-1840). In: SHIRODKAR, P.P. (Org.). *Goa: Cultural Trends*. Panaji-Goa: Directorate of Archives, Archaeology and Museum, Governo de Goa, 1988.

______. Tobacco Trade in Goa, 1600-1850 A. D. In: SHASTRY, B.S. (Org.). *Goan Society through the Ages*. Nova Delhi: Asian Publication Services, 1993.

DIAS, C.M. (Org.). *História da colonização do Brasil*. Lisboa: Litografia Nacional, 1940.

FERNANDES, A.P.C. *Missionários jesuítas no Brasil no tempo de Pombal.* 2.ed. Porto Alegre: Livraria do Globo, 1941.

FRAGOSO, J.L.R. *Homens de grossa aventura:* acumulação e hierarquia na praça mercantil do Rio de Janeiro (1790-1830). Rio de Janeiro: Arquivo Nacional, 1992.

FRAGOSO, J.; BICALHO, M.F.; GOUVÊA, M. de F. (Orgs.). *O antigo regime nos trópicos:* a dinâmica imperial portuguesa (séculos XVI--XVIII). Rio de Janeiro: Civilização Brasileira, 2001.

GODINHO, V.M. *Os descobrimentos e a economia mundial.* Lisboa: Livraria Sá da Costa Editora, 1962. 2v.

GODOFREDO FILHO. Influências orientais na pintura jesuítica da Bahia. *Universitas*, v.2, 1969.

GUEDES, M.J. O condicionalismo físico do Atlântico e a expansão dos povos ibéricos. *Studia*, v.47, 1989.

HABIB, I. *The Agrarian System of Mughal Índia, 1556-1707.* Nova York: Asia Publishing House, 1963.

HANSON, C.A. Monopoly and Contraband in the Portuguese Tobacco Trade, 1624-1702. *Luso-Brazilian Review*, v.19, n.2, 1982.

KAKODKAR, A. Source Material for Latin America in Goa (With Special Reference to Brazil). In: SOUZA, T.R. de. *Essays in Goan History.* Nova Delhi: Concept Publishing Company, 1989.

KARASCH, M. *Slave Life in Rio de Janeiro, 1808-1850.* Princeton: Princeton University Press, 1987.

LAPA, J.R. do A. *A Bahia e a Carreira da Índia.* São Paulo: Companhia Editora Nacional, 1968.

______. Dimensões do comércio colonial entre o Brasil e o Oriente. *Studia*, v.49, 1989.

LEITE, S. Movimento missionário do Brasil para a Índia. *Boletim do Instituto Vasco da Gama*, n.69, Bastorá, Goa, 1952.

______. Luís de Góis. senhor de engenho do Brasil, introdutor do tabaco em Portugal, Jesuíta na Índia (1504?-1567). *Brotéria*, v.LXI, ago./set. 1955.

LOBATO, A. *Evolução administrativa e econômica de Moçambique, 1752-1763.* I Parte: Fundamentos da criação do governo-geral em 1752. Lisboa: Agência-Geral do Ultramar, 1957.

MAGALHÃES, J.R. Os territórios africanos. In: BETHENCOURT, F.; CHAUDHURI, K. (Orgs.). *História da expansão portuguesa.* Lisboa: Círculo de Leitores, 1998.

MAURO, F. *Le Portugal et l'Atlantique au XVIIe siècle* (1570-1670): Etude économique. Paris: SEVPEN, 1960.

MOCQUET, J. *Voyage em Ethiopie, Mozambique et Goa, & autres lieux d'Afrique & des Indes orientales* (1617). Paris: Editions Chandaigne, 1996.

NARDI, J.B. *O fumo brasileiro no período colonial:* lavoura, comércio e administração. São Paulo: Brasiliense, 1996.

______. Le commerce du tabac vers l'Inde portugaise du XVIIe siècle au début du xixe siècle. *Moyen Orient & Océan Indien*, v.6, 1989.

NEWITT, M. *A History of Mozambique*. Londres: Hurst & Cia., 1995.

PEARSON, M.N. *Port Cities and Intruders:* The Swahili Coast, Índia, and Portugal in the Early Modern Era. Baltimore: The Johns Hopkins University Press, 1998.

______. Goa-based Seaborne Trade, 17th-18th Centuries. In: SOUZA, T. de. (Org.) *Goa Through the Ages*: An Economic History, v.2. Nova Delhi: Concept Publishing Company, 1990.

PEREIRA, C.R.G. *História da administração da justiça no Estado da Índia.* Século XVI. Lisboa: Agencia-Geral do Ultramar, 1964.

PIJNING, E. *Controlling Contraband*: Mentality, Economy and Society in Eighteenth-Century Rio de Janeiro. Tese (Doutorado) – The Johns Hopkins University. Nova York, 1997.

PINTO, C. *Trade and Finance in Portuguese Índia, 1770-1840*. Nova Delhi: Concept Publishing Company, 1994.

______. Goa-based Overseas and Coastal Trade. 18th-19th Centuries. In: SOUZA, T. de (Org.). *Goa through the Ages:* An Economic History. Nova Delhi: Concept Publishing Company, 1990.

PINTO, M.H.M. *Biombos Namban*. Lisboa: Museu Nacional de Arte Antiga, 1988.

PITTA, S. da R. *História da America Portugueza*. 2.ed. Lisboa: Francisco Arthur da Silva, 1880.

ROCHA, A. Contribuição para o estudo das relações entre Moçambique e o Brasil – século XIX. *Studia*, v.51, 1992.

ROSÁRIO, Fr. A. do. *Frutas do Brasil numa Nova, e Ascetica Monarchia*. Lisboa: Antônio Pedroso Galrão, 1702.

RUSSELL-WOOD, A.J.R. *Um mundo em movimento:* os portugueses na África, Ásia e América (1415-1808). Lisboa: Difel Editora, 1998.

______. A Brazilian Commercial Presence Beyond the Cape of Good Hope, 16th-19th Centuries. In: MALEKANDATHIL, MOHAMMED, P.T.J.

(Orgs.). *The Portuguese, Índian Ocean and European Bridgeheads:* Festschrift in Honour of Professor K. S. Matheu. Goa: Fundação Oriente, 2001.

______. A projeção da Bahia no império ultramarino português. *IV Anais do Congresso de História da Bahia*. Salvador: Instituto Geográfico e Histórico da Bahia/Fundação Gregório de Matos, 2001.

______. *Portugal e o mar:* um mundo entrelaçado. Lisboa: Assírio e Alvim, 1997.

______. Senhores de engenho e comerciantes. In: BETHENCOURT, F.; CHAUDHURI, K. (Orgs.). *História da expansão portuguesa*. Lisboa: Círculo de Leitores, 1998.

______. Colonial Brazil: The Gold Cycle, c. 1690-1750. In: BETHELL, L. (Org.). *The Cambridge History of Latin America*. v.2: Colonial Latin America. Cambridge: Cambridge University Press, 1984.

______. Os portugueses fora do império. In: BETHENCOURT, F.; CHAUDHURI, K. (Orgs.). *História da expansão portuguesa*. Lisboa: Círculo de Leitores, 1998.

SÁ, I. dos G. *Quando o rico se faz pobre:* misericórdias, caridade e poder no império português, 1500-1800. Lisboa: Comissão Nacional para as Comemorações dos Descobrimentos Portugueses, 1997.

SANTOS, Fr. J. dos. *A Ethiopia Oriental*. Lisboa: Biblioteca de Clássicos portugueses, 1891.

SCHWARTZ, S.B. *Sovereignty and Society in Colonial Brazil:* The High Court of Bahia and Its Judges, 1609-1751. Berkeley e Los Angeles: University of California Press, 1973.

SHIRODKAR, P.P. Brazil's Colonial Administration as Reflected in Goa Archives. *Purabhilekh-Puratatva*, v.8, n.1, jan./jun. 1990.

______. Índia and Mozambique: Centuries-Old Interaction. *Purabhilekh-Puratatva*, v.6, n.1, jan./jun. 1988.

SUBRAHMANYAM, S. *The Portuguese Empire in Ásia, 1500-1700*: A Political and Economic History. Londres e Nova York: Longman, 1993.

VARNHAGEN, F.A. de. *História Geral do Brasil*. São Paulo: Melhoramentos, 1975.

VERGER, P. *Flux et reflux de la traite des nègres entre le Golfe de Benin et Bahia de Todos os Santos*. Paris: Mouton & Co., 1968.

WINIUS, G.D. Portugal's Shadow Empire in the Bay of Bengal. In: ______ (Org.). *Portugal, The Pathfinder:* Journeys From the Medieval

Toward the Modern World, 1300-ca. 1600. Madison: Seminary of Medieval Studies, 1995.

Através de um prisma africano: uma nova abordagem ao estudo da diáspora africana no Brasil colonial

AGUIAR, M.M. de. *Vila Rica dos Confrades*: a sociedade confrarial entre negros e mulatos no século XVIII. Dissertação (Mestrado) – Universidade de São Paulo. São Paulo, 1993.

______. Capelães e Vida Associativa na Capitania de Minas Geraes. *Varia História*, v.17, mar. 1997.

ALENCASTRO, L.F. de. *O Trato dos Viventes:* formação do Brasil no Atlântico Sul. São Paulo: Companhia das Letras, 2000.

ANDERSON, R. N. The Quilombo of Palmares: A New Overview of a Maroon State in Seventeenth-century Brazil. *Journal of Latin American Studies*, v.28, n.3, out. 1996.

BARBER, K. How Man Makes God in West Africa: Yoruba Attitudes Toward the Orisa. *Africa*, v.51, n.3, 1981.

BASTIDE, R. *The African Religions on Brazil:* Toward a Sociology of the Interpenetration of Civilizations. Trad. Helen Sebba. Baltimore e Londres: The Johns Hopkins University Press, 1978.

BENNETT, H.L. *Lovers, Family and Friends*: The Formation of Afro-Mexico, 1580-1810. Tese (Doutorado) – Duke University. Durham, Carolina do Norte, 1993.

BIRMINGHAM, D. *Trade and Conflict in Angola*. Oxford: Clarendon Press, 1966.

______. *Central Africa to 1870*. Cambridge: Cambridge University Press, 1981.

BLEDSOE, C. No Success Without Struggle: Social Mobility and Hardship for Foster Children in Sierra Leone. *Man. The Journal of the Royal Anthropological Institute*. Nova Série, v.25, n.1, mar. 1990.

BOHANNAN, P. *Africa and Africans*. Garden City: Natural History Press, 1964.

BOHANNAN, P.; DALTON, G. (Orgs.). *Markets in Africa*. Evanston: Northwestern University Press, 1962.

BUTLER, K.D. *Freedom Given, Freedoms Won:* Afro-Brazilians in Post--Abolition São Paulo and Salvador. Nova Brunswick: Rutgers University Press, 1998.

CAPELA, J. *Escravismo colonial em Moçambique*. Porto: Edições Afrontamento, 1993.

CARNEY, J.A. *Black Rice:* The African Origins of Rice Cultivation in the Americas. Cambridge: Harvard University Press, 2001.

CONRAD, R. *World of Sorrow*: The African Slave Trade to Brazil. Baton Rouge e Londres: Louisiana State University Press, 1986.

CRAEMER, W. de; VANSINA, J.; FOX, R.C. Religious Movements in Central Africa: A Theoretical Study. *Comparative Studies in Society and History*, v.18, n.4, 1976.

CURTIN, P.D. *The Atlantic Slave Trade: A Census*. Madison: University of Wisconsin Press, 1969.

CURTIN, P. et al. *African History*. Boston: Little, Brown e Cia., 1978.

DUTRA, F.A. A Hard-Fought Struggle for Recognition: Manuel Gonçalves Doria. First Afro-Brazilian to Become a Knight of Santiago. *The Americas*, v56, n.1, jul. 1999.

FARIA, S. de C. *A colônia em movimento*. Rio de Janeiro: Nova Fronteira, 1998.

FERREIRA, A.R. *Fixação portuguesa e história pré-colonial de Moçambique*. Lisboa: Instituto de Investigação Tropical/Junta de Investigações Científicas do Ultramar, 1982.

FIGUEIREDO, L.R. de. *Barrocas e famílias*. São Paulo: Hucitec, 1997.

FINNEGAN, W. A *Complicated War:* The Harrowing of Mozambique. Berkeley e Los Angeles: University of California Press, 1992.

FREYRE, G. *The Masters and the Slaves*. Trad. Samuel Putnam. Nova York: A. A. Knopf, 1944.

GOLDSCHMIDT, E.M.R. alforrias e propriedade familiar. *Anais*, VIII Reunião da Sociedade Brasileira de Pesquisa Histórica.

GRAHAM, R. Slave Families on a Rural Estate in Colonial Brazil. *Journal of Social History*, v.9, n.3, 1976.

GRAHAM, S.L. *Home and Street:* The Domestic World of Servants and Masters in Nineteenth-Century Rio de Janeiro. Cambridge: Cambridge University Press, 1988.

GUTIÉRREZ, H. Crioulos e Africanos no Paraná, 1798-1830. *Revista Brasileira de História*. São Paulo: Anpuh, 1988.

GUTMAN, H.G. *The Black Family in Slavery and Freedom, 1750-1925*. Nova York: Pantheon Books, 1976.

HENRIKSEN, T.H. *Mozambique:* A History, Londres: Rex Collings, 1978.

HERSKOVITS, M.J. The Contribution of Afro-American Studies to Africanist Research. *American Anthropologist*, v.50, n.1, jan./mar. 1948.

HIGGINS, K.J. *"Licentious Liberty" in a Brazilian Gold-Mining Region:* Slavery, Gender and Social Control in Eighteenth-century Sabará, Minas Gerais. University Park: Pennsylvania State University Press, 1999.

KARASCH, M.C. *Slave Life in Rio de Janeiro, 1808-1850*. Princeton: Princeton University Press, 1987.

______. Central African Religious Tradition in Rio de Janeiro. *Journal of Latin American Studies*, v.5, n.2, 1979.

KENT, R.K. Palmares: An African State in Brazil. *The Journal of African History*, v.6, n.2, 1965.

KIDDY, E.W. Congados, Calunga, Candomble: Our Lady of the Rosary in Minas Gerais, Brazil. *Luso-Brazilian Review*, v.37, n.1, 2000.

______. Ethnic and Racial Identity in the Brotherhoods of the Rosary of Minas Gerais, 1700-1830. *The Americas*, v.56, n.2, 1999.

KLEIN, H.S. *The Middle Passage:* Comparative Studies in the Atlantic Slave Trade. Princeton: Princeton University Press, 1978.

KOPYTOFF, I. Introdução. In: ______. (Org.). *The African Frontier:* The Reproduction of Traditional African Societies. Bloomington e Indianapolis: Indiana University Press, 1987.

______. Women's Roles and Existential Identities. In: SANDAY, P.R.; GOODENOUGH, R.G. (Orgs.). *Beyond the Second Sex:* New Directions in the Anthropology of Gender. Filadélfia: University of Pennsylvania Press, 1990.

KOPYTOFF, I.; MIERS, S. African Slavery as an Institution of Marginality. In: ______. (Orgs.). *Slavery in Africa:* Historical and Anthropological Perspectives. Madison: University of Wisconsin Press, 1977.

KRAAY, H. As "terrifying as unexpected": the Bahian Sabinada, 1837-1838. *Hispanic American Historical Review*, v.72, n.4, 1992.

______. The Politics of Race in Independence-era Bahia: the Black Militia Officers of Salvador, 1790-1840. In: ______. (Org.). *Afro-Brazilian Culture and Politics:* Bahia, 1790s-1990s. Nova York: M. E. Sharpe, 1998.

LIBBY, D.C.; PAIVA, C.A. Manumission Practices in a Late Eighteenth--century Brazilian Slave Parish: São Jose d'El Rey in 1795. *Slavery and Abolition*, v.21, n.1, abr. 2000.

LITTLEFIELD, D.C. *Rice and Slaves:* Ethnicity and the Slave Trade in Colonial South Carolina. Baton Rouge e Londres: Louisiana State University Press, 1981.

MACGAFFEY, W. Comparative Analysis of Central African Religions. *Africa*, v.42, n.1, jan. 1972.

______. Comparative Analysis of Central African Religions. *Africa*, v.42, n.1, jan. 1972.

______. *Religion and Society in Central Africa:* The BaKongo of Lower Zaire. Chicago e Londres: University of Chicago Press, 1986.

MAIR, L. *African Kingdoms*. Oxford: Clarendon Press, 1977.

MANNING, P. *Slavery and African Life, Occidental, Oriental and African Slave Trades*. Cambridge: Cambridge University Press, 1991.

MATTOS, H.M. *Das cores do silêncio:* os significados da liberdade no sudeste escravista – Brasil, século XIX. Rio de Janeiro: Nova Fronteira, 1995.

MBITI, J.S. *Introduction to African Religion*. 2.ed. Londres: Heinemann Educational, 1991.

MILLER, J.C. *Kings and Kinsmen:* Early Mbundu States in Angola. Oxford: Clarendon Press, 1976.

______. Central Africa During the Era of the Slave Trade, 1490s to 1850s. In: HEYWOOD, L.M. (Org.). *Central Africans and Cultural Transformation in the African Diaspora*. Cambridge: Cambridge University Press, 2002.

______. *Way of Death:* Merchant Capitalism and the Angolan Slave Trade, 1730-1830. Madison: University of Wisconsin Press, 1988.

MINTZ, S.W.; PRICE, R. *An Anthropological Approach to the Afro-American Past:* A Caribbean Perspective. Filadélfia: Institute for the Study of Human Issues, 1976.

MORENO, M. Africa in Cuba: A Quantitative Analysis of the African Population of the Island of Cuba. In: RUBIN, V.; TUDEN, A. (Orgs.). *Comparative Perspectives on Salvery in New World Plantation Societies*. Nova York: [s.n.], 1977.

MORTON-WILLIAMS, P. An Outline of the Cosmology and Cult Organization of the Oyo Yoruba. *Africa*, v.34, 1964.

NEVES, M. de F.R. das. Ampliando a família escrava: compadrio de escravos em São Paulo no século XIX. In: MARCÍLIO, M.L. (Org.). *História e População:* estudos sobre a América Latina. São Paulo: ABEP, 1990.

NEWITT, M.D.D. *Portuguese Settlement on the Zambesi*. Nova York: Africana Publishing Co., 1973.

NISHIDA, M. Manumission and Ethnicity in Urban Slavery: Salvador, Brazil, 1808-1888. *Hispanic American Historical Review*, v.83, n.3, ago. 1993.

______. *Gender, Ethnicity, and Kinship in the Urban African Diaspora:* Salvador, Brazil, 1808-1888. Tese (Doutorado) – The Johns Hopkins University. Baltimore, Maryland, 1991.

______. From Ethnicity to Race and Gender. Transformations of Black Lay Sodalities in Salvador, Brazil. *Journal of Social History*, v.32, n.2, 1998.

OTT, C. *Formação e evolução étnica da cidade do Salvador*. Salvador: Prefeitura Municipal, 1955, 1957. 2v.

______. A procedência étnica dos escravos bahianos no século XVIII. *Clio*. Série História do Nordeste, Universidade Federal de Pernambuco, n.11, 1988.

PAIVA, E.F. *Escravos e libertos nas Minas Gerais do século XVIII:* estratégias de resistência através dos testamentos. São Paulo: Annablume, 1995.

PALMIE, S. Slave Culture and the Culture of Slavery in North America: A Few Recent Monographs. In: BINDER, W. (Org.). *Slavery in the Americas*. Würzburg: Königshausen und Neumann, 1993.

______. Ethnogenetic Processes and Cultural Transfer in Afro-American Slave Populations. In: BINDER, W. (Org.). *Slavery in the Americas*. Würzburg: Königshausen und Neumann, 1993.

PEARSON, M.N. *Port Cities and Intruders:* The Swahili Coast, India, and Portugal in the Early Modern Era. Baltimore: The Johns Hopkins University Press, 1998.

PETROVICH, M.B.; CURTIN, P.D. *The Human Achievement*. Morristown, NJ: Silver Burdett Company, 1970.

PRINCE, H. *Slave Rebellion in Bahia, 1807-1835*. Tese (Doutorado) – Columbia University. Nova York, 1972.

______. Slave Resistance in Brazil: Bahia, 1807-1835. *Luso-Brazilian Review*, v.25, n.1, 1988.

RAMOS, D. Marriage and the Family in Colonial Vila Rica. *Hispanic American Historical Review*, v.55, n.2, maio 1975.

RANGER, T.O. (Org.). *Aspects of Central African History*. Evanston: Northwestern University Press, 1968.

RAY, B.C. *African Religions:* Symbol, Ritual and Community. Englewood Cliffs, NJ: Prentice Hall, Inc., 1976.

REIS, J.J. *Slave Rebellion in Brazil:* The Muslim Uprising of 1835 in Bahia. Trad. Arthur Brakel. Baltimore e Londres: The Johns Hopkins University Press, 1993.

______. Identidade e diversidade étnica nas irmandades negras no tempo da escravidão. *Tempo*, v.2, n.3, 1997.

REIS, J.J.; GOMES, F. dos S. (Orgs.). *Liberdade por um fio:* história dos quilombos no Brasil. São Paulo: Companhia das Letras, 1996.

REIS, L.M. Mulheres de ouro: as negras de tabuleiro nas Minas Gerais do século XVIII. *Revista do Departamento de História*, Universidade Federal de Minas Gerais, v.8, jan. 1989.

RODRIGUES, R.N. *Os africanos no Brasil*. São Paulo: Companhia Editora Nacional, 1933.

RUGENDAS, J.M. *Malerische Reise in Brasilien*. Paris, Engelman & Cie. Mulhausen: Ober-Rheinisches Dept, 1835.

RUSSELL-WOOD, A.J.R. A Brazilian Commercial Presence Beyond the Cape of Good Hope, 16th-19th Centuries. In: MALCKANDATHIL, P.; MOHAMMED, T.J. (Orgs.). *The Portuguese, Indian Ocean and European Bridgeheads:* Festschrift in Honour of Professor K. S. Mathew. Goa: Fundação Oriente, 2001.

______. *The Black Man in Slavery and Freedom in Colonial Brazil*. Londres: Macmillan Press, 1982.

______. Free and Freed Persons of African Descent in Colonial Brazil: Trends and Historiography, 1982-2002. In: ______. *Slavery and Freedom in Colonial Brazil*. Oxford: Oneworld, 2002.

______. Technology and Society: The Impacto of Gold Mining on the Institution of Slavery in Portuguese America. *The Journal of Economic History*, v.37, n.1, mar. 1977.

______. Brazilian Archives and Recent Historiography on Colonial Brazil. *Latin American Studies Research Review*, v.36, n.1, 2001.

SCHULER, M. *Alas, Alas, Kongo*. Baltimore e Londres: The Johns Hopkins University Press, 1980.

______. Afro-American Slave Culture. In: CRATON, M. (Org.). *Roots and Branches:* Current Directions in Slave Studies. Oxford, Toronto: Pergamon Press, 1979.

SCHWARTZ, S.B. *Slaves, Peasants, and Rebels:* Reconsidering Brazilian Slavery. Urbana e Chicago: University of Illinois Press, 1992.

______. The Formation of a Colonial Identity in Brazil. In: CANNY, N.; PAGDEN, A. (Orgs.). *Colonial Identity in the Atlantic World, 1500-1800.* Princeton: Princeton University Pres, 1987.

______. The Mocambo: Slave Resistance in Colonial Bahia. *Journal of Social History*, v.3, n.4, 1970.

SMITH, E.V. The Sisterhood of Nossa Senhora da Boa Morte and the Brotherhood of Nossa Senhora do Rosário: African-Brazilian Cultural Adaptations to Antebellum Restrictions. *Afro-Hispanic Review*, v.11, n.1-3, 1992.

SOARES, M. de C. *Devotos da cor:* identidade étnica, religiosidade e escravidão no Rio de Janeiro, século XVIII. Rio de Janeiro: Civilização Brasileira, 2000.

SOBEL, M. *The World They Made Together, Black and White Values in Eighteenth-Century Virginia.* Princeton: Princeton University Press, 1987.

SOUZA, L. de M. *O diabo e a terra de Santa Cruz.* São Paulo: Companhia das Letras, 1986.

______. Coartação: problemática e episódios referentes a Minas Gerais no século XVIII. In: SILVA, M.B.N. da. (Org.). *Brasil:* colonização e escravidão. Rio de Janeiro: Nova Fronteira, 2000.

STUCKEY, S. *Slave Culture*: Nationalist Theory and the Foundations of Black America. Nova York: Oxford University Press, 1987.

THORNTON, J. Celebrations and Kongo Identity. Trabalho apresentado no XXIII Congresso Internacional da Latin American Studies Association (LASA), Washington D.C., 6-8 set. 2001.

______. On the Trail of Voodoo: African Christianity in Africa and the Americas. *The Americas*, v.44, n.3, jan. 1988.

______. Perspectives on African Christianity. In: HYATT, V.L.; NETTLEFORD, R. (Orgs.). *Race, Discourse, and the Origino of the Americas:* A New World View. Washington D. C. e Londres: Smithsonian Institution Press, 1995.

______. *Africa and Africans in the Making of the Atlantic World, 1400-1680.* Cambridge: Cambridge University Press, 1992.

VANSINA, J. A Comparison of African Kingdoms. In: KLEIN, M.A.; JOHNSON, G.W. (Orgs.). *Perspectives on the African Past*. Boston: Little, Brown and Co., 1972.

______. *Paths in the Rainforests:* Toward a History of Political Tradition in Equatorial Africa. Madison: University of Wisconsin Press, 1990.

______. *Kingdoms of the Savanna*. Madison: University of Wisconsin Press, 1966.

VERGER, P. *Flux et reflux de la traite des nègres entre le Golfe de Bénin et Bahia de Todos os Santos du dix-septième au dix-neuvième siècle*. Paris e Haia: Mouton, 1968.

______. *Notícias da Bahia, 1850*. Bahia: Editora Corrupio Comércio Ltda, 1981.

WETHERELL, J. *Stray Notes from Bahia:* Being Extracts from Letters, &co. During a Residence of Fifteen Years. Liverpool: Webb & Hunt, 1860.

WHEELER, D.A.; PÉLISSIER, R. *Angola*. Westport, CT: Greenwood Press, 1971.

WILKES, P. This Pope and the Next. *The New York Times Magazine*, 11 dez. 1994.

WOOD, P.H. *Black Majority, Negroes in Colonial South Carolina from 1670 Through the Stono Rebellion*. Nova York: A. A. Knopf, 1974.

O governo local na América portuguesa: um estudo de divergência cultural

ABREU, J. C. de. *Caminhos antigos e povoamento do Brasil*. Rio de Janeiro: Livraria Briguiet, 1930.

AITON, A.S. Early American Prices Fixing Legislation. *Michigan Law Review*, v.25, 1926-7.

ALDEN, D. *Royal Government in Colonial Brazil:* With Special Reference to the Administration of the Marquis of Lavradio, Viceroy, 1769-1779. Berkeley e Los Angeles: University of California Press, 1968.

ANTONIL, A.J. *Cultura e opulência do Brasil por suas drogas e minas*. Paris: Institut des Hautes Etudes de l'Amérique Latine, 1968.

ÁVILA, A. *Resíduos seiscentistas em Minas:* Textos do século do ouro e as projeções do mundo barroco. Belo Horizonte: Centro de Estudos Mineiros, 1967. 2v.

BEEMAN, R.R. Labor Forces and Labor Relations: A Comparative View of the colonization of Brazil and Virginia. *Political Science Quarterly*, v.86, n.4, dez. 1971.

BOXER, C.R. *Portuguese Society in The Tropics:* The Municipal Concils of Goa, Macau, Bahia and Luanda, 1580-1800. Madison e Milwaukee: The University of Wisconsin Press, 1965.

______. *The Golden Age of Brazil, 1695-1750*. Berkeley e Los Angeles: University of California Press, 1962-9.

BURNS, E.B. The Enlightenment in Two Colonial Brazilian Libraries. *Journal of the History of Ideas*, v.25, n.3, 1964.

CALÓGERAS, P. *As minas do Brasil e sua legislação*. Rio de Janeiro: Imprensa Nacional, 1904-5. 3v.

CARDOZO, M. The Brazilian Gold Rush. *The Americas*, v. 3, out. 1946.

______. The Collection of the Fifths in Brazil 1695-1709. *Hispanic American Historical Review*, v.20, n.3, ago. 1940.

______. The Guerra dos Emboabas: Civil War in Minas Gerais 1708-1709. *Hispanic American Historical Review*, v.22, 1942.

CARRATO, J.F. *Igreja, iluminismo e escolas mineiras coloniais:* Notas sobre a cultura de decadência mineira setecentista. São Paulo: Nacional/Edusp, 1968.

COSTA FILHO, M. A *cana-de-açúcar em Minas Gerais*. Rio de Janeiro: Instituto do Açúcar e do Álcool, 1963.

COOK JR., E.M. Local Leadership and the Typology of New England towns, 1700-85. *Political Science Quarterly*, v.86, n.4, dez. 1971.

______. Social Behavior and Changing Values in Dedha Massachussets, 1700-75. *The William and Mary Quarterly*, v.27, n.4, out. 1970.

CUNNINGHAM, C.H. The Institutional Background of Spanish American History. *The Hispanic American Historical Review*, v.1, n.1, 1918.

DUSENBERRY, W.H. The Regulation of Meat Supply in Sixteenth Century Mexico City. *Hispanic American Historical Review*, v.28, n.1, 1948.

ELLIS, M. Contribuição ao Estudo do Abastecimento das Zonas Mineradoras do Brasil no Século XVIII. *Revista de História*, v.36, 1958.

FISHER, J. The Intendant System and the Cabildo of Peru, 1784-1810. *The Hispanic American Historical Review*, v.49, n.3, 1969.

FRANCO, F. de A.C. *Dicionário de bandeirantes e sertanistas do Brasil*. Belo Horizonte: Itatiaia, 1954.

FRANK, A.G. Goal Ambiguity and Conflicting Standars: An Approach to the Study of Organization. *Human Organization*, v.7, n.4, 1958-9.

FRIEIRO, E. *O diabo na livraria do cônego*. Belo Horizonte: Itatiaia; São Paulo: Edusp, 1981.

GOULART, M. *Escravidão africana no Brasil*. São Paulo: Martins, 1949.

HARRIS, R.C. *The Seigneurial System in Canada:* A Geographical Study. Madison: University of Wisconsin Press, 1966.

HASKINS, G.L. *Law and Authority in Early Massachussets:* A Study in Tradition and Design. Nova York: Macmillan, 1960.

JOHNSON JR., H.B. The Donatary Captaincy in Perspective: Portuguese Backgrounds to the Settlement of Brazil. *Hispanic American Historical Review*, v.52, n.2, maio 1972.

KLEIN, H.S. *Slavery in the Americas:* A Comparative Study of Virginia and Cuba. Chicago: University of Chicago Press, 1967.

LANGE, F.C. As danças coletivas públicas no período colonial brasileiro e as danças das corporações de ofícios em Minas Gerais. *Barroco*, v.1, 1969.

LEE, R.L. Grain Legislation in Colonial Mexico, 1575-1585. *Hispanic American Historical Review*, v.27, n.4, 1947.

LIMA JR., A. de. *As primeiras vilas do ouro*. Belo Horizonte: Santa Maria, 1962.

______. *A capitania das Minas Gerais* (origem e formação). 3.ed. Belo Horizonte: Instituto de História, Letras e Arte, 1965.

LOCKHART, J.M. *Spanish Peru, 1532-1560. A colonial society.* Madison: Marvin Publication, 1968.

LOCKRIDGE, K.A.; KREIDER, A. The Evolution of Massachussets Town Government, 1640-1740. *The William and Mary Quarterly*, v.23, n.4, out. 1966.

LONGHURST, J.E. Early Prices Lists in Lima and a Petition for Redress. *Hispanic American Historical Review*, v.31, n.1, 1951.

LYNCH, J. Intendants and Cabildos in the Viceroyalty of La Plata, 1782-1810. *Hispanic American Historical Review*, v.35, n.3, 1955.

MAGALHÃES, B. de. *Expansão geographica do Brasil colonial contemporâneo*. São Paulo: [s.n.], 1944.

MORSE, R.M. (Org.). *The Bandeirantes*: The Historical Role of Brazilian pathfinders. Nova York: A. A. Knopf, 1965.

MOURÃO, P.K.C. *As igrejas setecentistas de Minas*. Belo Horizonte: Itatiaia, 1964.

PAES LEME, P.T. de A. *Informação sobre as minas de São Paulo*. São Paulo e Rio de Janeiro, [s.n.; s.d.].

PARRY, J.H. *The Spanish Seaborne Empire*. Londres: Hutchinson, 1966.

______. *The Sale of Public Office in the Spanish Indies Under the Habsburgs*. Berkeley: University of California Press, 1953.

PHELAN, J.L. Authority and Flexibility in the Spanish Imperial Bureaucracy. *Administrative Science Quarterly*, v.5, jun. 1960.

PIERSON JR., W.W. Some Reflections on the Cabildo as an Institution. *Hispanic American Historical Review*, v.5, n.4, 1922.

POWELL, S.C. *Puritan Village*: The Formation of a New England Town. Middleton: Wesleyan University Press, 1963.

POWELL, P.W. Presidios and Towns on the Silver Frontier of New Spain, 1550-1580. *Hispanic American Historical Review*, v.24, n.2, 1944.

PRADO JR., C. *Evolução política do Brasil e outros estudos*. 4.ed. São Paulo: Brasiliense, 1963.

RAINBOLT, J.C. The Alteration in the Relationship Between Leadership and Constituents in Virginia, 1660-1720. *The William and Mary Quarterly*, v.27, n.3, jul. 1970.

RUSSELL-WOOD, A.J.R. *Fidalgos and Philanthropists:* The Santa Casa da Misericórdia of Bahia, 1550-1755. Berkeley e Los Angeles: University of California Press, 1968.

______. Class, Creed and Colour in Colonial Bahia: A Study in Prejudice. *Race*, v.9, n.2, out. 1967.

______. Colonial Brazil. In: GREENE, J.P.; COHEN, D. (Orgs.). *Neither Slave nor Free:* The Freedmen of American Descent in the Slave Societies of the New World. Baltimore: Johns Hopkins University Press, 1972.

______. *A Craftsman of the Golden Age of Brazil*: Manuel Francisco Lisboa. Belo Horizonte: Itatiaia, 1968.

RUY, A. *História política e administrativa da cidade de Salvador*. Bahia: Tipografia Beneditina, 1949.

______. *História da Câmara Municipal da cidade do Salvador*. Bahia: Câmara Municipal de Salvador, 1953.

SALLES, F.T. de. *Associações religiosas no ciclo do ouro*. Belo Horizonte: Perspectiva, 1963.

SIMONSEN, R. *História econômica do Brasil (1500-1820)*. 4.ed. São Paulo, 1962.

SIQUEIRA, M.M. de. Mudança da capital de Minas: uma questão ideológica. *Revista Brasileira de Estudos Políticos*, n.33, jan. 1972.

SMITH, R.S. Sales Taxes in New Spain, 1575-1770. *Hispanic American Historical Review*, v.28, n.1, 1948.

STAMPA, M.C. The Evolution of Weights and Measures in New Spain. *Hispanic American Historical Review*, v.29, n.1, 1949.

TAUNAY, A. de E. *História geral das bandeiras paulistas*. São Paulo: Edições Melhoramentos, 1950. 11v.

______. *Relatos sertanistas*. Belo Horizonte: Itatiaia, 1953.

VEIGA, J.P.X. da. *A revolta de 1720 em Vila Rica:* discurso histórico-político. Ouro Preto: [s.n.], 1898.

WEBB, S.; WEBB, B. *English Local Government From the Revolution To The Municipal Corporation Act:* The Parish and the Country. Londres: [s.n.], 1906.

ZEMELLA, M.P. *O abastecimento da capitania das Minas Gerais no século XVIII*. São Paulo: FFLCH/USP, 1951.

ZUCKERMAN, M. The Social Contexto of Democracy in Massachussets. *The William and Mary Quarterly*, v.25, n.4, out. 1968.

SOBRE O LIVRO

Formato: 14 x 21 cm
Mancha: 23 x 40,9 paicas
Tipologia: Goudy Old Style 11/13
Papel: Off-White 80 g/m² (miolo)
Cartão Supremo 250 g/m² (capa)
1ª edição: 2014

EQUIPE DE REALIZAÇÃO

Capa
Marcelo Girard

Imagem de capa
Lisboa in Americae Tertia Pars, 1562 – Theodor de Bry (1528-1598)

Edição de texto
Silvia Massimini Felix (Copidesque)
Tomoe Moroizumi (Preparação de original)
Nair Hitomi Kayo (Revisão)

Editoração Eletrônica
Sergio Gzeschnik (Diagramação)

Assistência editorial
Jennifer Rangel de França

GRÁFICA PAYM
Tel. [11] 4392-3344
paym@graficapaym.com.br